CERCLE D'ART DES TRAVAILLEURS DE PLANTATION CONGOLAISE

CONGOLESE PLANTATION WORKERS ART LEAGUE

Els Roelandt and / et Eva Barois De Caevel

With contributions from / avec des contributions d'Ariella Azoulay, Eva Barois De Caevel, Eléonore Hellio, Ruba Katrib, Alexander Koch, J.A. Koster, Renzo Martens, René Ngongo, Els Roelandt, Charles Sikitele Gize, Charles Tumba Kekwo and/et Françoise Vergès

All pictures by Léonard Pongo made during his stay in Lusanga between September 20 and 26, 2016, unless otherwise mentioned. / Toutes les photos sont de Léonard Pongo, prises pendant son séjour à Lusanga entre le 20 et 26 septembre 2016, sauf indication contraire.

Cover: Arrival in Lusanga of the first "chocolate portraits" made by Djongo Bismar and Daniel Manenga

Couverture : Arrivée à Lusanga des premiers « portraits en chocolat » réalisés par Djongo Bismar et Daniel Manenga

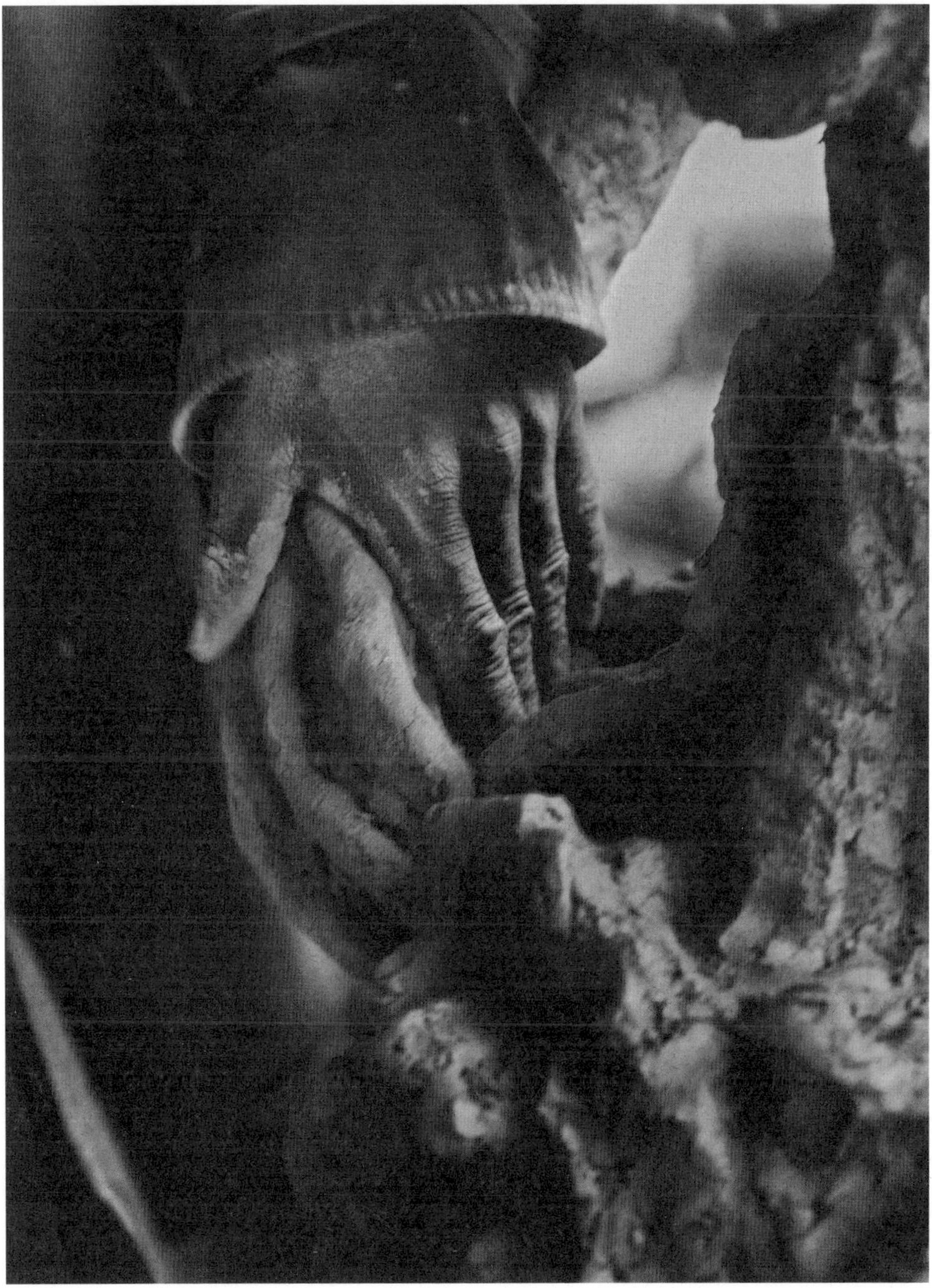

3

Holding hands during a CATPC workshop in Lusanga

La main dans la main pendant le travail à l'atelier du CATPC à Lusanga

TESTIMONIES
TÉMOIGNAGES

ESSAYS
ESSAIS

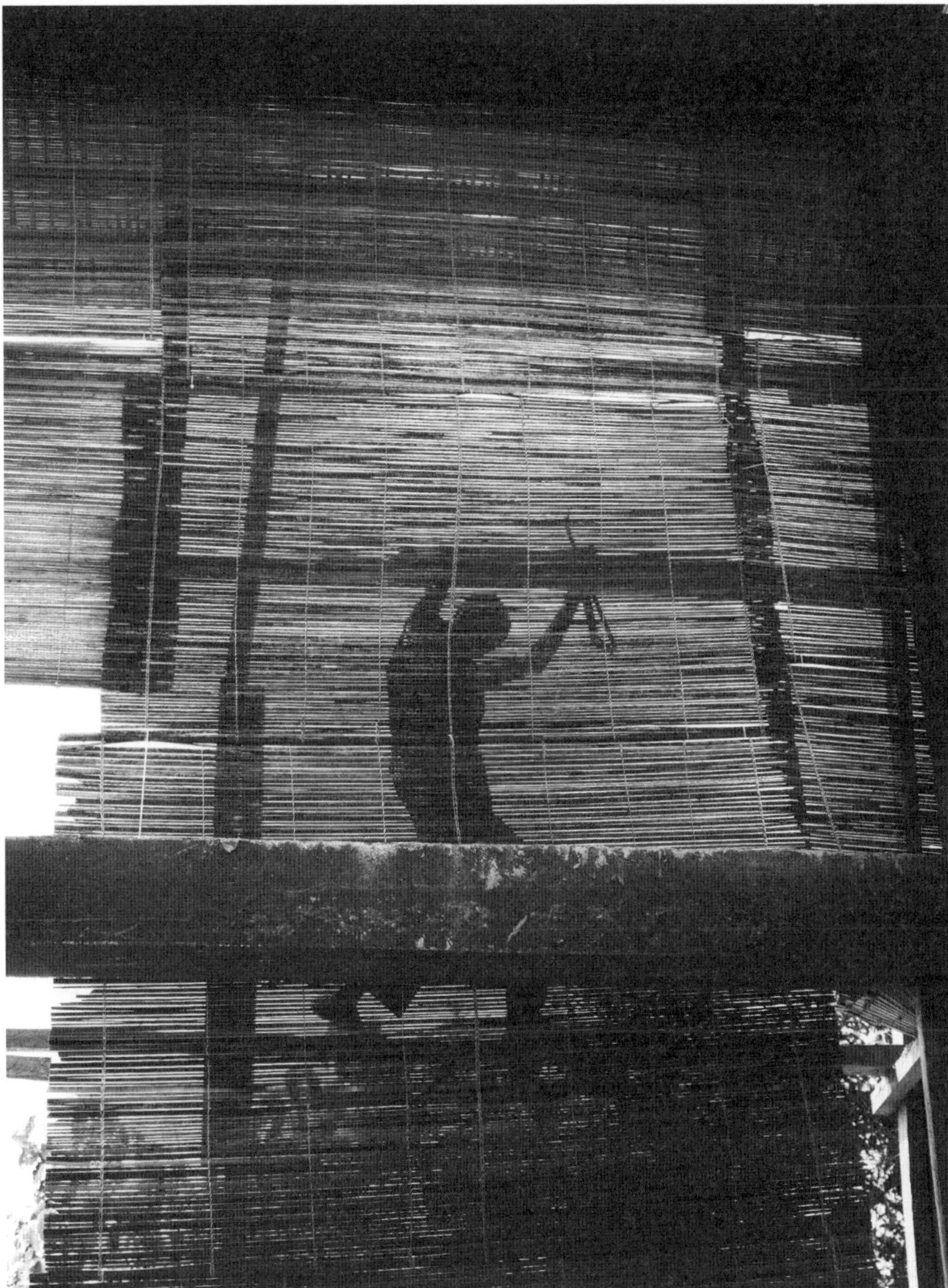

7

Fixing braids onto the structures of the conference center against the sun

Pose des nattes du centre de conférences en guise de pare-soleil

Els Roelandt
Eva Barois
De Caevel

EN Introduction

FR Introduction

Brussels, Paris
12.2016

EN

It was about four years ago that Renzo Martens first unfolded his plans to me for a series of books he wanted to publish about his work. Renzo Martens has been active as an artist for many years now, his work—controversial as it is—has been discussed all over the world and has been a source of ongoing criticism and debate. A great many articles have been written on the artist and his hybrid art in the most diverse publications: from articles in catalogues for group exhibitions and highly specialized art magazines, to pieces in readers on political issues, to compilations of provocative one-liners and interviews in popular newspapers and tabloids. Still, there is no Renzo Martens monograph. This book is not about to change that. Instead, the book that you are holding in your hands takes as its focus the Cercle d'Art des travailleurs de plantation congolaise (CATPC)—a major art project in Lusanga, a village located a day-trip away from Kinshasa, the capital of the Democratic Republic of Congo (DRC)—that, although inspired by Renzo Martens, has been developing its own identity ever since its foundation in 2014.

Together with my co-editor Eva Barois De Caevel—who is also co-writing this introduction—I decided to try to make an unpretentious book about the CATPC, one that could respond to the following questions: how has the CATPC come to be, who are its protagonists, what kind of art is made, who are the artists, where does their art find its roots historically, what is the (pre/post) colonial history of Lusanga village (where the artists work; Lusanga was formerly Leverville, a colonial town created by William Lever in the early twentieth century, the first plantation for and origin of the capitalist, multinational corporation Unilever), how does Lusanga relate to Kinshasa and to the world outside of it, how does this project find its way to and how is it received by the global art world, how does it critique this global art world and its museological, historical, and temporary practices, how is it entangled with theories of decolonization, and what is the role of Renzo Martens in all of this? In trying to answer all of these questions we have given voice to as many people as possible. Each of them speaks from their own location, position, language, and background about experiences with the CATPC, and formulates their questions and points of view from their specific locations, be it Lusanga, Kinshasa, Brussels, Paris, Amsterdam, Berlin, or New York.

To understand this book it is important to grasp the structure of institutions that are at the origins of this project. Renzo Martens founded the Institute for Human Activities (IHA) in 2012 together with Jacob Koster and Delphine Hesters in the context of a research project at KASK / School of Arts, Ghent and as a vehicle to produce Martens' art, as well as to answer to or as a consequence of the production and reception of his major film *Episode III, Enjoy Poverty* (2008). *Enjoy Poverty.* First presented at the International Documentary Film Festival Amsterdam (IDFA), this film has been widely shown and, next to applause and even glorification, it has also received a considerable measure of critique. The film started off as a vivid conversation between many protagonists from different fields: from scientists to social workers, from acclaimed decolonization theorists to PhD students, and young artists and writers from all over the world. The goals of the IHA have shifted slightly since its origins due to this fierce and ongoing debate. Today, the main goal of the IHA is to prove that artistic critique on economic inequality can redress it; not symbolically, but in material terms.[a] The IHA claims to hold offices in Amsterdam, Ghent, Brussels, Lusanga, and Kinshasa but as is the case with a lot of smaller organizations, this mostly means that people working for the IHA are moving in between these centers.

After a failed startup in Boteka, where the IHA was chased out by the corporation (Feronia Inc.) that owned the land where the IHA had built its initial settlement, Jacob Koster, a young writer from the Netherlands was sent out on a mission to find a new place to establish a settlement where art could thrive and the goals of the IHA could be tested: Lusanga proved to be the ideal place for this. Maybe more than Renzo Martens himself, many of the people working for the IHA realized from the start that the IHA could only be a success if it grew to be an organization that really touched ground with locals: artists, scientists, writers, and people engaged with local communities and infrastructure (both in the DRC and Europe). In 2014 this led to the foundation of the CATPC, with René Ngongo—a fierce ecological activist—as its president, Cedrick Tamasala, an artist trained in Kinshasa and living in Lusanga, as vice-president, and a group of seventeen plantation workers who held ambitions to be further trained as

a. « About », *Institute for Human Activities,* accessed December 5, 2017, http://www.humanactivities.org/en/about-3/.

artists.[b] The plantation workers/artists were selected by a team of three artists from Kinshasa: Mega Mingiedi, Michel Ekeba, and Eléonore Hellio, who are also in charge of organizing the workshops and are assisting in the production of the work of the CATPC in many different ways.

One question that is frequently asked is: who profits from all of this? It is clear that the profits of sales from the chocolate sculptures return to the CATPC. They, in their turn, decide what to do with them. In a way this is how the organization Lusanga International Research Center for Art and Economic Inequality (LIRCAEI) came to be. LIRCAEI brings a new infrastructure to the plantation: a conference hall, library and media center, artist studios, a community center, and a museum space. LIRCAEI improves the existing housing and builds new houses; water clearance, sanitation, sustainable energy production, and an Internet connection is also brought in. The site will be completed with an experimental plantation and roof garden, set up by the CATPC. Over time all these elements together will provide the research center with a solid base for sustainable economic development for plantation workers and their families. It lays out a matrix for the gradual development of a new infrastructure, intertwining the local communities and habitat with newly developed functions and activities. The Office for Metropolitan Architecture (OMA) designed the master plan for the development of this research center.

There are many ways to write a book on the CATPC. We have chosen to take a horizontal approach and to first give voice to the many persons who make the complex endeavor that is the CATPC possible. These are the artists of the CATPC of course, and the lead artists of the CATPC workshops (Mega Mingiedi, Eléonore Hellio, and Michel Ekeba), along with Renzo Martens and Jacob Koster, and ourselves as the editors of this book. It was also important to us to widen the discussion by inviting authors whose thinking on some of the questions raised by the existence of the CATPC is crucial: Ariella Azoulay and Françoise Vergès offered us deep insights through their contributions. Finally, it seemed essential to have a visual approach to the CATPC, and to whom the people involved are and what their

b. Previous to joining the CATPC, most of the artist members had artistic or craft practices, skills, or ambition. Some of them, however, joined out of pure curiosity and have also proved to be very talented.

environment is. Consequently, a rich iconography completes this book. Photographer Léonard Pongo was specially commissioned to take part in its constitution. His images are truly one more voice added to the many in this publication. The book is published in two languages, French and English. Original versions of the texts come first, followed by their translations. For each text we have indicated where it was written and when.

ELS ROELANDT
EVA BAROIS DE CAEVEL

FR

Traduit de l'anglais par Jakuta Alikavazovic

Il y a quatre ans environ, Renzo Martens m'a présenté pour la première fois son projet : une série de livres qu'il souhaitait publier sur son travail. Renzo Martens est un artiste actif depuis des années et son œuvre – certes controversée – a fait parler d'elle dans le monde entier, suscitant encore à ce jour critiques et débats. Un grand nombre d'articles ont été écrits sur l'artiste et sa pratique hybride, dans diverses publications : des textes dans des catalogues d'expositions collectives et des magazines d'art hautement spécialisés, des chroniques dans des publications d'études politiques, des compilations de réparties provocantes, des entretiens dans des journaux populaires et des tabloïdes. Pour autant, il n'existe aucune monographie de son œuvre. Le livre que vous avez entre les mains n'y remédiera pas : nous avons choisi de nous centrer sur le Cercle d'art des travailleurs de plantation congolaise (CATPC) – un projet d'envergure à Lusanga, village situé à un jour de route de Kinshasa, la capitale de la République Démocratique du Congo (RDC). Bien qu'inspiré par Renzo Martens, le CATPC a développé son identité propre depuis sa création en 2014.

Ma co-éditrice Eva Barois de Caevel – également co-auteure de cette introduction – et moi avons décidé de faire un livre tout simple sur le CATPC, tout simple, mais qui serait à même de répondre aux questions suivantes : comment le CATPC a-t-il vu le jour, qui sont ses protagonistes, quelle forme d'art y est-elle produite, qui sont les artistes en question, où leur art trouve-t-il ses racines historiques, quelle est l'histoire (pré/post) coloniale du village de Lusanga où travaillent les artistes (Lusanga, anciennement Leverville, ville coloniale créé par William Lever au début du vingtième siècle, fut la première plantation de la multinationale capitaliste Unilever et celle grâce à laquelle elle a vu le jour), quels sont les rapports entre Lusanga, Kinshasa, et le monde au-delà, comment ce projet trouve-t-il son chemin vers le monde de l'art à l'échelle globale et comment est-il reçu, comment critique-t-il ce monde de l'art et ses pratiques muséologiques, historiques et temporelles, comment s'articule-t-il aux théories de la décolonisation, et quel est le rôle de Renzo Martens dans tout ceci ? En essayant de répondre à cet éventail de questions, nous avons donné la parole au plus grand nombre d'acteurs possible. Chacun s'exprime depuis son propre lieu, sa position, son langage et son passé, évoquant ses expériences avec le CATPC, formulant ses questions et points de vue depuis sa situation spécifique, qu'il s'agisse de Lusanga, Kinshasa, Bruxelles, Paris, Amsterdam, Berlin ou New York.

Pour comprendre cet ouvrage il est important de saisir la structure des institutions qui sont à l'origine de ce projet. Renzo Martens a fondé l'Institute for Human Activities (IHA - « institut pour les activités humaines ») en 2012 avec Jacob Koster et Delphine Hesters dans le contexte d'un projet de recherche à KASK/l'école des beaux-arts de Gand, comme outil de produire l'art de Martens autant qu'en réponse à (ou conséquence de) la production et la réception de son film important, *Episode III, Enjoy Poverty* (2008). *Enjoy Poverty,* est d'abord projeté à l'IDFA, festival international du film documentaire d'Amsterdam, et a été largement diffusé. Il a été couvert d'éloges et, d'une certaine façon glorifié, mais il a aussi essuyé des critiques considérables. Le film a déclenché une conversation énergique entre de nombreux protagonistes, dans des champs différents : scientifiques et travailleurs sociaux, théoriciens reconnus de la décolonisation et doctorants, jeunes artistes et écrivains du monde entier. Les buts de l'IHA ont légèrement évolué depuis ses origines en raison de ce débat, toujours très animé. Aujourd'hui, l'objectif premier de l'IHA est de prouver qu'une critique artistique des inégalités économiques peut redresser celles-ci ; non pas symboliquement, mais matériellement[1]. L'IHA dit avoir des bureaux à Amsterdam, Gand, Bruxelles, Lusanga et Kinshasa mais, comme c'est le cas pour de nombreuses organisations de petite échelle, cela signifie surtout que ceux qui travaillent pour l'IHA se meuvent parmi ces centres.

Après une start-up ratée à Boteka, d'où l'IHA a été chassée par la firme (Feronia Inc.) propriétaire du terrain sur lequel elle avait bâti ses premiers locaux, Jacob Koster, un jeune écrivain des Pays-Bas, a été envoyé en mission afin de trouver un nouvel endroit où s'établir : un lieu propice à l'art, où les objectifs de l'IHA pourraient être mis à l'épreuve. Lusanga s'avéra idéal. Peut-être davantage que Renzo Martens lui-même, nombreux sont ceux qui travaillaient pour l'IHA à avoir compris dès le départ que l'institut ne pourrait être un succès qu'en devenant une

1. "Qui sommes-nous", *Institute for Human Activities,* consulté le 5 décembre 2016, http://www.humanactivities.org/en/about-3/.

organisation vraiment en lien avec la population locale : artistes, scientifiques, écrivains et tous ceux qui étaient actifs auprès des communautés et des infrastructures locales (en RDC comme en Europe). En 2014, ceci a mené à la création du CATPC, avec René Ngongo – militant écologiste très engagé – comme président, Cedrick Tamasala, artiste formé à Kinshasa et vivant à Lusanga, comme vice-président, et un groupe de dix-sept travailleurs de plantation qui avaient pour ambition de suivre une formation d'artiste plus approfondie[2]. Les travailleurs/artistes furent sélectionnés par une équipe de trois artistes de Kinshasa : Mega Mingiedi, Michel Ekeba et Eléonore Hellio, qui eurent également pour tâche d'organiser les ateliers et d'aider à la production du travail du CATPC de façons variées.

Une question que l'on pose fréquemment est la suivante : à qui profite tout cela ? Bien entendu, les profits des ventes des sculptures de chocolat reviennent au CATPC qui, ensuite, décide ce qu'il faut en faire. D'une certaine façon, c'est ainsi qu'est née l'organisation LIRCAEI (Lusanga International Research Center for Art and Economic Inequality – centre international de recherches sur l'art et les inégalités économiques). Le LIRCAEI permet d'implanter de nouvelles infrastructures dans la plantation : un centre comprenant salle de conférences, bibliothèque et médiathèque, des ateliers d'artistes, un centre communautaire et un espace d'exposition. Le LIRCAEI améliore les logements existants et en construit de neufs, il supervise l'assainissement de l'eau, les systèmes sanitaires, la production d'énergie renouvelable, et a permis d'obtenir une connexion à Internet. Pour finir, le site comprendra bientôt une plantation expérimentale et un jardin sur le toit, grâce au CATPC. Avec le temps, tous ces éléments combinés donneront au centre de recherches une base solide à partir de laquelle les travailleurs des plantations et leurs familles pourront bénéficier d'un développement économique durable. Il pose la matrice du développement progressif d'une nouvelle infrastructure liant les communautés locales et leur habitat aux fonctions et activités nouvellement développées. L'OMA (Office for Metropolitan Architecture – Bureau d'Architecture Métropolitaine) a dressé le plan d'ensemble pour la croissance de ce centre de recherche.

2. La plupart des artistes membres du CATPC avaient, avant de rejoindre le Cercle, une pratique, une ambition ou des talents artistiques ou artisanaux. D'autres ont adhéré par pure curiosité et se sont avérés très talentueux

Il existe bien des façons d'écrire un livre sur le CATPC ; nous avons choisi une approche horizontale, permettant avant tout de donner voix à celles et ceux, nombreuses-x, qui rendent possible une entreprise aussi complexe que le CATPC. Il s'agit des artistes du Cercle, bien entendu, des artistes qui y mènent les ateliers (Mega Mingiedi, Eléonore Hellio et Michel Ekeba), de Renzo Martens et Jacob Koster, et enfin de nous-mêmes, en tant qu'éditrices de l'ouvrage. Il nous importait également d'élargir le débat en invitant des auteurs dont la réflexion, sur certaines des questions que pose l'existence du CATPC, est cruciale : Ariella Azoulay et Françoise Vergès ouvrent, grâce à leurs contributions, des pistes d'une grande profondeur. Enfin, il semblait essentiel de proposer une approche visuelle du CATPC, de ceux qui y oeuvrent et de leur environnement. En conséquence, une importante iconographie vient compléter le livre. Nous avons demandé au photographe Léonard Pongo, en particulier, de prendre part à sa constitution. Ses images sont une voix de plus dans cette publication. L'ouvrage est publié en deux langues, le français et l'anglais. Les versions originales sont suivies de leur traduction. La date de chaque texte et le lieu où il a été écrit sont précisés.

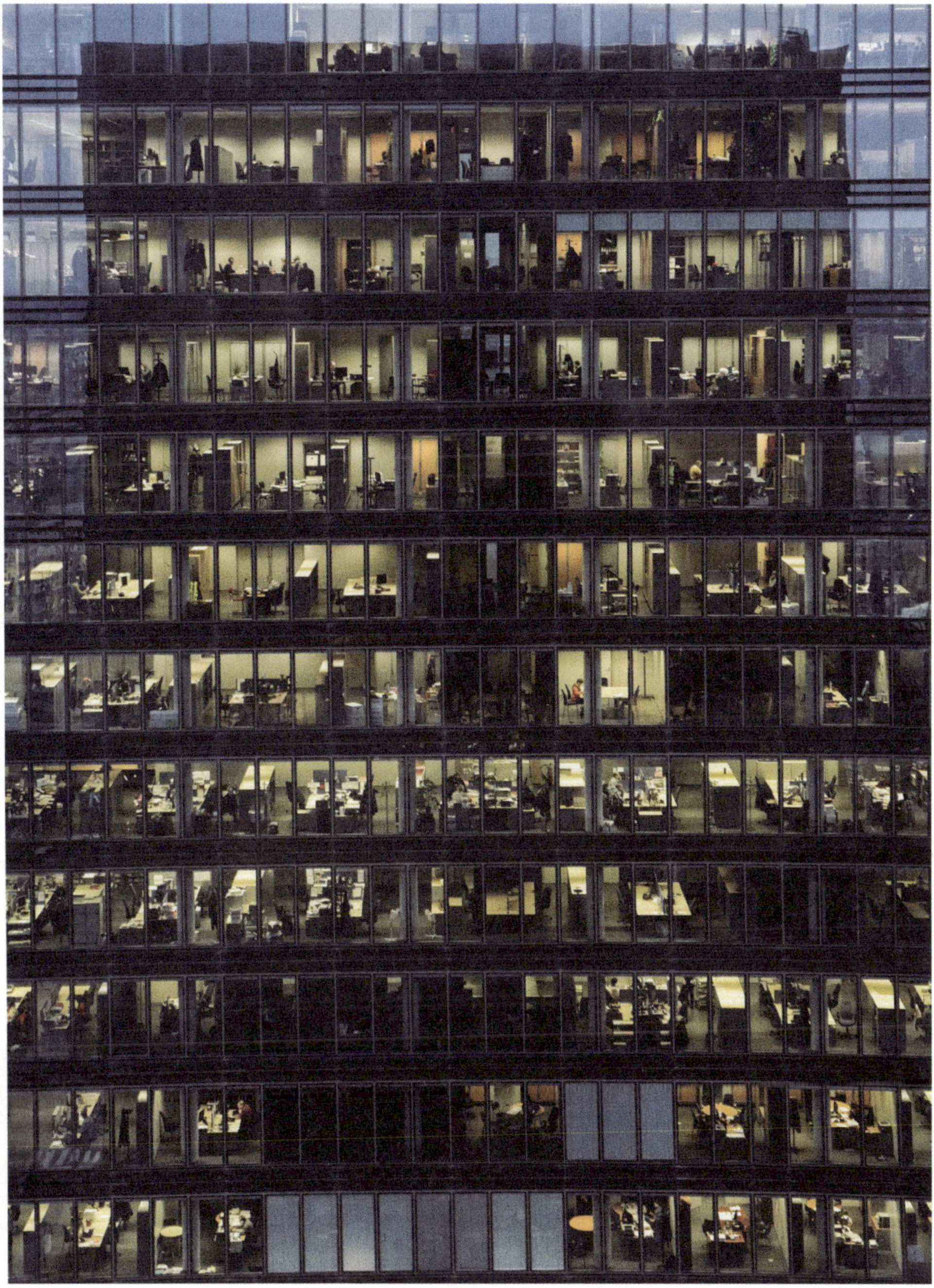

19

View from inside IHA's Brussels office,
World Trade Center, December 1, 2016

Vue depuis les bureaux de l'IHA
à Bruxelles, World Trade Center,
1er décembre 2016

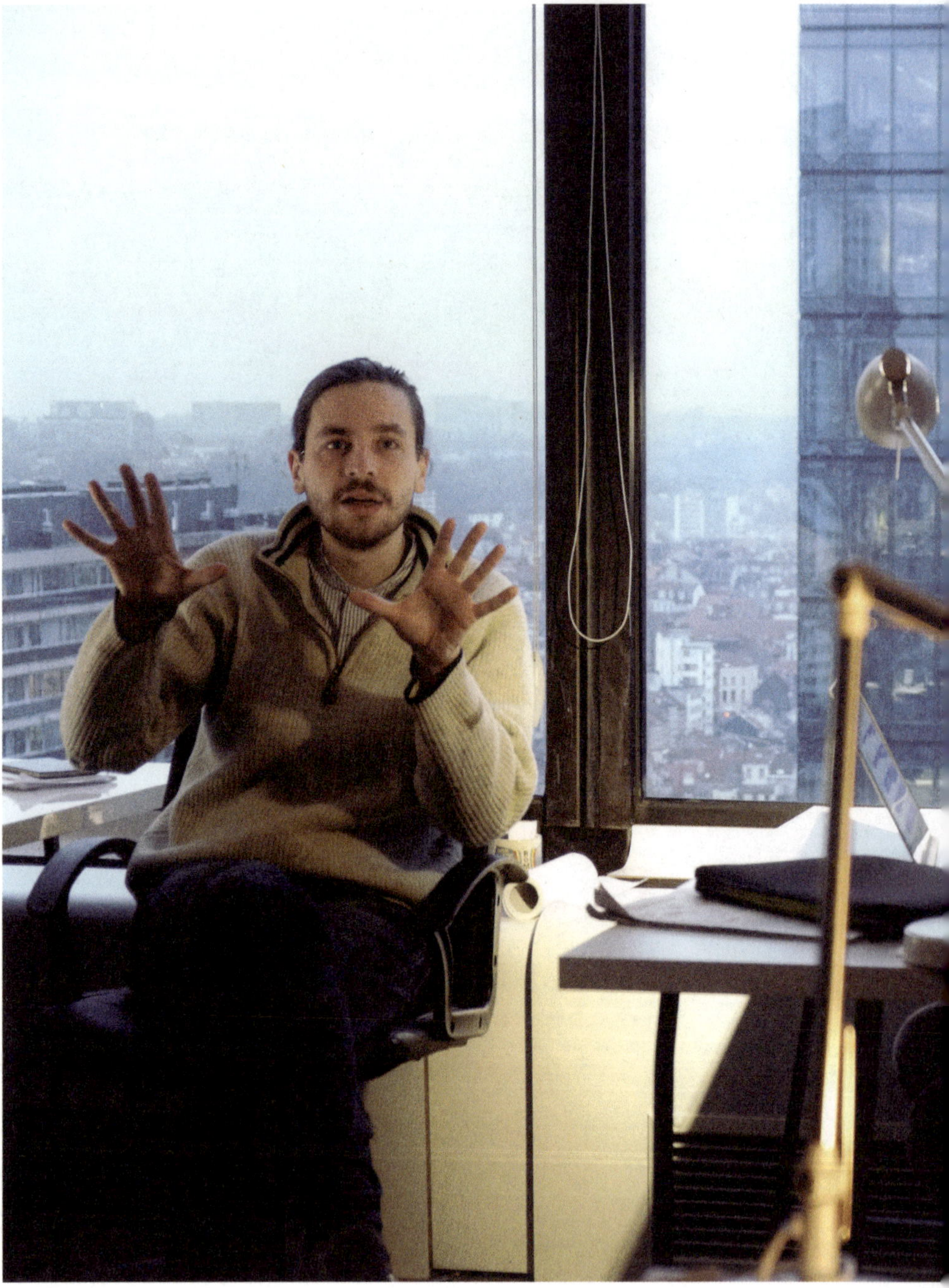

Laurens Otto, Nicolas Jolly, and Katrien Reist working from IHA's Brussels office located in the World Trade Center near La Gare du Nord, December 1, 2016

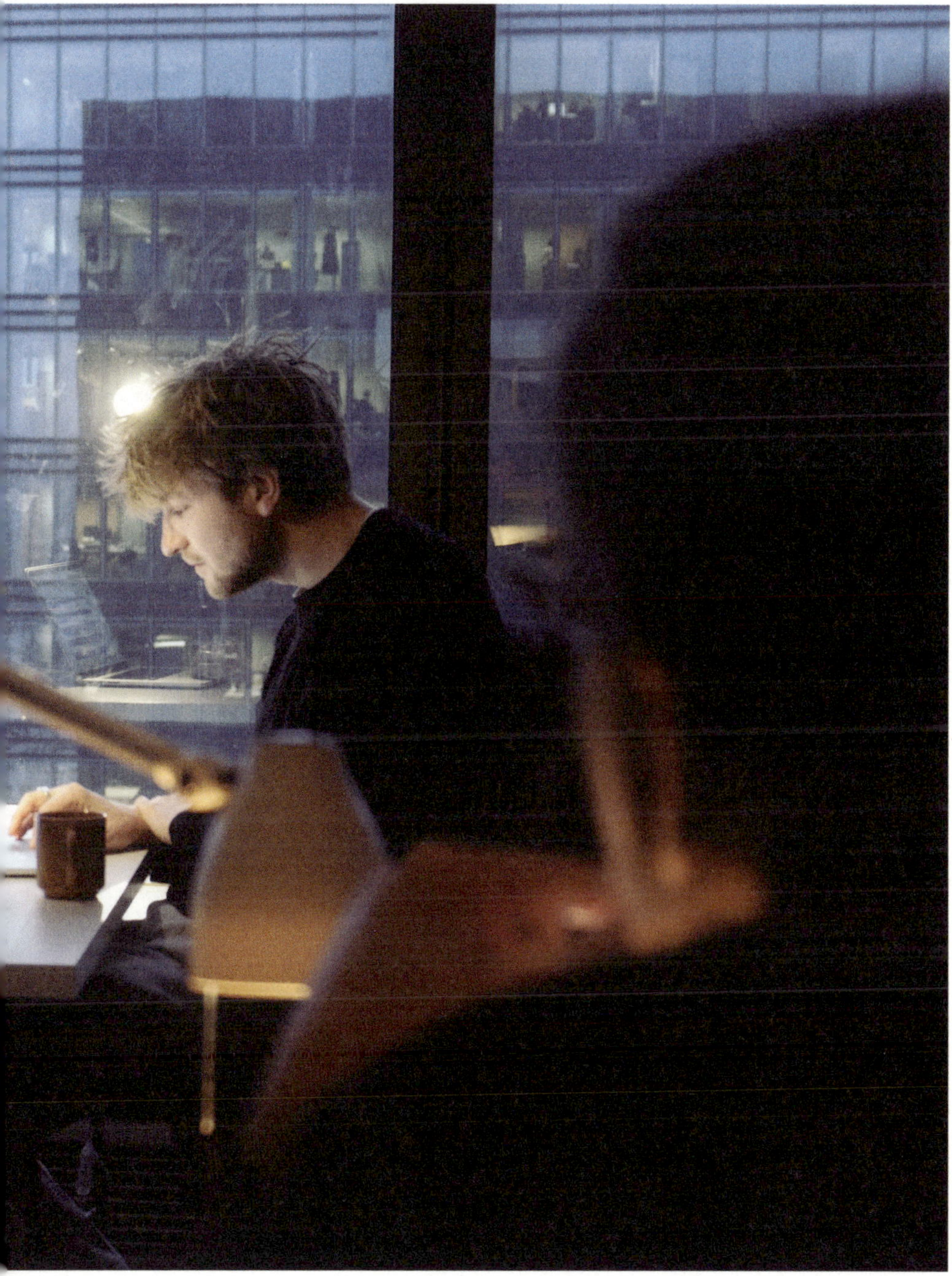

21

Laurens Otto, Nicolas Jolly, et Katrien Reist travaillant dans les bureaux de l'IHA situés dans le World Trade Center près de La Gare du Nord à Bruxelles, 1er décembre 2016

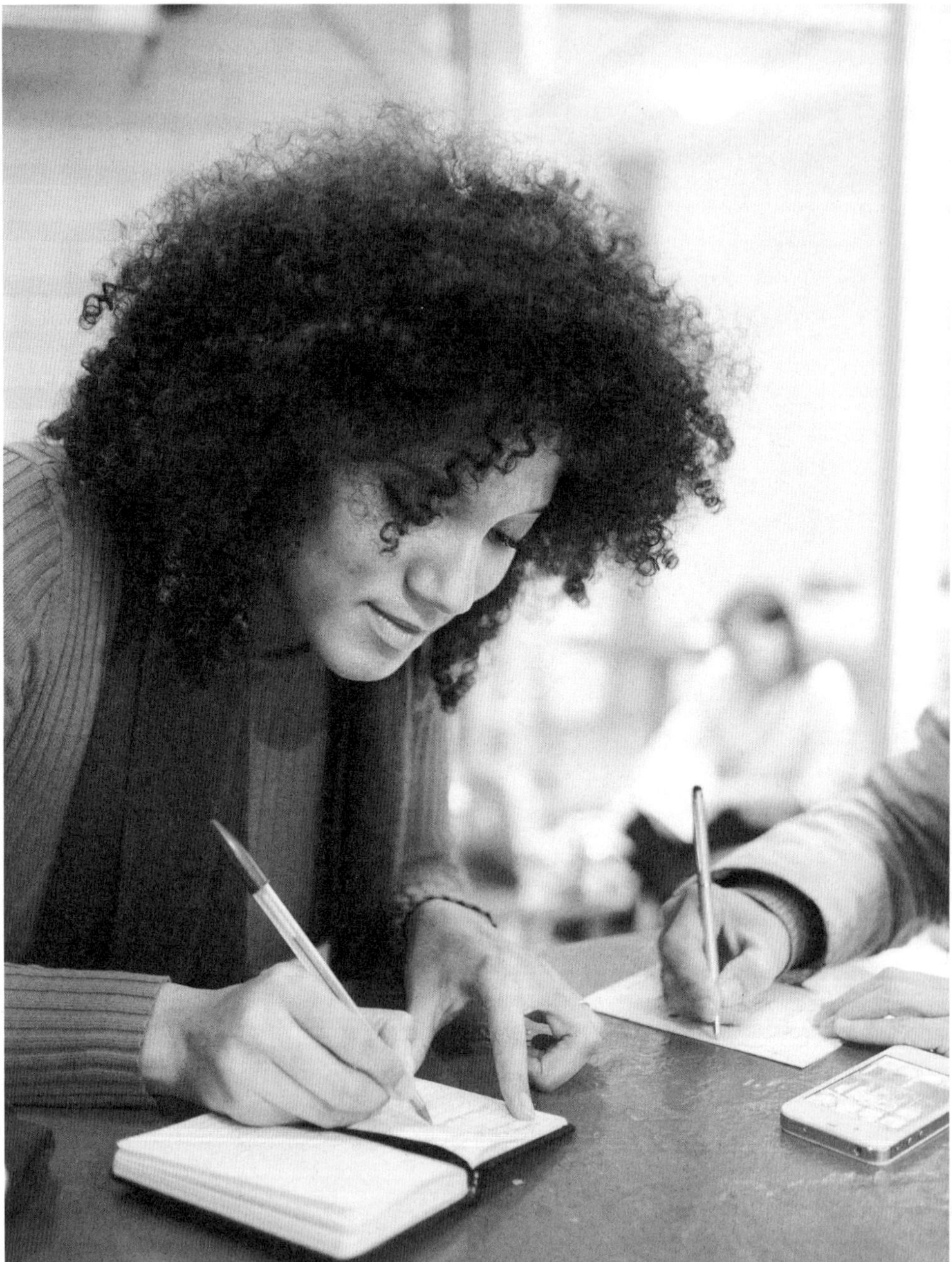

Editors Els Roelandt and Eva Barois De Caevel at work at ~~La Colonie~~, Paris, December 2, 2016

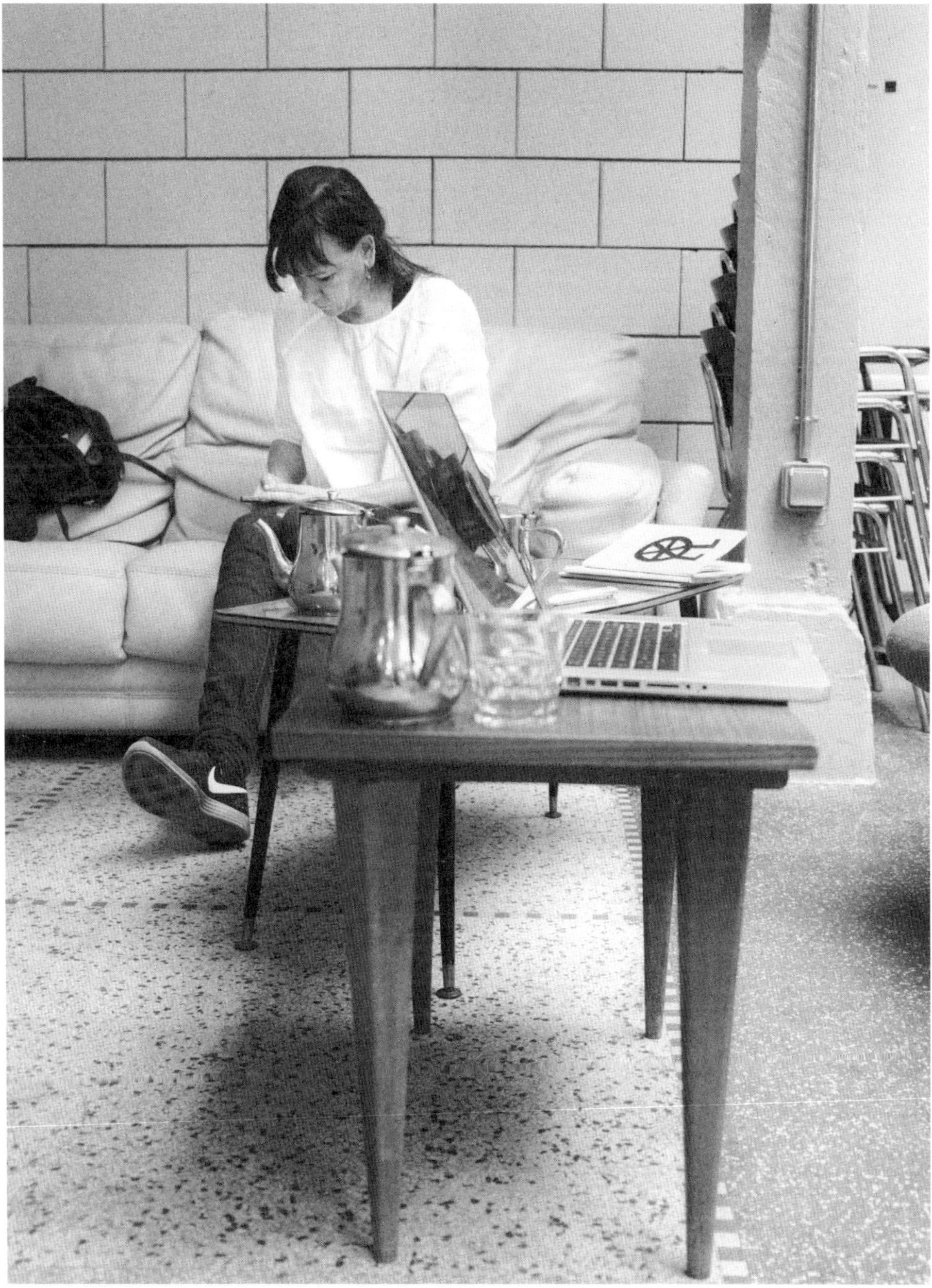

Les éditrices Els Roelandt et Eva Barois De Caevel au travail à ~~La Colonie~~, Paris, 2 décembre 2016

Charles Tumba Kekwo

EN

Un espace indépendant d’engagement critique

FR

An Independent Space for Critical Engagement

Kinshasa
06.2016

Un espace indépendant d'engagement critique est un individu ou une structure qui oeuvre pour le maintien des conditions d'indépendances d'esprit ou de travail. Pour ce faire, il crée un cadre d'intervention pour les artistes en valorisant leurs expériences. C'est également un lieu d'encouragement des artistes à faire preuve de créativité artistique eu niveau de leurs réalisations. Espace de promotion de la liberté de jugement, de la détermination des choix non conformistes dans les activités, cet individu ou cette structure contribue à influencer l'histoire de l'art ou le développement de certaines institutions.

Hier, on a connu plusieurs formes d'engagement des critiques d'art comme Restany, Greenberg, Rosenberg, Germano Celant, René Block, etc. Aujourd'hui, avec la mondialisation, on constate que les idées et les nouvelles stratégies d'exposition viennent des points éloignés du monde. Le Cercle d'art des travailleurs de plantations congolaise de Lusanga en République démocratique du Congo assurément fait partie de cette nouvelle forme de générosité d'engagement pour la promotion de l'art congolais et d'une pensée singulière.

Le CATPC se démarque des actions menées par certains individus et organisations depuis l'époque coloniale jusqu'à ce jour. Il ne s'agit pas pour ce groupe, de montrer le rare, le curieux, l'étrange dans des zoos ou des jardins ou des « villages nègres », ni d'être le maillon d'un marché créé par des firmes transnationales. L'action du CATPC ne cadre pas avec une logique d'assistance ou d'aide des artistes du nord aux créateurs du sud. L'idée développée est celle d'un partenariat pour l'éveil de conscience par exemple sur les problèmes du marché international de l'art, les Nouvelles Technologies de l'Information et de la Communication et surtout sur les inégalités créées par les firmes internationales. Vivant dans un pays, la République Démocratique du Congo, où le marché de l'art est faiblement développé, les artistes du CATPC ont la possibilité avec les réseaux qu'ils tissent à l'extérieur, de créer des canaux d'écoulement de leurs productions. Ce faisant, ils sont protégés des risques de bradage de leur art par eux-mêmes à cause de la faim ou par de nouveaux explorateurs que sont des commissaires à l'éthique peu rassurante.

Par ailleurs, les artistes du CATPC sont confrontés à un problème d'engagement sur le plan des contenus de leurs créations. Rompre avec les formes traditionnelles africaines ou s'en ressourcer ? Le CATPC a choisi la voie de l'interprétation de l'art africain traditionnel, mais coulée dans le monde des Nouvelles Technologies de l'Information et de la Communication, pour éviter l'anachronisme. Ce processus qui a commencé timidement – le temps d'apprentissage des enjeux actuels de l'art – va certainement s'accentuer dans les prochaines années. Bref, le CATPC n'a pas une clef en main de la résistance culturelle. Mais il se veut un espace ouvert à la production du sens dans un champ de partage et de l'échange, de conscientisation de l'artiste sur sa situation dans l'histoire actuelle dans un monde marqué par la diversité et l'universalisme, mais également rongé par des inégalités.

Faire renaître un espoir de vie à une population abandonnée à son triste sort par une firme transnationale, telle se veut à notre avis l'ambition d'un groupe qui considère l'art comme un acte d'intervention pour résoudre certains problèmes sociaux et amener le changement dans le société. L'artiste peut, en effet, relever le défi d'insuffler le pouvoir de guérie le monde de ses maux, grâce à l'énergie vitale de ses sculptures. De la matière en argile, prise en photo et fichée dans un ordinateur, le corps physique devient invisible ou virtuel et voyage à travers les mers pour renaître dans un corps en chocolat. Est-ce une provocation de l'artiste ou une volonté d'interpeller la conscience du monde sur les problématiques économiques et culturelles concernant les relations du nord et du sud ? En tout cas, en faisant rapatrier les revenus gagnés au cours des expositions en occident des oeuvres à Lusanga où vivent les artistes, le CATPC et ses partenaires tracent la voie d'une solidarité internationale pour la promotion de l'homme dans son humanité.

Puisse le paysage pittoresque de la rivière Kwenge avec ses eaux au courant fort continuer à inspirer les artistes et leurs accompagnateurs de toutes disciplines et de divers horizons pour l'essor d'une fra-ternité universelle dans le monde l'art.

Translated from French by Timothy Stroud

An independent space for critical engagement is created by either an individual or organization that works to maintain independence of mind or work. To do so, that person or organization creates a frame-work within which artists can work and develop their experiences. It is also a place where artists are encouraged to demonstrate their artistic creativity in their works. As a space that supports freedom of judgement and unconventional means in their activities, this individual or organization helps influence the history of art or the development of certain institutions.

In the recent past the art critics Pierre Restany, Clement Greenberg, Harold Rosenberg, Germano Celant, and René Block, among others, have demonstrated different forms of engagement. Today, with globalization, we note that the new ideas and strategies underlying exhibitions come from all around the globe. The art association of plantation workers from Lusanga in the Democratic Republic of Congo is unquestionably part of this new form of engagement for the promotion of Congolese art and has a very distinctive rationale.

Led by certain individuals or organizations since the colonial period, the actions of the Cercle d'art des travailleurs de plantation congolaise (Congolese Plantation Workers Art League or CATPC) stand out. This group does not show the rare or curious in zoos, gardens or "Negro villages," nor is CATPC a link in a chain created by multinational companies. The activities of the CATPC do not fall into a logic of assistance given to artists and creators from the North to the South. Instead the idea is of a partnership to raise awareness, for example, of the problems affecting the international art market, information and communication technologies, and above all, inequalities created by international companies. Living in a country where the art market is feebly developed, the artists of the CATPC have the opportunity to create channels for the distribution of their works through the networks developed outside the country. This way they are protected from risks linked with the selling-off of their art themselves at an undervalued price due to hunger or to unethical curators, the new explorers.

Furthermore, the artists of the CATPC face a problem regarding the content of their creations. Should they break with traditional African forms or go back to their roots? The CATPC has chosen the path of the interpretation of traditional African art, but linked with the world of information and communication technologies so as to avoid anachronism. This process, which began timidly due to the time required to learn and understand what is currently at stake in art, will certainly assert itself in the years to come. In short, the CATPC does not have an easy answer to cultural resistance. But it wants for itself a space that is open to production, a place for sharing and exchange, for raising artists' awareness of their situation in today's world marked by diversity and universalism, but also riven with inequalities.

Recreating hope in a people abandoned to a sad fate by a multinational company; that is the goal of a group that considers art as a means to resolve certain social problems and bring about change in its society. Our artists have the power, if they accept the challenge, to attempt to heal the world of its evils through the vitality of their sculptures; the physical body of a sculpture with the material nature of clay that is photographed in three dimensions and whose dimensions are then put into a computer, becomes invisible or virtual, and travels across the seas to be reborn in a body made instead of chocolate. Is this simply a provocation by the artist or a way to inform the conscience of the world about the economic and cultural problems regarding the relations between the North and South? In this case, by repatriating the income earned in exhibitions in the West by works created in Lusanga, where the artists live, the CATPC and its partners will beat a path of international solidarity for the promotion of humankind and their humanity.

May the picturesque landscape of the fast-running River Kwenge continue to inspire the artists and their attendant professionals of all disciplines and different backgrounds, for the development of a universal fraternity in the world of art.

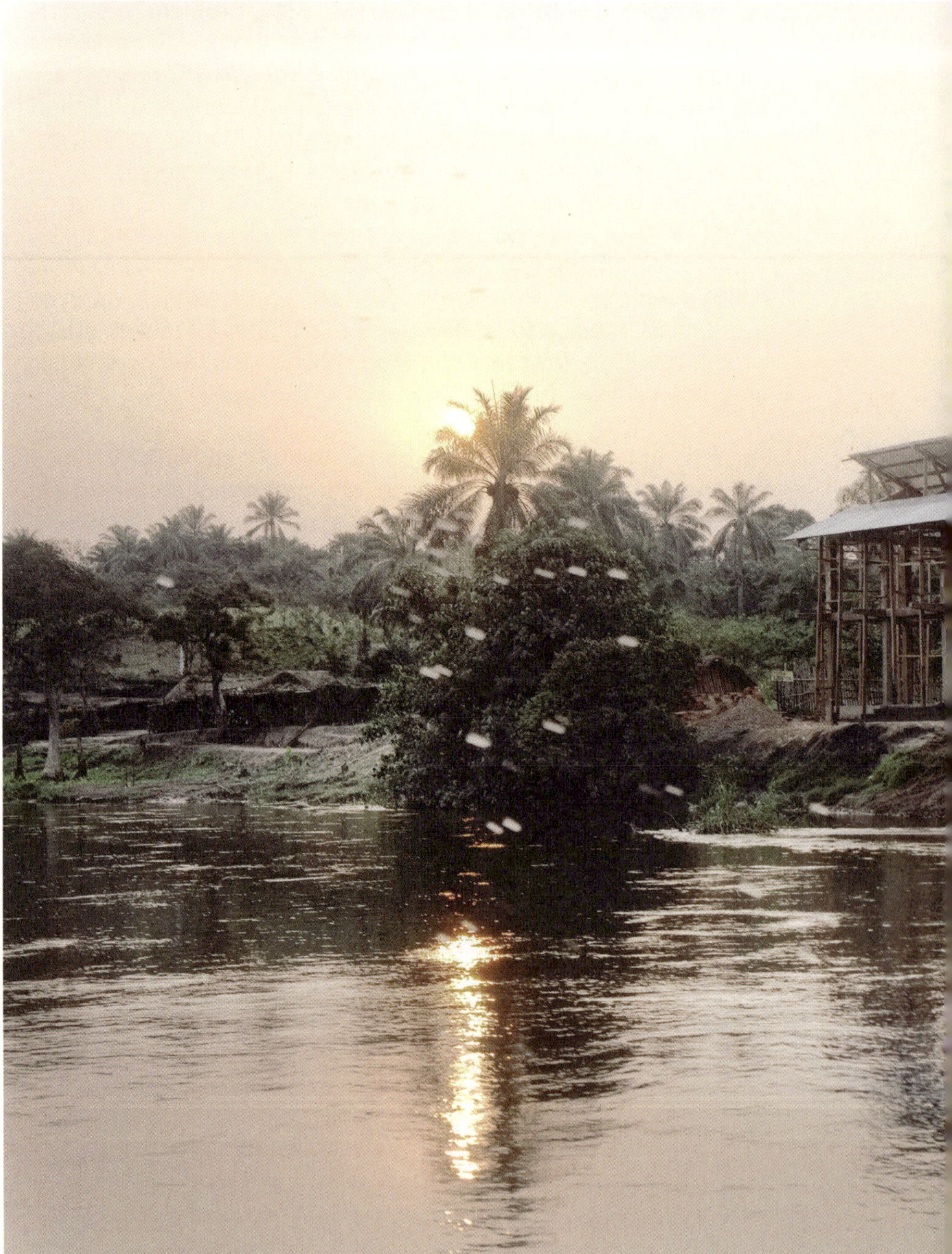

Lusanga, view from the River Kwenge onto the conference center designed by OMA, IHA settlement (former Unilever)

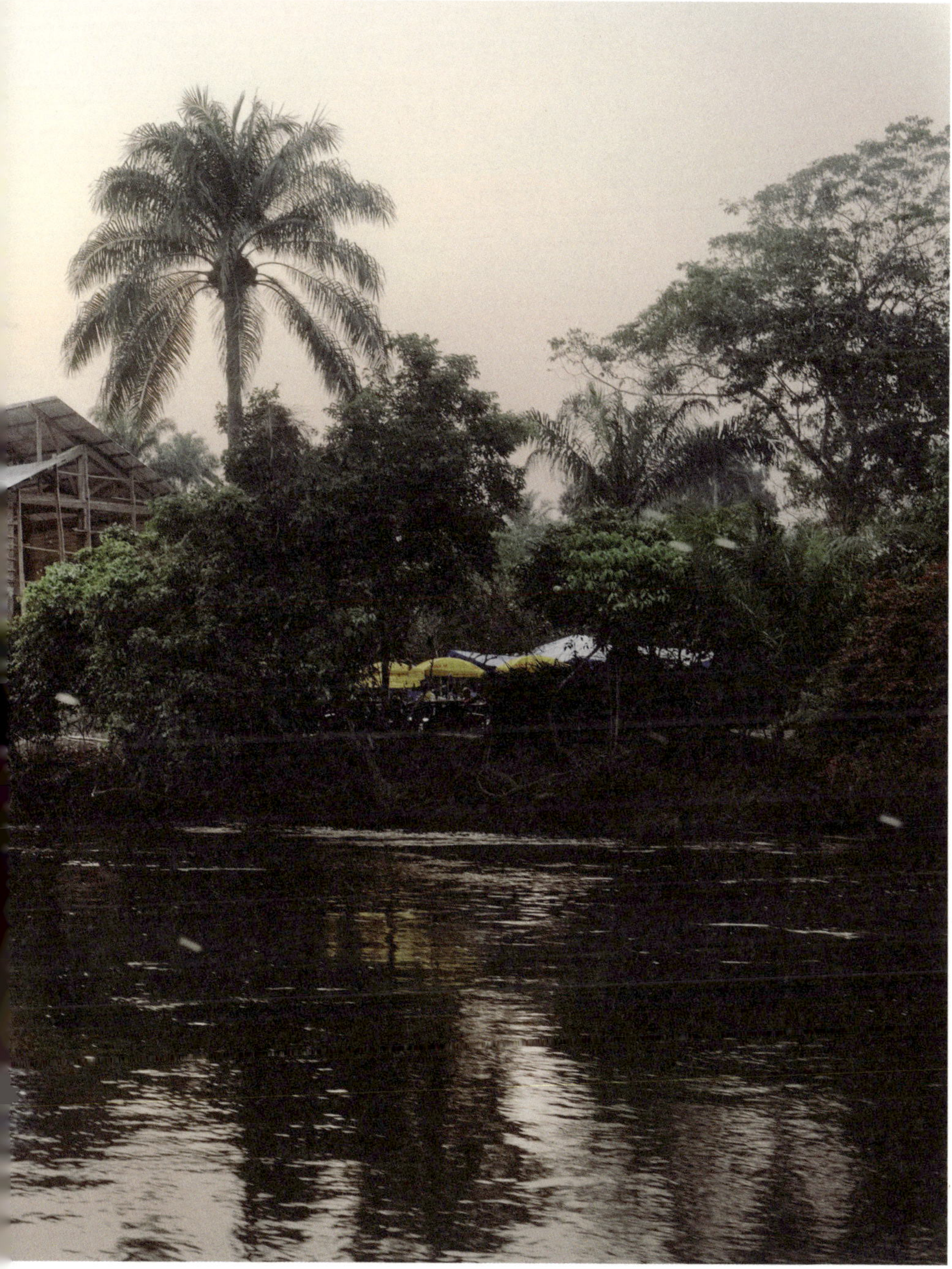

31

Le centre de conférences imaginé par OMA, Lusanga, camp IHA (ancienne Unilever), vu de la rivière Kwenge

René Ngongo

FR

Vers un éco-développement propulsé par les œuvres d'art

EN

Towards an Ecological Development Financed by Works of Art

Kinshasa
09.2016

Lorsqu'il y a une dizaine d'années nous rencontrons l'artiste-cinéaste Renzo Martens, nous sommes séduit par ses idées novatrices et sa perception de l'exploitation éhontée des ressources naturelles de la République Démocratique du Congo (RDC) par les multinationales. Le titre de son film, qui est en promotion en ce moment, « Enjoy Poverty » est assez révélateur, troublant et provocateur. Très vite, je réalise les similitudes existant entre le secteur du palmier à huile et celui de l'exploitation forestière: en plus d'être un pillage des ressources naturelles, ces pratiques contribuent grandement à la déforestation et illustrent parfaitement le paradoxe de la RDC, celui d'un pays potentiellement très riche (sol, sous-sol, forêt, eau, climat,...) avec une population extrêmement pauvre.

Au-delà de la gouvernance (mauvaise) de ces ressources naturelles, ce paradoxe s'explique aussi par le comportement des multinationales qui ignorent les principes élémentaires de la responsabilité sociétale des entreprises, principes qui intègrent dans les activités des entreprises des préoccupations sociales, environnementales et économiques. Ces multinationales installées dans notre pays devaient, au delà de leurs innombrables bénéfices, contribuer au développement durable des zones exploitées, y compris à la santé et au bien-être de la société. Dans la pratique, elles entraînent une pauvreté sans nom et dégradent l'environnement. Les travailleurs des plantations et des concessions forestières ne peuvent donc pas vivre de leur travail et vivent dans la misère. Par conséquent, eux-mêmes accentuent la pression sur les ressources forestières pour survivre.

Après plus de 30 ans d'engagement et de lutte contre cette injustice, le Cercle d'art des travailleurs de plantation congolaise (CATPC), l'Institute for Human Activities (IHA) et le Lusanga Research Centre for Art and Economic Inequality (LIRCAEI)[1] nous donnent une nouvelle opportunité de mettre en place un modèle de gestion différent de celui décrié. De Boteka, dans la province de l'Équateur, à Lusanga, ex-Leverville, située à 45 kilomètres de Kikwit, nous voilà embarqués dans un engagement artistique, socio-économique et écologique pour lutter contre les inégalités. La culture et les arts sont non seulement un vecteur

1. CATPC, IHA et LIRCAEI sont des organisations, voir projets d'art (CATPC et IHA), co-établis sous l'impulsion de l'artiste Renzo Martens.

important pour le bien-être social, mais sont aussi un vecteur de développement économique.

Ce coin perdu de Lusanga renaît de ses cendres grâce aux activités du CATPC, de l'IHA et du LIRCAEI. Pour la première fois depuis l'indépendance, un Ministre en fonction visite Lusanga en septembre 2016, il partage les conditions de vie de ses habitants et pose la première pierre du Musée d'art. Des chercheurs de grande renommée participent à un colloque international sur l'art : « La matière de la critique ». Ils viennent de la Belgique, des Pays-Bas, de la Grande-Bretagne, des États-Unis et de la RDC. Ils découvrent par la même occasion le Congo profond et ses réalités et apprécient à sa juste valeur le merveilleux paysage naturel surplombant la rivière Kwenge loin de toute pollution atmosphérique et sonore : de futurs ambassadeurs de la RDC pour la promotion du tourisme dans notre pays. Une lueur d'espoir pour un pays post-conflit et une zone agro-écologique qui a assisté passivement à la chute de la compagnie Unilever et au délabrement progressif de ses infrastructures.

Quel cheminement pour ce nouveau modèle qui combine à la fois l'art, l'économie et l'environnement ? Après avoir ciblé des acteurs dans les sites de Boteka, Lusanga et Tshela, le CATPC a été lancé avec l'accompagnement de l'IHA qui a mis à notre disposition des formateurs, recrutés parmi des artistes expérimentés aussi bien au niveau national qu'international. Très vite nos membres ont appris à manier l'argile et à réaliser des œuvres d'arts, y compris des autoportraits. Les résultats sont éblouissants. Nous avons encore l'image de nos vaillants artistes, dans les ateliers, exprimant leurs émotions et idées à travers diverses sculptures en argile aussi impressionnantes les unes des autres. L'écologiste commence à comprendre ce monde assez spécial des artistes qui, en dehors de leur apprentissage, redeviennent des agriculteurs, des coupeurs de noix palmiste et des producteurs de vin de palme.

Lors d'échanges, ils expriment également leurs craintes par rapport aux effets néfastes liés au changement climatique : augmentation de la température, perturbation du calendrier agricole, baisse du rendement agricole, vieillissement des anciennes plantations Unilever… Une bonne opportunité pour leur parler de la mobilisation internationale sur le réchauffement de la planète qui est une réalité et de marteler que c'est bien la responsabilité d'actions irréfléchies de l'homme qui détruisent notre environnement mettant en péril les générations actuelles et futures. De ces entretiens naîtra l'impérieuse nécessité de mettre en place une pépinière sur le site afin de contribuer au reboisement par des espèces utiles et de promouvoir de meilleures pratiques agroforestières et des semences agricoles plus résilientes aux perturbations climatiques constatées.

Comment mettre en œuvre la pépinière ? Celle-ci sera financée par la vente des statues en chocolat. Avec une barre chocolatée standard vendue sur le marché, les travailleurs des plantations ne gagnent presque rien, mais en ajoutant leurs idées et leurs émotions au chocolat, ils gagnent davantage. Grace au professionnalisme et à l'engagement d'une équipe multidisciplinaire de l'IHA et à la promotion de ces œuvres d'arts en chocolat, l'argent de la vente afflue directement et en toute transparence au RDC sur le site de production de Lusanga et il permet d'augmenter le niveau de vie et l'autonomie des planteurs.
Ces derniers et leur famille gagnent mieux leur vie et peuvent devenir leurs propres patrons.

La pépinière fournit des opportunités d'emplois et de revenus à la population locale. De cette manière on ne déforeste plus ni n'incinère plus la forêt et un nouveau modèle d'agriculture raisonnée et durable prend place. Plusieurs activités sont planifiées dans un proche avenir :

- Installation d'une palmeraie
- Installation d'une cacaoyère
- Installation d'un verger
- Installation d'une bananeraie
- Installation des moulins mixtes et de décortiqueuses à arachide
- Installation de mixeurs de fruits
- Fabrication de bloc à lécher avec des ingrédients locaux
- La pisciculture
- L'apiculture
- L'élevage de la volaille
- L'élevage du petit bétails
- La pêche sur le Kwenge et le Kwilu

- Le commerce des poissons de la rivière Kasaï vers Lusanga
- Des boutiques pour ventes diverses
- Le transport par moto
- Le transport par minibus
- ...

Pour mieux rentabiliser les ressources locales, d'autres matières premières seront transformées localement avec des stratégies de marketing du genre « Salissez-vous », pour évoquer un savon fait à la sueur des travailleurs des plantations. La valeur ajoutée à l'huile de palme améliore également la qualité de vie des membres du CATPC et de leurs dépendants.

Au delà des activités socio-économiques qui relancent la cité de Lusanga, la présence du nouveau centre de recherche, le LIRCAEI est une opportunité unique dans l'histoire de notre pays. En effet, pour la première fois, l'engagement artistique contre les inégalités économiques ne génère pas un profit économique à Londres, Venise ou New York, mais génère une croissance économique inclusive dans une région en voie de développement longtemps abandonnée. Au-delà des activités socio-économiques qui vont relancer la cité de Lusanga, ce centre de recherche ainsi que le Musée vont attirer des chercheurs et des touristes et créer ainsi un espace inclusif pour des échanges scientifiques, culturels, écologiques et économique.

Nous restons convaincus que ce modèle d'éco-développement propulsé par les œuvres d'art d'artistes congolais, anciens travailleurs dans les plantations Unilever devra être reproductible dans diverses plantations et juguler ce paradoxe tant décrié d'une misère indescriptible dans des zones qui produisent de la richesse pour d'autres cieux.

TOWARDS AN ECOLOGICAL DEVELOPMENT FINANCED BY WORKS OF ART

EN

Translated from French by Timothy Stroud

When ten or so years ago we met the artist and filmmaker Renzo Martens we were fascinated by his innovative ideas and his perception of the brazen exploitation of the natural resources of the Democratic Republic of Congo (DRC) by multinational companies. The title of his film *Enjoy Poverty* (2008), which is still being screened now even though it's almost ten years old, is revealing, disturbing, and provocative. I very quickly understood the similarities between the palm oil business and forestry: besides pillaging the country's natural resources, these practices contribute greatly to deforestation and perfectly illustrate the paradox of the DRC as a country that is potentially very rich (in soil, subsoil, forest, water, and climate) but which has a population living in extreme poverty.

Aside from the (poor) governance of these natural resources, this paradox is also explained by the behavior of the multinationals that ignore the elementary principles of corporate social responsibility which integrate social, environmental, and economic concerns into company business models. On top of their huge profits, the multinational companies established in our country were supposed to contribute to the sustainable development of the geographic zones they exploit, including the health and well-being of the local population. In practice, they cause untold poverty and degrade the environment. Workers on the plantations and in the forestry concessions are unable to survive on their wages and live in poverty. In consequence, the workers themselves add to the pressure on the forest's resources to survive.

After more than thirty years of commitment and struggle against this injustice, the Cercle d'art des travailleurs de plantation congolaise (Congolese Plantation Workers Art League or CATPC), Institute for Human Activities (IHA), and Lusanga International Research Center for Art and Economic Inequality (LIRCAEI)[a] are giving us an opportunity to establish a different management model. From Boteka, in Équateur Province, to Lusanga (formerly Leverville), forty-five kilometers from Kikwit, we are embarking on an artistic, socio-economic, and ecological mission to fight these inequalities. Culture and the arts are not simply an important dimension of social well-being, they are also a factor in economic development.

a. CATPC, IHA, and LIRCAEI are organizations (and at the same time art projects in the case of CATPC and IHA) co-established by the artist Renzo Martens.

This remote corner of Lusanga is being regenerated thanks to the activities of the CATPC, IHA, and LIRCAEI. For the first time since independence, a working state minister visited Lusanga in September 2016. He experienced the living conditions of its inhabitants and placed the first stone in the construction of the new art museum. Well-known researchers took part in an international conference on art, "The Matter of Critique". They came from Belgium, the Netherlands, Great Britain, the United States, and the DRC. They had the chance to discover rural DRC and its realities and to appreciate at its true value the extraordinary natural landscape that looks down onto the river Kwenge, far from all atmospheric and sound pollution. They will be the future ambassadors of the DRC for the promotion of tourism in our country. This provides a glimmer of hope for a post-conflict country and an agro-ecological zone that passively watched on as Unilever collapsed and as its infrastructures progressively fell into decay.

What course is there to follow for this new model which combines art, economics and the environment? After identifying the main players in the sites of Boteka, Lusanga, and Tshela, CATPC was created with the assistance of the IHA which made teachers who were recruited from among experienced national and international artists available to us. Our members very quickly learned to handle clay and make works of art, including self portraits. The results are astonishing. We still have the image of our courageous artists in the workshops expressing their emotions and ideas in clay sculptures, each one as impressive as the next. Ecologists begin to understand this very special world of the artists who, when not engaged in their apprenticeship, return to their activities as farmers, palm nut cutters, and producers of palm wine.

In conversation they also expressed their fears linked to the negative effects of climate change: a rise in temperature, the disturbance of the farming calendar, a fall in agricultural yield and the decline of the former Unilever plantations, among others. It was a good opportunity to talk to them about the international mobilization taking place with regard to climate change, which is a reality, and to pound home the fact that it is humanity's thoughtless actions that are destroying our environment and placing the current and future generations in peril. These interviews revealed the urgent need to establish a tree nursery on the site to help with the reforestation of useful species, to promote better agro-forestry practices and to encourage the agricultural use of seeds that are more resilient to climatic change.

How will we set up a tree nursery? It will be financed by the sale of sculptures made of chocolate. An ordinary chocolate bar sold on the market brings the workers on the plantations almost nothing but by infusing their ideas and emotions in the chocolate they will make more money. Thanks to the professionalism and commitment of a multi-disciplinary team at the IHA and the promotion of these works in chocolate, the money from the sales will flow directly and transparently to the Lusanga production site in the DRC, and thus raise the living standards and increase the autonomy of the planters. The planters and their families will earn more money and become their own bosses.

The nursery will offer jobs and income to the local population. In this way, there will be no need for more deforestation or burning of the forest and a new, planned, and sustainable agricultural model will be implemented. Various activities are planned for the near future:

- the creation of a palm grove
- the creation of a cacao plantation
- the creation of an orchard
- the creation of a banana plantation
- the installation of various mills and peanut-shelling machines
- the installation of fruit liquidizers
- the fabrication of licking blocks using local ingredients
- fish breeding
- beekeeping
- poultry breeding
- the breeding of small livestock
- fishing on the rivers Kwenge and Kwilu
- the sale of fish from the river Kasaï towards Lusanga
- shops for different types of products
- transport by motorcycle
- transport by minibus
- ...

To secure returns on local resources, other primary materials will be transformed locally using marketing strategies of the type of "Dirty Yourself"; to suggest a soap made from the sweat of the plantation workers. The value added to palm oil will also improve the quality of life of the members of the CATPC and their dependents.

In addition to socio-economic activities that will relaunch the city of Lusanga, the presence of a new research Center, the LIRCAEI, is a unique opportunity in the history of our country. For the first time artistic engagement against economic inequality will not generate profits in the West, but instead inclusive economic growth for a developing region that has long been abandoned. The research Center and the museum will attract researchers and tourists and create an inclusive space for scientific, cultural, ecological, and economic exchange.

We are convinced that this model of eco-development, financed by works of art made by Congolese artists, former workers in the Unilever plantations, can also be reproduced in plantations elsewhere and so bring to a halt the paradox of the existence of indescribable poverty in zones that produce wealth for those in remote lands.

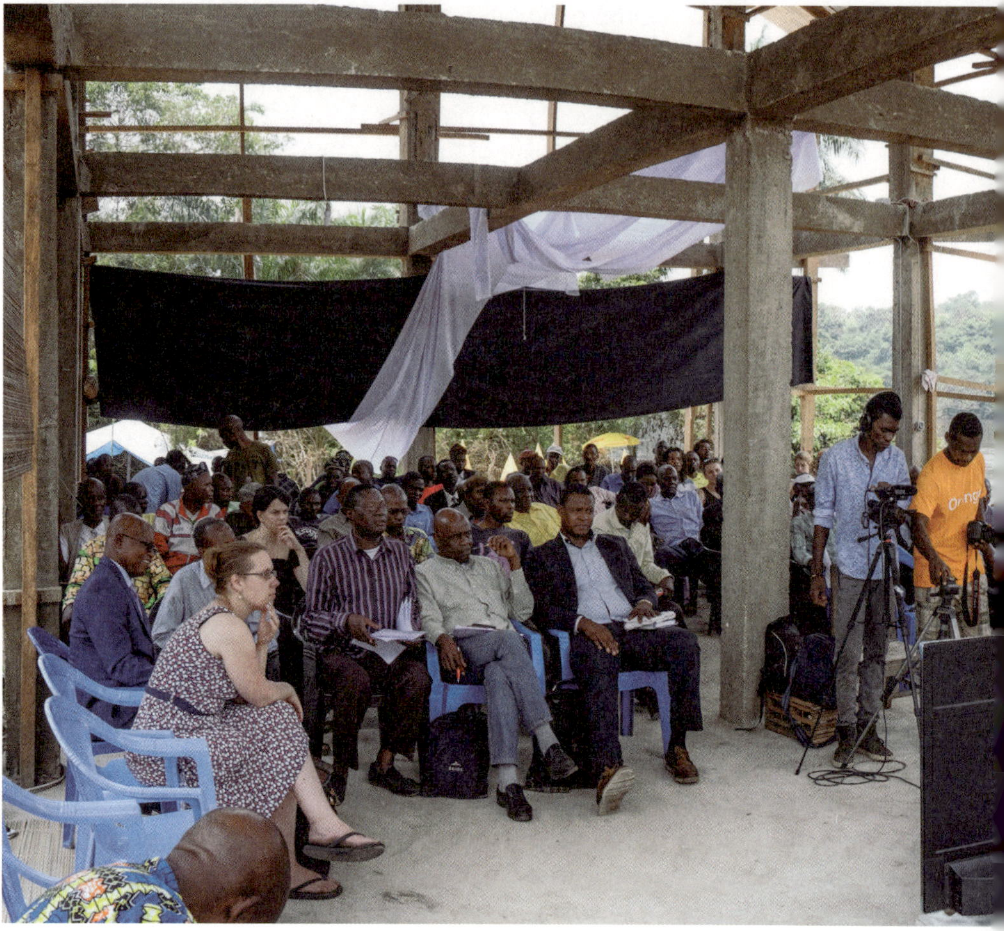

Inside the conference center during the conference "The Matter of Critique III," Lusanga, September 22–25, 2016

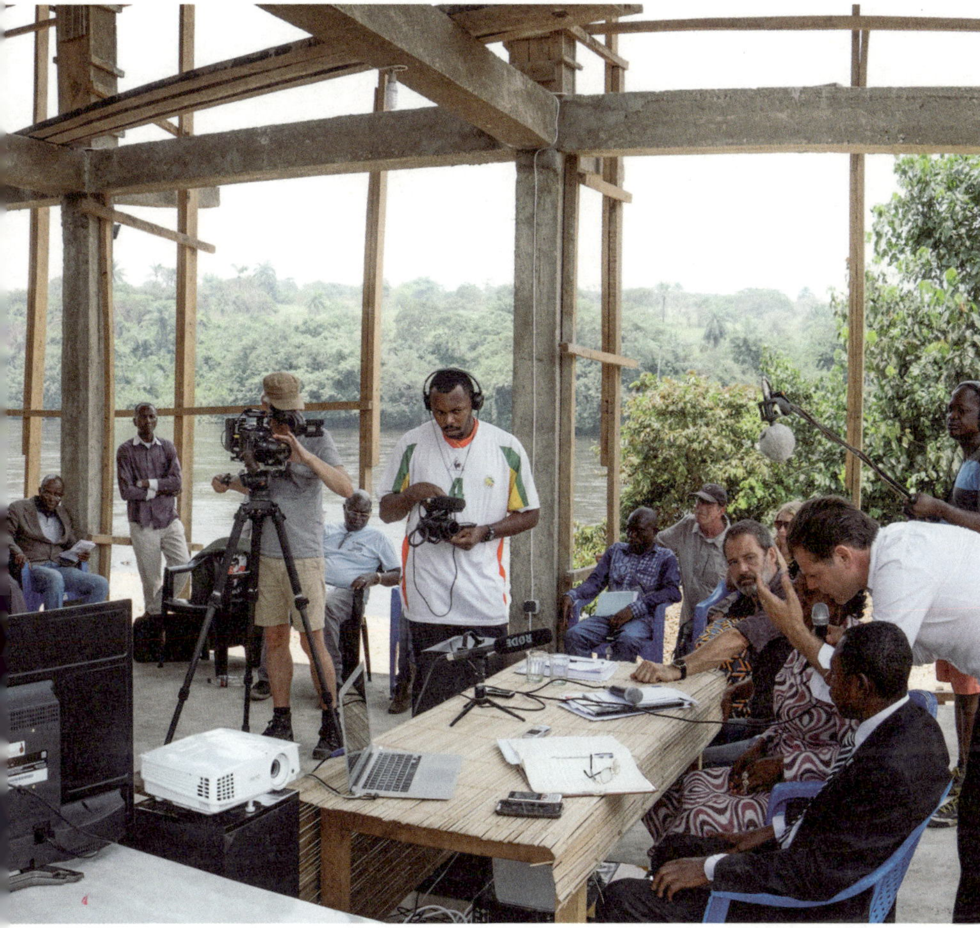

À l'intérieur du centre de conférences pendant le colloque « La matière de la critique III », Lusanga, 22–25 septembre 2016

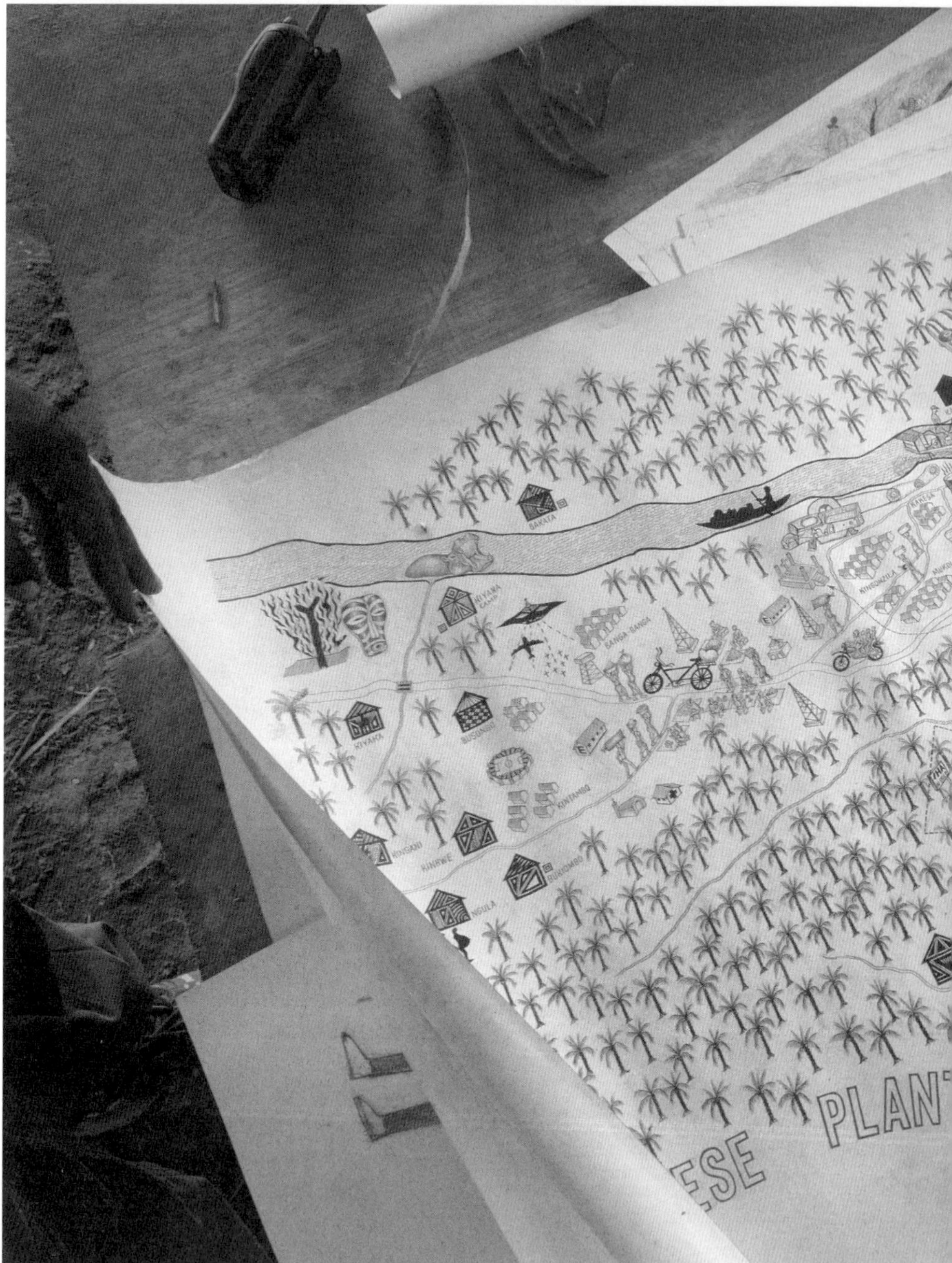

Collective drawing by members of the CATPC

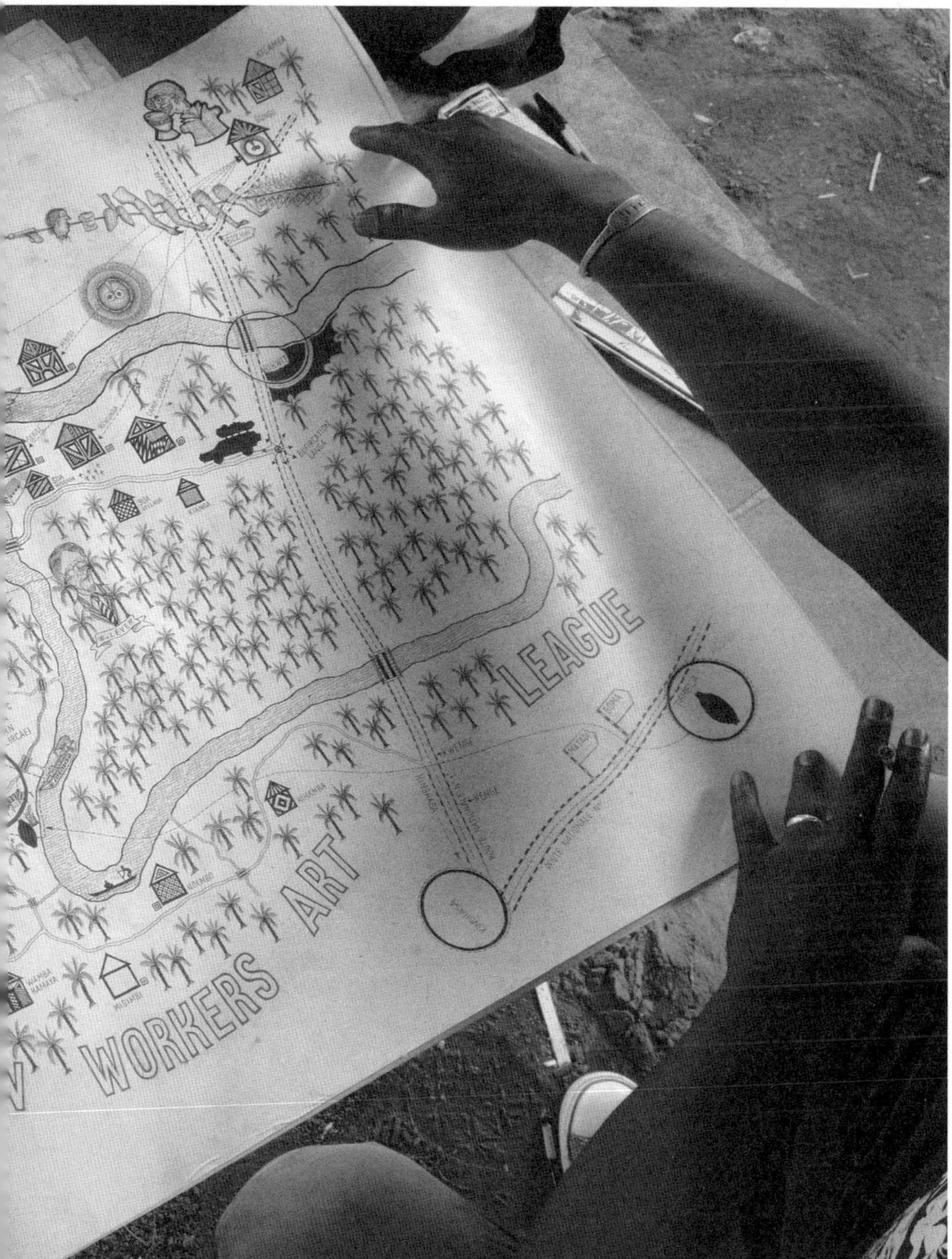

Dessin collectif des membres du CATPC

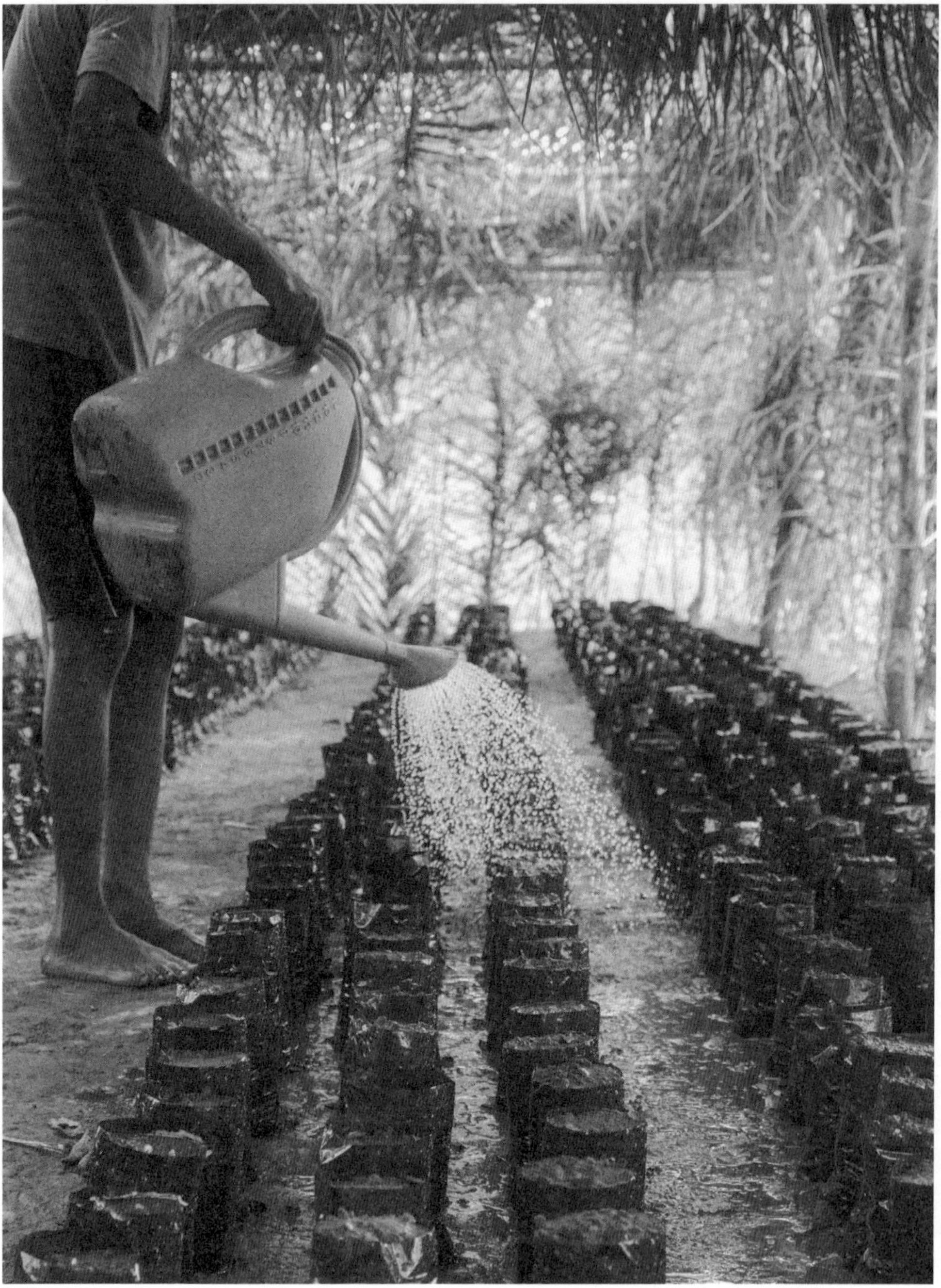

46

Cultivation of new crops in the garden center near the conference center

Culture de nouvelles pousses dans la pépinière près du centre de conférences

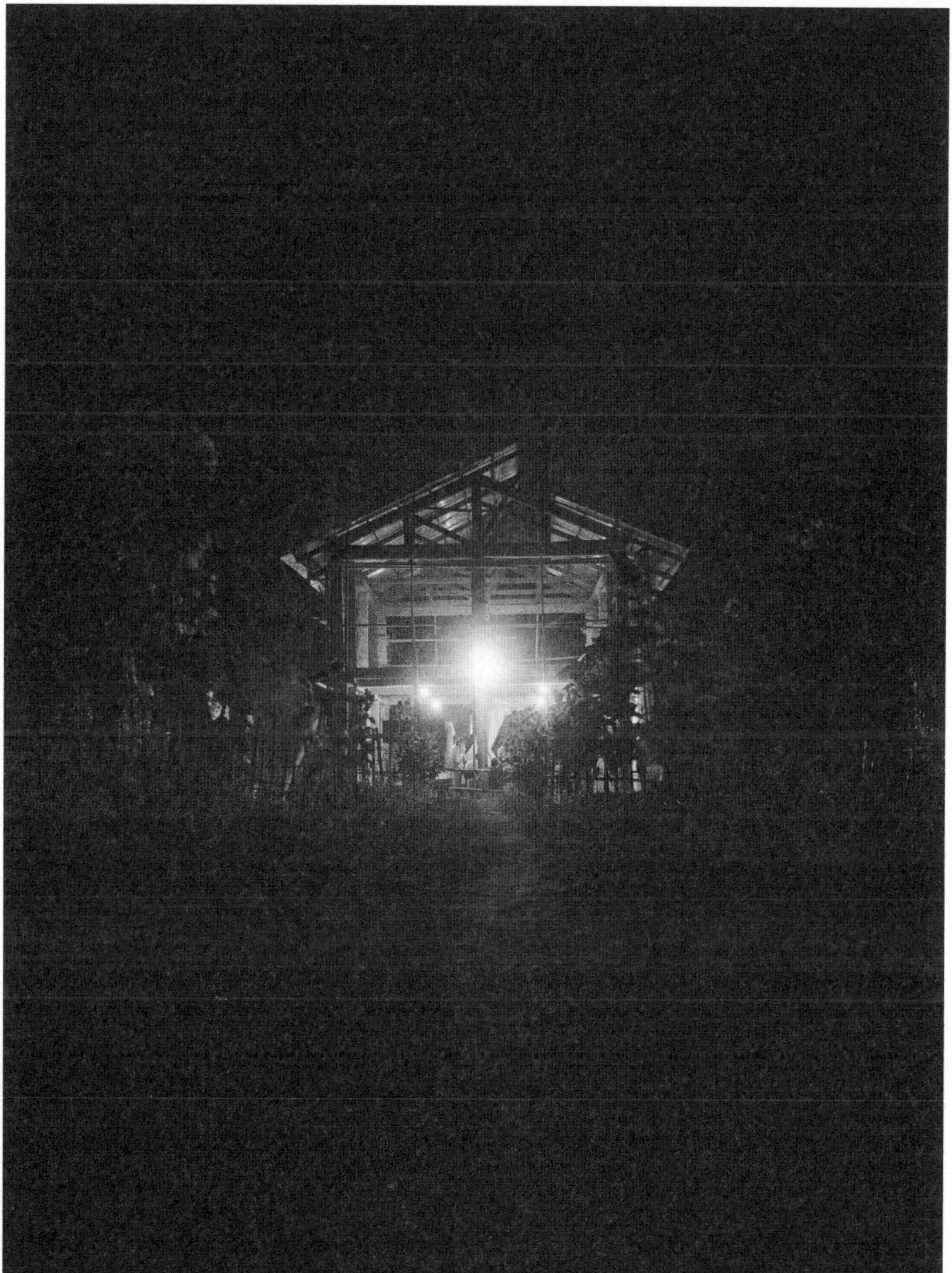

Night view of the conference center

Centre de conférences, vue de nuit

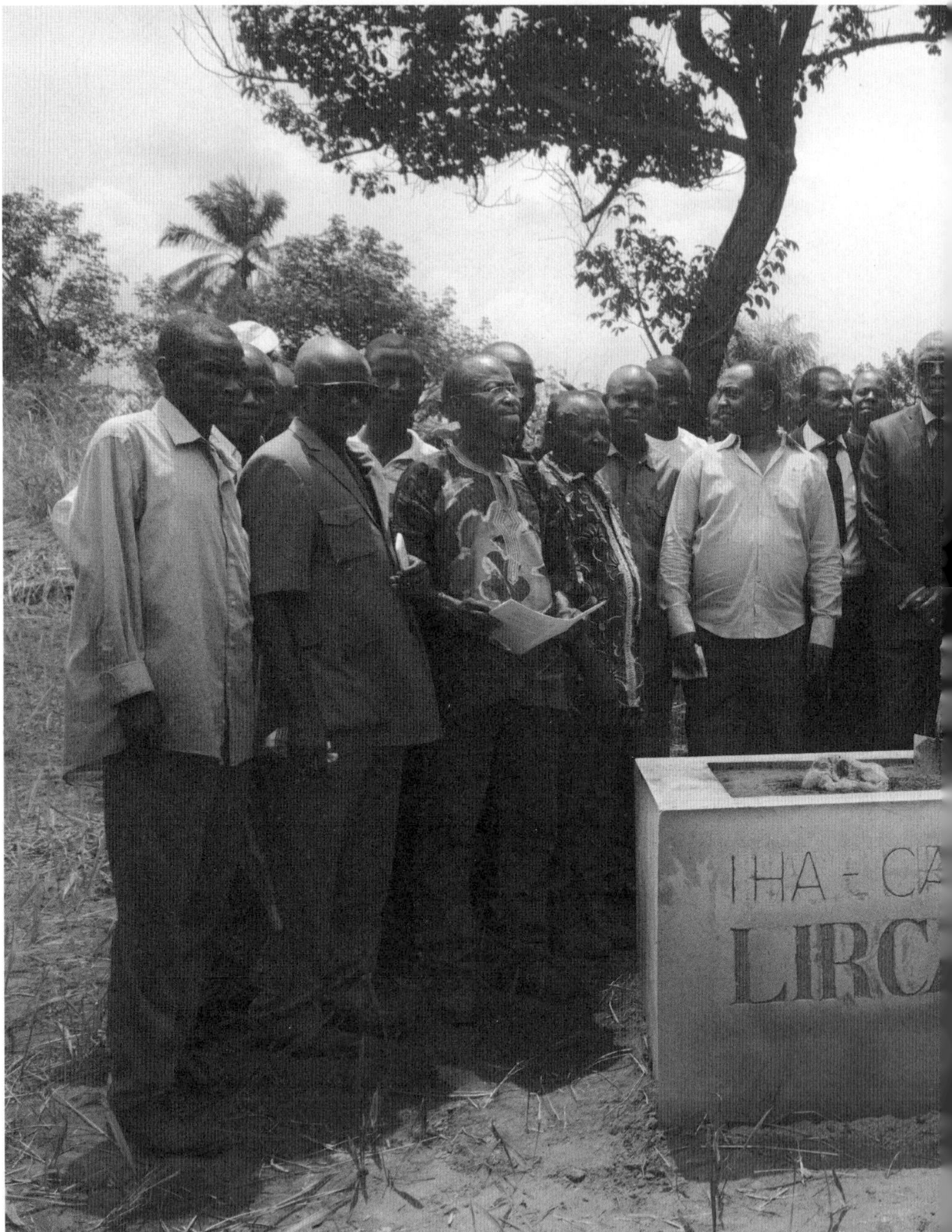

Minister of Arts and Culture Elvis Mutiri wa Bashara (ninth from the left), René Ngongo (eighth from the left), Eléonore Hellio (center), CATPC members and guests celebrating the Foundation Stone Ceremony of LIRCAEI, Lusanga, September 23, 2016

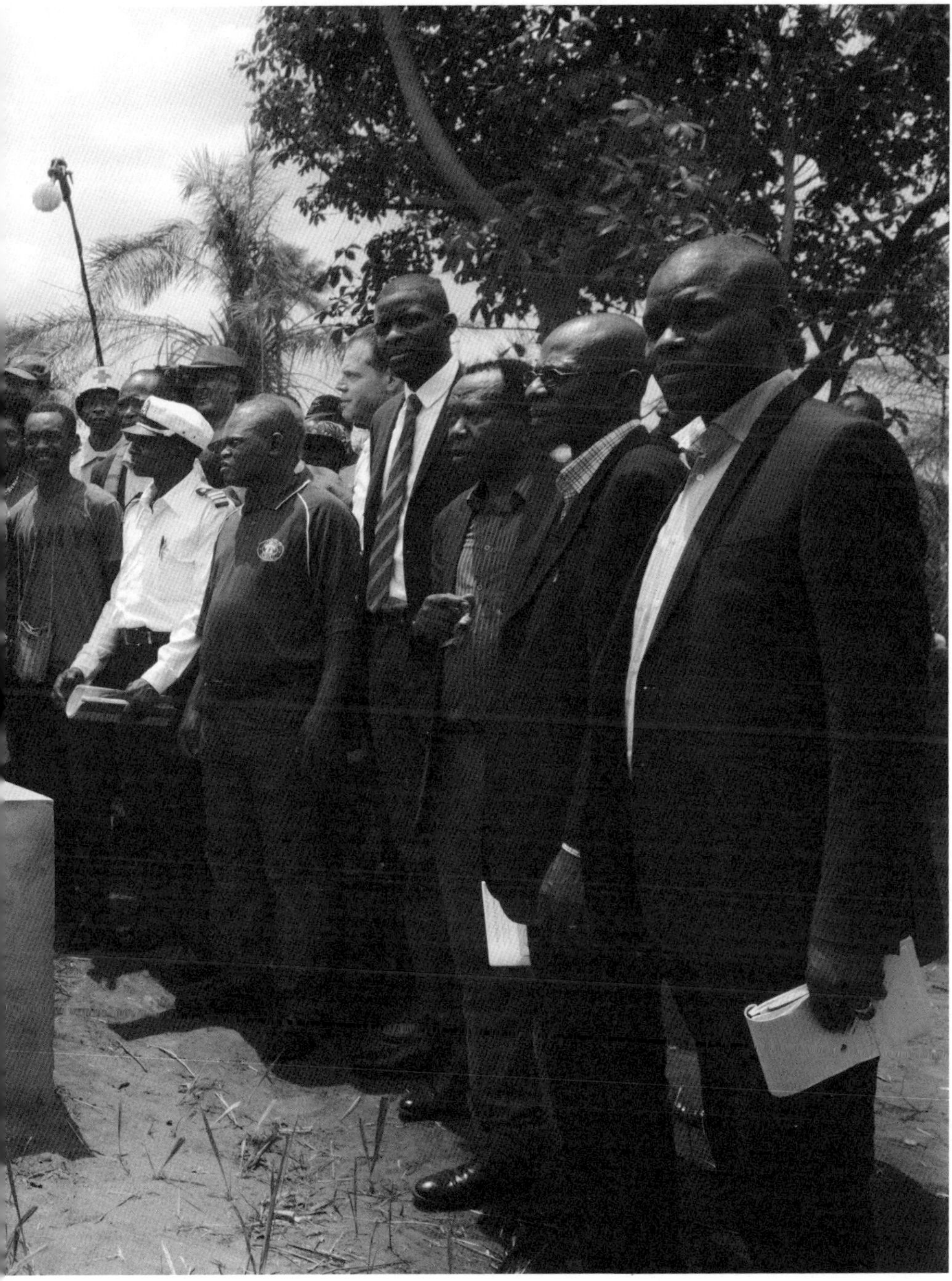

49

Elvis Mutiri wa Bashara, ministre de la Culture et des arts (neuvième à partir de la gauche), René Ngongo (huitième à partir de la gauche), Eléonore Hellio (au centre), membres du CATPC et invités célébrant la cérémonie de pose de la première pierre du LIRCAEI, Lusanga, 23 septembre 2016

Eléonore Hellio

FR

Le *Luyalu* du CATPC, un champ magnétique à Lusanga

EN

The *Luyalu* of the CATPC, a Magnetic Field in Lusanga

Lusanga, Kinshasa, Paris
10.2016

LE *LUYALU* DU CATPC, UN CHAMP MAGNÉTIQUE À LUSANGA

Ce texte[1] rassemble des notes que j'ai prises au fil de sessions de travail de création menées au sein du Cercle d'art des travailleurs de plantation congolaise (CATPC). Je tente d'y exprimer des points de vue échangés collectivement, alors que nos mains étaient plongées dans l'argile et qu'ensemble nous virevoltions en pensée à travers l'histoire. J'y expose également des réflexions subjectives, multi-pistes et non définitives, consciente en cela de possibles contradictions dans mes intentions. Ma langue – celle dans et depuis laquelle j'écris – n'est pas neutre. J'invite le lecteur à actualiser, selon ses interprétations, ce qu'il trouve ici, ouvrant en cela de nouvelles pistes, et à pointer ce qui pourrait à ses yeux constituer de fausses pistes.

Un soir de mai 2014, je rencontre Jacob Koster, jeune philosophe hollandais. Il m'expose ce qu'est l'IHA, le nouveau projet de l'artiste et réalisateur Renzo Martens. Ce dernier est à la recherche d'artistes basés à Kinshasa pour mettre en place à Lusanga un atelier de sculpture avec d'anciens travailleurs et enfants de travailleurs de la PLZ (Plantations Lever au Zaïre)[2]. Dans ce cadre, il nous propose d'accompagner des artistes locaux dans la réalisation d'oeuvres modelées dans l'argile.

Dans son film « Épisode III : Enjoy Poverty » (2008), Martens se joue des ambiguïtés de l'aide humanitaire avec la folle lucidité d'un Werner Herzog. À Lusanga, il nous embarque dans un drôle de *settlement,* une sorte de zone grinçante qui, à plus d'un égard, rappelle le monde d'Andreï Tarkovsky :

> « La Zone, c'est... un système très compliqué. De pièges, pourrait-on dire, qui sont tous mortels. Je ne sais ce qui s'y passe en l'absence de l'homme. Mais, dès que quelqu'un apparaît ici, tout se met en mouvement. Les anciens pièges disparaissent, de nouveaux apparaissent. Des endroits sûrs deviennent impénétrables. Le trajet à parcourir est parfois très simple, parfois compliqué à l'extrême. Voilà ce qu'est la Zone. Elle peut même sembler parfois capricieuse. Mais elle est telle que la fait notre esprit. Je ne vous cacherai pas que

1. J'ai écrit ce texte appuyée par la sagacité de Dominique Malaquais (Chercheuse à l'Institut des Mondes Africains IMAf / CNRS, Membre du comité de rédaction des revues Politique africaine et Chimurenga, co-directrice du projet « Archive des festivals panafricains » avec le soutien de la Fondation de France).
2. Voir plus loin le texte de J.A. Koster, « Colonialisme et l'économie créative », p. 277.

des gens soient forcés de rentrer bredouilles à mi-chemin. Certains sont morts sur le seuil de la chambre. Mais tout ce qui arrive ne vient pas de la Zone mais de nous (…)[3] ».

Nous avons accepté, Mega Mingiedi, Michel Ekeba et moi, d'aller sur cette ancienne plantation choisie par Martens parce que nous pensions nous connaître assez les uns les autres pour agir ensemble sur nos propres retranchements et pour décortiquer, chacun à sa manière, les projets de Martens afin de les bousculer si nécessaire. Nous avions, par notre inclinaison à l'indiscipline, par notre impertinence et nos combats personnels, l'ambition d'être le « pli » de l'IHA, une posture non négligeable. Il fallait face à Martens des personnalités peu enclines à être domptées, qui accompagnent ses idées afin que le CATPC puisse vivre et faire face aux contradictions inhérentes à sa position d'homme blanc opérant en Afrique post-coloniale. Alors pourquoi pas nous, ce trio excentrique sélectionné par Jacob Koster ?

Le CATPC est né de la vision d'un individu et quand bien même nous adhérons à son rêve et aux changements positifs qu'il entend faire advenir dans une région sacrifiée au bonheur de l'Occident, nous partageons ce rêve avec vigilance, attentifs à ne pas être qu'une illustration de son discours ou juste les acteurs d'un film dont nous ne maitriserions pas le dénouement. Martens a élaboré un métaconcept dont il est difficile de saisir tous les fils, toutes les attentes. Une certitude est qu'ensemble nous tentons d'influer sur le cours des choses, d'inverser la logique des inégalités là où elles adviennent, plutôt que de nous limiter à en parler.

Alors que nous nous engagions dans les ateliers, Martens tournait simultanément *A gentrification Program* de sa série de films, ce qui ne simplifiait pas notre action. La chose nous rendait même assez inquiets, voire paranoïaques. Parfois, il me glissait à l'oreille lorsque la caméra tournait : « Fais un peu plus la caricature d'une prof d'art autoritaire ! ». Michel et sa capacité de jouer ce que l'on ne voulait surtout pas qu'il soit amusait le cinéaste. Impossible, dans tout cela, d'oublier la caméra mais, petit à petit, elle s'est écartée et nous a laissé travailler en paix. D'ailleurs Martens est peu présent dans l'atelier du CATPC.

3. Voir le film « Stalker » d'Andreï Tarkovsky (1979).

Il nous laisse champ libre, l'essentiel étant pour tous que quelque chose se passe de manière organique, capable de mettre à mal, même si ce n'est qu'un instant, la violence de systèmes ou de relations établies.

Le métaconcept de Martens est-il en mesure de proposer un modèle, une stratégie donnant forme concrète à des théories économiques avant-gardistes, alors même que la présence de celui qui les propose est contestable ? Ces questions nous préoccupaient, nous préoccupent toujours. Mais nous étions (et nous restons) d'accord pour stipuler que, peut-être, les propositions de Martens sont à même d'ouvrir une voie nouvelle, permettant d'agir sur les paradoxes d'un monde fait de violence radicale. Restait à trouver les tactiques pour accompagner un appel d'air au bout de l'asphyxie néolibérale. Et, ce faisant, d'en anticiper les mirages. Pour notre collectif d'insoumis, c'était une opportunité d'être là où ça coince pour mieux comprendre l'imbrication de systèmes de pensée résultant de la colonisation. Cette initiative, à nos yeux, ne pouvait que susciter un renforcement mutuel des capacités, de l'« agencéité » des uns et des autres.

Le CATPC combine la force et l'idéalisme de Renzo Martens, l'énergie du trio Mega Mingiedi-Michel Ekeba-Eléonore Hellio, mais surtout l'engagement très fort de tous les membres actifs du CATPC qui ont persévéré pendant deux ans pour comprendre toute la complexité de ce projet connecté aux réseaux de l'art global via l'IHA. Et cette persévérance n'est pas affaire, simplement, d'avantages économiques dont bénéficient ceux qui la déploient ; il s'agit, surtout, des déverrouillages que chacun a la possibilité de déclencher. L'espoir de rendre plus tangibles les ressorts des inégalités que les travailleurs de plantation ont subi et subissent toujours est une possibilité pour eux de mieux les appréhender, ce afin d'en informer de diverses manières ceux qui en sont (directement et indirectement) responsables. Les capacités relationnelles et communicationnelles qui se sont développées entre nous constituent une ouverture qui tend à rendre les voix de l'ailleurs (peu de membres du CATPC ont eu l'occasion de voyager beaucoup plus loin que Kikwit, ville située non loin de la plantation[4]), plus intelligibles, à les désexoticiser.

4. À ce sujet, Mathieu Kasiama, membre du CATPC, a réalisé une très belle performance qui parle d'une vie d'enfermement sur la plantation.

Enfin, une des forces fondamentales du CATPC prend racine au travers des contributions très concrètes de son président René Ngongo, connu pour son combat pour la protection de la forêt congolaise et son activité au sein de l'Organisation Concertée des Écologistes et Amis de la Nature (OCEAN). Celles-ci ont élargi les activités du CATPC en proposant une stratégie de développement appropriée et durable qui consiste à ce qu'une partie de l'argent généré par les sculptures soit aussi investie dans une pépinière communautaire que nous avons mis en marche en juin 2016. Un système d'accompagnement de micro-projets individuels est aussi en cours.

Dans la répartition des rôles, Mega Mingiedi apporte ses connaissances techniques en matière de sculpture et son expérience en tant qu'artiste congolais ayant vécu l'Europe avec tous les dilemmes que cela entraîne. Michel Ekeba est une sorte d'agent facilitateur qui à une approche performative spontanée du contexte. Il perturbe et brouille les conventions tout en les incarnant pour les réinterroger. Enfin, je peux dire pour faire vite que j'apprends à apprendre, que j'accompagne les artistes dans leur entrée en résonance avec leurs propres forces et qualités et, de même, me laisse accompagner par les artistes-planteurs du CATPC, car ici nous sommes tous à la fois enseignants et apprenants, engagés dans une réciprocité de la transmission des savoirs et des savoir-faire.

S'agissant des oeuvres à créer, le cahier des charges établi par Martens était assez précis et classique et relevait presque de la commande privée. Il s'agissait de produire des autoportraits. Répondre à cette demande n'a rien de simple. On peut, en effet, se demander si, sous l'impact d'un agent extérieur incarné par Martens, nous ne sommes pas en train de transformer des paysans en artistes internationaux, comme le font certains grands collectionneurs et curateurs européens (on pense à la polémique autour de l'exposition « Magiciens de la terre » ou à certains artistes soutenus par André Magnin). En même temps, c'est là un débat qui pourrait s'avérer stérile. L'IHA n'est pas un chasseur de têtes. Plus intéressant, me semble-t-il, est de se pencher sur l'action des travailleurs de plantation eux-mêmes. C'est grâce à leur talent artistique et leur perspicacité que nous avons aujourd'hui une plateforme autogérée de recherché et de création en pleine brousse, un espace évolutif ouvert à tous ceux qui souhaitent développer des connaissances, y compris celles qu'ils possèdent déjà mais dont l'espace pour les exprimer a peu à peu été subtilisé au cours de l'histoire.

Le système colonial interdisait toute pratique associée aux « fétiches » et appelait, de ce fait, à l'interdiction et à la destruction de tout objets perçus comme tels par l'oppresseur. Fétiche, ce mot d'origine latine qui signifie factice au sens d' artificiel, et d'origine portugaise « feitiço », fait référence aux objets utilisés comme amulettes dans le contexte de la théologie chrétienne et de ses notions d'idolâtrie et de superstition. L'équivalent en kikongo, « nkisi », recouvre toutes les pratiques qui relient les hommes aux esprits, notamment celles qui nécessitent la fabrication de statuettes, de masques ou d'objets afférents. De nombreux artistes du CATPC sont des sculpteurs sur bois qui fabriquent des objets dont certains peuvent être ensuite chargés par un praticien du nkisi.

Les sculptures du CATPC constituent moins des autoportraits qu'un travail d'auto-représentation lié aux mémoires du clan – mémoire en quête de reconnaissance. Les artistes du CATPC ne sont pas particulièrement attachés aux sculptures en tant que telles ; c'est plutôt à leur pouvoir qu'ils s'intéressent, à leur « luyalu », terme traduit par « gouverner » dans plusieurs dictionnaires kikongo glanés sur le web. Le luyalu du CATPC a son propre agenda : reprendre le fil de l'autodétermination, canaliser les forces visibles et invisibles, opérer une médiation sociale qui agirait comme un relais entre le travailleur et les forces qui l'exploitent pour tenter ainsi de régler d'une manière inédite les relations entre désir et manque et appeler à surmonter les inégalités de genre, de « race » et de classe à travers l'acte de création.

Les sculptures crées à Lusanga ne voyagent pas. Dès le départ, en effet, le CATPC a adhéré à l'idée proposée par Martens qu'elles soient reproduites en cacao après avoir été scannées en 3D. L'objet original en argile disparait pour créer un nouvel objet, un double auquel est ajouté une intentionnalité portée par Martens et l'IHA. Il devient l'emboitement de deux réalités.

Les sculptures sont en quelque sorte fractales : ce qui voyage c'est l'empreinte virtuelle des sculptures, qui, selon les membres du CATPC, ne perdent pas leur pouvoir. Bien au contraire, expliquent-ils, leur force se trouve renforcée par l'exercice de dédoublement auquel elles se prêtent.

La question du cacao a soulevé beaucoup de débats. Mais, pour les membres du CATPC qui le cultivent et le récoltent pour le vendre à bas prix à de grosses compagnies sans jamais avoir gouté au chocolat, quelle revanche que de charger de leurs visions ce produit qui les éreinte.

Selon le parcours de chaque individu, une importance plus ou moins grande peut être donnée au processus de création comme moyen de (ré)établir une connexion avec les ancêtres. L'enjeu est de (re)trouver une mémoire « psychogénérationnelle » via une régénération de la filiation, opérée afin de se ressaisir d'outils métaphysiques qui donnent accès au bien-être et qui protègent. Une fois finalisées, les sculptures sont activées par des paroles prononcées pour les ancêtres avec un partage de noix de kola et de vin de palme… L'esthétique des sculptures est développpée librement (avec certaines contraintes techniques liées au scannage) mais tous les aspects de leur luyalu sont discutés collectivement chaque jour. Parfois les compétences sont collectivisées pour améliorer une sculpture. Toutes ne sont pas sélectionnées pour le scannage. La question de la signature reste en débat : le désir de concrétiser une vision vient toujours d'un individu, même si cette vision est augmentée par tous les participants. L'atelier à un fonctionnement multiple. Mega Mingiedi, Michel Ekeba, Jean Katambayi (en résidence pendant le mois de Septembre 2016), Renzo Martens, quand il est de passage à Lusanga, et moi proposons des approches techniques, conceptuelles ou méthodologiques, en nous interrogeant toujours, et collectivement, sur les principes de ces interventions, de manière à les éprouver ensemble et à les adapter au mieux aux complexités des relations qui nous unissent. Les sculptures ont activé le besoin d'aller vers d'autres médiums dont le dessin, le théâtre et la vidéo-performance qui mèneront certainement vers d'autres étendues de la réflexion et vers de nouvelles oeuvres.

Translated from French by Emilano Battista

This text[a] gathers the notes I took in the course of meetings and work sessions with the Cercle d'art des travailleurs de plantation congolaise (Congolese Plantation Workers Art League or CATPC). In them, I try to give expression to the collective exchange of perspectives that happened while our hands were deep in clay and our thoughts spun together across history. I have also included here some subjective reflections, multi-tracks far from definitive, fully aware of possible contradictions with my stated intentions. My language—the one in which and from which I write—is not neutral. And I invite readers to actualize, in light of their interpretation, what they find here, thus opening up yet new paths, and to point out whatever may strike them as false leads.

I met Jacob Koster, a young Dutch philosopher, an evening in May 2014. He laid out for me the ideas behind the Institute for Human Activities (IHA), the new project by the artist and film-maker Renzo Martens. At the time, Martens was looking for artists based in Kinshasa to set up a sculpture studio in Lusanga with former workers of the Plantations Lever au Zaïre (Lever Plantations in Zaire or PLZ), and their children.[b] It was in this context that he asked us to work with local artists in the making of clay sculptures.

In *Episode III: Enjoy Poverty* (2008), Martens avails himself of the ambiguities of humanitarian aid with the crazy lucidity of a Werner Herzog. In Lusanga, he takes us into a curious sort of settlement, a spiky zone that seems, more than once, to be reminiscent of the world of Andrei Tarkovsky:

> The Zone [...] is a very complicated system of traps, and they're all deadly. I don't know what goes on here in the absence of people, but the moment anyone shows up, everything comes into motion. Old traps disappear and new ones emerge. Safe spots become impenetrable. Sometimes the path is simple and easy, and sometimes very intricate. That's the Zone. It may even seem capricious now and then. But it is what our mind makes it. I won't hide from you the fact that people have had to stop dead on their tracks

a. In writing this text I was strongly supported by the wisdom of Dominique Malaquais, researcher at the Institut des Mondes Africains IMAf-CNRS, member of the editorial board of the journals *Politique africaine* and *Chimurenga*, and co-director of the project "Archive des festivals panafricains," funded by the Fondation de France.

b. For more on the PLZ. see "Colonialism and the Creative Economy" by J.A. Koster on page 277.

halfway and gone back. Some of them even died on the very threshold of the room. Everything that goes on here depends, not on the Zone, but on us.[c]

And we—I mean Mega Mingiedi, Michel Ekeba, and myself—accepted the invitation to go to this old plantation Martens had chosen because we thought we knew each other well enough to challenge each other to dissect Martens' project, each of us in our own way, and to throw it for a spin if necessary. Our ambition—no doubt fostered by our disinclination to discipline, our penchant for impertinence, and our personal struggles—was to be the "fold" of the IHA. Not a negligible position, by any means. With a figure like Martens, it was important to have people who would not be tame or intimidated to support his ideas, and thus bring the CATPC to life, all while confronting the contradictions inherent to his position as a white man operating in postcolonial Africa. And why should that not be us, the eccentric trio selected by Jacob Koster?

The CATPC was born from one person's vision, and although we subscribed to his dream, and to the positive changes it aims to bring to a region sacrificed at the whim of the West, we did so with a certain vigilance; we were careful not to be simply an illustration of his discourse, or merely the actors in a film whose denouement was out of our hands. It is not easy to capture all the threads and anticipate all the expectations of the meta-concept Martens conceived. What is certain is that, rather than limiting ourselves to talking, we tried, together, to influence the events as it then folded and to invert the logic of inequalities wherever it reared its head.

While we were busy in the art studio, Martens was simultaneously filming *A Gentrification Program,* as a part of his filmseries, and that didn't make our actions any easier. Actually, the whole thing made us quite uneasy, paranoid even. Sometimes, he'd whisper to me as the camera rolled: "Do more of a caricature of the authoritarian art professor!" Michel, and his capacity to play whatever it is that was not supposed to be done, amused the director. In all that, it was impossible to forget the camera but little by little it took its distance and let us do our work in

c. See Andrei Tarkovsky, *Stalker* (1979).

peace. Incidentally, Martens himself was often not present at the CATPC art studio. He gave us free reign: the essential thing, for everybody, was to allow for something to happen organically that could, even if only for an instant, unsettle the violence of the established system of relations.

Is Marten's meta-concept capable of proposing a model or strategy that gives concrete forms to avant-garde economic theories, even when the presence of the one proposing it can be questioned? We worried about these issues then, and we still do. But we agreed, then and now, with the stipulation that Martens' propositions can perhaps open a new path to take action on the paradoxes of a world riddled by radical violence. What remained was for us to find the tactics that could go hand in hand with a call for some breathing space amidst the neoliberal asphyxiation. And, in doing so, to anticipate the mirages. For our untamed collective, it was a chance to be at the very spot where the imbrication of the systems of thought resulting from colonization can best be understood. To our eyes, this initiative could not but elicit a mutual strengthening of capacities, of the "agency" of everyone involved.

The CATPC combines the strength and idealism of Renzo Martens, the energy of the trio Mega Mingiedi–Michel Ekeba–Eléonore Hellio, and, most of all, the very strong commitment of all the active members of the CATPC, who perservered for two years in the effort to understand to its fullest the complexity of this project and its connection, via the IHA, to the art network worldwide. This commitment was not sourced in the economic advantages that those involved benefit, but in the breakthrough that everyone has the chance to set in motion; The hope of rendering tangible the roots of the inequalities that the plantation workers have been and continue to be subjected to gives them a possibility to better understand those inequalities, and to do so in a way the people responsible, whether directly or indirectly, are informed. The relational and communications capacities that developed between us constitute an opening that tends to render the voices from elsewhere (very few CATPC members, by the way, have had the occasion to travel further than Kikwit, a town not that far from the plantation)[d] more intelligible, to de-exoticize them. Lastly, one of the fundamental forces of the CATPC took root through the quite concrete contributions of its president, René Ngongo, who is well-known for his fight to protect Congo's forests and for his activities with the Organisation concertée des écologistes et Amis de la nature (Joint Organization of Environmentalists and Friends of Nature or OCEAN). His efforts enlarged the activities of the CATPC by proposing a strategy of appropriation and sustainable development in which a part of the revenue generated by the sculptures are to be invested in a communal nursery that we started in June 2016. A support system for individual micro-projects is also ongoing.

In the distribution of roles, Mega Mingiedi brought his technical knowledge of sculpture and his experience as a Congolese artist who has lived in Europe, with all the dilemmas that entails. Michel Ekeba is a sort-of facilitator who has a spontaneous performative approach to the context. He unsettles and disrupts conventions, while embodying them in order to question them. Lastly, I can say very briefly about myself that I'm learning to learn, that I support the artists as they enter into resonance with their own strengths and qualities, and that I let myself be supported by the artist-planters of the CATPC, because there we are both teacher and student at once, all engaged in a reciprocal transmission of knowledges and know-how.

As for the works to be created; the agenda Martens established was quite precise and classical and seemed almost to stem from the private commission. It called for self-portraits. There is nothing simple about honouring this request. We could, in effect, ask ourselves if we were not under the impact of an external agent embodied by Martens, in the process of transforming farmers into international artists, as some big European collectors and curators do (one is reminded here of the polemic that surrounded the exhibition "Magiciens de la terre" at the Centre Pompidou, or of some of the artists represented by André Magnin's gallery). At the same time, though, that's a debate that could become sterile. The IHA is not a headhunter. The more interesting thing, it seems to me, is to focus on the actions of the plantation workers themselves. It's thanks to their artistic talent and their perspicacity that we have today a self-managed research and creation

d. CATPC member Mathieu Kasiama created a very beautiful performance on this subject that speaks about a life of confinement on the plantation.

platform in the middle of the bush, an evolving space open to anyone interested in developing his or her knowledge and skills. And this includes knowledge and skills s/he may already have, but whose space of expression was stolen, little by little, over the course of history.

The colonial system prohibited any and every practice associated with fetishes, and consequently demanded that any object perceived as such by the oppressor should be destroyed. Fetish—a word with Latin roots meaning unnatural or artificial, and which reached Africa via Portuguese (*feitiço*)—refers to objects used as amulets in the context of Christian theology and its notions of idolatry and superstition. The equivalent in Kikongo, *nkisi,* encompasses all the practices that link people to spirits, particularly those practices that require the making of statuettes, masks, or related objects. Many of the CATPC artists are wood sculptors who make objects that can subsequently be charged by an *nkisi* practitioner.

The sculptures made at the CATPC are not so much self-portraits as they are a self-representation linked to the memories of the clan—memory in search of acknowledgement. The artists are not particularly attached to the sculptures as such; they are more interested in their power, their *luyalu*, a term that a number of Kikongo dictionaries online translate as "to govern." The CATPC *luyalu* has its own agenda: to pick up anew the thread of self-determination, to channel visible and invisible forces, to operate a social mediation that would act as a relay between the workers and the forces that exploit them; and by these means to try to settle, in a completely new way, the relations between desire and need and to call for overcoming inequalities linked to gender, "race," and class through the act of creation.

The sculptures created in Lusanga do not travel. From the start, in fact, the CATPC has adhered to the idea Martens proposed: that the sculptures were to be reproduced in chocolate using a 3D scanner. The original clay object would disappear to create a new object, a double that would be infused with an intentionality brought by Martens and the IHA. It becomes the interlocking of two realities. The sculptures are in some ways fractal: what travels are the sculptures' virtual imprint and these, according to CATPC members, do not lose their powers. On the contrary, they explain that their powers increase with the doubling they undergo.

The choice for chocolate was the subject of much debate. But, for CATPC members, who cultivate and harvest cacao to sell at cheap prices to big companies and who have never tasted chocolate, it is a revenge of sorts to be able to imprint their visions upon a product that exhausts and shatters them."

Depending on the trajectory of each individual, greater or lesser importance can be attributed to the creative process as a means to (re)establish a connection with his or her ancestors. What is at stake is to reconnect to a "psycho-generational" memory through the regeneration of affiliation, operated in order to seize a new metaphysical objects that both protect and yield access to well-being. Once finished, the sculptures are activated by words pronounced for the ancestors with a mixture of kola nut and palm wine… The aesthetics of the sculptures is developed freely (albeit with certain technical constraints linked to the scanning process); all the aspects of their *luyalu*, however, are discussed collectively every day. Sometimes the competences and skills are collectivized to improve a sculpture. Not all are selected to be scanned. The question of the signature remains open to debate: the desire to concretize a vision always comes from an individual, even if the vision is augmented by all the participants. The studio functions in multiple ways. Mega Mingiedi, Michel Ekeba, Jean Katambayi (who was in residence during the month of September 2016), Renzo Martens (when he is in Lusanga), and I suggest a variety of technical, conceptual, and methodological approaches. And we do this while always questioning ourselves, individually and collectively, about the principles of this intervention, in such a ways as to experience them together and to adapt them as best we can to the complexities of the relations that bind us. The sculptures sparked the need to reach for other media—drawing, theatre, video-performance—which will undoubtedly in their turn lead towards further expansion of the ongoing reflection, and to new works.

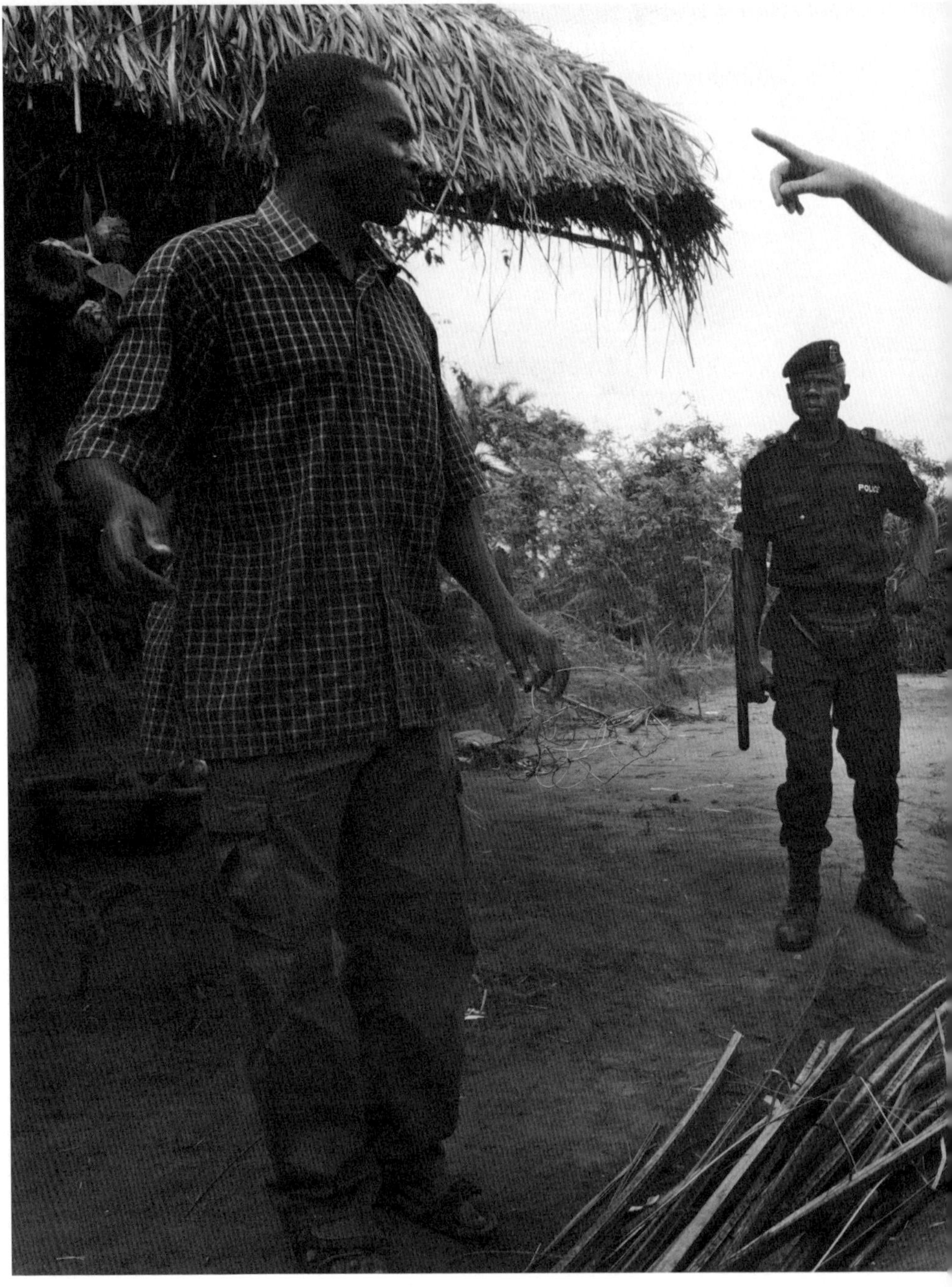

Jean Katambayi, Renzo Martens, Eléonore Hellio, and Minister of Arts and Culture Elvis Mutiri wa Bashara visiting the CATPC studios

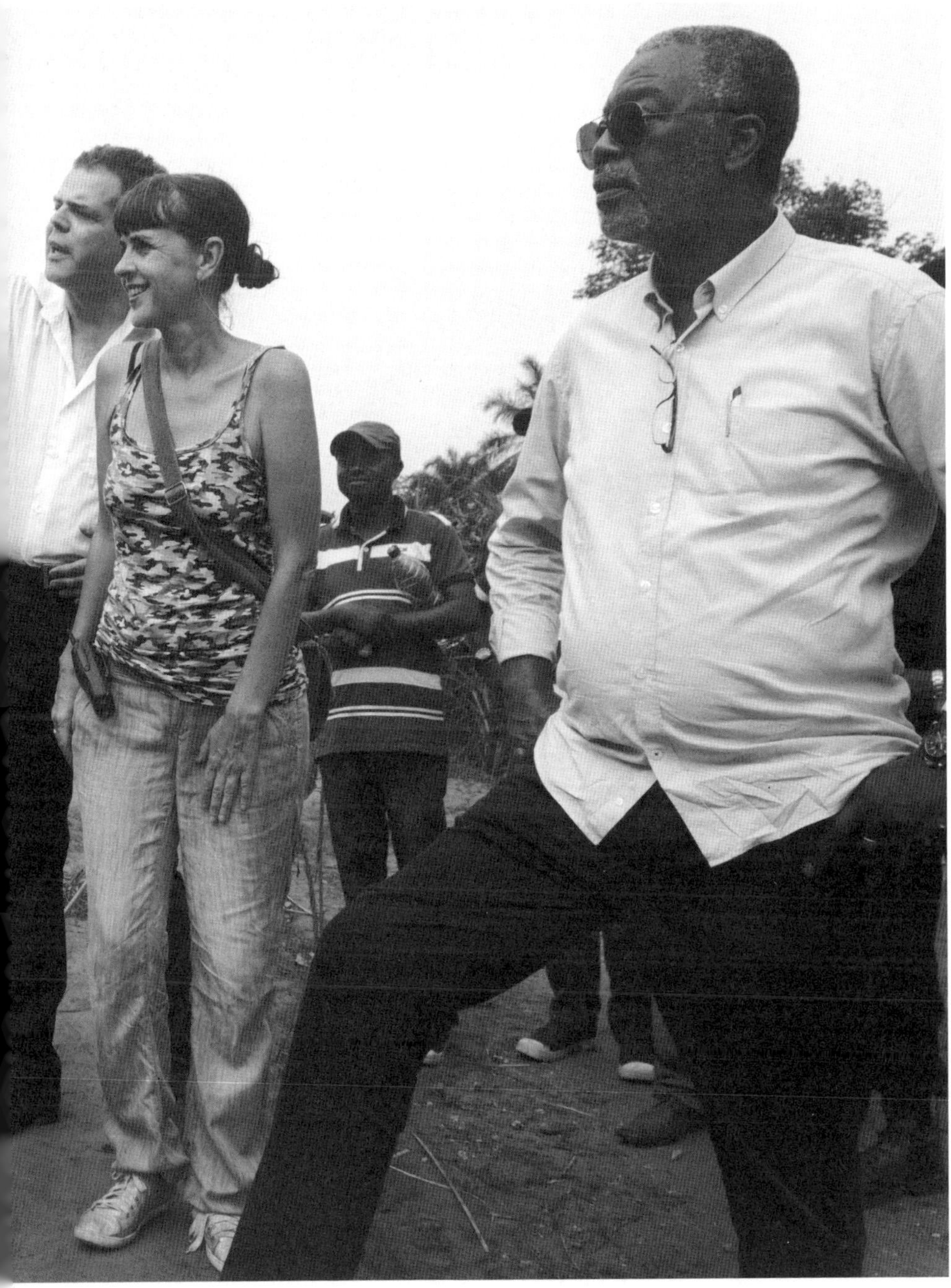

Visite des ateliers du CATPC par Jean Katambayi, Renzo Martens, Eléonore Hellio et le ministre de la Culture et des Arts Elvis Mutiri wa Bashara

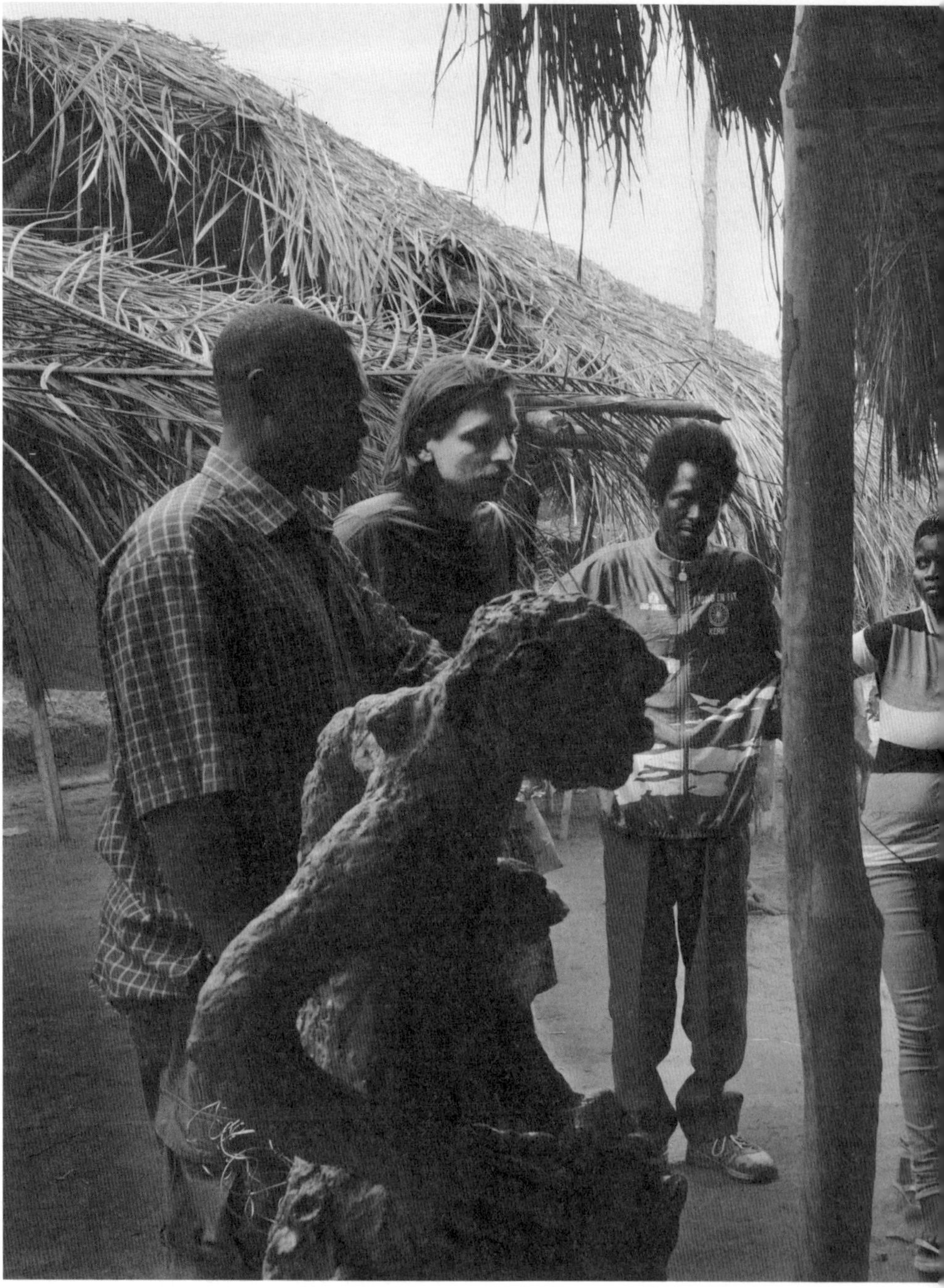

Discussions on sculptures made by the CATPC in presence of artists, Jean Katambayi (artist in residence at CATPC), and Laurens Otto and Nicolas Jolly (both working for the IHA)

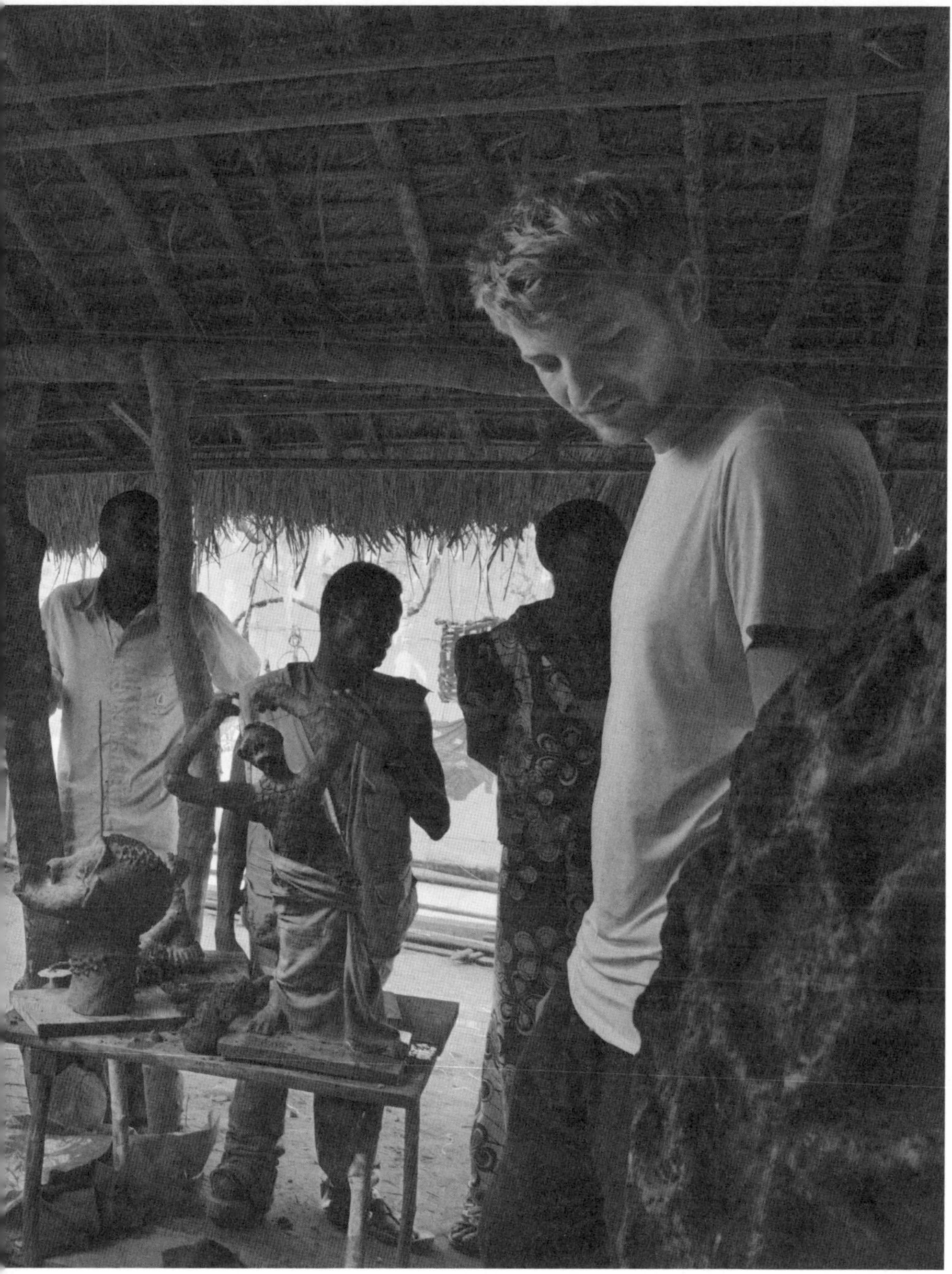

Discussions à propos des sculptures réalisés par le CATPC en présence des artistes, Jean Katambayi (artiste en résidence au CATPC) et Laurens Otto et Nicolas Jolly (collaborateurs de l'IHA)

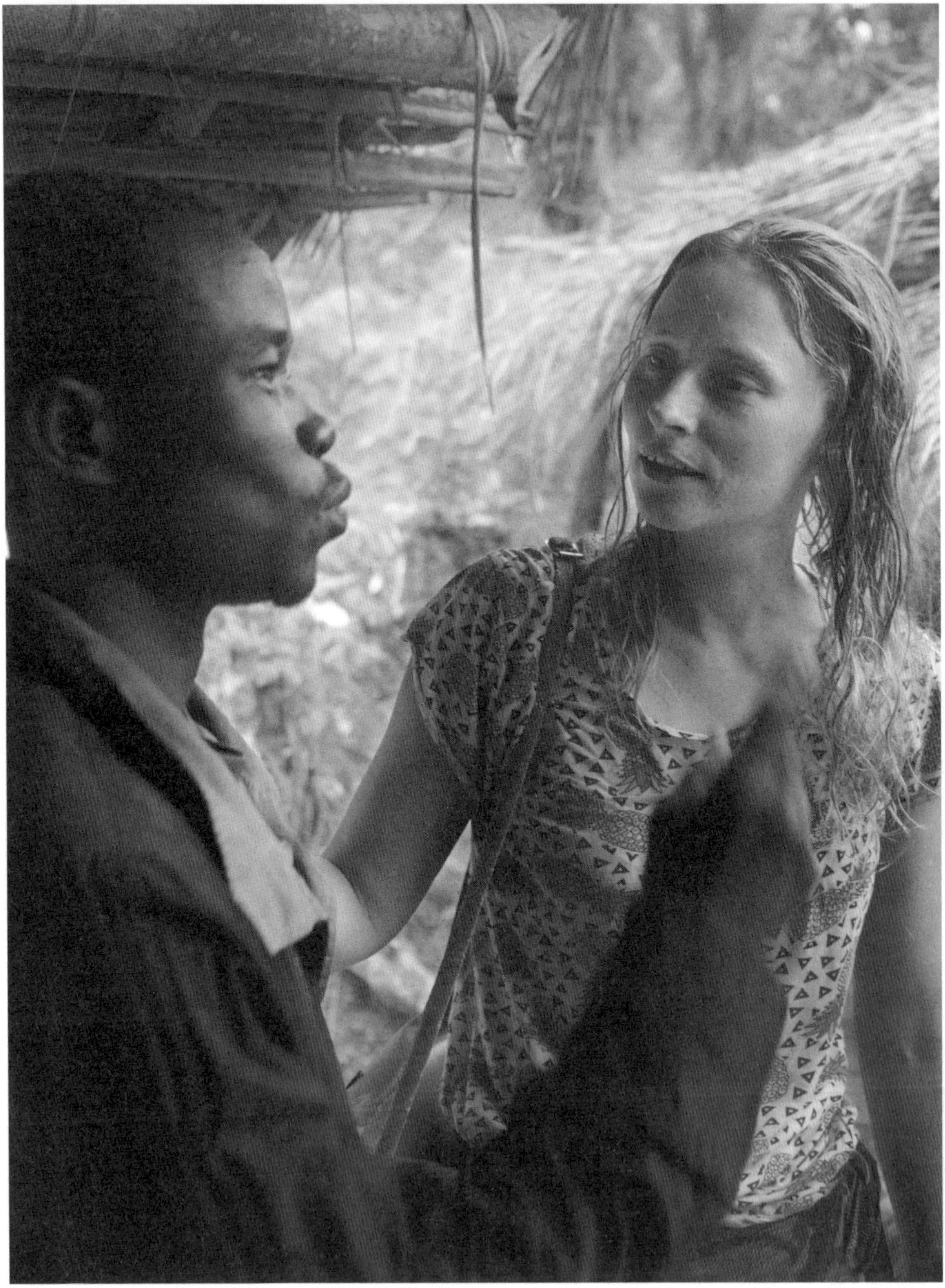

Mathieu Kasiama (artist member of CATPC) and Suzanne Hoogewys (IHA)

Mathieu Kasiama (artiste du CATPC) et Suzanne Hoogewys (IHA)

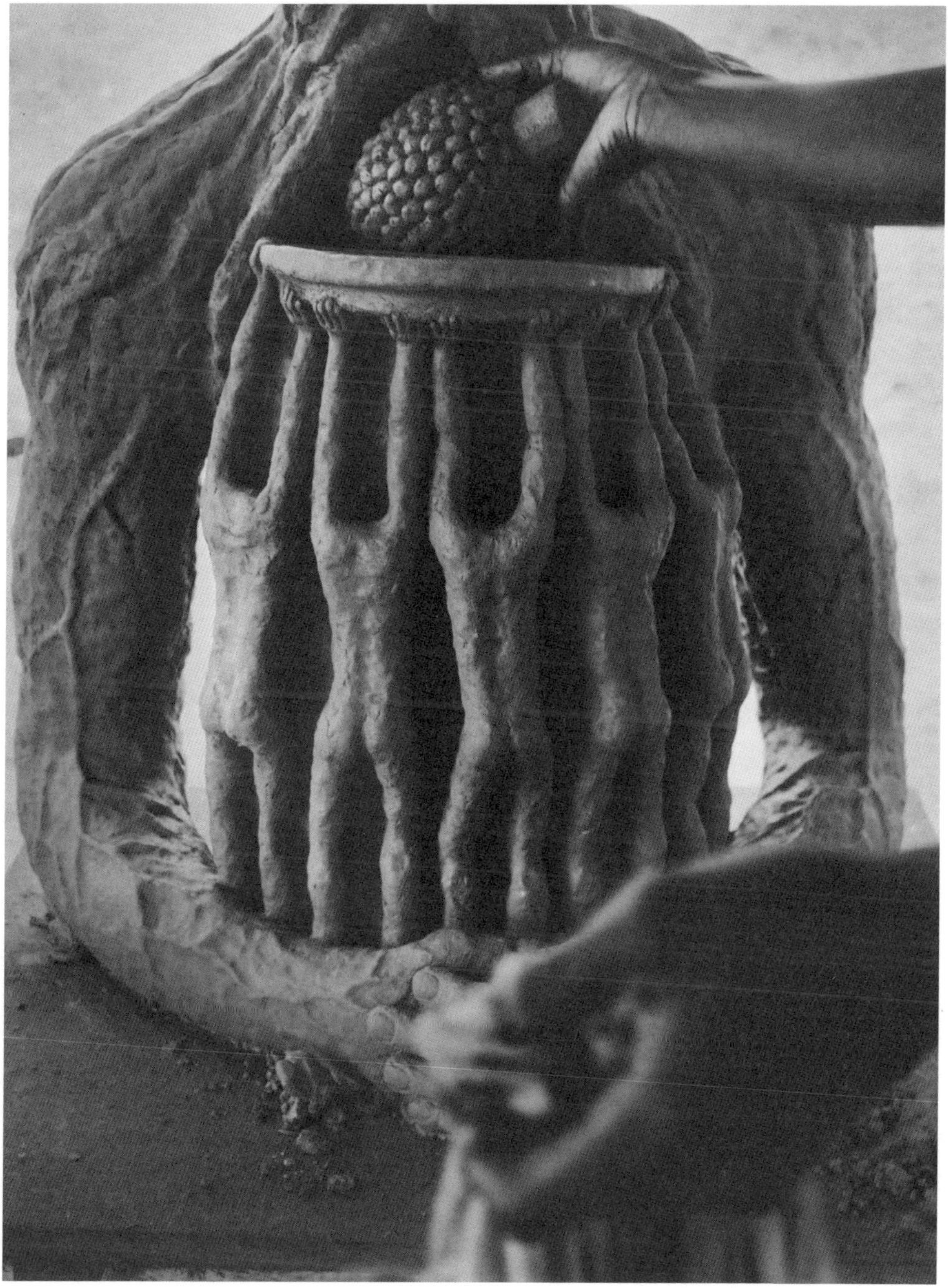

Cedrick Tamasala working on his clay sculpture *Aliénation des travailleurs face à l'empire colonial*

Cedrick Tamasala travaillant sur sa sculpture en argile *Aliénation des travailleurs face à l'empire colonial*

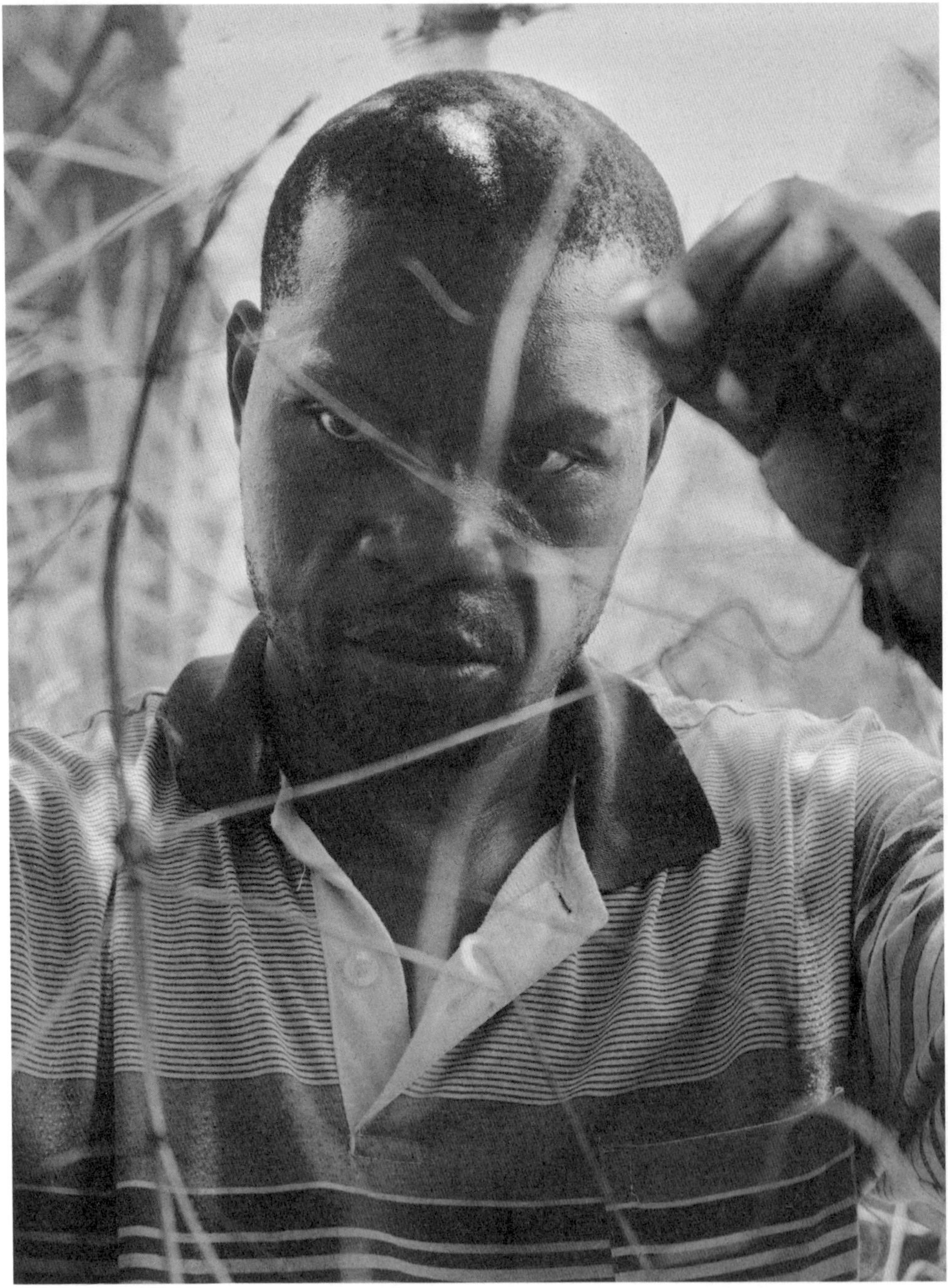

70

Jean Katambayi (artist in residence) during workshops with the CATPC

Jean Katambayi (artiste en résidence) lors des ateliers avec le CATPC

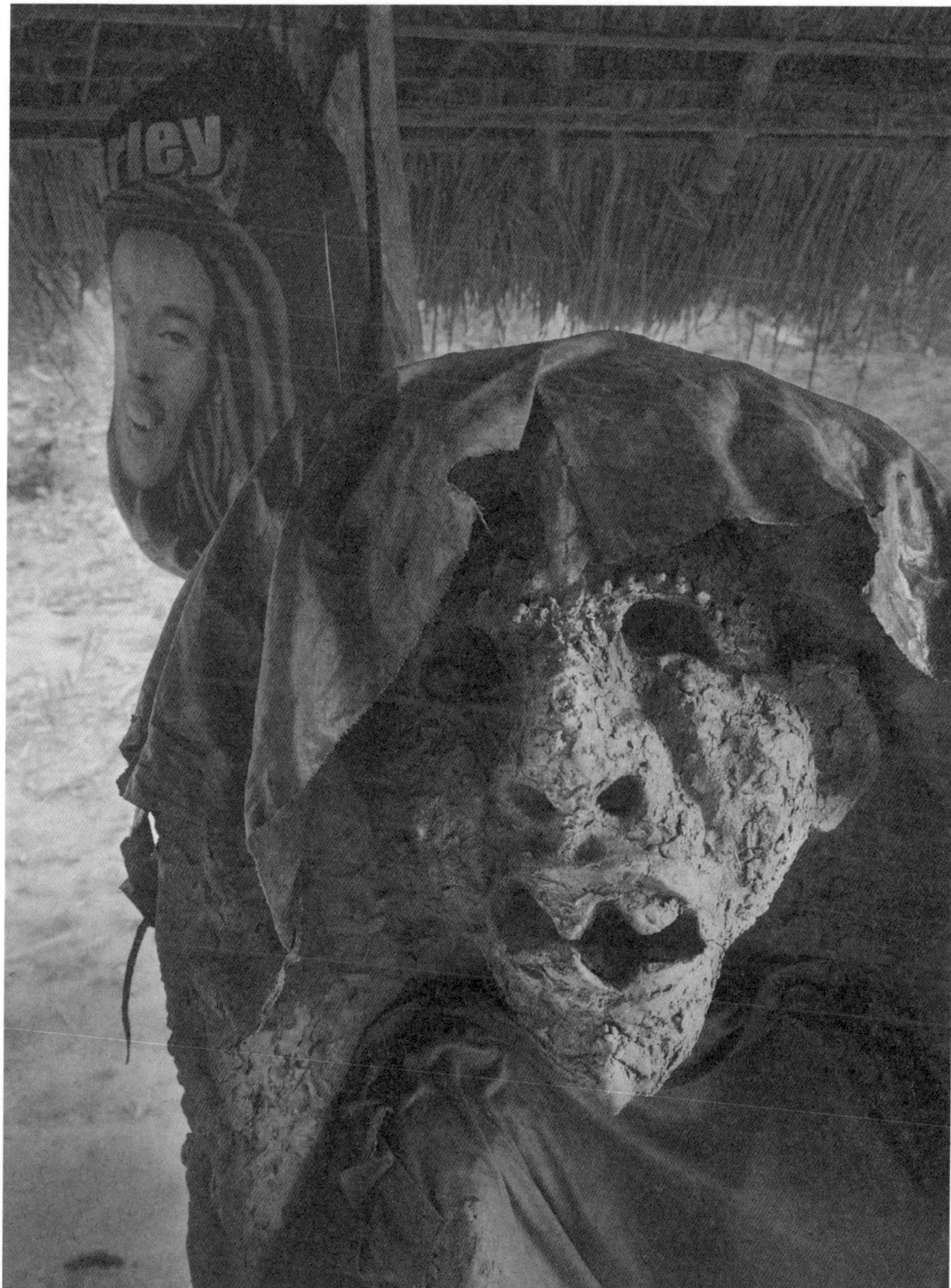

Detail of *Balot en décomposition tenant un morceau de sa propre chair dans ses mains*, clay sculpture by Thomas Leba

Détail de *Balot en décomposition tenant un morceau de sa propre chair dans ses mains*, sculpture en argile de Thomas Leba

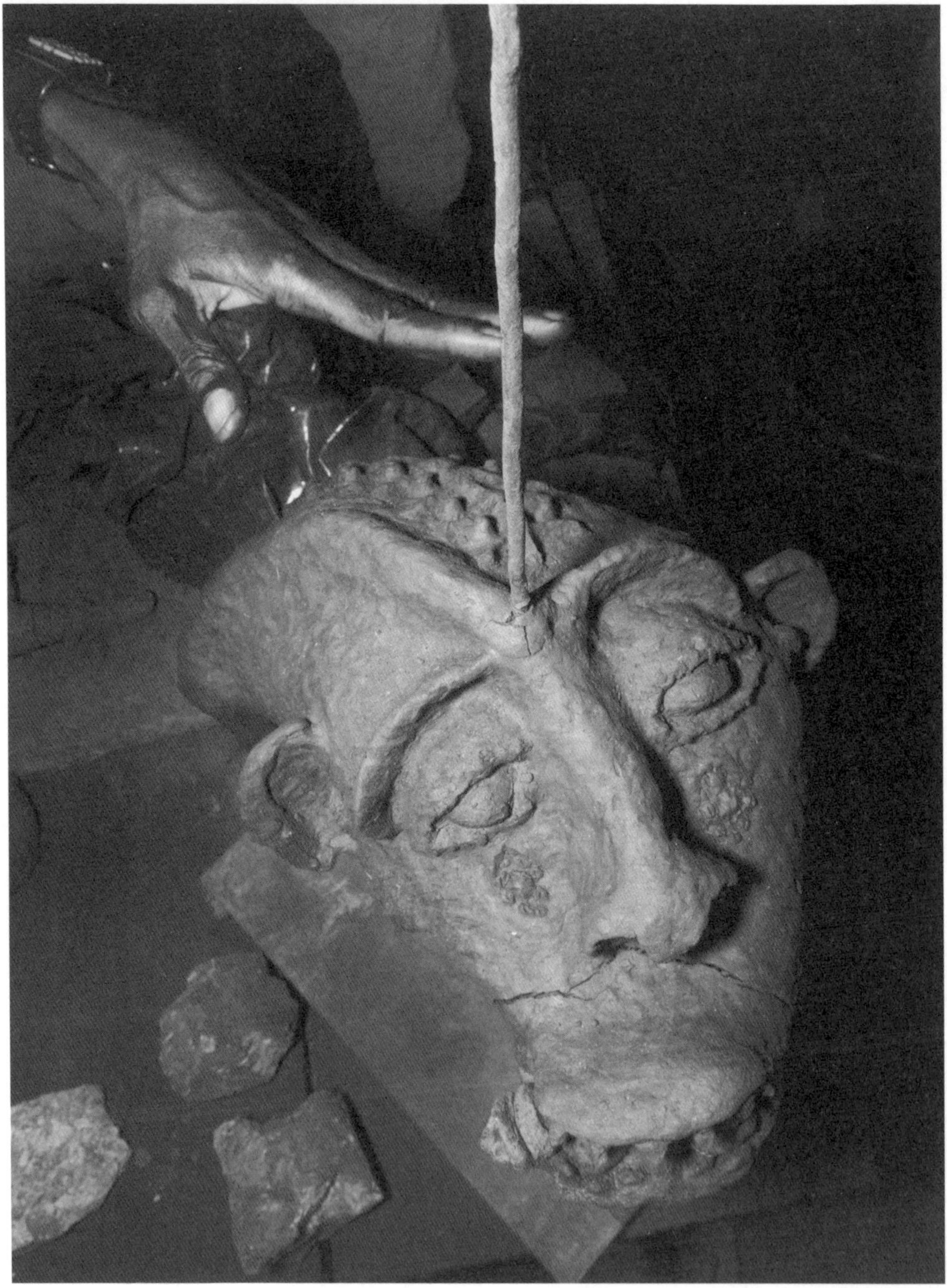

Mao Kingunza (artist/intern at the CATPC) repairs his clay sculpture

Mao Kingunza (artiste/stagiaire au CATPC) répare sa sculpture en argile

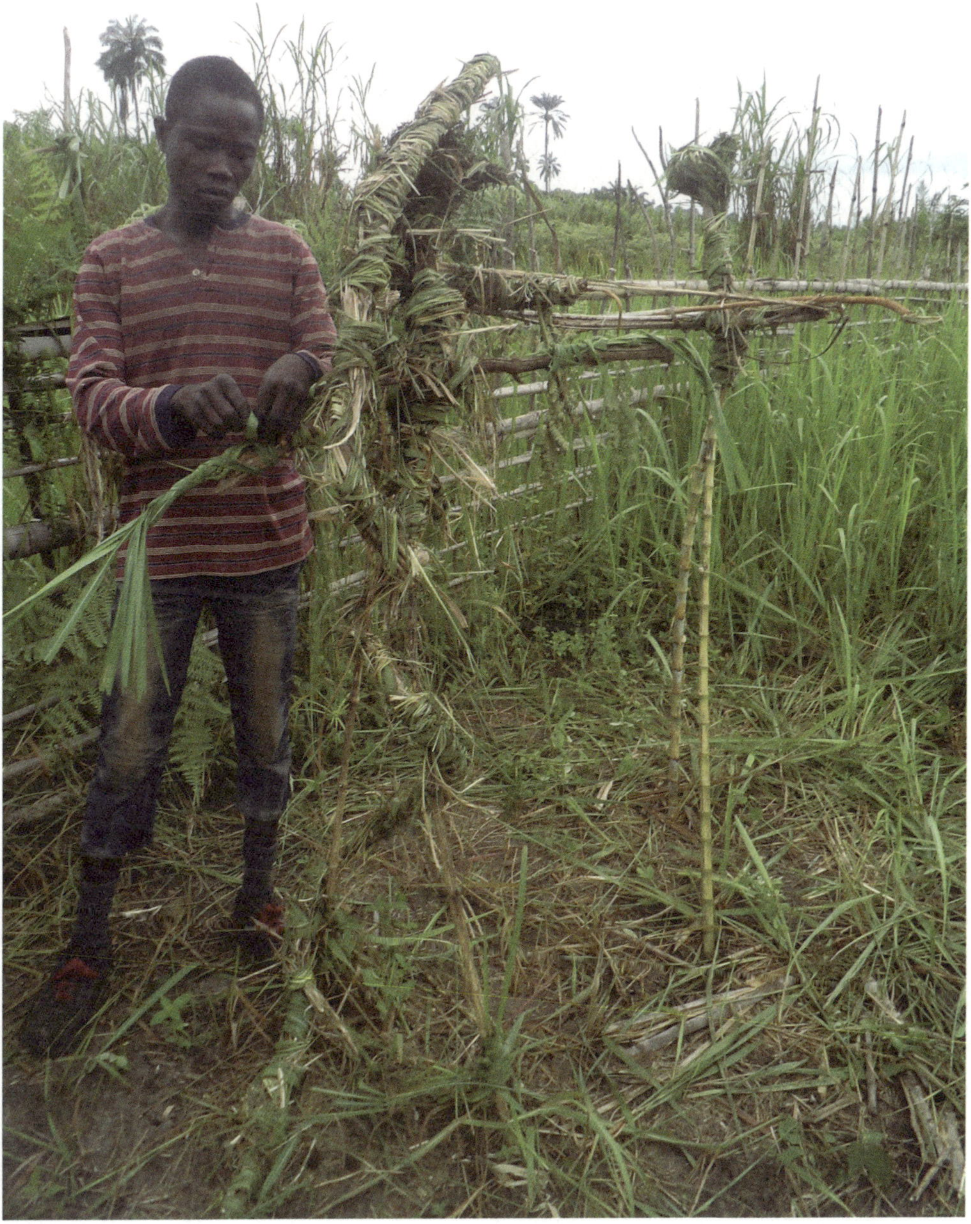

73

Mathieu Kasiama in Lusanga next to his work *Le rêve s'accomplit*, ephemeral construction, 2015 (photo: Eléonore Hellio)

Mathieu Kasiama à Lusanga, à côté de son œuvre *Le rêve s'accomplit*, assemblage éphémère, 2015 (photo : Eléonore Hellio)

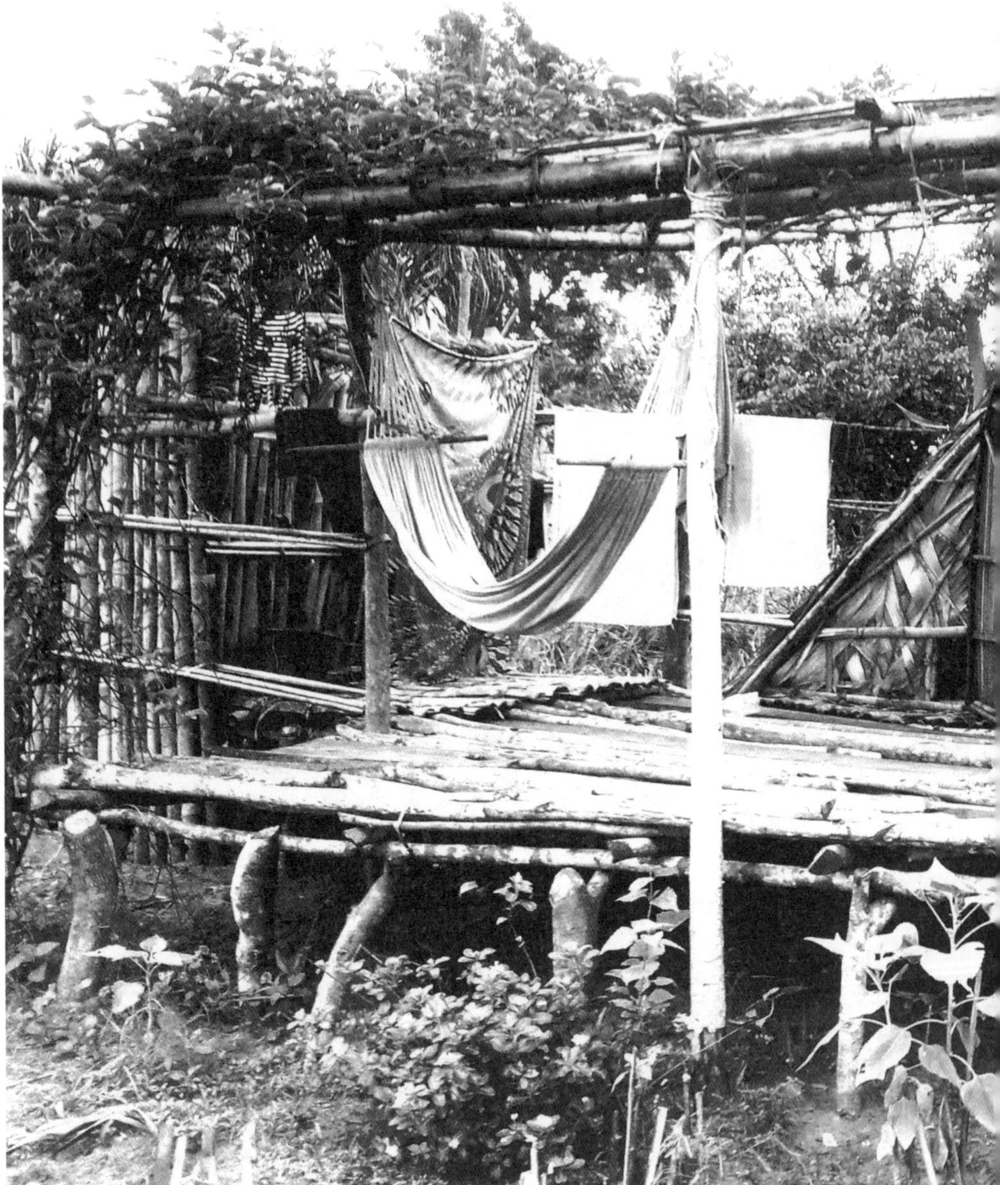

Eléonore Hellio in front of her house of bamboo, Lusanga, March 2016 (photo: Michel Ekeba)

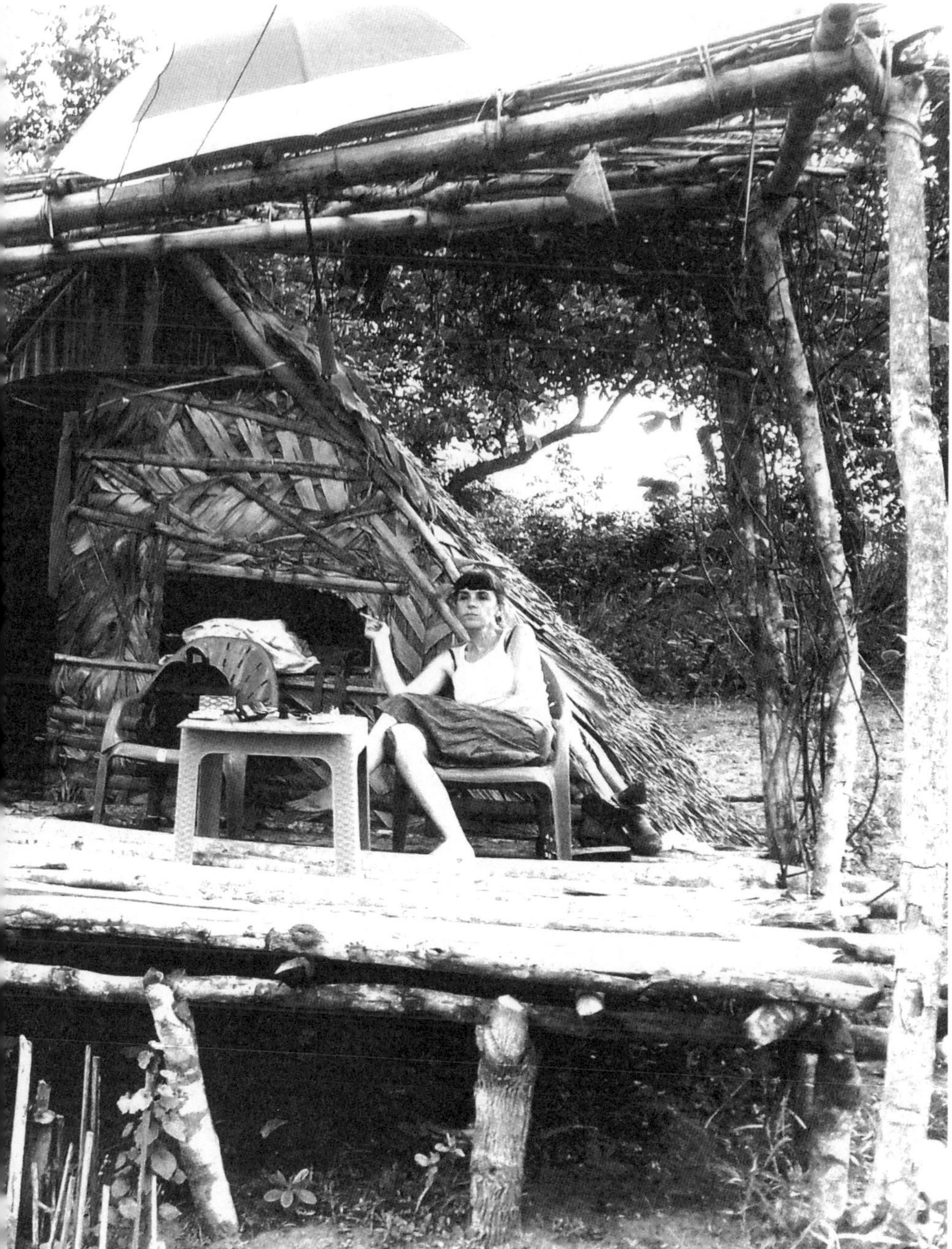

Eléonore Hellio devant sa maison de bambou, Lusanga, mars 2016 (photo : Michel Ekeba)

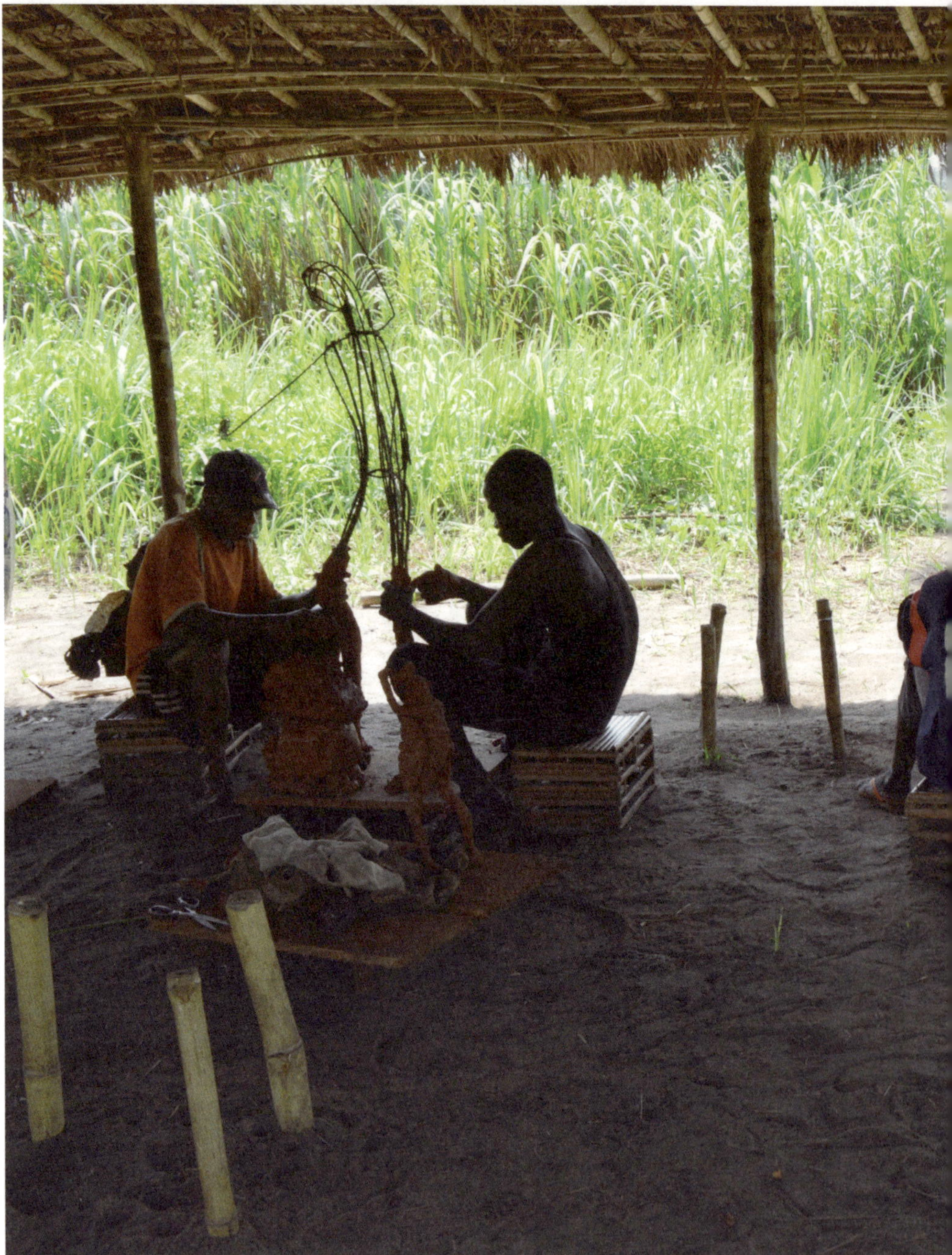

Artists working on their clay sculptures (right: Thomas Leba, *A Poisonous Miracle*), Lusanga, 2015 (photo: Eléonore Hellio)

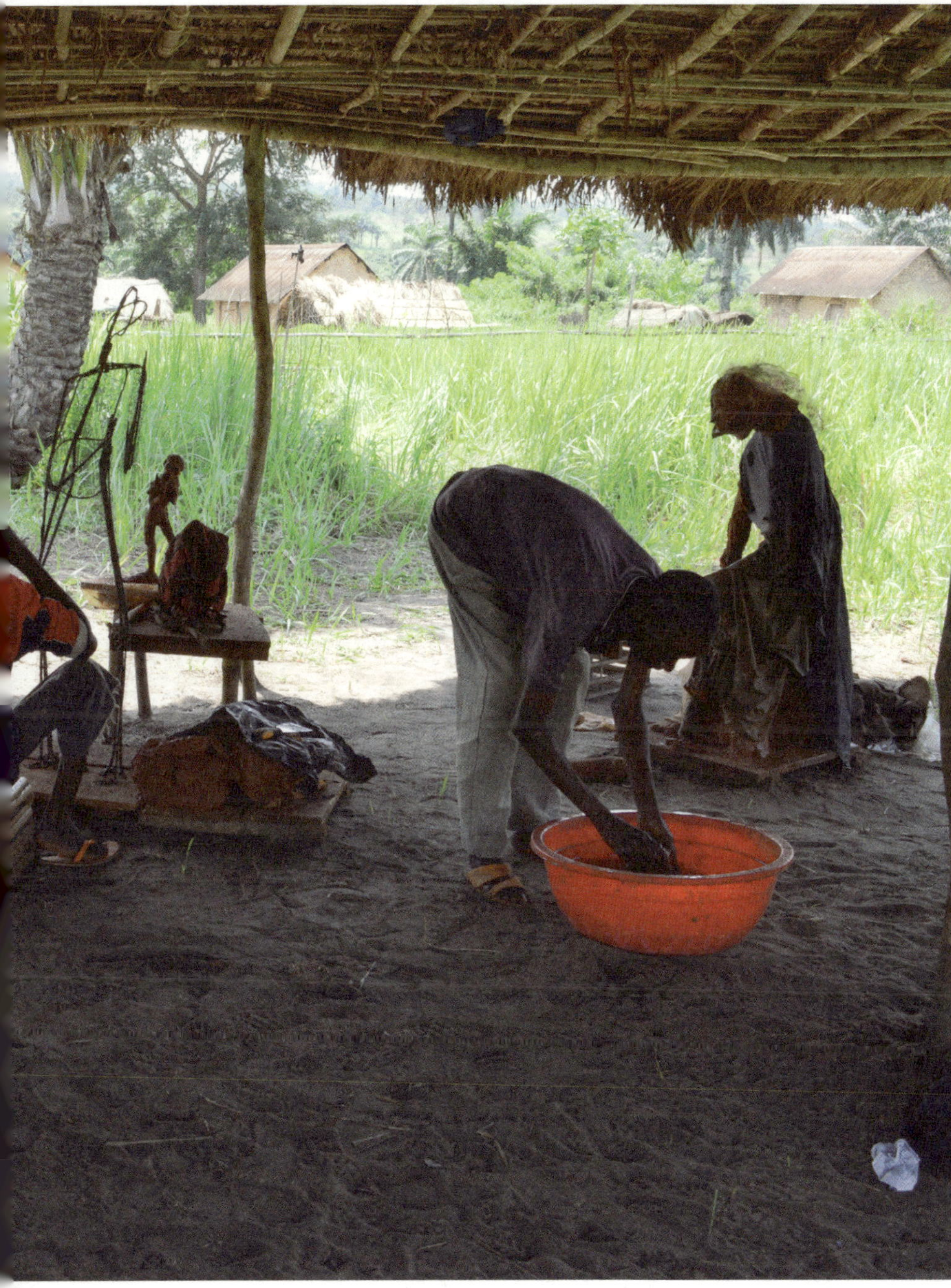

Artistes travaillant sur leurs sculptures en argile (à droite : Thomas Leba, *A Poisonous Miracle*), Lusanga, 2015 (photo : Eléonore Hellio)

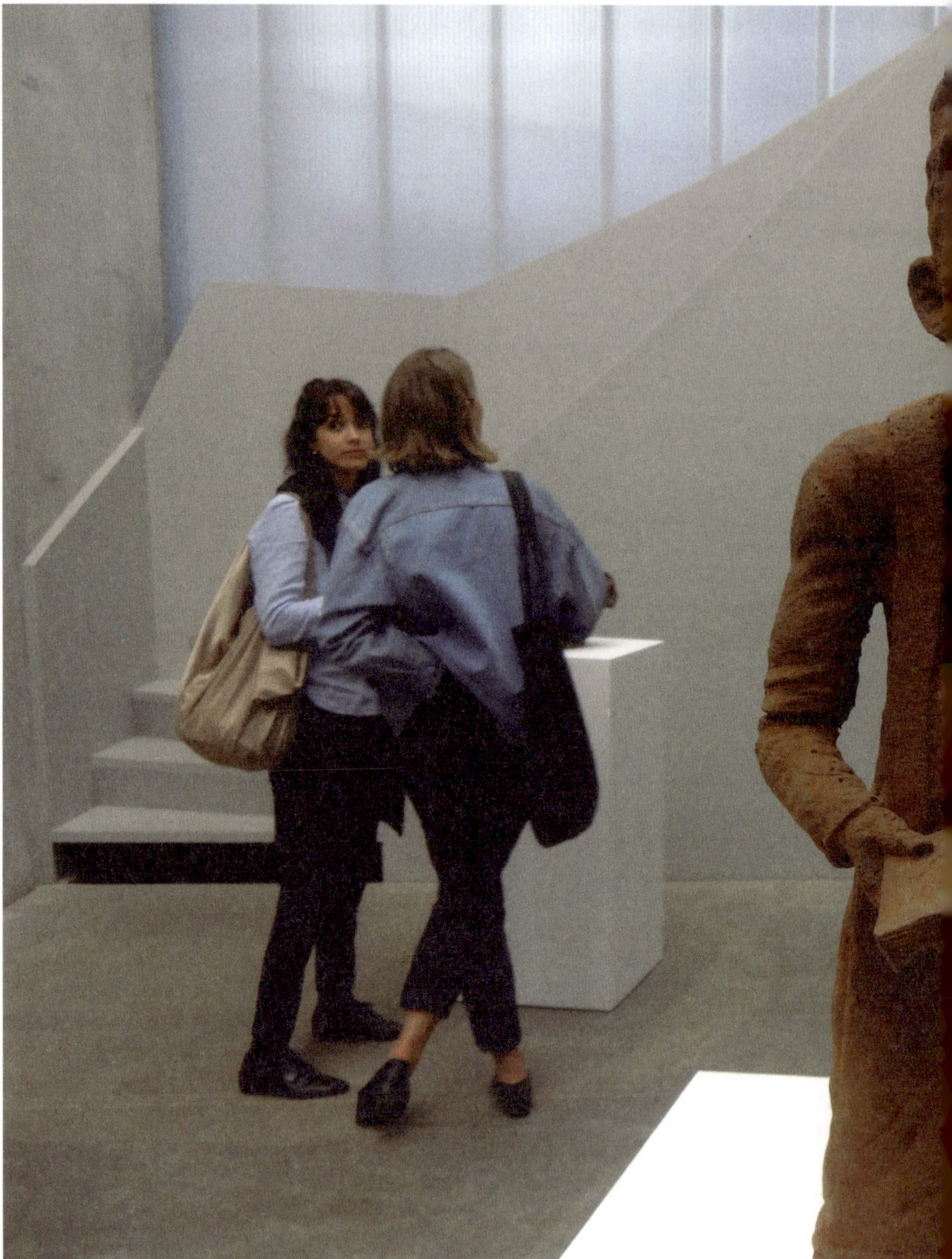

Cedrick Tamasala, *How my Grandfather Survived*, 2015, sculpture made of cacao presented at "A Lucky Day," KOW, Berlin, May 2 – July 26, 2015 (photo: Ladislav Zajac)

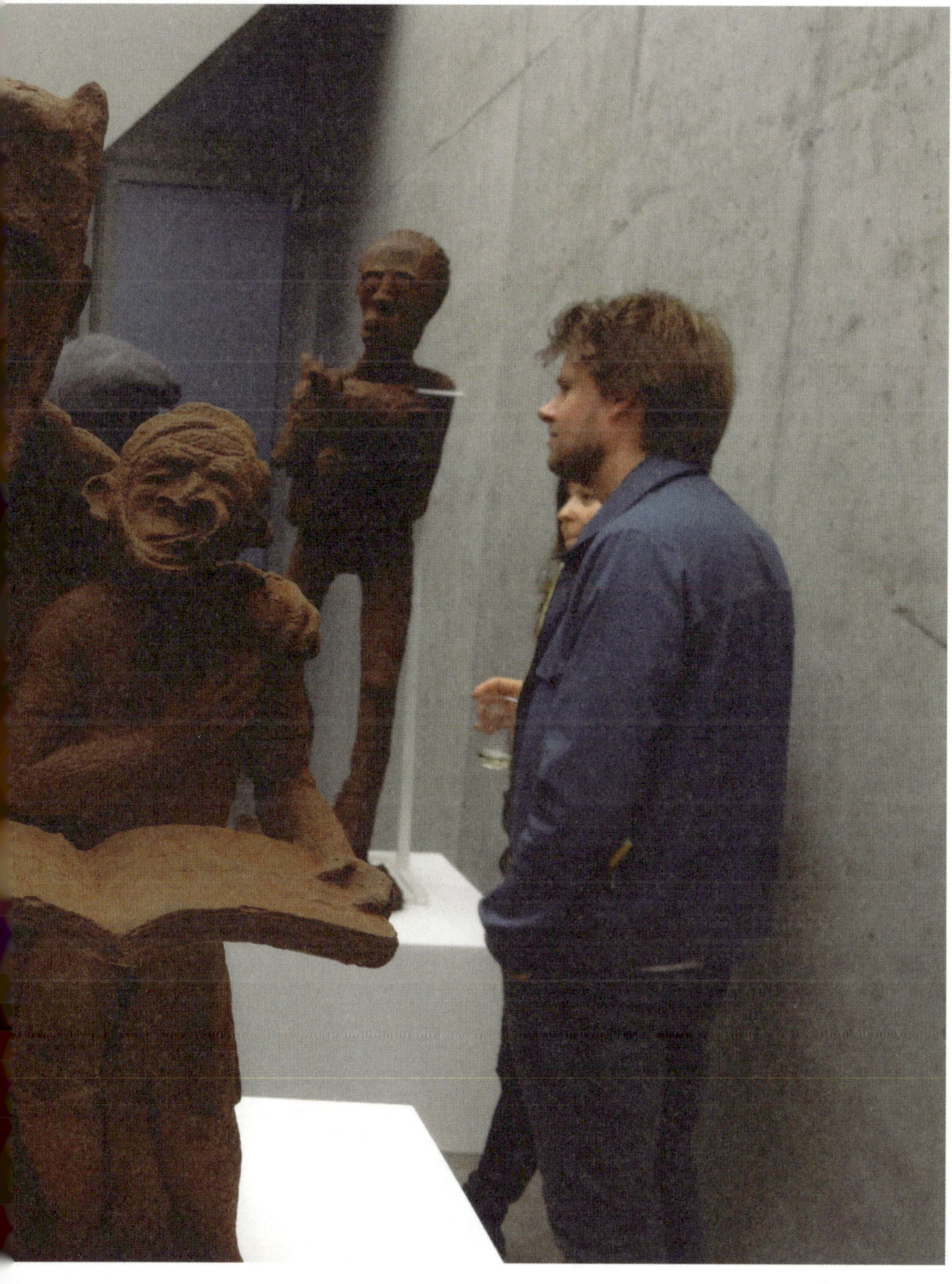

Cedrick Tamasala, *How my Grandfather Survived*, 2015, sculpture en cacao, exposée à l'occasion de « A Lucky Day », KOW, Berlin, du 2 mai au 26 juillet 2015 (photo : Ladislav Zajac)

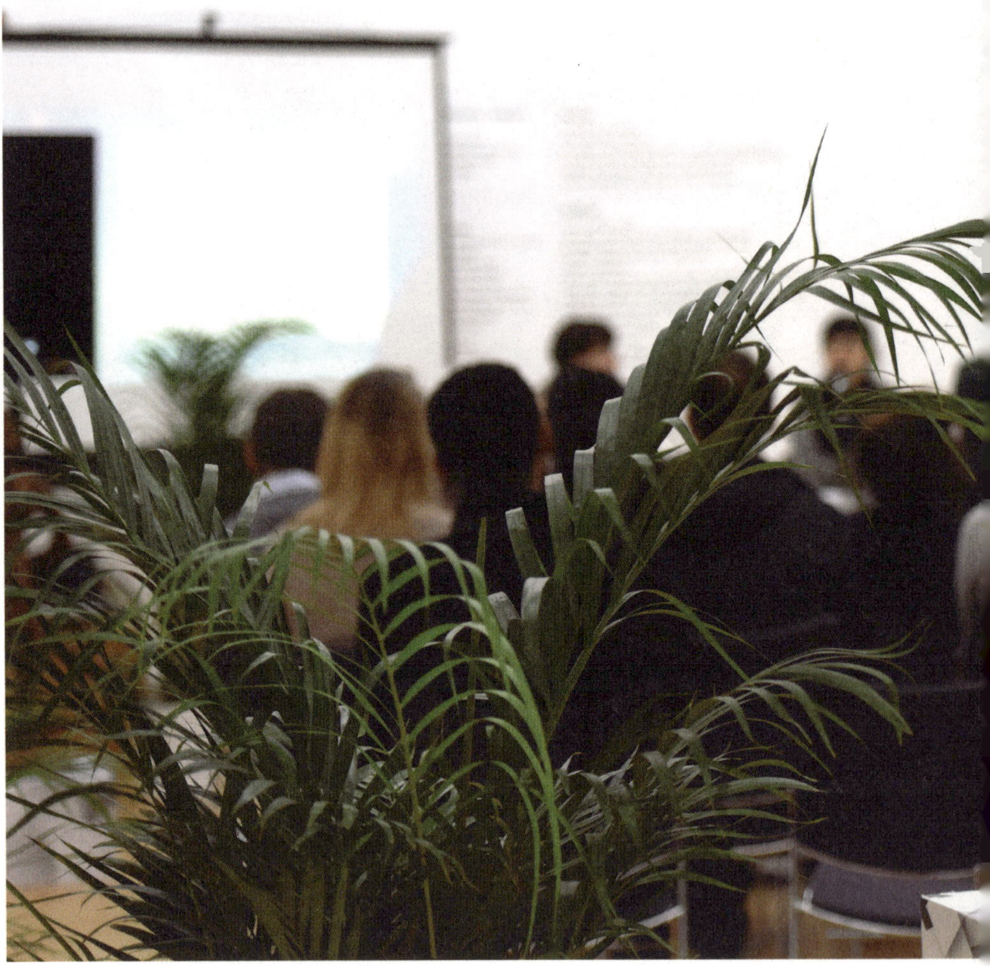

Djongo Bismar and Jeremie Mabiala, *The Art Collector / Le Bailleur de fonds*, 2015, sculpture made of cacao presented at "Cercle d'Art des Travailleurs de Plantation Congolaise," Middlesborough Institute for Modern Art, February 7 – May 15, 2016 (photo: Judy Hume)

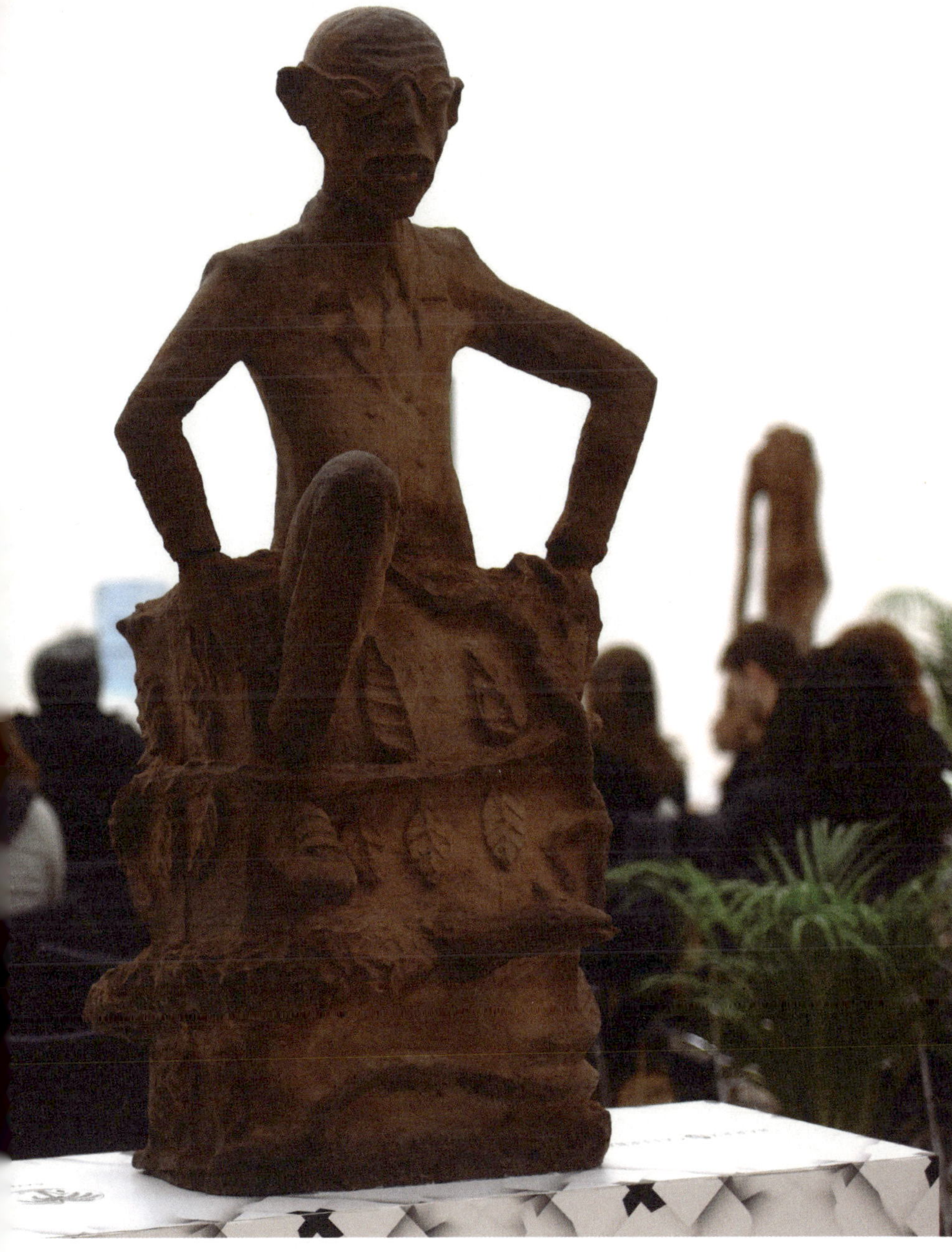

Djongo Bismar and Jeremie Mabiala, *The Art Collector* / *Le Bailleur de fonds*, 2015, sculpture en chocolat exposée à l'occasion de « Cercle d'Art des Travailleurs de Plantation Congolaise », Middlesborough Institute for Modern Art, du 7 février au 15 mai 2016 (photo : Judy Hume)

FR Biographies des artistes du CATPC

EN The CATPC Artists' Biographies

Lusanga 03–10.2016

Rédigées par Eléonore Hellio et Els Roelandt à partir d'entretiens avec les artistes

Written by Éleonore Hellio and Els Roelandt based on interviews with the artists

FR Né en 1987, Mathieu Kasiama est aujourd'hui marié et il a 4 enfants. Il gagne environ 10 dollars par mois en tant que coiffeur ambulant et il nourrit sa famille grâce à ses étangs et ses champs, en revendant une partie de ce qu'il cultive pour acheter d'autres denrées. Il vit avec sa femme, ses enfants et sa mère dans une petite maison en brique construite à l'époque par la PLZ (Plantations Lever au Zaïre). Il paye un loyer de 1500 francs congolais par mois à ceux qui ont racheté l'usine aujourd'hui fermée.

Son père, un Mumbala du district Masi Manemba, est venu travailler dans les années 1950-1960 comme coupeur de noix de palme à Lusanga (anciennement Leverville). Il lui semble qu'à cette époque les choses allaient bien, la famille était logée gratuitement et mangeait bien. Mathieu se souvient que dans son enfance, au milieu des années 1980, on construisait encore de nouveaux quartiers, qu'il y avait un aéroport et des manifestations festives du peuple Pende organisées par Mobutu. Quand l'usine a été vendue, la situation s'est dégradée. Après toute une vie de dur labeur, son père est décédé d'une hernie en 1988 (Mathieu avait 10 ans). Mathieu a été obligé de quitter l'école à ce moment là. Il ne sait ni lire, ni écrire, mais maîtrise très bien le kikongo, sa langue natale, dont il connait les mots savants et anciens que beaucoup ont oublié comme le mot « Fio Fio » qui signifie « celui qui met au monde des idées et les transmet » et qui pourrait se traduire par « celui qui donne des concepts ».

La mère de Mathieu, issue du peuple Ngongo, s'occupait du ménage et travaillait aux champs. Le père de sa mère était un homme qui avait hérité de pouvoirs extraordinaires par ses ancêtres dans son village Kasaï (Bandundu). Il étonnait tout le monde et les autorités ne pouvaient rien contre lui. Il ne manquait jamais de nourriture. Très respecté, il avait une grande sagesse. Il avait une grande oreille qui lui permettait de tout entendre de près ou de loin, que l'on dise du bien ou du mal de lui. On dit que lorsqu'il mangeait, s'il mettait une boule de foufou[1] dans sa tête, le foufou préparé pour les invités et la famille ne s'épuisait plus jusqu'à ce qu'il en décide autrement. La première grande sculpture de Mathieu est un portrait de ce grand père et s'intitule « Zenga Makambu, mon grand-père ». Sa deuxième grande

1. Le foufou est un aliment de base obtenu à partir du manioc.

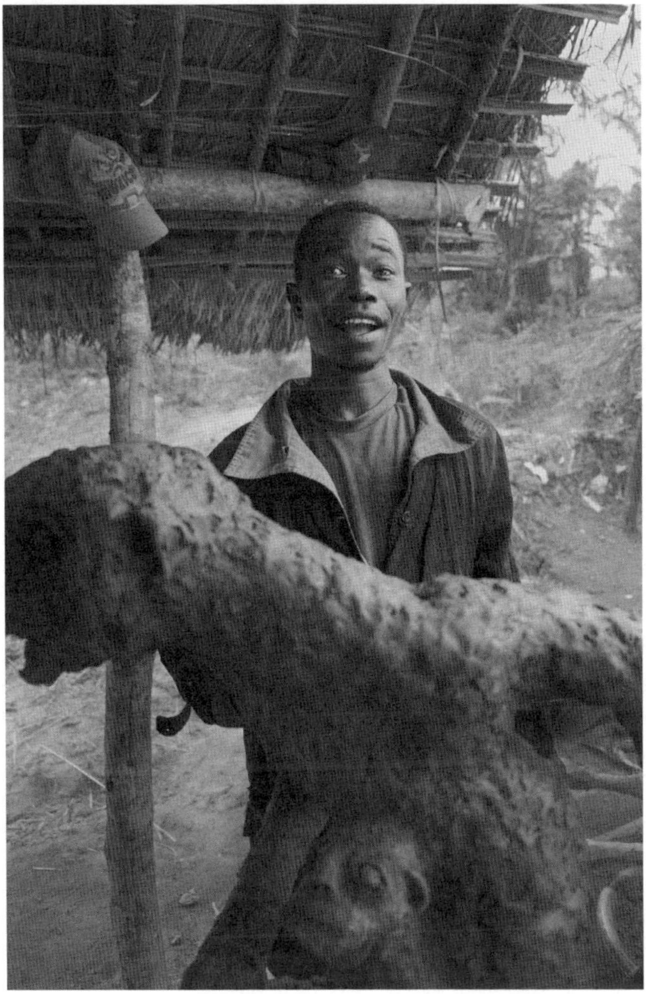

Mathieu Kasiama et sa sculpture en argile *Mon ancêtre aux poches vides* en cours de réalisation

Mathieu Kasiama and his clay sculpture *Mon ancêtre aux poches vides* in progress

sculpture a été réalisée en collaboration avec Meya et représente un travailleur de plantation malade d'un cancer qui s'est développé à partir de la tête.

Mathieu Kasiama: « Je n'ai pas étudié, je ne sais ni lire, ni écrire. Je ne savais pas qu'un jour je ferai de l'art, je suis un nouveau participant mais je connais l'art depuis que je suis petit... Au début, je me suis inscrit dans cet atelier un peu par hasard sans savoir vraiment dans quoi j'allais m'aventurer, je prenais la chose un peu à la légère, sans chercher à comprendre. C'était juste une opportunité d'avoir un petit travail. J'ai beaucoup de charges de famille aujourd'hui. J'ai passé beaucoup de temps dans la solitude avec des pensées profondes et l'art est en train de me permettre de leur donner une forme. Mon souhait est que ce projet se développe parce que l'homme, c'est la tête ! »

EN Mathieu Kasiama was born in 1987, he is married and has four children. He earns about ten dollars a month as an itinerant hairdresser and he manages to feed his family thanks to his ponds and fields, selling off some of what he grows in order to buy other necessities. He lives with his wife, their children, and his mother in a small brick house built during the era of the PLZ (Plantations Lever Zaïre or Lever Plantations in Zaire). His monthly rent is 1,500 Congolese Francs, which he pays to the group that bought the now shut-down factory.

His father, a Mumbala from the Masi Manemba district, arrived in Lusanga (formerly Leverville) in the 1950s–60s to work as a palm nut cutter. He thought things were good at the time: his family had free lodgings and ate well. Mathieu remembers that, as a kid in the mid-1980s, new neighborhoods were still being built, there was an airport, and there were festive events of the Pende people organized by Mobutu. But things deteriorated when the factory was sold. After a life of hard labor his father died of a hernia in 1988 (when Mathieu was ten years old), and Mathieu was obliged to quit school. He cannot read or write, but he has an excellent command of Kikongo, his native language: he knows old Kigongo and learned words that many have forgotten, like *fio fio*, which means "the one who puts ideas into the world and transmits them," and which could be translated to: "the one who gives concepts." Mathieu's mother is from the Ngongo people: she was both a housewife and worked in the fields.

His mother's father was a man who had inherited extraordinary power from his ancestors in his native village of Kasaï (Bandundu). He amazed everyone, and the authorities were powerless against him. He never lacked for food. Very respected, he was also deeply wise. He had a large ear which allowed him to hear everything from near and far, whether people were speaking good or ill of him. It is said that when he ate and put a *fufu* ball[a] on his head, the *fufu* that had been prepared for guests and for the family would not run out till he had decided otherwise. Mathieu's first large sculpture, a portrait of his grandfather, is entitled *Zenga Makambu: My Grandfather* (2016). His second large sculpture was made in collaboration with Meya and represents a plantation worker who is sick with brain cancer.

> Mathieu Kasiama: I haven't studied, I can't read or write. I never thought I'd make art one day. I'm a new participant, but I've known art since I was little [...] At first, I joined this studio a bit by chance, without a very clear idea of what I had ventured into. I took things a bit lightly and didn't make much of an effort to understand. It was just an opportunity to have a bit of work. I have a lot of family expenses today. I've spent a lot of time in solitude, with deep thoughts, and art is allowing me to give them form. My hope is that this project will grow, because a man is his head!

MBUKU KIMPALA

FR Mbuku Kimpala est née au Bandundu à Masimanimba. Elle a 20 ans, est mère de 4 enfants, attend son cinquième enfant et s'occupe des deux enfants de son grand-frère. Alors qu'elle était encore scolarisée, la mort de son père, un des chauffeurs des médecins belges de l'hôpital de Bonga Yasa, fut un choc. Sa famille n'ayant plus les moyens de payer sa scolarité, elle arrêta l'école. Elle a rencontré peu après son mari, à l'âge de 13 ans, et est tombée enceinte de son premier enfant. Elle aurait voulu étudier le civisme mais son mari, tailleur public, n'avait pas assez d'agent pour lui payer l'école et préférait qu'elle devienne ménagère. Heureuse de trouver un homme plus âgé pour s'occuper d'elle et de fonder un foyer, elle est fière de sa famille. Mbuku et sa famille sont venus à Lusanga en 2008 pour rejoindre l'oncle de son mari qui possède une ferme.

Mbuku fait du commerce de poissons et de courgettes entre Kikwit et Lusanga. Cela lui rapporte à peu prés 30 000 francs congolais par mois. Ils se débrouillent comme ils peuvent.

a. *Fufu* is a staple food. It is often made with cassava and green plantain flour.

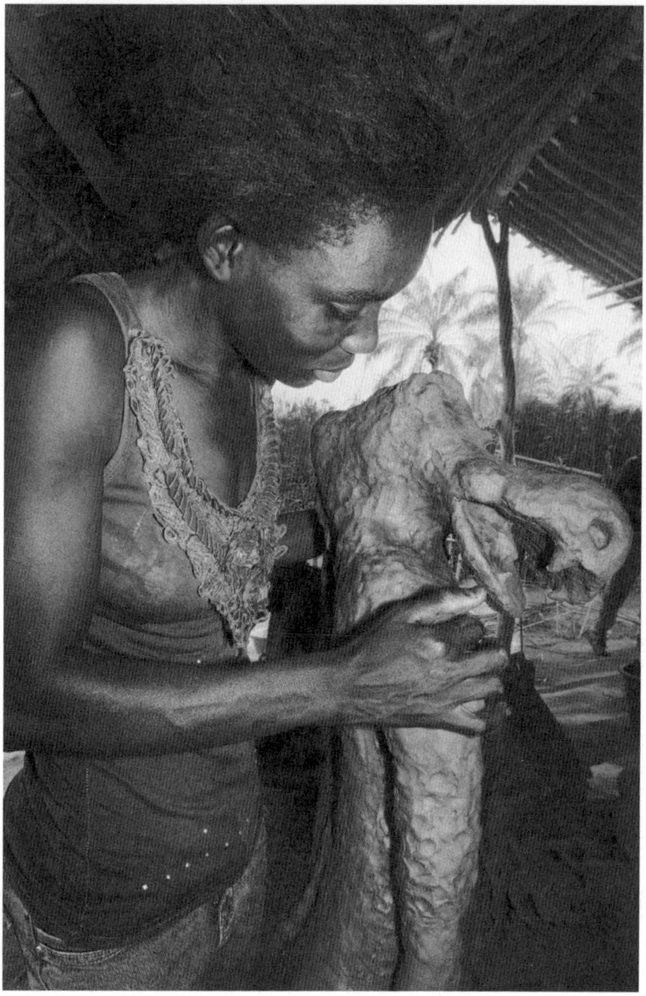

Mbuku Kimpala working on her clay sculpture *L'Enfant-hippotame sacrifié*

Mbuku Kimpala travaillant sur sa sculpture en argile L'*Enfant-hippotame sacrifié*

Elle considère que le travail de la sculpture sauve sa famille, car cela les aide à payer le loyer, l'eau et le minerval (frais scolaires) des enfants. L'atelier est devenu aussi un lieu où elle peut exprimer ce qu'il y a dans sa tête, où elle peut sortir son intelligence, où elle apprend à connaitre la matière car, dit-elle, dans la région, il n'existe pas de telles formations.

Sa première sculpture est un autoportrait : une femme nue fière de sa nudité, fière de sa beauté telle que Dieu la créée, fière d'être belle pour celui qu'elle aime. Sa sculpture représente pour elle la nudité de toutes les femmes du monde. Mbuku pense que voir sa nudité lorsque l'on se lave est une manière de prendre soin de soi. Elle pense que même si une femme a un seul habit, elle doit être fière de son corps.

> Elle nous dit : « Quand j'ai réalisé ma première grande sculpture, j'ai eu très peur car les gens du village m'ont beaucoup critiquée mais pour moi c'est très important de montrer ce que j'ai dans mon coeur. C'est pour ça que j'ai osé et quand c'est arrivé en Europe, à ma grande joie les gens ont beaucoup aimé. Mon souhait c'est que l'on ne nous oublie pas, que les autorités locales et en Europe nous reconnaissent pour que l'on puisse continuer les ateliers. »

Sa deuxième grande sculpture a été réalisée en collaboration avec Emery Mohamba et porte le titre : « Nous qui sommes là, vous qui êtes venus ».

EN Mbuku Kimpala was born in Masi-Manimba, in the Bandundu province. She is twenty years old, the mother of four children with a fifth one on the way, and she also takes care of the two children of her older brother. She was still going to school when her father, who was a chauffeur for one of the Belgian doctors at the hospital in Bonga Yasa, died. This was a shock. Her family no longer had the means to send her to school, so she stopped attending. She met her husband shortly after that, when she was thirteen years old, and became pregnant with their first child. She wanted to study civics, but her husband, a public tailor, did not make enough to pay for her to study, and preferred in any case that she should be a housewife. She was happy to find an older man who would take care of her and to build a home, and she is proud of her family. Mbuku and her family arrived in Lusanga in 2008 to work with her husband's uncle, who has a farm there.

Mbuku trades fish and zucchini between Kikwit and Lusanga, an activity that brings in around thirty thousand Congolese Francs a month for her. The family makes ends meet in the best possible way. For her, the sculpture work has saved her family, because it helps them to pay for rent, water, and the children's school fees. The studio has thus become a place where she can express what's on her mind, where her intelligence can be manifest, and where she has been getting to know the material in the region. She says there aren't any other places to study this.

Her first sculpture is a self-portrait: a woman, naked and proud of her nakedness, of the beauty God gave her, proud to be beautiful for the person she loves. Her sculpture represents, for her, the nakedness of all the women in the world. Mbuku thinks that seeing one's naked self while washing is a way of taking care of that self. She thinks that even if a woman has only one dress, she should be proud of her body.

> Mbuku tells us: When I made my first large sculpture, I was very scared, because the people of the village criticized me a lot. But it is very important for me to show what's in my heart. That's why I dared to do it, and when it was shown in Europe, people liked it a lot, that made me really happy. My hope is that we won't be forgotten, that the powers that be, here and in Europe, will recognize us so that we can continue working in the studio.

Her second large sculpture, made in collaboration with Emery Mohamba, is entitled *We Who Are Here, You Who Have Come* (2016).

EMERY MOHAMBA

FR Emery tient son nom du grand leader assassiné Emery Lumumba. Il est né au Bandundu en 1970. Père de huit enfants, il vit avec sa femme dans le village de Kivanda à 17 kilomètres de Lusanga. Son père a travaillé pour la PLZ de 1980 à 1990, comme coupeur, jusqu'a la vente soudaine de la compagnie qui ne l'a jamais pensionné. Il est alors devenu cultivateur, puis a contracté la tuberculose en 2004, maladie répandue à cette époque parmi les travailleurs et la population. Après une rechute pour laquelle il n'a pas eu la possibilité financière de retourner à l'hôpital, il est décédé.

Après son mariage, Emery Mohamba avait commencé des études commerciales à l'école des missionnaires catholiques de

Pindi, mais ils l'ont découragé de poursuivre. Il avait des maux de tête et, selon eux, c'était à cause du calcul mental nécessaire pour ce genre d'études et il n'avait pas assez de moyens ni pour se soigner, ni pour payer les frais scolaires. Il est donc rentré dans son village où il a appris la couture pour ne pas dépendre du petit commerce de manioc de sa femme.

> Emery Mohamba : « Moi Emery, je ne savais pas faire de la sculpture, cette formation m'a donné de la force. Quand je regardais les billets de banque de francs congolais, je voyais dessus des sculptures, je ne comprenais pas leur valeur mais quand j'ai commencé moi-même à en faire j'ai vu leur pouvoir et que le message peut-être puissant. C'est pourquoi j'envoie des messages à travers des sculptures pour partager nos soucis. »

Emery Mohamba a réalisé la sculpture « Nous qui sommes là, vous qui êtes venus » en collaboration avec Mbuku. Il explique que pour lui « le blanc tient la force du noir et le noir celle du blanc ». L'idée des deux couleurs vient d'un masque Pende de la région qui représente la maladie, mais pour lui, dans le cas de sa réalisation, cela représente la force des travailleurs des plantations et de ceux qui les accompagnent pour réaliser les créations du CATPC.

EN Emery Mohamba was named after the great, assassinated leader, Emery Lumumba. He was born in Bandundu in 1970. A father of eight children, he lives with his wife in the village of Kivanda, about seventeen kilometres from Lusanga. His father worked as a cutter for the PLZ from 1980 to 1990, when the company was suddenly sold and the factory shut down. He never received his pension. His father became a farmer, but in 2004 he caught tuberculosis—at that time, tuberculosis was quite common among workers and the population at large. He had a relapse at a time when it was not financially possible for him to return to the hospital, and he died as a result. Shortly after marrying, Emery Mohamba started studying commerce at a school run by Catholic missionaries in Pindi. But his teachers there discouraged him from continuing. He suffered from headaches, which the teachers attributed to the strenuous mental calculations needed for this sort of study, and Emery Mohamba did not have the financial means to seek treatment, or indeed to pay the school fees. He returned to his village, where he learned to sow in order not to depend on the money his wife brought in with her small manioc business.

> Emery Mohamba: Me, Emery, I didn't know how to make sculptures, and the workshop here gave me strength. When I'd see the bills of Congolese Francs, I would look past the pictures of sculptures on the bills. I didn't understand their value. But when I started making sculptures myself, I saw their power, I saw how strong their message could be. That's why I send messages through the sculptures, as a way to share our concerns.

Emery Mohamba made *We Who Are Here, You Who Have Come* (2016) in collaboration with Mbuku. He explains that, as he sees it, "the white holds the strength of the black and the black that of the white." The idea for the two colors comes from a Pende mask of the region that represents illness. But for him and for the work he made, it represents the strength of plantation workers and of those who support their creative work at the Cercle d'art des travailleurs de plantations congolaises.

CEDRICK TAMASALA

FR Cedrick Tamasala est né en 1986 au Katanga et a un enfant. Son père est du Bandundu, il a travaillé pour la SNELL (compagnie d'électricité) pendant 30 ans dans diverses régions de la RDC. Sa mère vient de la région du Kasaï, mais les parents de celle-ci s'étaient installés au Katanga pour travailler à la Gécamine, la grande société minière où elle-même a été infirmière jusqu'à ce que l'on chasse brutalement tous les peuples étrangers du Kasaï alors que Cedrick était encore enfant.

Cedrick a vécu ces dernières années à Kinshasa où il a fait une première année à l'Académie des Beaux-Arts. Il a été obligé d'interrompre ses études à cause d'une trop grande pression exercée par ses oncles et ses tantes qui déconsidéraient les dreadlocks (la coiffure des rastas) et la vie artiste. Il a pu néanmoins rencontrer deux grands de la peinture populaire Cheri Cherin et Cheri Samba qui lui ont transmis le désir de peindre. Cedrick dessine depuis toujours mais il a toujours été découragé par la famille. On le punissait lorsqu'il dessinait dans ses cahiers. Il devait parfois écrire mille fois « je ne dessinerai plus dans le cahier de maths ». Du coup, il a continué à dessiner en cachette.

Il s'est installé à Lusanga à la demande de son père, il y a moins d'un an, pour retrouver ses racines et rejoindre l'ONG de son oncle, Député Provincial du Bandundu. Là, il surveille la résidence et supervise les travaux d'élevage (cochons et lapins) mais doit se débrouiller pour trouver de quoi se nourrir. Il a donc démarré un petit commerce d'huile de palme avec son grand-frère resté à Kinshasa. Il achète de l'huile dans les environs de Lusanga, auprès des propriétaires de malaxeurs traditionnels. Il l'achète à 10 000 francs congolais le bidon de 25 litres. Une fois qu'il a récupéré 4 bidons, il les envoie par pirogue à Kikwit (la ville la plus proche) pour 1000 francs congolais le bidon puis par bus à Kinshasa pour 4000 francs congolais le bidon. Là-bas des bidons de 5 litres sont revendus entre 5000 et 6000 francs congolais. 100 litres coûtent 60 000 francs congolais et permettent de faire un bénéfice d'environ 120 000 francs congolais, mais il est difficile de dépendre des malaxeurs traditionnels pour réunir une quantité qui puisse permettre de vivre.

L'arrière grand-père paternel de Cedrick est Mumbala, issu d'un des peuples du Bandundu. Il était coupeur de noix de palme à l'époque de l'usine Lever mais il s'est tué en tombant d'un palmier. Sa femme était décédée après la naissance de leur dernier enfant. Son grand-père fut donc orphelin, il fut confié, avec son frère et sa petite soeur, à un oncle qui leur fit subir des mauvais traitements. Le grand-père montrait parfois les nombreuses cicatrices de coups de fouet qu'il avait reçu. La petite soeur fut d'ailleurs tué d'un excès de coups par l'oncle en colère parce qu'elle faisait pipi partout. C'est alors qu'effrayés les deux frères fuirent et se réfugièrent dans un hangar où les noix de palme récoltées étaient entreposées. Abandonnés à eux-mêmes, ils vécurent là pendant quelques temps. Ils allaient puiser de l'eau pour les gardiens en échange d'un peu de nourriture. Un jour, un prêtre de la mission de Soa, un village alentour, trouva les deux garçons en haillons, maigres, couverts de parasites et de cicatrices. Il les

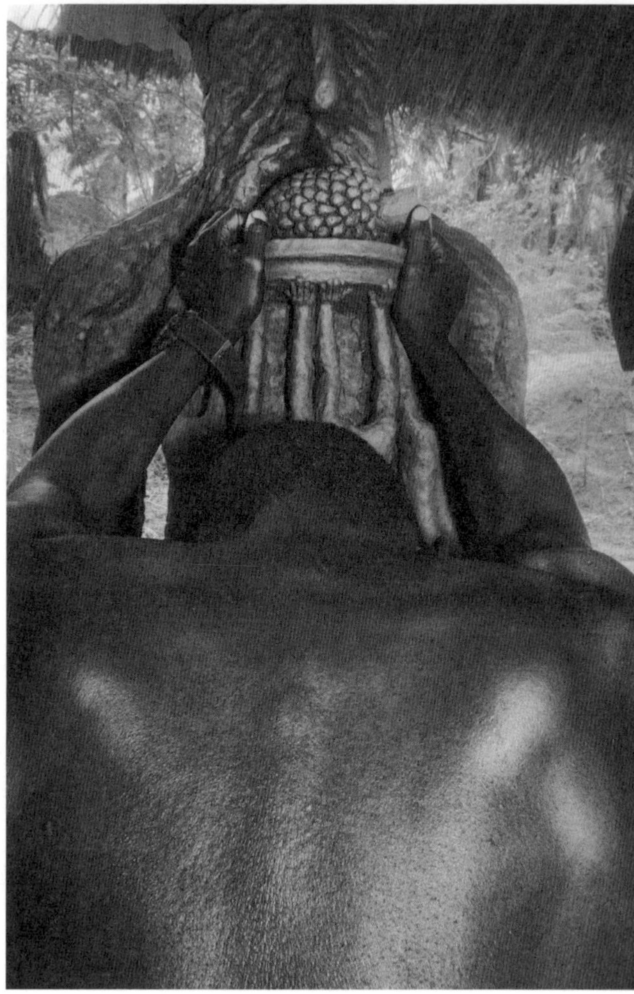

Cedrick Tamasala in front of his clay sculpture
Aliénation des travailleurs face à l'empire colonial

Cedrick Tamasala devant sa sculpture en argile
Aliénation des travailleurs face à l'empire colonial

recueilli. Elévés par les prêtres, ce grand-père accéda aux études et devint laborantin pour le compte de la PLZ. Il se considérait comme faisant partie des « évolués », un nom que les colons donnaient aux Congolais qu'ils faisaient étudier ou à qui ils donnaient une certaine éducation européenne. Le grand-père se mit d'ailleurs à chasser pour cette raison tous les gens du village qui l'approchaient, ils n'étaient plus de sa classe sociale. Cette histoire chargée est reflétée dans la sculpture « How my grandfather survived » réalisée par Cedrick. La sculpture représente à la fois le prêtre sauveur mais aussi le prêtre envoyé par Léopold II au début du 20e siècle, celui qui endoctrinait les « nègres » pour les désintéresser de leurs richesses et de leurs pouvoirs (dont celui des statuettes qui étaient alors récupérées pour leur valeur esthétique et envoyées en Europe). Cedrick a choisi le début d'une phrase de l'Évangile de Matthieu, « heureux les pauvres » pour cette sculpture, parce qu'il considère que connaître le seigneur est une grande richesse (plus jeune, il aspirait d'ailleurs à être prêtre et il pratique depuis la foi), mais aussi parce que cette phrase représente la contamination d'un mensonge longtemps caché et l'hypocrisie de l'Église.

Cedrick Tamasala a aussi réalisé une petite sculpture avec Mbuku Kimpala qui s'intitule « Mfumu kento entre deux mondes ». Elle représente une femme contemporaine qui part récolter le cacao. Une femme chef comme il y en a une quelques-unes, possédant des pouvoirs ancestraux puissants et chez qui Mobutu allait parfois chercher sa force. Celle-ci, malgré les difficultés et une récente césarienne à peine cicatrisée, s'agenouille devant son destin, les seins nus, tout en gérant par téléphone ses petits commerces qui lui donnent le courage de se battre pour sa survie et celle de ses enfants.

> Cedrick nous dit : « Je suis dans la joie de voir mon rêve se réaliser, car faire partie des artistes qui ont l'opportunité d'exposer dans des galeries me fait découvrir mes capacités. La manière dont on travaille est très libre et en même temps compliquée et c'est ce qui m'aide à développer mon talent. Je fais de l'agriculture et ma famille ne m'a jamais encouragé dans l'art alors c'est une chance incroyable pour moi ici, à Lusanga, de pouvoir faire cela. Mon souhait est de donner toute ma force pour aider à ce que ces ateliers puissent continuer. Mon frère a fait de l'informatique et m'a appris comment aller sur Internet, j'aimerais pouvoir avoir les moyens de communiquer et de m'informer de cette manière. »

EN Cedrick Tamasala was born in Katanga in 1986 and is father to one child. His father is from Bandundu and worked for the electricity company SNELL for thirty years in various regions of the DRC. His mother is from the Kasaï region, her parents had moved to Katanga to work at Gécamine, the huge mining company, where she herself was a nurse until all foreign people were brutally chased away. This was when Cedrick was still an infant.

These past few years, Cedrick has been living in Kinshasa, where he completed a year of studies at the Académie des Beaux-Arts. He had to drop his studies at the end of his first year because of the enormous pressure his uncles and aunts were putting on him: they disapproved of dreadlocks (the rasta hairstyle) and of the artist life. Still, he was able to meet two great figures of popular painting, Cheri Cherin and Cheri Samba, who passed on to him the desire to paint. Cedrick has always drawn, even though his family always discouraged him from doing so. He'd be punished if they found that he had drawn in his notebooks; sometimes he was obliged to write a thousand times, "I will never again draw in my math notebook." That being the case, he continued drawing but in secret.

At his father's urging, he settled in Lusanga less then a year ago, to rediscover his roots and to work for the NGO run by his uncle, who is the *Député Provincial du Bandundu*. There, he was tasked with watching over the house and with supervising the breeding work (pigs and rabbits), but it was up to him to figure out how to keep himself fed. To that end he started a small business selling palm oil with his older brother, who had stayed in Kinshasa. He would buy palm oil from the owners of traditional presses in the surroundings of Lusanga. He'd pay ten thousand Congolese Francs for a twenty-five liter can. Once he had four cans, he'd send them by pirogue to Kikwit (the nearest town) for another thousand Francs per can and from there by bus to Kinshasa for four thousand Francs per can. In Kinshasa, five liters of palm oils sells for five or six thousand Francs. The cost for a hundred liters, including the shipping, is sixty thousand Francs. In this way the brothers could turn a profit of around 120,000 Francs. The problem, though, is that it is difficult to rely on traditional presses to gather enough oil to live on.

Cedrick's great grandfather is Mumbala, and hails from the peoples of Bandundu. He was a palm oil cutter when the Lever factory was still operating. He died falling off a tree. His wife had died after the birth of their last child. His death left Cedrick's grandfather, along with his brother and their younger sister, orphaned, and all three were put in the care of an uncle who mistreated them. His grandfather would sometimes show the many scars he had from the times he had been whipped. His younger sister was actually killed by the blows she received from her uncle, who flew into a rage because she had peed everywhere. It was when that happened that the two brothers, frightened, fled and found refuge in a hangar used to stack harvested palm nuts. Left to their own devices, they lived there for some time. They would fetch water for the guards in exchange for a bit of food. One day, a priest from a mission in a neighboring village called Soa came upon the two boys, who were in rags, underweight, and covered with parasites and scars. He took them in. Raised by the priests, Cedrick's grandfather had the opportunity to study and eventually became a lab assistant at the PLZ. He saw himself as belonging to the "evolved," an epithet that colonists gave to those members of the Congolese population who had received something of a European education. For this reason, he would avoid contact with anyone from the village who tried to approach him: he was no longer of their social class. This charged history is reflected in Cedrick's sculpture *How My Grandfather Survived* (2014). The sculpture shows both the "saving" priest and the priest sent by Leopold II at the start of the twentieth century, who arrived to indoctrinate "negroes," to quash their interest in their wealth and their powers (including the power of their statuettes, which were recuperated for their aesthetic value and sent to Europe). Cedrick chose the first lines of a verse from the Gospel of Mathew: "happy are the poor" for this sculpture because he thinks that there is great wealth in knowing the Lord (when younger, he dreamed of becoming a priest and he remains deeply committed to the faith to this day). But he also chose the lines because they represent both the contamination of a lie hidden for a long time, and the hypocrisy of the Church.

Cedrick Tamasala also made a small sculpture with Mbuku Kimpala entitled *Mfumu Kento between Two Worlds* (2014). It represents a contemporary woman who goes to harvest cacao: A woman chief—there exist a few—who possesses powerful ancestral powers, and whom Mobutu would visit to regain his strength. Despite the difficulties associated with a caesarean that still hasn't fully healed, the woman kneels down before her destiny, her breasts bare, while over the phone she manages the small businesses that give her the courage to fight for her survival and that of her children.

Cedrick tells us: I am so happy to see my dream come true, because being with artists who have the chance to show their work in galleries is allowing me to discover my own capacities. The way we work is very free and complicated at the same time, and that helps me to develop my talent. I do agriculture, and my family has never encouraged me to do art in any way. So it's an incredible opportunity for me to be able to make art here in Lusanga. What I wish is to give all my strength to help the studio to continue. My brother studied IT and he taught me how to surf the web; I would love to have that as a means to communicate and to inform myself.

DANIEL MANENGA

FR Daniel Manenga est né en 1975 à Lusanga. Marié, il est père de 6 enfants. Il est cultivateur et forgeron mais fait aussi du commerce de palme depuis 1992 dans la forêt que peut exploiter son clan familial. Il a d'ailleurs inventé un système d'échafaudage pour monter plus facilement dans les palmiers. Pour un bidon de 25 litres d'huile de palme, il faut 21 bons régimes de noix. C'est un dur labeur de 4 jours pour la récolte, 2 jours pour ramasser les régimes et une grande journée pour le malaxage. Une fois les noix cueillies, elles les donnent aux malaxeurs et il est obligé de vendre le bidon de 25 litres à prix bas (entre 9000 et 10 000 francs congolais) à des preneurs qui font les intermédiaires auprès des entreprises parce qu'ils ont des pirogues, des voitures ou des camions qu'ils attendent de bien remplir pour les embarquer en ville. Ses preneurs revendent à une compagnie basée à Kikwit dont la petite usine fabrique du savon pour la vaisselle et la lessive. Aux mois d'août et de septembre, quand les champs sont brulés, les noix sont plus rares et les prix montent. Il gagne entre 36 000 et 50 000 francs par mois avec ce commerce. En tant que forgeron, il fabrique des tôles et des seaux en métal. Parfois il troque des seaux contre des litres d'huile de palme.

Son père est décédé en 1970 lorsqu'il avait 5 ans. Il a travaillé longtemps pour la PLZ. Dans les villages de la région, dès qu'un jeune homme avait 18 ans, il avait le droit à se présenter à l'usine pour travailler. On embauchait que des jeunes, à moins d'être un coupeur très expérimenté. Son père était surveillant dans l'usine et gagnait à peine de quoi faire vivre sa famille. Si un voleur de noix ou d'huile était pris la main dans le sac, on le chassait du travail et on le ramenait dans son village. Avant de mourir sur son lit d'hôpital, son père est devenu paralysé. On raconte que c'est à cause d'un sort que des habitants de son village lui aurait jeté parce qu'il ne partageait pas ce qu'il gagnait.

Instinctuel, Manenga a aussi fabriqué des cannes en bois qu'il vendait à des gens qui ont des pratiques mystiques (marabouts, catcheurs ou des jeunes qui cherchent le pouvoir). Sur ces cannes, il sculptait des motifs traditionnels qui permettent d'obtenir l'amour des femmes, ou des motifs de serpents, de crocodiles, de piroguiers, de percussionnistes… Quand une canne est vendue à une personne mystique, celle-ci y rajoute ses gris-gris au cours d'une cérémonie. Avant d'en fabriquer lui-même, il possédait depuis longtemps une canne que l'oncle de sa mère – un féticheur et un voyant (un homme qui fait des prédictions car il a beaucoup de yeux pour voir) – lui avait interdit de garder ne souhaitant pas que d'autres membres de la famille deviennent féticheurs et aient par conséquent des vies trop compliquées.

Manenga connait Dieu mais rejette l'Église parce qu'il trouve que les gens qui prient ne sont pas meilleurs que les autres, que cela n'améliore pas leur vie et que nombre d'entre eux pratiquent quand-même les fétiches. Le Dieu en lequel il croit n'a pas de forme et ne peut pas être représenté par un objet. Pour lui, Dieu est en chaque humain, c'est même écrit dans la Bible et c'est l'unique phrase qui l'intéresse dans ce livre car ses ancêtres savaient déjà cela.

> Daniel Manenga : « Moi Manenga, avant de faire de la sculpture transformée en cacao du pays, je n'avais jamais vu, ni touché, ni goûté au chocolat et pour la première fois de ma vie, j'ai pu le faire grâce au CATPC et surtout faire parvenir mes sculptures à des gens que certainement je ne rencontrerai jamais, à qui je ne pourrai jamais parler pour leur montrer comment nous vivons ici. »

Il a réalisé une sculpture avec Thomas Leba qui s'intitule « Aujourd'hui je mange » (ou « A lucky day »). Pour lui, l'objet est plus important que le titre car c'est dans la matière qu'est sa valeur.

La sculpture représente Sona, une ses ancêtres qui est aussi une ancêtre de Leba, et qui aurait vécu au début du 19e siècle. Lui et Leba ont des liens familiaux qu'ils connaissent grâce au schémas mathématiques et cartésiens fléchés qu'on leur a appris à faire à l'école. La tête de biche que cette vieille femme tient dans ses mains va permettre, selon lui, de faire manger le CATPC grâce à son pouvoir. Quelques jours après avoir tué cette biche alors qu'elle sortait de la rivière après s'être lavée, Sona est décédée en laissant des enfants. Avant de mourir, elle leur dit qu'ils ne manqueraient jamais de quoi manger grâce à cette biche dont les taches représentent une chance qui persistera à travers les nouvelles générations. Presque tous les animaux tachetés ont des pouvoirs, par exemple les perdrix, les antilopes, les serpents, les iguanes, les chats sauvages, et lorsqu'un chasseur a réussi à piéger un de ces animaux, ils donnent de la force au chef du village en le lui offrant. Comme l'homme mange par sa sueur et par ses efforts, les formes de cette sculpture ont été chargée de cette mémoire et les paroles qui racontent son histoire sont devenues objet.

EN Manenga was born in Lusanga in 1975, is married, and is the father of six children. He is a farmer and blacksmith, and he has also traded in palm oil since 1992, harvesting the nut in the forest that his family clan is allowed to farm. He has also invented a scaffolding system that makes it possible to climb palm trees more easily. For a twenty-five liter can of palm oil, you need twenty-one good clusters of nuts. Harvesting that represents four days of hard labor, after which come another two days to assemble the bunches, and one long day for pressing. Once harvested and gathered into bunches, the nuts are taken to the pressers, and the oil is sold in twenty-five liter cans at low prices (between nine and ten thousand Congolese Francs) to buyers who act as intermediaries for companies because they have pirogues, cars, or trucks, which they expect to fill to capacity with palm oil and take to the city. These buyers sell the oil to a company based in Kikwit whose small factory makes dishwashing and laundry soap. In August and September, when the fields undergo farm burning, the nuts are more rare and prices go up. Manenga makes between thirty-six and fifty thousand

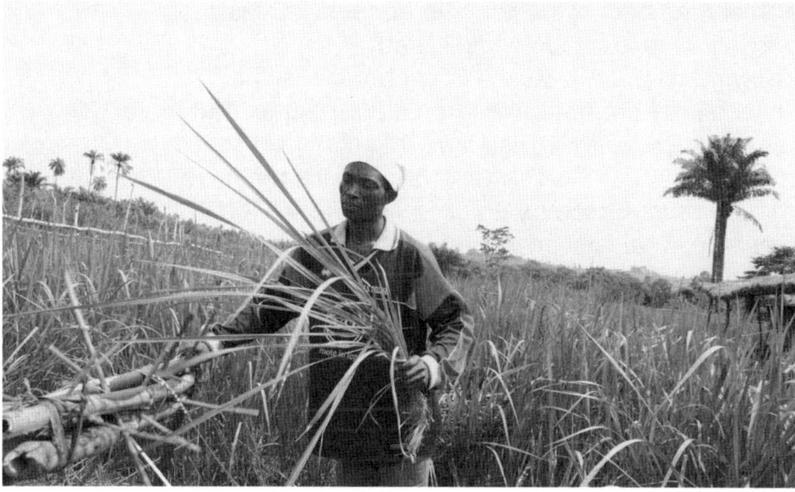

Daniel Manenga au travail à la plantation (photo : Eléonore Hellio)

Daniel Manenga at work on the plantation (photo: Eléonore Hellio)

Francs a month with his palm oil business. As a blacksmith, he makes sheet metal and metal buckets. Sometimes, he swaps metal bucks for liters of palm oil. His father died in 1980, when Manenga was five. He worked for many years at the PLZ. In the villages of the region, as soon as a young man turned eighteen, he had the right to present himself at the factory to work. Only young people were hired. The only exception to this rule were very experienced cutters. Manenga's father was a supervisor at the factory and barely made enough money to feed his family. If a nut or oil thief was caught red-handed, he'd be thrown out of the factory and taken back to his village. Before dying on a hospital bed, his father had become paralyzed. It is said that his paralysis is the result of a spell that the village people had cast on him because he did not share what he earned with them.

Instinctively, Manenga also made wooden canes that he sold to people with mystical practices (wrestlers or young people looking for power). He carved traditional patterns onto his canes that allowed its owner to gain the love of women and he also carved snakes, crocodiles, pirogue sailors, and drummers... When a mystic bought a cane, he or she would infuse it with his or her *gris-gris* during a ceremony. Before he started making them himself, Manenga had had for years a cane that his mother's uncle—a fetishist and a seer (a man who makes predictions because he has many eyes to see with)—had forbidden him to keep because he did not want other members of the family to become fetishists (as he didn't want their lives to be too complicated).

Manenga knows God but rejects the Church because he feels that people who pray are not better than other people, that the practice does not improve their lives, and that many of them practice fetishism anyway. The God he believes in does not have a form and cannot be represented by an object. For him, God is in every human person. That is even written in the Bible, and it's the only sentence in that book that interests him, because his ancestors knew that already.

> Daniel Manenga: Me, Manenga, I had never touched or tasted chocolate until I started making sculptures that would be transformed into chocolate using cacao from my country. I've been able to do that for the first time thanks to the CATPC. Even more important though, it has allowed my sculptures to reach people that I'm sure I'll never meet and to whom I'll never be able to speak. The sculptures can show them how we live here.

Manenga made a sculpture with Thomas Leba entitled *Today I Eat* (2014) (also called *A Lucky Day*). For him, the object is more important than the title because its value is in its matter. The sculpture represents Sona, a woman who lived, supposedly, in the early nineteenth century, and is one of Manenga's, and Leba's, ancestors. He and Leba have family ties, something they discovered thanks to the mathematical schemes and Cartesian arrows that were taught to them at school. According to Manenga, the head of a doe that the old woman holds in her hands will, with its power, allow the CATPC to eat. Sona died some days after she killed the doe as she stepped out of the river where she was washing. Before dying, she told her children that they would never go hungry thanks to this doe, whose spots represent a luck that would hold across generations. Almost all spotted animals have power: partridges, antelopes, snakes, iguanas, and wild cats. When a hunter manages to catch one of these, he gives the village chief strength by offering it to him. Since man eats by the sweat of his brow and by his efforts, the forms of this sculpture have been charged with this memory and the words that tell its story have become an object.

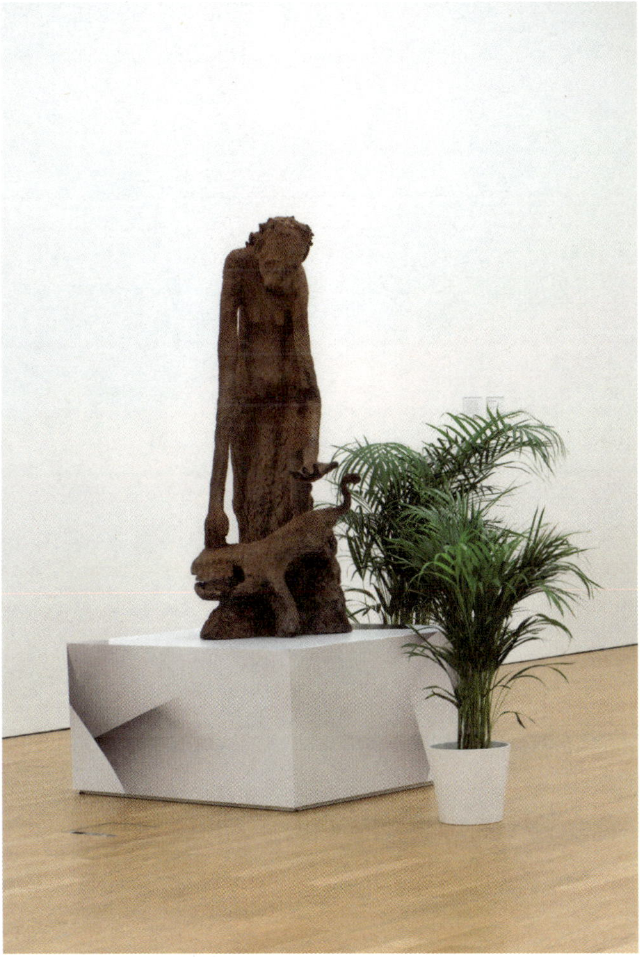

Thomas Leba, *A Poisonous Miracle*, 2014, sculpture en chocolat, présentée lors de l'exposition « Cercle d'Art des Travailleurs de Plantation Congolaise » Middlesborough Institute for Modern Art, du 7 février au 15 mai 2016 (photo : Jason Hynes)

Thomas Leba, *A Poisonous Miracle*, 2014, sculpture made of cacao, presented at "Cercle d'Art des Travailleurs de Plantation Congolaise," Middlesborough Institute for Modern Art, February 7 – May 15, 2016 (photo: Jason Hynes)

THOMAS LEBA

FR Thomas Leba est né en 1962 dans le village de Kisumba Nko au Bandundu. Il est marié et a 9 enfants. Il est venu à Lusanga en 1980 pour étudier l'ébénisterie à l'Institut Kisala, chez les soeurs. Aujourd'hui, il est menuisier et cultivateur. Il fabrique des chaises, des nattes, des manches d'outils, des cannes, des armoires et des portes. Il cultive le maïs, les arachides et les haricots secs

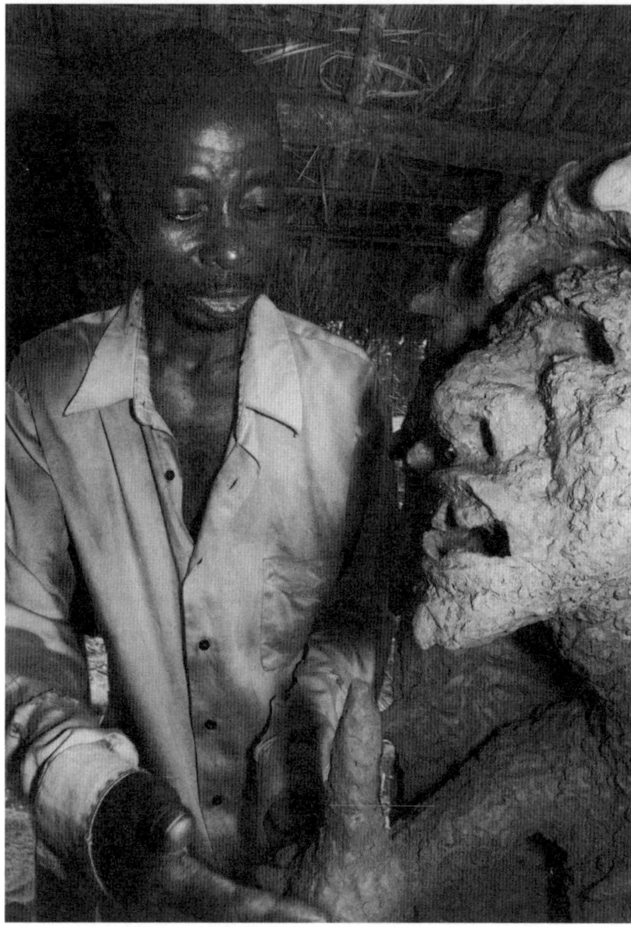

Thomas Leba in front of his clay sculpture *Balot en décomposition tenant un morceau de sa propre chair dans ses mains*

Thomas Leba devant sa sculpture en argile *Balot en décomposition tenant un morceau de sa propre chair dans ses mains*

parce que c'est facile à planter. Son père et son grand-père ont tous les deux travaillé pour la PLZ. Son grand-père vendait de l'huile de palme à la cantine centrale, ce marché mis en place par la PLZ dans les années 1970 et 1980. Il y a travaillé 30 ans et a reçu une pension à l'âge de 60 ans. Il est encore vivant et a aujourd'hui 86 ans. Son père était coupeur pour la PLZ. Il est décédé en 2004 après d'horribles souffrances causées par des sensations de froid, selon lui un sort fomenté par ceux qui jalousaient ses biens, ses étangs et ses petites plantations d'ananas.

Leba se décrit comme étant quelqu'un de très pensif. Ne trouvant pas d'argent, il est devenu très soucieux. Il a alors, il y a quelques années, contracté une hépatite chronique et une infection pulmonaire et il n'a plus la force aujourd'hui de cultiver, ce qui le rend entièrement dépendant de ses enfants. Pourtant, son père lui donna une bénédiction, celle d'avoir de la chance à la chasse. Il lui dit « Là où tu vas, tous les pièges que tu feras réussiront, mais tu me ramèneras toutes les têtes des animaux que tu auras pris » et c'est ce qu'il fit. C'est une coutume du Bandundu, on rapporte les têtes aux papas et les pieds aux oncles pour avoir la chance. La sculpture qu'il a réalisé avec Daniel Manenga parle aussi de cela.

> Thomas Leba : « Moi c'est Leba Maboki. Faire de la sculpture est un grand plaisir et c'est une joie de faire parvenir mes messages au monde entier. Quand on a commencé le premier atelier en 2014 cela paraissait assez simple, mais aujourd'hui, on a beaucoup avancé et on a besoin de continuer. C'est souvent la nuit, dans mes rêves, que surviennent mes idées. Alors quand j'arrive à l'atelier le matin pour toucher l'argile, mes gestes sont très spontanés. »

Thomas Leba a aussi réalisé la sculpture « Miracle empoisonné ». Elle représente un caméléon mordant une grand-mère qui le rencontra sur son chemin. Selon Thomas Leba, cet animal qui change de couleur pour se fondre dans son environnement est l'animal préféré des blancs. La morsure empoisonnée transforma la grand-mère en quelque chose de mauvais et provoqua des bubons qui devinrent miraculeusement, par la suite, des fleurs.

EN Thomas Leba was born in the village of Kisumba Nko, in the Bandundu region, in 1962. He is married and has nine children. He moved to Lusanga in 1980 to study woodworking with the Sisters of the Institut Kisala. Today, he is a carpenter and farmer. He makes chairs, mats, tool handles, canes, dressers, and doors. He grows corn, groundnut, and dry beans, because they are easy to plant. Both his father and grandfather worked at the PLZ. His grandfather sold palm oil at a market that the PLZ had set up in the company's central cafeteria in the 1970s and '80s. He worked there for thirty years and retired with a pension when he was sixty years old. He is still alive and is eighty-six years old today. His father was a cutter; he died in 2004 after suffering enormously from chills that, he thought, had been caused by those who envied his goods—his ponds and his small pineapple plantations.

Leba describes himself as a very pensive person. Unable to find money, he became very anxious. Consequently, some years ago he was diagnosed with chronic hepatitis and a pulmonary infection, and today he does not have the strength to farm, so that he is entirely dependent on his children. Still, his father had given him a benediction: he would be lucky in the hunt. He told him: "Wherever you go, all your traps will catch prey, but you will bring me the head of all the animals you catch." And that is what Leba did. It's a Bandundu custom: for luck, you offer the head to the fathers and the feet to the uncles. The sculpture he made with Daniel Manenga speaks about that custom as well.

> Thomas Leba: I am Leba Maboki. It's a great pleasure for me to make sculptures and for my message to travel to the rest of the world. When we first started the studio in 2014 everything seemed very simple. Today, though, we've advanced a lot and we need to continue. It's often at night, in my dreams, that my ideas come to me. When I get to the studio in the morning and I touch the clay, my gestures are very spontaneous.

Thomas Leba also made the sculpture entitled *Poisoned Miracle* (2014). It depicts a grandmother being bit by a chameleon that comes across her path. According to Thomas Leba, this animal that changes colors in order to blend into its environment is the favourite animal of white people. The poisoned bite transforms the grandmother into something mean and gives her buboes that are subsequently and miraculously transformed into flowers.

DJO BISMAR

FR Djo Bismar est père de trois enfants. Il ne connaissait pas le travail de sculpture quand il est entré dans l'atelier pour la première fois. Il avoue qu'il ne comprenait rien mais que petit à petit, il a pris conscience de la valeur de ce qu'il était en train de

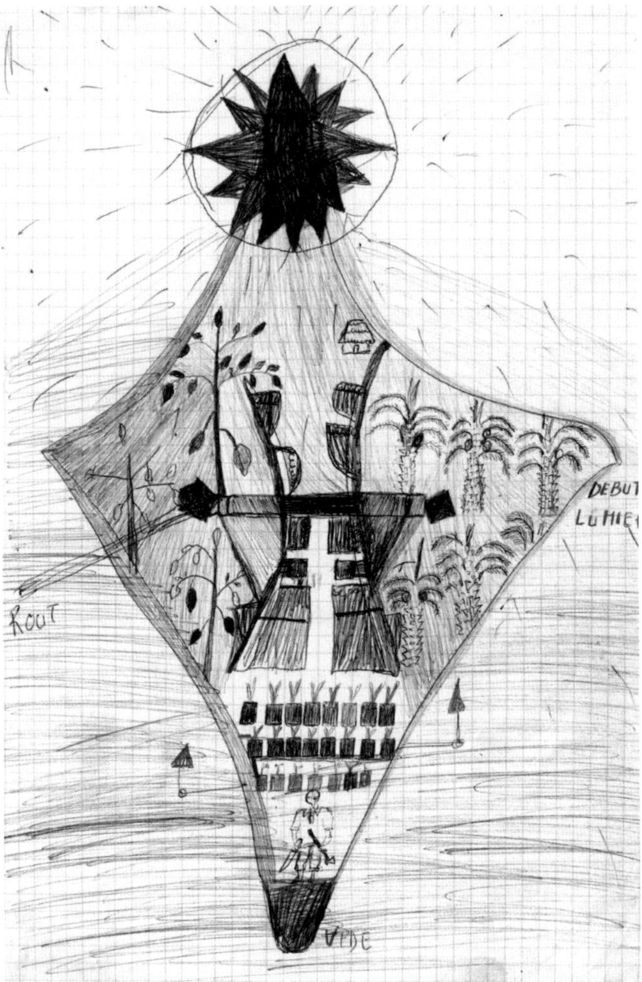

Djongo Bismar, *Sans Titre*, dessin, 2016

Djongo Bismar, *Untitled*, drawing, 2016

faire. Il explique que lorsqu'il est devenu l'antenne du CATPC de Lusanga et que les gens ont eu connaissance du fait que sa sculpture avait été exposé en Europe, cela a engendré beaucoup de jalousie. Et pourtant cette sculpture n'était pas encore vendue pour des sacs de dollars, et pour lui, cela représentait plutôt une chance d'apprendre et d'espérer une vie plus facile. Il pense que s'il s'arrêtait de faire de la sculpture, il aurait l'impression de n'avoir rien accompli. Son travail montre autant la joie que la détresse et c'est important pour lui.

EN Djo Bismar is father to three children. He didn't know anything about sculpture work when he first showed up at the studio. He admitted that he did not understand anything of what was going on but, little by little, he became aware of the value of what he was doing there. He explains he became the object of a lot of jealousy when becoming the antenna of the CATPC in Lusanga as people found out that his sculpture had been shown in Europe. And yet, this sculpture had not been sold for a load of cash. For him, the CATPC represents a chance to learn and to hope for a more comfortable life. He thinks that if he stopped making sculptures he would have the impression that he had accomplished nothing. His work shows both joy and distress, and it's important for him.

JEREMIE MABIALA

FR Jeremie Mabiala est né en 1950 au Bas-Congo dans le village Kiyenge-Kiama dans la zone de Tshela. Marié, il est père de 5 garçons et de 3 filles. Il est allé étudier l'agriculture au collège de Likala. Il a arrêté ses études vers l'âge de 15 ans, à la mort de son père. Il est alors rentré dans son village natal pour apprendre la sculpture du bois chez son frère. Après un apprentissage de 3 ans, il a créé son propre atelier et a commencé à former lui-même d'autres personnes. Il vit de son art qu'il vend dans sa province et dans les pays voisins. Il a passé des moments difficiles pour vivre de son art et pris des risques en passant les frontières, en voyageant beaucoup dans de vieux bus et cela pendant des périodes d'instabilité politique.

En tant que paysan, Il a décidé d'investir dans l'agriculture pour produire du cacao, du café, de l'hévéa et des palmiers. Il revend son cacao à la société SCAM de Monsieur Blaknair pour 500 francs congolais le kilo.

> Jeremie Mabiala nous dit : « Aujourd'hui, ma tête coûte cher ! Mon portrait a été fabriqué en chocolat, je n'avais jamais goûté à ce goût citron sucré, alors que peut-être que le cacao utilisé vient de celui que j'ai récolté avec mes propres mains. Mon portrait est en train d'être mangé partout dans le monde et j'en suis très heureux… ».

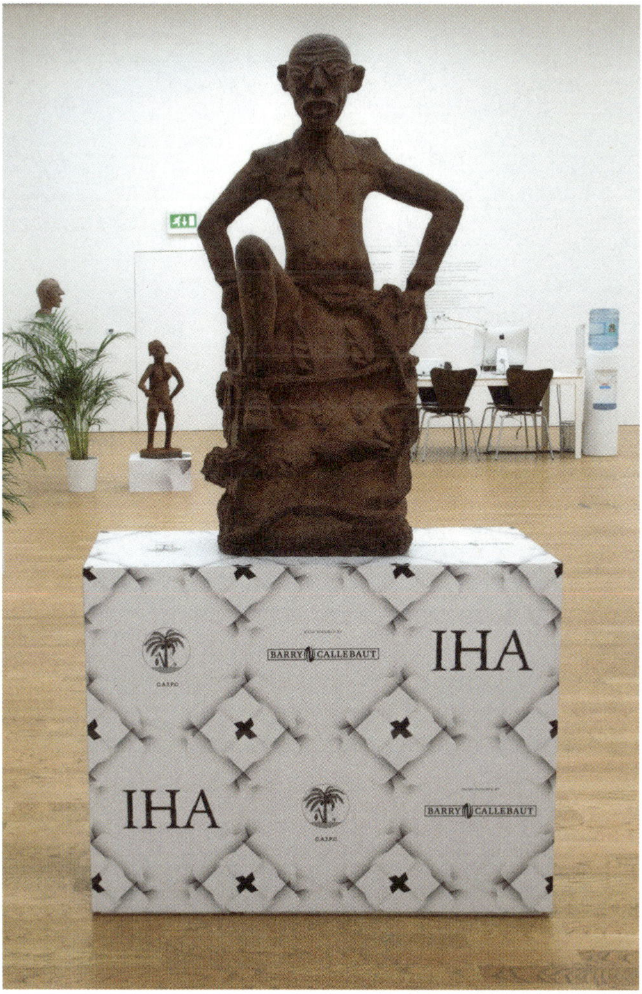

Djongo Bismar et Jeremie Mabiala, *The Art Collector* / *Le Bailleur de fonds*, 2015, sculpture en chocolat, exposée à l'occasion de « Cercle d'Art des Travailleurs de Plantation Congolaise, » Middlesborough Institute for Modern Art, du 7 février au 15 mai 2016 (photo : Jason Hynes)

Djongo Bismar and Jeremie Mabiala, *The Art Collector* / *Le Bailleur de fonds* (2015), sculpture made of chocolate, presented at "Cercle d'Art des Travailleurs de Plantation Congolaise", Middlesborough Institute for Modern Art, February 7 – May 15, 2016 (photo: Jason Hynes)

Mabiala représente l'antenne de Tshela pour le CATPC.

Jeremie Mabiala a conçu une petite sculpture avec Djo Bismar dont la version définitive, plus grande, a été reproduite avec l'aide de tous les artistes du CATPC. (Djo Bismar a quitté l'atelier peu de temps après la réalisation après avoir subi des pressions de son église.) Ce travail s'intitule (« le bailleur de fond-financial backer-lessor/l'actionnaire-shareholder/le commanditaire-sponsor/ le capitaliste/the art funder »). La sculpture représente

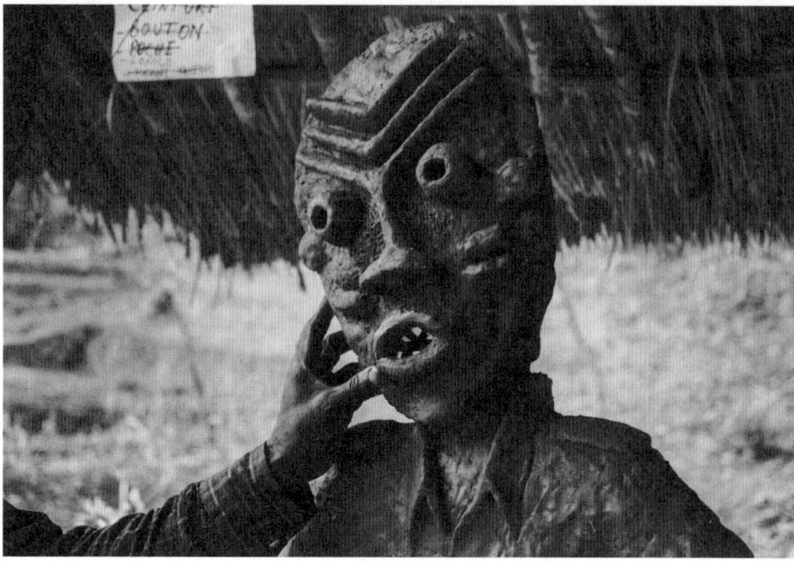

Jeremie Mabiala in front of his clay sculpture *Agent colonial portant un masque Tundu*

Jeremie Mabiala devant sa sculpture en argile *Agent colonial portant un masque Tundu*

un homme qui a beaucoup d'argent et de biens. Il est face à deux choix. Celui qui est représenté par des plantes, des lianes et des fleurs qui symbolise le partage des richesses et celui représenté par le serpent qui symbolise l'individualisme d'un homme qui n'aide personne, dépense sa fortune pour son propre compte et vie à fond dans son égoïsme. Cette sculpture est un appel a ceux qui ont la possibilité d'acheter nos sculpture pour nous aider à avancer dans notre domaine : « Bonjour à tous ! ».

EN Jeremie Mabiala was born in 1950 in the Bas-Congo, in the village of Kiyenge-Kiama, in the area of Tshela. Married, he has five sons and three daughters. He started studying agriculture at the technical school in Likala, but had to stop when he was around fifteen years old, following the death of his father. He returned to his native village to learn wood sculpture with his brother. After a three-year apprenticeship, he set up his own studio and started taking in apprentices himself. He lives from his art, which he sells in his own province, as well as in neighboring countries. He has had some difficult moments trying to live from his art, and he has taken considerable risks crossing borders, travelling a lot in old buses, and doing so during times of political unrest.

As a farmer, he decided to invest in agriculture to produce cacao, coffee, rubber trees, and palm trees. He sells his cacao to La société de cultures et d'industries agricoles au Mayumbe (SCAM), the company of Mr. Blaknair, for five hundred Congolese Francs per kilo.

> Jeremie Mabiala tells us: Today, my head is expensive! My portrait has been made in chocolate. I had never tasted its sweet lemon flavour, even though it is just possible that the cacao used to make it is the one I've harvest myself with my own hands. My portrait is being eaten everywhere in the world, and I'm very happy.

He represents the Tshela antenna for the CATPC.

Jeremie Mabiala conceived a small sculpture with Djo Bismar whose definitive, and much larger, version was made with the help of all the artists of the CATPC. (Djo Bismar stopped coming to the studio not long after it was completed under pressure from his church.) The work is entitled: *The Financial Backer* (2014). The sculpture depicts a man with a lot of money and goods. He is confronting two choices. One is represented by plants, creepers, and flowers, and symbolizes the sharing of wealth, the other is represented by a snake, which symbolizes the individualism of a man who does not help anyone, who spends his fortune for his own benefit only, and is deeply committed to his selfishness. This sculpture is a call to all those people who can buy our sculpture and thus help us push further ahead in our work: "Hello everyone!"

ARMAND NGUDIKIENDA ALIAS MEYA

FR Armand Ngudikienda est né en 1938 au Bas-Congo à Tshela. Il est père de 2 fils et de 3 filles. On le surnomme Meya. Dans sa langue natale cela signifie « petite coupure » car, courageux, il n'a jamais manqué d'un petit billet pour survivre. À l'âge de 15 ans, il fut embauché comme cuisinier par un certain Monsieur Ruth qui travaillait pour la société SCAM. Au bout de deux ans, il décidait de rentrer au village pour apprendre la sculpture du bois pendant

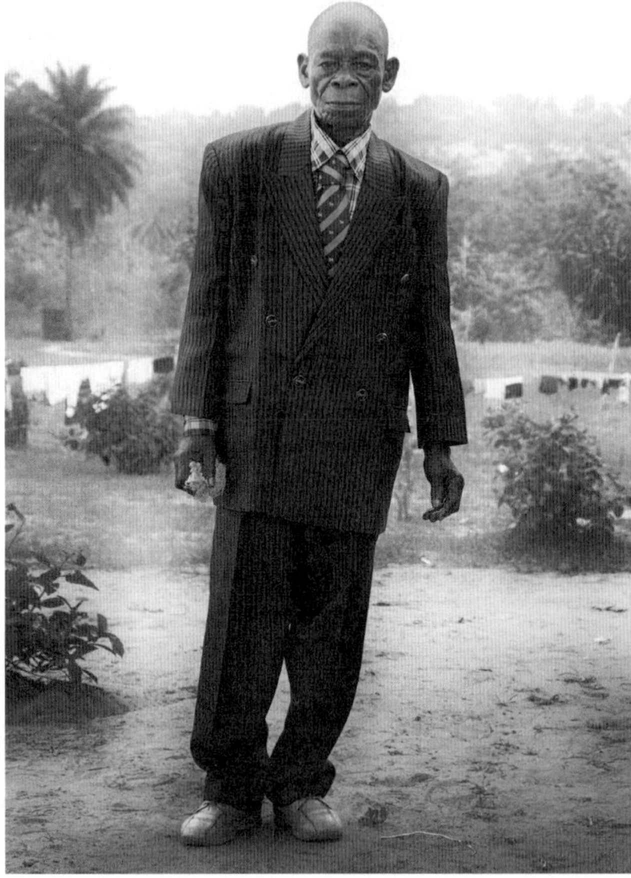

Armand Ngudikienda, alias Meya

5 ans chez Monsieur Alphonse Nzau. Il a ensuite ouvert son propre atelier et formé une dizaine de personne. En tant que paysan, il partage sa vie entre la sculpture du bois et l'agriculture. Il produit 200 kilos de cacao par an qu'il vend à plusieurs compagnies comme la SCAM ou la COKEMA à 500 francs congolais le kilo. Il arrive à vivre au jour le jour grâce au cacao.

Meya a réalisé une sculpture avec Mathieu Kasiama qui représente un planteur de cacao gravement atteint d'un cancer qui provoque un kyste qui se développe de la tête jusqu'aux genoux. Ce planteur doubla ses efforts pour récolter et vendre du cacao mais ses revenus toujours trop maigres ne lui permirent jamais de payer des soins et il finit par mourir.

EN Armand Ngudikienda was born in 1938 in the Bas-Congo, in Tshela. He is the father of two sons and three daughters. He is nicknamed Meya, which, in his native tongue means "small bill," because, courageous as he is, he has never lacked a small bill to survive. At fifteen, he was hired as a cook for a certain Mr. Ruth, who worked for a company called SCAM. After two years in his employ, Meya decided to return to his village to learn wood sculpture, which he did for five years with Mr. Alphonse Nzau. He then opened his own studio, and over the years he trained dozens of his own apprentices. Also a farmer, he divides his time between farming and wood sculpting. He produces two hundred kilos of cacao a year, which he sells to various companies, like SCAM or COKEMA (d'Exploitants miniers et artisanale), for five-hundred Congolese Francs per kilo. He manages to live from day to day thanks to his cacao.

Meya made a sculpture with Mathieu Kasiama that depicts a cacao planter gravely ill with a cancer that causes a cyst that expands from his head to his knees. The planter redoubles his efforts to harvest and sell cacao, but his earnings are always too small to allow him to pay for treatment and he eventually dies.

JEAN KAWATA

FR Jean Kawata est né en 1980 à Kingangu, l'ancien camp de travailleurs de la PLZ où se sont installés l'IHA et le CATPC, son père qui travaillait pour la PLZ y vit toujours aujourd'hui. Jean est père de 5 enfants. Il a un diplôme d'ébénisterie mais comme il n'a pas de matériaux, il doit attendre que des clients viennent avec leurs propres matériaux ce qui est rare. Il utilise beaucoup de formes d'animaux qu'il sculpte sur ses meubles pour transmettre des messages. Pour gagner sa vie, il est coupeur de noix de palme. Il presse l'huile sur les malaxeurs traditionnels lui-même pour la revendre à la Société de savon SILFO. Il vend deux bidons par mois à 8000 francs congolais. Issu du peuple Mbala, il s'identifie néanmoins au peuple Pende avec lequel il a grandi. Il a appris leur langue et leurs coutumes. Il a aussi appris des Pende certaines pratiques de guérison et porte parfois le masque Pende de Tundu qu'il a sculpté lui-même. Pour lui, les Pende sont le peuple qui garde jusqu'à aujourd'hui le pouvoir des ancêtres le plus puissant en RDC.

> Jean Kawata nous dit : « C'est ce pouvoir qui peut nous aider dans tous nos besoins. Il nous protège car il nous est familier. Regarde, une araignée vient de monter sur la page où tu écris. C'est une messagère car ces toiles sont des antennes mais aussi des pièges et à travers elle se manifeste un ancêtre à cet instant. J'ai des techniques pour parler aux ancêtres. L'art du CATPC parle de nos ancêtres, le CATPC me donne le courage de voir ».

EN Jean Kawata was born in 1980 in Kingangu, which was at the time one of the housing quarters for PLZ workers, and is where the IHA and the CATPC are today. His father worked for the PLZ and is still living in Kingangu. Jean is the father of five children. He earned a diploma as woodworker but, since he has no materials, he must wait for clients to come to him and bring the materials themselves, and that only happens rarely. He uses a lot of animal forms in his work, sculpting them onto his furniture as a way to transmit messages. To make a living, he works as a palm-nut cutter. He presses the nuts himself using traditional presses, and sells the oil to the soap manufacturer SILFO. He sells two twenty-five liter cans a month for eight thousand Congolese Francs each. Although he comes from the Mbala people he identifies with the Pende people, which he grew up among. He learned their language and their customs. He also learned some healing practices from them, and sometimes he wears the Pende mask of Tundu that he sculpted himself. For him, the Pende are the people who keep, to this day, the power of the most powerful ancestors in the DRC.

> Jean Kawata tells us: This power is what can help us in all our needs. It protects us because it is familiar to us. Look, a spider has just wandered onto the page you're writing on. It's a messenger, because the spider's web is an antenna,

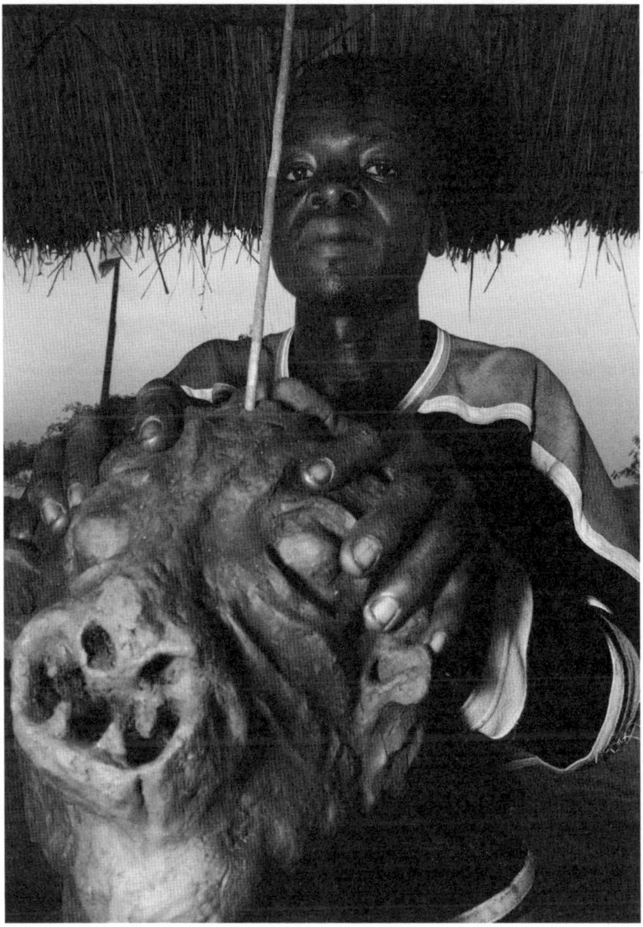

Jean Kawata devant un buste en argile

Jean Kawata in front of a clay bust

but also a trap. Through them an ancestor is made manifest at this very moment. I have techniques to speak to the ancestors. The art of the CATPC speaks of our ancestors. The CATPC gives me courage to see.

IRENE KANGA

FR Née en 1994, Irene Kanga a deux enfants. Elle a passé un diplôme d'état (diplôme de fin d'études secondaires) en pédagogie, une discipline choisie par sa mère car ce sont les études les plus abordables financièrement. Elle vit dans le quartier Banga Banga de Lusanga dans un des anciens camps de travailleur de la PLZ. Son père est mort de la tuberculose lorsqu'elle avait 5 ans. C'est le deuxième mari de sa mère qui l'a élevé. Il était travailleur TT (Tous Travaux) pour le compte de la PLZ mais est resté chômeur depuis la fermeture de l'Usine de Lusanga. Son activité principale était de ramener les noix de palme récoltées dans les villages à Lusanga. Les jouets n'étant pas accessibles aux enfants de travailleurs, Irène fabriquait ses propres poupées en chiffon et des camions en bambous. Le modelage en argile pratiqué au sein du CATPC l'a attiré à cause de sa malléabilité. Elle a participé aux premiers ateliers du CATPC et a même inauguré sa création avec sa sœur Huguette Kilembi mais elles ne sont plus revenues pendant deux ans pour diverses raisons familiales. Elle a réintégré le CATPC en Juin 2016. En ce moment, elle travaille la sculpture et le dessin. Elle étudie les positions sexuelles qui pourraient le mieux rendre compte de l'amour forcé d'un homme sur une femme. Ses réalisations parlent du viol commis par Monsieur Balot[2] sur une femme Pende, une des raisons qui provoqua la grande révolte de 1931. Elle a fait le choix de travailler sur la violence sexuelle parce qu'un homme a tenté de la violer dans la forêt lorsqu'elle avait 8 ans. Heureusement, un homme plus âgé l'a entendu crier et est venu la libérer. C'est un problème que beaucoup de filles rencontrent aujourd'hui dans les villages. Irene veut le crier au monde.

EN Irene Kanga was born in 1994 and has two children. She earned a state diploma (given at the completion of secondary school) in Pedagogy, a discipline chosen by her mother because it was the most affordable. She lives in the Banga Banga neighborhood of Lusanga, in the ancient housing quarters for PLZ workers. Her father died of tuberculosis when she was five years old, and she was raised by her mother's second husband, who used to be employed by the PLZ as a "TT" (*Tous travaux*, a sort of jack-of-all-trades), but has been unemployed since the Lusanga factory was shut down. Working-class families could not afford toys for their children, and so Irene used to make her own rag dolls, and trucks using bamboo. She was attracted to the clay modeling at the CATPC because of its malleability. She

2. Voir plus loin dans ce livre: Sikitele Gize, *La révolte des Pende*, p. 247.

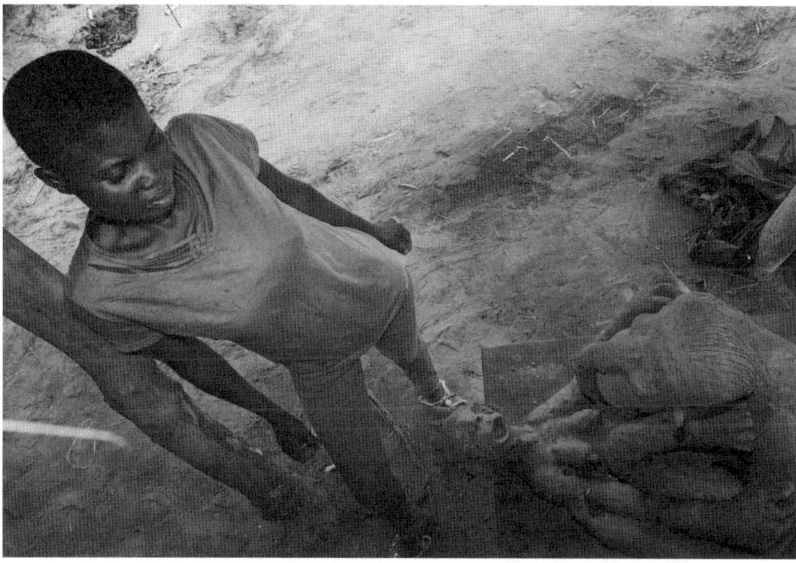

Irene Kanga next to her clay sculpture *Femme Pende violée par Balot*

Irene Kanga à côté de sa sculpture en argile *Femme Pende violée par Balot*

participated in the first workshop at the CATPC, and she even inaugurated her creation with her sister Huguette Kilembi. But then, for a variety of family reasons, Irene stopped coming for two years. She eventually returned to the CATPC in June 2016. At that moment, she was working with sculpture and drawing. She studied the sexual positions that could best render the form of a man forcing himself on a woman. Her works talk about the rape of a Pende woman at the hands of a certain Mr Balot[b] —one of the events that caused the great revolt of 1931. She chose to work on the subject of sexual violence because a man tried to rape her in the forest when she was eight years old. Thankfully, an older man heard her screams and rescued her. It's a problem that threatens many girls in the village today. Irene wants to shout it to the world.

b. See also: Charles Sikitele Gize, *The Revolt of the Pende*, p. 247.

Eléonore Hellio

FR

Mega Mingiedi, Michel Ekeba et Eléonore Hellio, artistes pilotes du CATPC

EN

Mega Mingiedi, Michel Ekeba and Eléonore Hellio, Leading Artists of CATPC

Kinshasa, 10.2016

Mega Mingiedi, Michel Ekeba et Eléonore Hellio sont tous les trois basés à Kinshasa. Ils accompagnent dans leur démarche artistique les membres du CATPC – dont ils sont aussi membres fondateurs – depuis sa création en 2014.

Nous sommes en 2003. Des étudiants de l'Académie des Beaux-Arts de Kinshasa (ABA) se sont associés pour construire « Wenze Wenze », une installation collective monumentale composée d'une centaine de carcasses de voitures abandonées dans les rues de la capitale. Mega Mingiedi y participe. C'est pour lui un déclic, une manière de sortir des espaces conventionnels tel que le *white cube* des centres culturels européens, pour rapprocher l'art de la population congolaise en agissant dans son environnement. La nouvelle génération d'artistes commence à se questionner sérieusement sur la séparation des disciplines enseignées à l'Académie depuis sa création par les missionnaires belges dans les années 1940. À la suite de cette expérience, Mega Mingiedi fonde avec les artistes les plus engagés de «Wenze Wenze » l'association « Eza Possible » qui deviendra un des collectif d'artistes incontournable de la capitale.

Quelques années plus tard, en 2006, « Eza Possible » co-organise le Festival des Scénographies Urbaines à Kinshasa avec ses initiateurs et deux enseignants scénographes de la Haute École des Arts du Rhin à Strasbourg en France (HEAR). Parmi les nombreux artistes invités, ils sollicitent Éléonore Hellio qui enseigne l'art à la HEAR depuis 1996 pour qu'elle y participe tout en menant des ateliers pour les étudiants de l'ABA avec ses deux complices d'ART3, un groupe pédagogique expérimental[1] singulier dans le paysage des écoles d'art.

> Eléonore Hellio: « Nous débarquions tous les trois (Pierre Mercier, Francisco Ruiz de Infante et moi) pour la première fois en RDC avec en tête l'image de Frantz Fanon – l'Afrique en forme de révolver dont la gâchette se trouve au Congo. Très vite, j'ai compris qu'il fallait mettre au centre de nos interventions pédagogiques la question de la décolonisation

1. Voir les entretiens pédagogiques de Céline Ahond, *World need words*, ESAAA éditions, collection DSRA, Diffusion Presses du réel, 2016.

des savoirs. Nous avons amorcé avec nos collègues congolais un dialogue sur les répercussions de l'histoire coloniale dans le domaine de la création, sur tous ses dilemmes et tremblements. Petit à petit, j'ai du réinitialiser mes structures de pensée et trouver le juste équilibre entre assimilation et résistance ».

Eléonore Hellio participe pendant sept ans aux échanges d'enseignants et d'étudiants entre les deux pays. Mega Mingiedi, Pathy Tshindele, Vitshois Milambwe, Kura Shomali, Alain Polo, Freddy Mutumbo, Andro Mindre Kolo, Kiripi Katembo[2] et bien d'autres ont été des ambassadeurs du même projet. Ils font partie aujourd'hui de la jeune génération engagée dans l'art actuel local et international. Mega Mingiedi est un des premiers congolais à avoir été diplômé de la HEAR et à être rentré en RDC pour suivre son engagement artistique. Il est très actif sur la scène artistique congolaise internationale (*Yango*, la Biennale de Kinshasa, MC2a et Musée d'Art Contemporain de Bordeaux, *Congo Kitoko* à la Fondation Cartier à Paris, *Le Surréel Congo* au Museum Fur Kunst und Kulturgeschichte de Dortmund, etc.). Depuis 10 ans, ses relations avec Eléonore Hellio n'ont cessé d'évoluer au rythme des circonstances de la vie, fluctuant entre ami et assistant, entre professeur et étudiant puis entre navigateurs des eaux troubles et fascinantes de l'art qui relient l'Europe et l'Afrique.

Né en 1976 dans une famille nombreuse, Mega Mingiedi reçoit une éducation mais ce qui l'intéresse c'est de dessiner ce qu'il voit à la télévision et les histoires urbaines qu'il s'invente en observant la vie de la cité. Jeune adolescent, il s'approprie des parcelles en ruine et des friches avec ses amis. Ils construisent des refuges aux univers poétiques et violents qu'ils fabriquent avec des matériaux trouvés. Ils fomentent des coups contre d'autres bandes du quartier et cachent leurs trésors de guerre, notamment des transistors pour changer de fréquence et reproduire les sons du grand marché de la capital.

Mega Mingiedi : « Lipate elali ya yo ! Cette exclamation urbaine nous réunissait. À cette période, Kinshasa était marqué par les films de guerre et les films de cow-boys

2. Kiripi Katembo est décédé en automne 2015.

hollywoodiens. Ce cinéma avait une grande influence sur nos comportements. Un de nos jeux consistait à trouver un ami caché sur un chantier ou sur les manguiers des ruelles en créant des émotions, des tensions et des cascades. Un jour, j'ai frappé très violement un ami. Il était à l'agonie et je fus gravement puni. On frotta du piment sur tout mon corps. Mon extrême souffrance face à celle que j'avais infligé m'a réveillé et m'a canalisé vers des luttes plus fertiles… ».

Mega Mingiedi a toujours pratiqué l'art de la débrouille et du bricolage dans une ville sans infrastructures efficientes. Habitant dans le quartier de Lingwala à proximité de l'ABA où il vit toujours aujourd'hui avec sa femme et ses trois enfants, les activités de l'Académie suscitèrent peu à peu sa curiosité et c'est ainsi qu'il fut embauché comme modèle vivant dans les cours de sculpture et de dessin avant de s'inscrire en tant qu'étudiant du département sculpture à l'ABA. Pendant ses études, il aura la chance de rencontrer des artistes engagés comme Mosangi Ntemo, Kamanda Tumba ou Placide Mpane qui lui transmettront ce désir de vivre de l'art :

> « Tout ce que je fais actuellement est lié à mon art que ce soit dans le domaine de la pensée, du bricolage ou d'oeuvres très maitrisées, je me sens heureux d'être en vie, animé par une liberté d'esprit quand je me réveille chaque matin en pensant à la création. Kinshasa se caractérise par une sorte d'instinct de survie quotidien qui accentue mon imagination et ma manière de voir la vie, la ville et le monde. Mes dessins, mes collages, mes graffs, mes installations me permettent d'avoir un langage et une position dans le monde de l'art ».

C'est au C.A.F.E. Électronique International de Los Angeles (premier réseau électronique d'expérimentation artistique, culturelle et sociale fondé en 1984) qu'Eléonore Hellio s'est propulsé dans les réseaux des arts électroniques après un parcours d'autodidacte marqué de rencontres au coeur du réalisme fantastique littéraire européen, des communautés du Whole Earth Catalogue, de la scène underground New-Yorkaise et du cyber-psychédélisme californien. Depuis les années 1990, l'art en réseau avec ou sans technologies est au coeur de sa pratique. Elle créé des contextes pour faire émerger des systèmes participatifs, contributifs, évolutif et ouvert, des dispositifs de collectifs transmédiatiques, des performances vidéosoniques en réseau, des sites web coopératifs, etc. Son travail se construit essentiellement en collectif et est par conséquence souvent multilinéaire et polysémique. Elle développe parallèlement l'enseignement et sa pratique artistique, sans forcément les dissocier, « vers un art sans oeuvre, sans spectateur et sans auteur ».[3] Intervenante régulière à l'Académie des Beaux-Arts de Kinshasa en RDC depuis les Scénographies Urbaines de 2006, elle a également participé à la mise en place du projet de recherche « Play/Urban » en partenariat avec la HEAR et la Wits School of arts de Johannesburg.

C'est dans ce projet d'échange entre les trois écoles qu'elle entame une collaboration étroite avec Michel Ekeba alors encore étudiant à l'ABA de Kinshasa. Michel Ekeba a toujours vécu à Kinshasa.

> « Je suis né en 1984 sous le régime Mobutiste à l'époque où le pays se nommait le Zaïre. La vie était plus stable socialement mais du point de vue économique et culturel, c'était le déclin car depuis la décolonisation du pays nous étions enveloppés et ensevelis par une culture d'adoration rendue au chef ».

Stimulé par le mouvement hip-hop et les cultures urbaines, il pratique la poésie rap en français, en lingala (une des langues officielles du pays) et en langila (langage codé kinois[4] très expressif). Pour se libérer du conformisme et des violences sociales auxquelles il est confronté, il partage son flow dans la rue et y introduit peu à peu des éléments visuels qui aboutiront plus tard à des performances urbaines plus élaborées. La jeunesse, les enfants des rues et les gangs en quête de sens le respectent, c'est leurs voix qu'il porte en lui. Il électrise le monde avec son énergie, son ardeur et son engagement. Inclassable, proche des gens, une voix cassée, une gestuelle percutante lui donne une force singulière. Un jour il fait la connaissance d'un vieux colon qui fait des peintures érotiques. « Il résidait en plein centre ville, Boulevard du 30 juin (date de l'indépendance de mon pays).

3. Stephen Wright, *Vers un art sans oeuvre, sans auteur, et sans spectateur*, Catalogue XVe Biennale de Paris, 2007.
4. Le kinois est la langue parlée à Kinshasa.

J'ai passé deux ans chez lui, il m'avait embauché pour être son 'Par Sec' c'est-à-dire son Secrétaire Particulier. Il m'a ouvert au milieu de la culture et des arts mais aussi à l'ambiance de Kin by night. Les prostitués du centre ville étaient ses modèles. Il hébergeait celles qui étaient en difficulté. Il me payait bien et avait une grande collection de livres d'art. Chez lui, j'ai à la fois découvert Picasso, le monde du fric et de la prostitution. Puis un jour il est mort d'un cancer du sang. Ensuite, je me suis retrouvé une fois de plus sans domicile fixe, et je me suis inscris au Beaux-Arts qui sont devenus mon refuge. Dans le monde kinois, la survie est un acte de base, sans faire du mal. La survie comme art d'agir. L'art comme acte de survie ». Sa démarche s'inscrit dans un processus de création permanente d'interaction et de collaboration où l'art est abordé comme étant un état de rencontre.

En 2013, après son séjour à la Wits en Afrique du Sud avec Eléonore Hellio où ils sillonnent les bars underground de la ville et les townships comme un « gang » improbable, Michel Ekeba créé avec elle « Kongo Astronauts ». « Kongo Astronauts » est une action continue qui se traduit par des performances, des films d'artistes vidéo, des interventions sonores, visuelles et textuelles. La dimension actuelle la plus visible de « Kongo Astronauts » est l'action que Michel Ekeba effectue lorsqu'il apparaît subitement dans les espaces qu'ils traversent protégé par une combinaison spatiale qu'il a fabriqué. Cette action de l'astronaute pose une question simple, comment habiter le monde lorsque tout semble s'être écroulé ? L'astronaute en apesanteur face à la globalisation digitale et ses conséquences sur les inégalités explore sa propre étrangeté, ses propres paradoxes. « Kongo Astronauts » est une sorte d'autofiction, c'est-à-dire une fiction vécue comme une quête identitaire, mais aussi un personnage psychopompe qui fait le lien entre le monde réel et le temps du rêve. L'astronaute mène une action artistique où l'expérience relationnelle et sociale qu'elle engendre a autant de valeur que sa qualité esthétique[5]. Eléonore Hellio a ensuite décidé de suspendre tous ses voyages entre l'Europe et l'Afrique pour s'installer pendant une durée indéterminée à Kinshasa. Elle est soutenue intellectuellement dans ses voyages multidimentionnels par SPARCK, un réseau panafricain multiplateforme basé entre Paris et Cape Town.

5. Fuse Magazine (2014), www.fusemagazine.org/tag/kongo-astronauts (accessed November 29, 2016)

MEGA MINGIEDI, MICHEL EKEBA AND ELEONORE HELLIO, LEADING ARTISTS OF CATPC

Mega Mingiedi, Michel Ekeba, and Eléonore Hellio are based in Kinshasa, they have accompanied and supported the artistic project at the Cercle d'art des travailleurs de plantation congolaise (Congolese Plantation Workers Art League or CATPC), of which they are founding members, since its creation in 2014.

We're in 2003. Students at the Académie des Beaux-Arts (ABA) in Kinshasa have joined forces to construct *Wenze Wenze*, a monumental collective installation composed of the carcasses of hundreds of cars abandoned on the streets of the capital. Mega Mingiedi was one of the students involved. This was a trigger for him, a way to step out of conventional spaces like the white cube of European cultural centers, and to bring art closer to the Congolese population by acting in its environment. A new generation of artists starts at this time to seriously question the separation of disciplines taught at the ABA since its creation by Belgian missionaries in the 1940s. In the wake of this experience Mega Mingiedi, along with the most engaged artists in the *Wenze Wenze* project, founded the association Eza Possible, a collective that will become one of the cornerstones of the art scene in the capital.

Some years later, in 2006, Eza Possible partenered with two scenography professors at the Haute école des arts du rhin (HEAR) in Strasbourg, France, to co-organize the Festival des ccénographies urbaines (Festival of Urban Scenographies) in Kinshasa. Among the many invited artists is Eléonore Hellio, who had been teaching art at HEAR since 1996, and as part of her intervention she leads workshops with ABA students in collaboration with two colleagues from ART3—a singular experimental[a] pedagogical group in the art school landscape.

> Eléonore Hellio: The three of us (Pierre Mercier, Francisco Ruiz de Infante, and I) arrive in the DRC with a Frantz Fanon image in our head: Africa, shaped like a revolver whose trigger is the Congo. I understood quite quickly that we had to put the question of the decolonization of knowledges at the center of our pedagogical interventions. With our

a. See the pedagogical interviews of and with Céline Ahond in *World Needs Words* (ESAAA Editions, 2016).

Congolese colleagues, we started a dialogue about the repercussions of colonial history, with all its dilemmas and tremors, in the area of creation. Little by little, I had to reconceive my thinking structures in order to find the right balance between assimilation and resistance.

For seven years, Eléonore Hellio took part in the exchange programme, which included professors and students, between the two countries. Mega Mingiedi, Pathy Tshindele, Vitshois Milambwe, Kura Shomali, Alain Polo, Freddy Mutombo, Andro Mindre Kolo, Kiripi Katembo,[b] and many others were likewise ambassadors of the same project. Today, they are part of a young generation engaged in current art, both locally and internationally. Mega Mingiedi is one of the first people from the Democratic Republic of Congo (DRC) to have received a diploma from HEAR and to have returned to the DRC to pursue his engaged art. He is very active on the international Congolese art scene ("Yango" the Kinshasa Biennial, MC2a and Musée d'art contemporain de Bordeaux, "Congo Kitoko" at the Fondation Cartier in Paris, "Le surréel Congo" at Dortmund's Museum für Kunst und Kulturgeschichte, etc). For the past ten years his interrelationship with Eléonore Hellio has been constantly evolving and, following the rhythms of life and its circumstances, it has fluctuated between friend and assistant, professor and student, and now, navigators of the troubled and fascinating waters of the art that links Europe and Africa.

Born in 1976 to a large family, Mega Mingiedi received an education, but what really interested him was drawing what he saw on TV and the urban stories he invented while observing city life. As a young teenager, he and his friends appropriated abandoned plots and fallow land and used them to build using found materials, refuges for the poetic and violent universe they invented. They plotted coups against other neighborhood gangs and hid in the refuges their spoils of war, especially transistors, which they used to change the frequency and reproduce the sounds of the capital's big market.

Mega Mingiedi: *Lipate elali yay yo!* That urban cry was our gathering call. At that time, Kinshasa was marked by

b. Kiripi Katembo died in the fall of 2015.

> Hollywood war films and Westerns. And these films were a huge influence on our behavior. One of our games that we played was to go out in search of a friend hidden under a construction site or in the branches of mango trees standing along the alleyways, all while creating emotions, tensions, and stunts. One day I hit one of my friends quite violently. He was in real pain and I was seriously punished by having pepper rubbed all over my body. My extreme suffering, compared to the one I had inflicted, woke me up and channelled me towards more fertile struggles.

In a city without efficient infrastructures, Mega Mingiedi has always practiced an art of resourcefulness and bricolage. He lived in Kinshasa's Lingwala neighborhood, close to the ABA, and it is where he still lives today with his wife and three children. Gradually, the activities of the Académie stirred his curiosity and that led him, first, to getting a job there as a live model for the sculpture and drawing classes, and eventually to enrolling as a student in the sculpture department. As a student he had the chance to meet engaged artists like Mosangi Ntemo, Kamanda Tumba, and Placide Mpane, all of whom passed on to him the desire to live from art:

> Everything I do today is linked to my art, be it in the area of thinking, of bricolage, or of very carefully executed works. I feel happy to be alive, animated by a freedom of spirit when I wake up in the morning and think about working and creating. One of the things that defines Kinshasa is a sort of daily survival instinct, and that accentuates my imagination and my way of seeing life, the city, the world. My drawings, my collages, my graffiti, my installations allow me to have a language and a position in the art world.

It was at the Electronic Cafe International in Los Angeles (founded in 1984, this was the first electronic network for artistic, cultural, and social experimentation) that Eléonore Hellio rocketed herself into the networks of electronic art. This was a continuation in a self-taught trajectory that had been marked by encounters with European fantastic realism literature, with communities of the *Whole Earth Catalogue*, with the New York underground scene, and cyber-psychedelia in California. And network art, with or without technologies, has been at the heart of her practice since the 1990s. She creates contexts from whence emerge participative, contributive, evolutive, and open systems for transmediatic collectives; network video-sonic performances; cooperative websites, etc. Her work is essentially developed collectively, and consequently it is often multilinear and polysemic. Her practice as a professor and as an artist run in parallel, and she doesn't necessarily distinguish between them, "towards an art without artwork, spectatorship, or authorship."[c] A frequent visitor to the ABA in Kinshasa since the Festival des scénographies urbaines in 2006, Eléonore Hellio was likewise involved in setting up the research project "Play/Urban," in partnership with HEAR and the Wits School of the Arts in Johannesburg.

It was in the context of that exchange project between ABA, HEAR, and Wits that she started a close collaboration with Michel Ekeba, who was then a student at the ABA. Michel Ekeba has always lived in Kinshasa:

> I was born in Kinshasa in 1984, under the Mobutu regime, when the country was called Zaire. Life was more stable, socially speaking, but it was in decline from the economic and cultural point of view: since the decolonization of the country, we had been enveloped and enshrouded by a culture of adoration of the Leader.

Stimulated by the hip-hop movement and urban cultures, he started practicing rap poetry in French, in Lingala (one of the official languages of the country), and in Langila (a coded, and very expressive, Kinois[d] language). In order to free himself from the conformism and the social violence that surrounded him, he shared his flow on the streets and, little by little, he started to introduce visual elements into his act, sowing the seeds for the more elaborate urban performances he would conceive later. Youth, street kids, and gangs in search of meaning and respect: their voice is what he carries within him. He electrified the world with his energy, his ardour, and his engagement. Unclassifiable, close to the people, a hoarse voice, a percussive body language: all these give him a singular force. One day he met an old colonist, a painter of erotic art:

c. Stephen Wright, "Vers un art sans oeuvre, sans auteur, et sans spectateur," in *XV Biennale de Paris: du 1er octobre 2006 au 30 septembre 2008.*

d. Kinois is the language spoken in Kinshasa.

> He lived downtown, on Boulevard du 30 juin (June 30 is DRC's Independence Day). I spent two years at his place; he had hired me as his "Per Sec," that is, his personal secretary. He introduced me to the milieu of culture and the arts, but also to the atmosphere of Kin by night. His models were downtown prostitutes. He took in the ones who were having a hard time. He paid me well and had a large collection of art books. At his place, I discovered both Picasso and the world of fast cash and prostitution. Then, one day, he died of leukemia. After that, I found myself once again without a fixed abode, and that's when I enrolled at the ABA, which became my refuge. In the Kinshasan world, survival is a basic act. Survival as action art. Art as an act of survival.

His practice is a process that permanently creates interaction and collaboration, one that approaches art as a state of encounter.

In 2013, after his stint at the Wits in South Africa with Eléonore Hellio, where they scoured the city's underground bars and its townships like an improbable "gang," Ekeba and Hellio created Kongo Astronauts, a continuous action piece translated variously by performances, art video films, and sound, visual, and textual interventions. At present, the most visible dimension of Kongo Astronauts is an action by Michel Ekeba in which he appears, suddenly, into spaces that he traverses protected by a spacesuit he made himself. The action poses a simple question: how to inhabit the world when everything seems to have crumbled? The weightless astronaut, faced with digital globalization and the consequences it entails for inequalities, explores his own foreignness, his own paradoxes. Kongo Astronauts is a sort of autofiction, that is to say, a fiction experienced as a sort of identitarian quest, while also being a psychopomp character who forges the link between the real world and dream time. Kongo Astronauts is an artistic action in which the relational and social experience it engenders has as much value as its aesthetic quality.[e] Eléonore Hellio eventually decided to take a break from her frequent trips between Europe and Africa and to settle in Kinshasa for an indeterminate period. Space for Pan-African Research, Creation and Knowledge (SPARCK), a multi-platform network based between Paris and Cape Town, offers intellectual support to Hellio's multi-dimensional journeys.

e. "Tag: Kongo Astronauts," *Fuse Magazine* (2014) www.fusemagazine.org/tag/kongo-astronauts (accessed November 29, 2016).

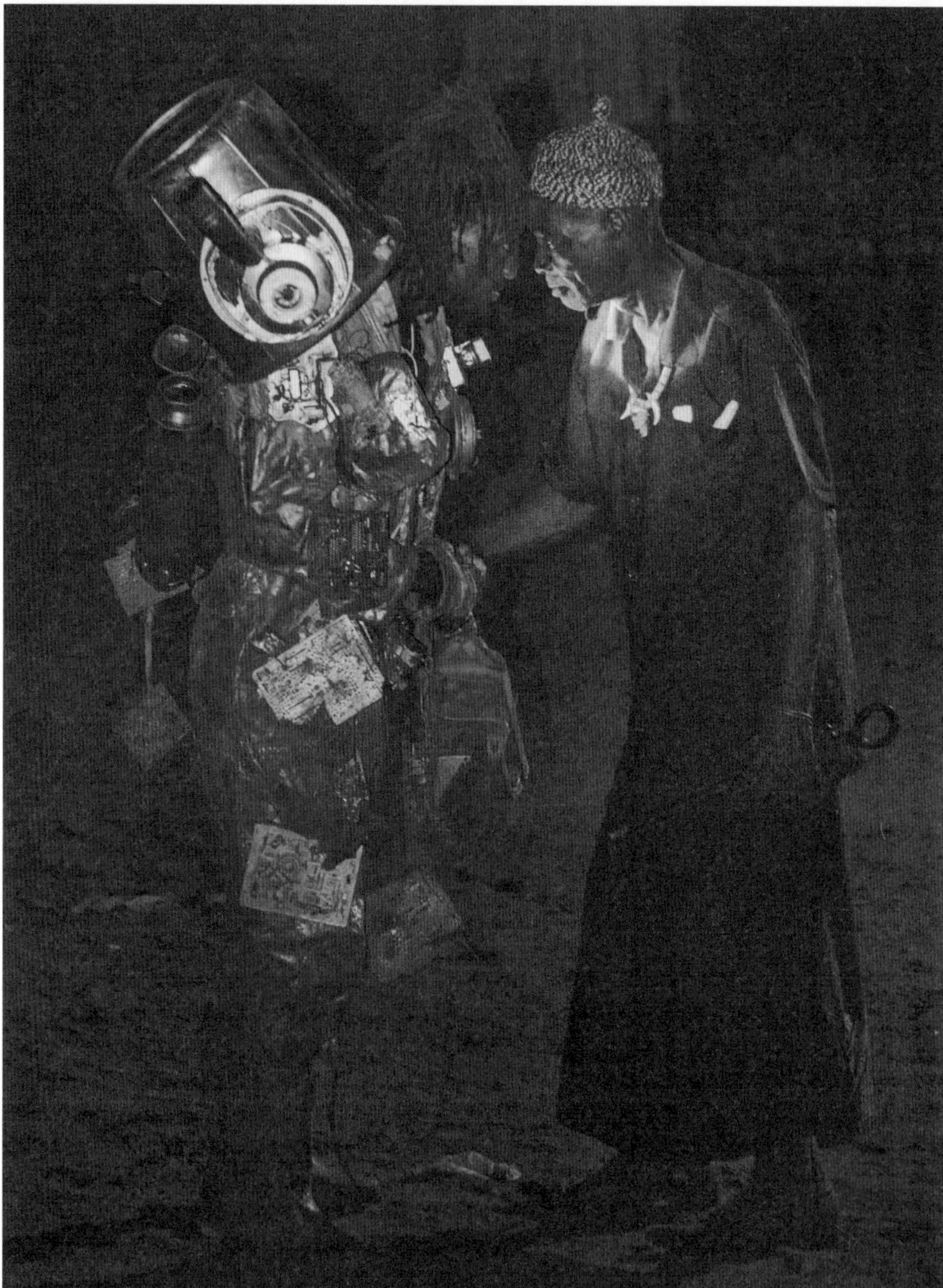

Encounter between Michel Ekeba (Kongo Astronauts) and a Pende from Gungu

Rencontre entre Michel Ekeba (Kongo Astronauts) et un Pende de Gungu

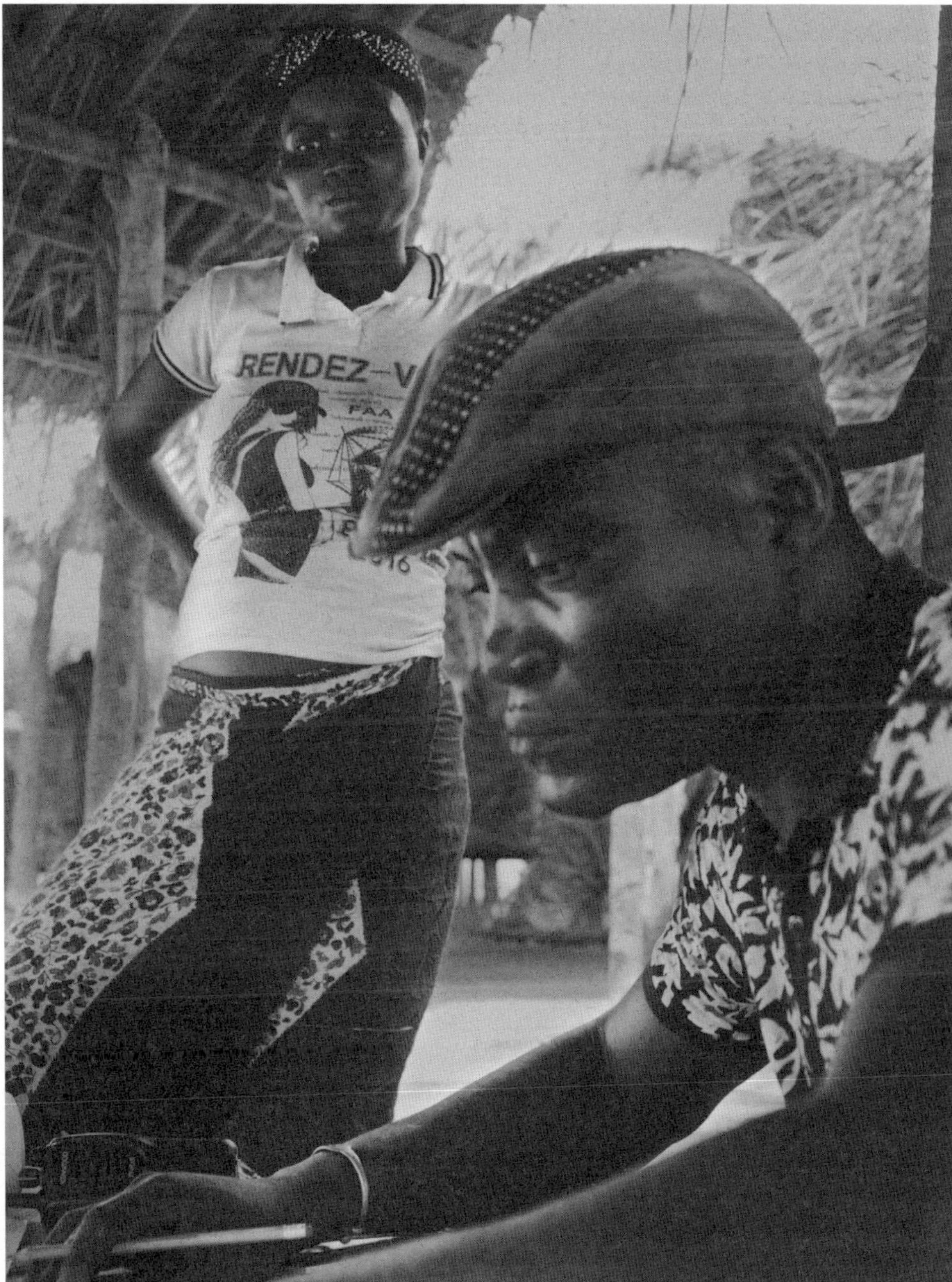

Mega Mingiedi and Huguette Kilembi (artist/intern at CATPC) at work in Lusanga during a drawing session

Mega Mingiedi et Huguette Kilembi (artiste/stagiaire au CATPC) au travail à Lusanga pendant une session de dessin

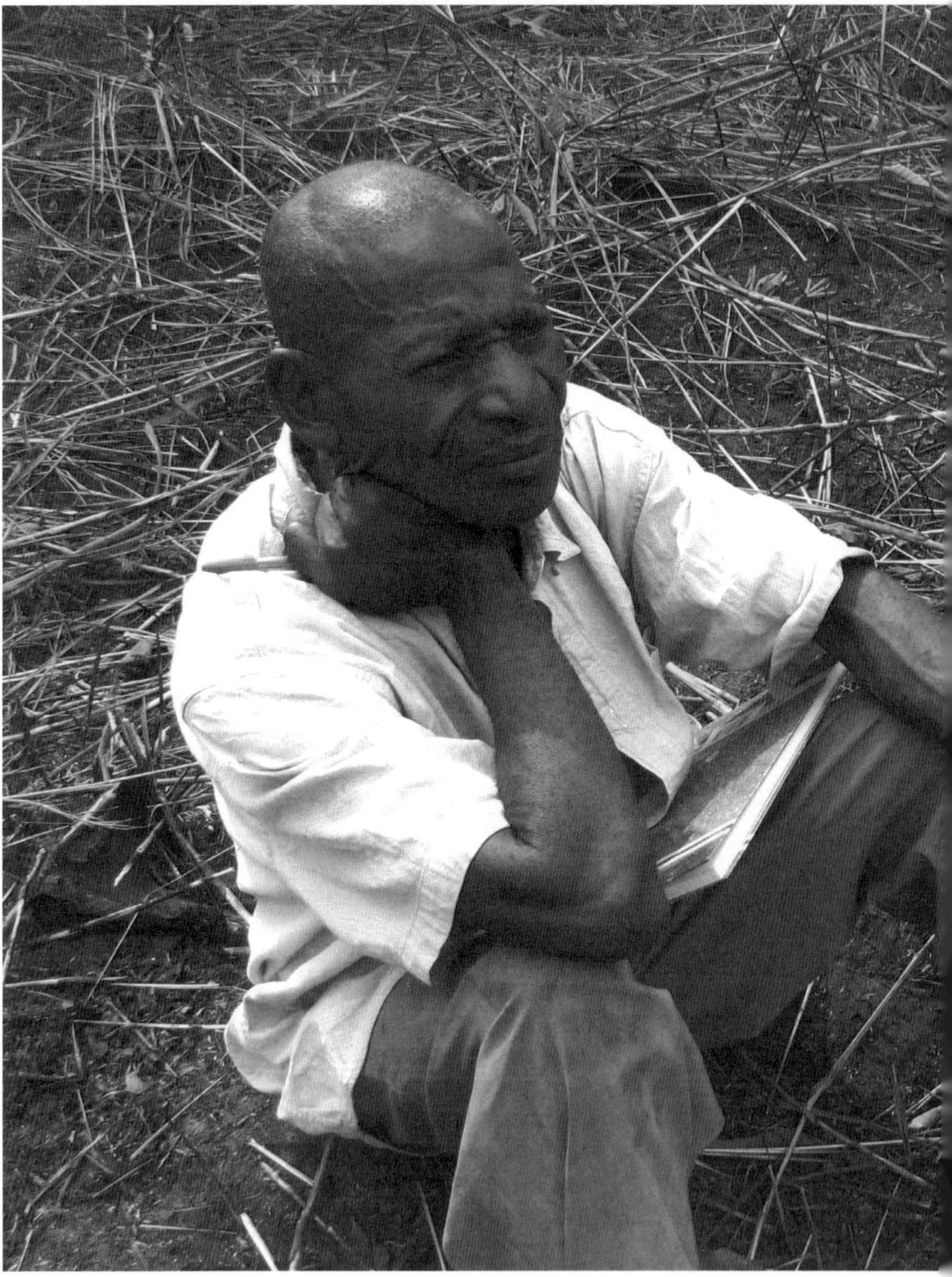

Jeremie Mabiala and Eléonore Hellio outside the CATPC studios in Lusanga, May 2016 (photo: Michel Ekeba)

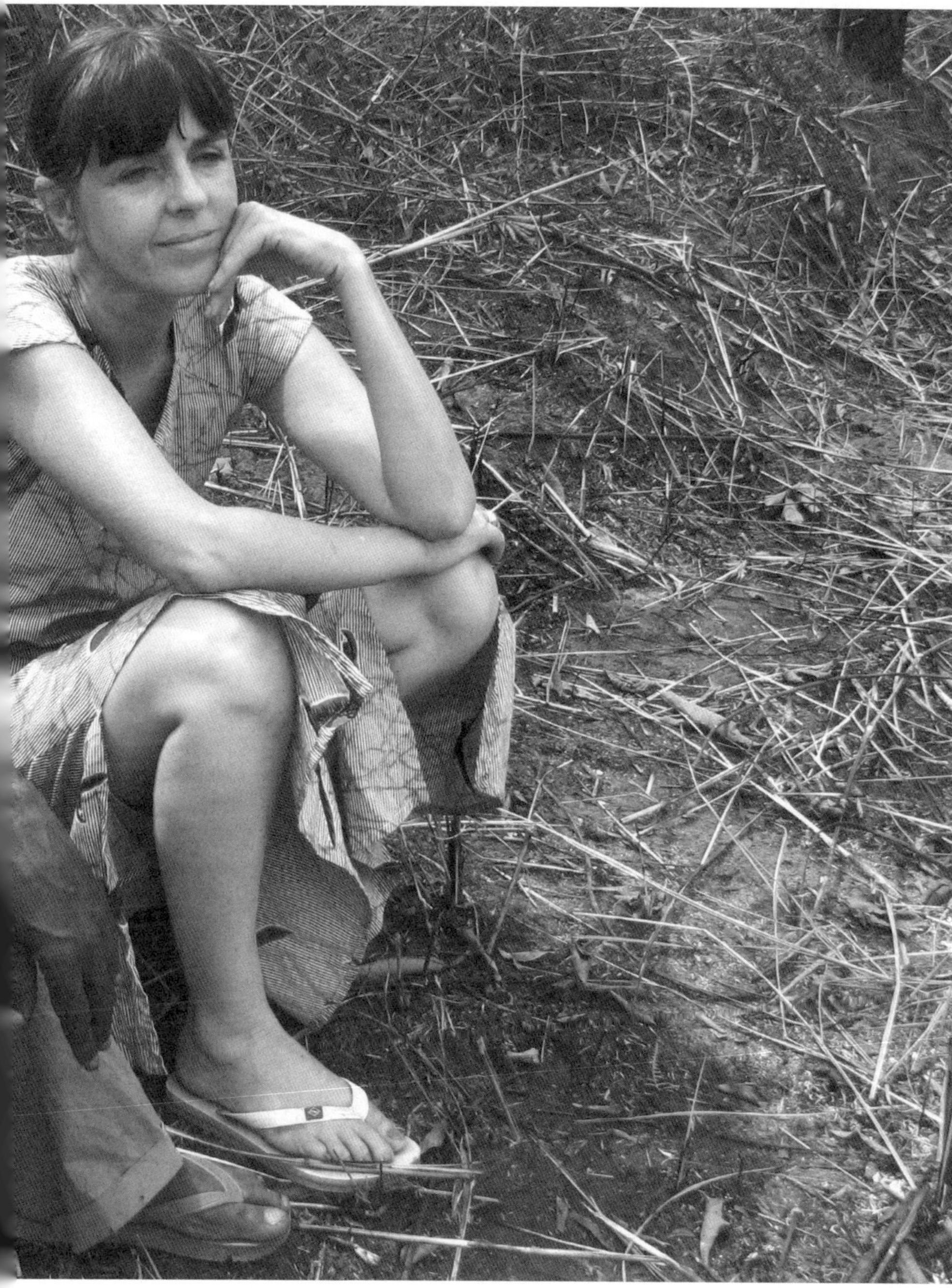

Jeremie Mabiala et Eléonore Hellio à l'extérieur des ateliers du CATPC à Lusanga, mai 2016
(photo : Michel Ekeba)

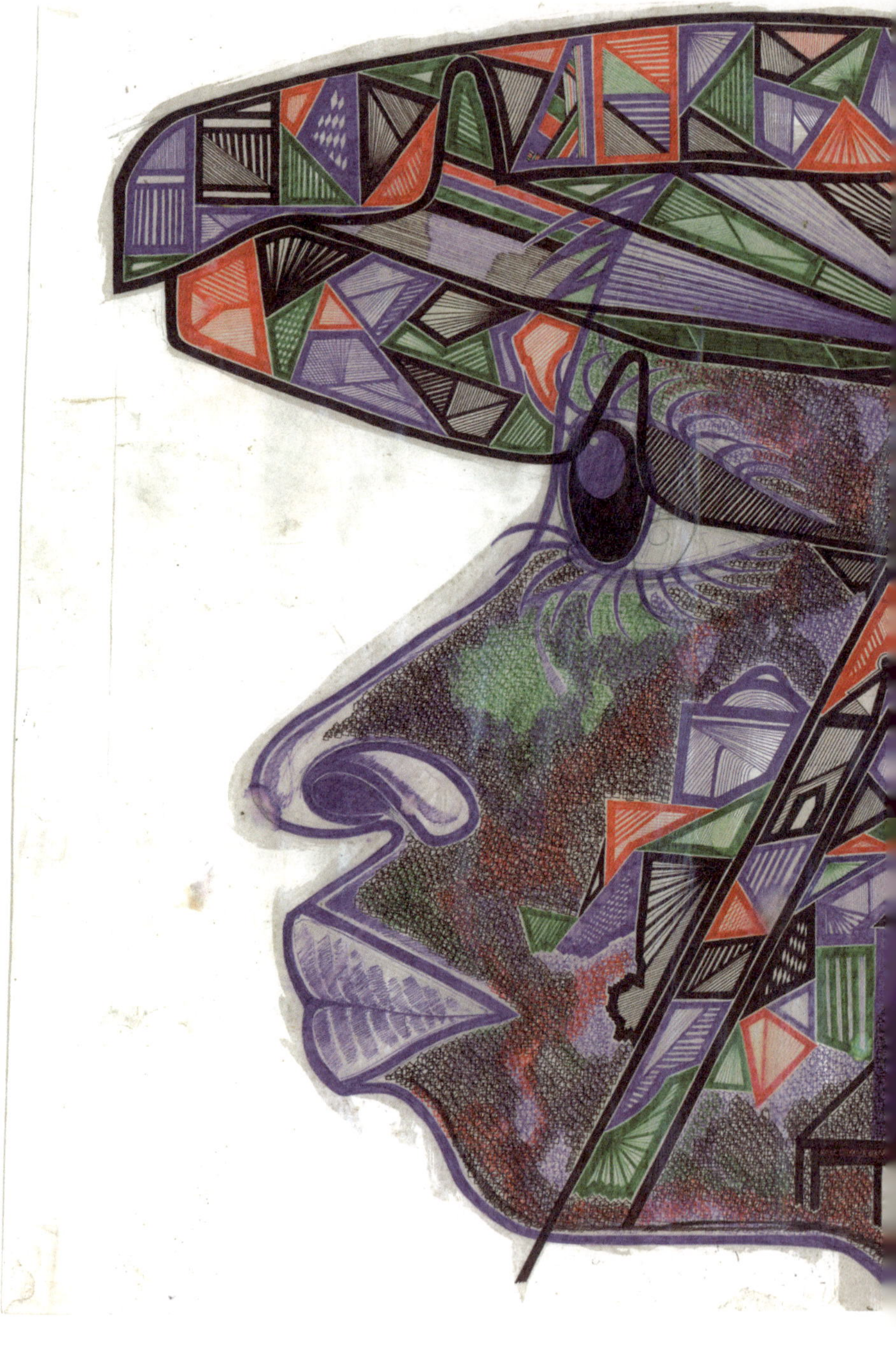

Mega Mingiedi, *Dawuda Money,* 2010, drawing on paper, 75 x 100 cm

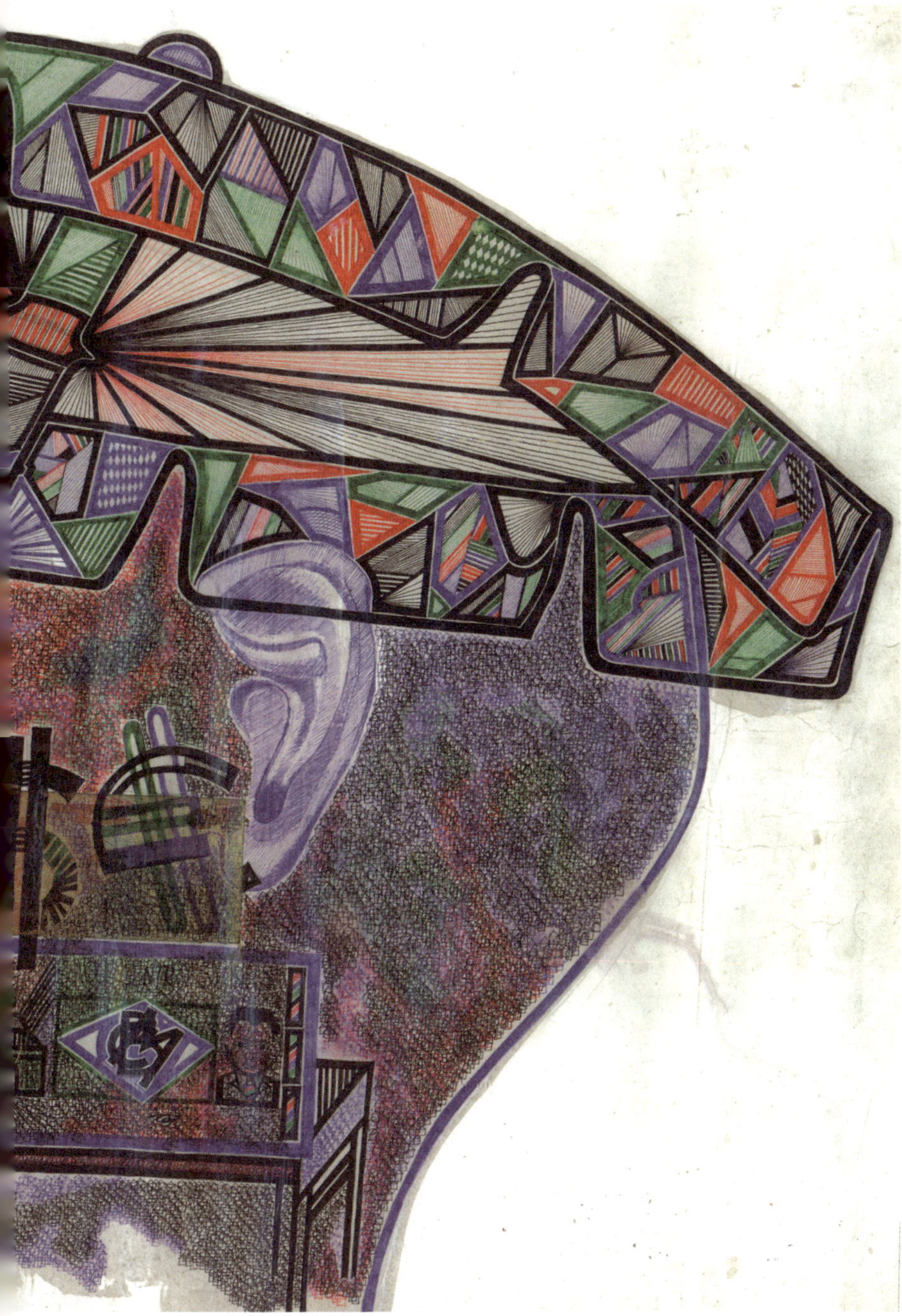

Mega Mingiedi, *Dawuda Money,* 2010, dessin sur papier, 75 x 100 cm

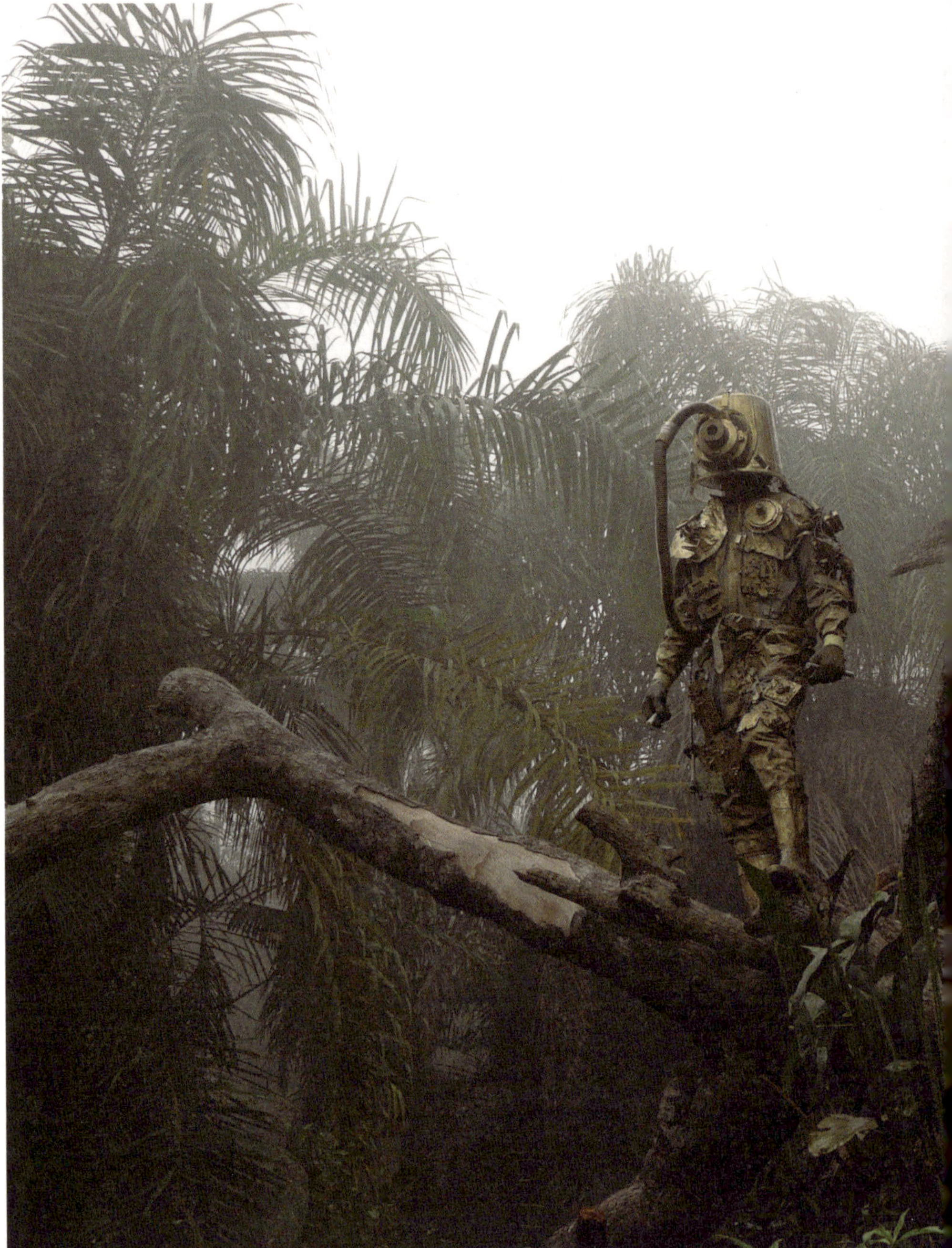

Michel Ekeba performing *Kongo Astronauts* in Lusanga, September 2016 (photo: Eléonore Hellio)

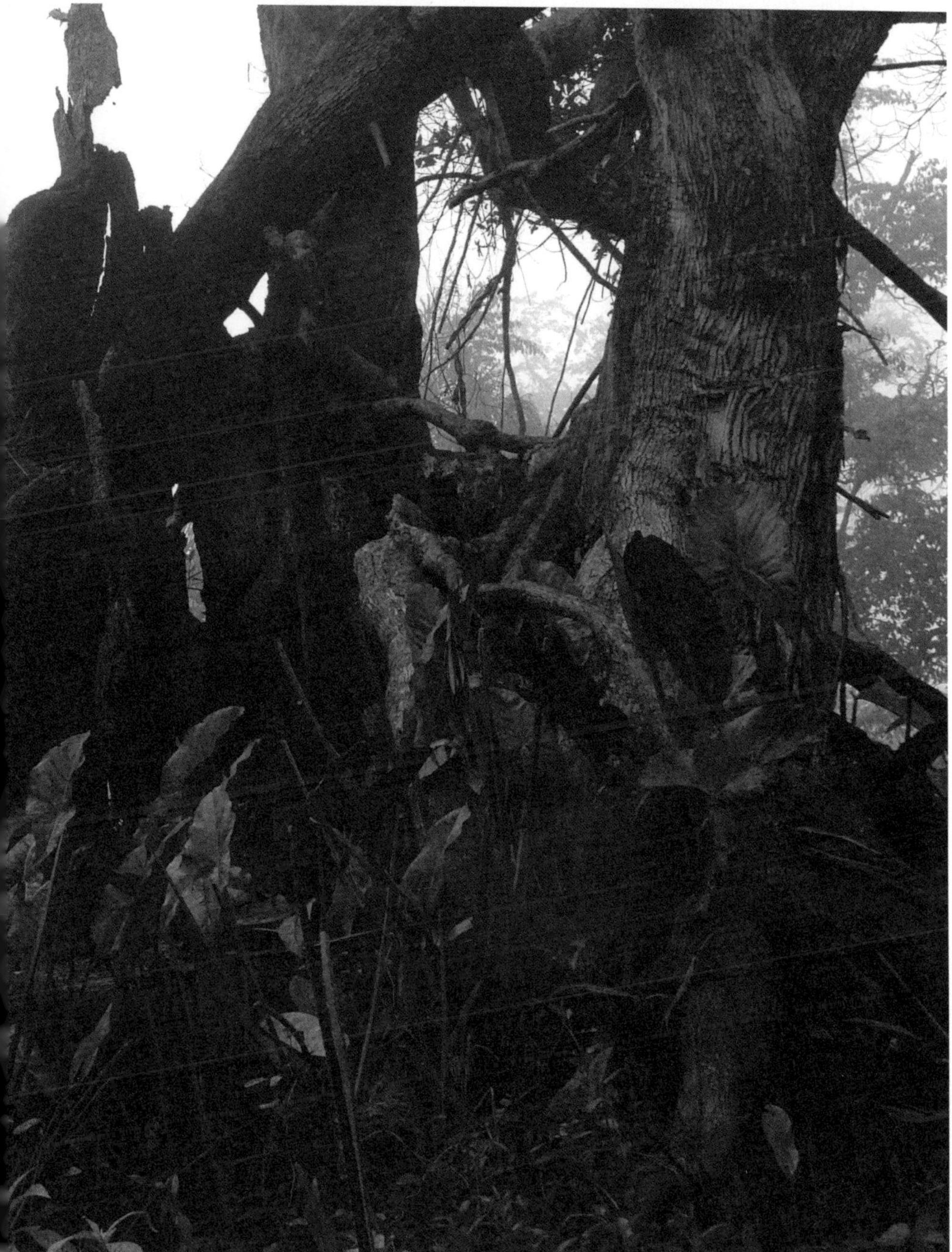

Michel Ekeba performant *Kongo Astronauts* à Lusanga, septembre 2016 (photo : Eléonore Hellio)

Eva Barois De Caevel

FR Des narrations éparses et fraternelles

EN Narratives, Scattered and Fraternal

Paris
11.2016

Cela fait deux ans qu'Els Roelandt et moi travaillons au livre que vous tenez entre vos mains. Je partage ici quelques notes à propos de ce qu'a été mon expérience de co-éditrice de cette publication. Une manière d'évoquer, non exhaustivement, comment elle a été faite et par qui, avec quelles questions, quelles hésitations et quels aller-retours ; et ce que sa conception et sa fabrication nous apprennent d'une telle entreprise – et aussi de l'entreprise plus large que sont la création du CATPC et le travail de Renzo Martens à Lusanga – et des hommes et des femmes qui y participent.

Dans un café parisien

Nous sommes quatre femmes réunies dans un café parisien, un matin, pour parler de ce livre qui n'existe pas encore. Éléonore Hellio, qui enseigne au CATPC a pris la parole. Elle évoque une discussion qu'elle a eue avec les artistes membres du CATPC à propos de leurs biographies, biographies qu'Els et moi avons prévu de recueillir pour les publier dans le livre. Il y a bien eu une première tentative d'écrire leurs histoires à partir de leur témoignage oral et de faire rentrer ces histoires dans une forme qui correspondait à ce qu'on reconnaît, dans nos catalogues d'expositions, comme une biographie d'artiste. Mais il semblerait que le résultat n'ait pas été très heureux.

Éléonore nous dit ce jour là, sans ironie, qu'une biographie idéale serait peut-être une histoire de la plantation elle-même, une histoire des arbres, une histoire par les arbres. Car tout tourne autour d'eux. Le grand-père qui en est tombé, le père qui a difficilement gagné sa vie en vendant leur huile : le complexe économique, social et politique, autour de ces arbres et avec ces arbres, arbres exploités, qui a fait des artistes membres du CATPC, dans leur chair et filiation, hier, par le grand-père, aujourd'hui encore, des sujets de l'empire colonial, comme ces arbres.

Nous reprendrons à plusieurs reprises ces récits auto-biographiques, jusqu'à aboutir à ce que vous avez lu ou lirez dans ce livre. Des biographies « suffisamment bonnes », dont j'ai retravaillé la langue avec précaution (et beaucoup de doutes), passées ainsi d'un certain français à un autre – déjà une traduction – , passées, en anglais, encore, par le filtre du traduire. Je crois qu'on y entend (sans qu'elles ne soient devenues ces biographies mortes qui ont pourtant le pouvoir de légitimer un-e artiste), des choses uniques aux hommes et femmes dont elles parlent : l'importance de l'inscription dans une généalogie ; le vécu de sujets de l'empire capitaliste colonial et postcolonial ; les indices d'une mystique ; et quelque peu, enfin, la voix des arbres, de ces arbres congolais en particulier. Je regrette, je crois, toujours de ne pas pouvoir entendre avant toute chose cette voix d'un arbre à palme de Lusanga – qui cependant brûle et traverse l'ensemble du livre – et qui serait comme une définition, parmi tant d'autres, de l'écocide[1], et de ce qu'une telle expérience fait aux hommes et aux femmes, à Lusanga, et dans le monde, et à travers les temps.

Je n'irai pas à Lusanga

À deux reprises, j'aurais dû faire le voyage jusqu'à Lusanga, et je ne l'ai pas fait. Une fois je n'ai pas eu mon visa, une fois je suis tombée enceinte et je n'avais pas la force, et les deux fois, cela m'a soulagée. Tout ce qui a touché à Lusanga, même installée tranquillement à mon bureau, à Paris, a relevé d'une violence, pour laquelle j'ai bien trop peur de me consumer ou qu'elle ne me consume. Qu'est-ce ça change d'être officiellement la coéditrice d'une livre qui parle d'un lieu où je ne mettrai pas les pieds, en tous cas pas tout de suite, pas avant la sortie de ce livre ? Certainement beaucoup de choses et pas grand chose. C'est pourquoi j'ai poursuivi mon travail malgré tout.

Des choses sont arrivées de Lusanga dans mon ordinateur : des images, des textes et des voix, qui ont parfois pris une telle place que j'ai avancé plus sûre (sûre de les sentir ?) vers la finalisation de ce livre qui a achevé de me convaincre

1. Unilever est, à l'origine, une compagnie créée par les frères Lever qui ont donné son ancien nom, Leverville, à l'actuelle Lusanga. William Lever débute par la fabrication de savon avant que l'entreprise ne devienne rapidement un géant mondial des cosmétiques et de l'alimentaire. En 1911, Lever signe un traité avec le gouvernement belge afin d'avoir un accès total à l'huile de palme de la colonie belge, le Congo, et Leverville devient le centre de l'organisation de cette exploitation. Une exploitation dont les conséquences écologiques et humaines sont évoquées dans de nombreux textes de cette publication. Unilever est toujours le plus grand consommateur d'huile de palme au monde. Du Congo jusqu'à l'Indonésie, on peut dire que la firme tient toujours le sort de milliers de forêts, et de leur écosystème, et d'hommes et de femmes, entre ses mains.

d'une chose : que nous ne pouvons faire abstraction, jamais, de ce qui nous unit à des humain-e-s pourtant loin de nous. Ce qui nous unit et qui est aussi nos histoires, souvent tues, non écrites ou mal (ré)écrites, nos histoires et ce que nous mangeons, portons, respirons, et qui existe chez nous à travers ce qui se passe chez eux, et vice-versa. Et puis, une fois qu'on a pris la mesure de ces histoires (récits que l'entreprise coloniale a impartis à une partie du monde, récits de manque, de hiérarchie, d'inégalités insurmontables), envisager la transformation de ce qu'elles imposent et de ce qu'imposent ces rapports, ces injustes « échanges », aujourd'hui (ce sur quoi repose le travail de Renzo Martens), et faire advenir cette transformation, pour voir, voilà tout, et qu'elle que soit son degré de force, ce qu'il en sort (avec l'espoir que ce soit « du meilleur ») là-bas dans un lieu ; là-bas dans un cours ; là-bas et ici dans un livre.

Récit de voyage d'Els Roelandt
(ou « Coupé en deux »)

Els est finalement allée à Lusanga et j'ai vu passer quelques photos de poussière et de grand espaces vert vif sur Facebook. Et puis un peu de silence, avant qu'on ne se parle sur Skype. Je sais qu'Els m'a confirmé la violence, discrètement, et puis, discrètement aussi, m'a fait sentir via les parasites du Skype plein de petite choses de ce qu'on pouvait voir et entendre à Lusanga, et qui me sont parvenues. Els était sûre d'une chose à son retour, enfin sûre, plutôt pas sûre, pas sûre qu'on soit en train de faire le bon livre.

Les artistes membres du CATPC ont exprimé leur joie d'être désormais des artistes en mesure d'être exposé-e-s dans un white cube au même titre que des artistes occidentaux-ales, et nous faisions un livre qui passait son temps à dire leur situation particulière, leur rôle dans le métaconcept[2] de Renzo Martens, leur histoire en tant que modèle d'une réalité historique, politique et économique dont nous avions à tirer des leçons. Cela via un ensemble de textes de spécialistes qui ne parlaient jamais du travail plastique des artistes membres du CATPC selon les codes de légitimation en vigueur dans le monde occidental, mais de la situation dans laquelle ces artistes étaient pris. Bien sûr la

2. J'emprunte l'expression à Eléonore Hellio.

situation de ces artistes est particulière, la manière dont ils et elles sont devenu-e-s des artistes l'est aussi, et le livre était aussi conçu pour contenir ce récit et les questions qu'il soulève.

Alors nous nous somme simplement demandées ce que ce livre, quand il arriverait à Lusanga, pourrait faire de bon à ses lecteurs-rices ; et ici en Europe, et aux États-Unis, où il va être diffusé, qu'est-ce qu'il pourrait leur faire de bon également. C'est ainsi que nous avons pris la décision (parce qu'il n'y avait pas une seule réponse) de couper le livre en deux (et au jour où j'écris ces lignes nous ne savons toujours pas comment cela va matériellement se réaliser/être réalisable). Il y a simplement un livre sur les artistes et leur travail qui pourrait être, sans mépris aucun, le fantasme de ce livre auquel tout-e artiste occidental-e a droit dès qu'il rencontre un peu de reconnaissance. Et il y une partie que je nomme, bien sûr un peu pour plaisanter, « Histoires et doutes des blancs », et qui est une partie discursive ; qui dit que ce livre était difficile à faire et pourquoi ; qui tente de penser l'existence du CATPC ; qui fait appel à l'histoire, à la politique, aux expériences de ceux et celles pris entre ici et là-bas pour essayer de parler de cet étrange laboratoire. Mais ces deux livres ou parties d'un même livre se tiennent la main et ne se séparent jamais vraiment. S'il est une chose dont ils rendent peut-être assez bien compte, dans leur fracture (et je le souhaite), c'est des conséquences de l'entreprise de séparation profonde, fondée notamment sur une économie asymétrique, qu'a poursuivi sans trêve le projet colonial. Même dans le cadre d'un projet comme celui du CATPC, quand vient le moment de regarder les années écoulées et de poser quelques choses dans un livre, nous avons encore à lutter avec cette séparation insurmontable : comment ceux/celles *qui n'ont rien* pourraient véritablement être des artistes au même titre que les autres ? Comment ceux/celles *qui manquent de tout* pourraient devenir les producteurs/trices des savoirs que ceux/celles *qui ont tout* ont passé des siècles à produire à leur sujet ? Il était chaque jour difficile de contourner ces réalités — tout du moins, ces héritages — alors que nous essayions de faire advenir ce livre. Mais c'est bien parce que ces limites tremblent qu'il existe tout de même (même bizarrement scindé !), parce que ce qui se passe au CATPC et dans le sillage de son existence vient aussi contredire cet apparemment insurmontable état de fait.

Charles Sikitele Gize et Sacha Distel (ou « Problèmes de voix »)

Il y a un texte dans ce livre, qui est très singulier sans aucun doute, et qui est le texte du professeur Charles Sikitele Gize qui est issu d'une communication orale donnée en septembre 2015 à Lusanga, lors d'un des chapitres du cycle de conférences organisé par Renzo Martens et l'équipe sur place. Le texte m'est parvenu sous la forme d'une transcription laborieuse, parsemée de points d'interrogation, d'erreurs évidentes, d'incertitudes sur des noms et des dates, et de citations extraites de documents d'archive que le professeur avait visiblement sous les yeux le jour J mais sur lesquels il semble que personne n'ait pu remettre la main depuis. J'ai eu envie, pour terminer ce petit aperçu du travail d'édition et des pensées qui l'ont accompagné, de détailler la relation que j'ai eu avec ce texte au moment de le faire rentrer dans ce livre.

Une première question qui s'est posée en travaillant sur le texte de Charles Sikitele Gize a été celle du traitement de la matière textuelle même : il s'agissait de tout faire pour conserver son caractère oral, la truculence du récit, un usage de la langue française et des choix de vocabulaire spécifiques qui n'auraient pas toujours été compréhensible pour un-e francophone français-e, l'évocation d'archives que le lecteur/la lectrice n'aurait pas sous les yeux, et enfin des choix de terminologie qui auraient pu être sujets à polémique. Le professeur décrit par exemple très précisément un épisode de viols perpétrés par les colons sur des femmes de la population locale, sans utiliser, dans certains cas, le mot « viol, » parlant plutôt par exemple de « relation sexuelle », et entraînant une confusion sur la nature consentie ou non de ces différentes « relations sexuelles ». On sait pourtant qu'il s'agit bien de viols et le récit n'est d'ailleurs pas ambigu, dans la description mise en œuvre, sur ce point. Et la réaction future des hommes du village, évoquée au moment du récit des viols dans la narration de Charles Sikitele Gize, vient elle aussi attester de la mesure de l'outrage. Je ne saurai dire exactement ce que signifie cet usage aléatoire du mot « viol » pour décrire des actes qui sont tous bien des viols, mais il est clair que ce passage cherche aussi à être, autant qu'il le peut, profondément humoristique ; un humour qui vient rendre les faits d'autant plus cruels. Lisons-le donc tel qu'il est car il contient certainement, dans sa troublante bouffonnerie et son apparente imprécision, de quoi ressentir l'horreur de la prédation sans limite dont jouissent les colons sur les corps des femmes colonisées.

Quel rapport pouvons-nous avoir aujourd'hui aux faits historiques racontés par Charles Sikitele Gize ? J'ai eu le sentiment qu'ils fournissaient enfin un récit alternatif et vrai, tel qu'on sait qu'il en existe mais tel qu'on en entend ou lit finalement si peu, aux récits types montés par les colons à partir de la réalité historique, largement véhiculés dans les psychés des occidentaux-ales, et persistants jusqu'à aujourd'hui. Récits qui produisent, cela va sans dire, d'inaltérables représentations du noir/de la noire, dont il semble qu'il soit encore très difficile de se défaire complètement. Je prendrai pour exemple une chanson de Sacha Distel enregistrée en 1966, « Monsieur Cannibale » (qui a d'ailleurs donné son nom et son décor à un manège de la section « Royaume de l'Aventure » du parc d'attractions néerlandais Efteling ; l'explorateur et le chef cannibale de la chanson sont présents sur la colonne de trois mètres de haut, au centre de l'attraction, dans ce parc qui rencontre toujours un grand succès). Cette chanson est évidemment raciste, mais surtout elle reprend une trame classique qui est exactement le récit perverti des événements historiques racontés par le professeur Charles Sikitele Gize. Aucun lien direct entre les deux si ce n'est ce rapport entre les horreurs bien réelles (mais tues) de la colonisation et la perpétuation, populaire, d'un « irréel » raciste et mensonger dans le même temps. Dans son récit, le professeur demande à son auditoire, en introduction au passage consacré aux événements survenus en mai 1931, d'être prêt à comprendre ce qui peut pousser des hommes à en décapiter d'autres et même à les manger et à ne pas les juger trop vite. Il n'évoquera plus ensuite avec précision des actes d'anthropophagie, mais, lorsque viendra le récit de la mise à mort des colons, il précisera que la scène de dépeçage a laissé présager, à l'époque, d'actes de cannibalisme, c'est en tout cas, Charles Sikitele Gize le souligne bien à la fin du texte, l'interprétation mensongère que les colons feront et diffuseront de ce geste. Cette violence ne s'explique pourtant pas par l'existence de certaines pratiques indigènes, dans le cas de ces événements, mais par une succession d'exactions et de violences commises par les colons, et notamment par des viols particulièrement cruels : ainsi la femme et la soeur d'un même homme sont violées par le gérant Collignon. C'est la violence des viols, en dernier lieu, qui déchaîne la violence de la réaction des hommes du village. Dans la chanson de Sacha Distel, les « Africains » sont d'emblée cannibales, c'est le début de la chanson et c'est une évidence. Un blanc, un explorateur, égaré par mégarde chez ces sauvages et cherchant à sauver sa peau tente donc par tous les moyens d'amadouer le chef du village. Sans succès jusqu'à ce qu'il lui présente une revue pornographique. Le chef du village le conduit donc dans son « harem » où des femmes africaines à la sexualité évidemment féroce exigent qu'il les satisfasse. Alors qu'il suppliait qu'on le laisse partir, l'homme finit donc par supplier qu'on le laisse rester. On voit bien comment des trames narratives issues d'événements historiques réels finissent par être retournées en récits racistes qui transforment les exactions de l'un en la barbarie intrinsèque de l'autre : l'homme noir est violent dès le départ, la femme noire une créature qui a soif de sexe. L'album de Sacha Distel est ressorti en France en 1996 et l'impensé colonial qui l'accompagne est toujours d'actualité. Ce qu'il se passe à Lusanga dans le cadre du projet de Renzo Martens, et ce dont ce livre souhaitait aussi rendre compte, c'est l'advenue et le voyage d'un continent à l'autre de récits à connaître, à (ré)-écrire, à se ré-approprier et à rééquilibrer.

Encore plus concrètement, et symboliquement, ce qu'il se passe au CATPC – la transaction entre des sculptures faites en chocolat, entre Congo, Pays-Bas et Belgique, autant de représentations de sujets colonisés et de sujets vivant les conséquences et réalités créées par le projet colonial et capitaliste, représentations comestibles, productions de valeur symbolique, vendues aux blanc-he-s, rapportant quelque argent aux noir-e-s – rappelle et rejoue ces rapports faits de prédation et de cannibalisme. De nombreux textes de cette publication l'évoquent d'ailleurs selon des angles multiples. L'épuisement des ressources et des hommes à Lusanga, violence économique, écologique, physique et sociale, est aussi une forme de cannibalisme : la plantation mangeait les hommes. Que reste-t-il sinon l'envie de dévorer le blanc/la blanche à son tour ? C'est l'asymétrie du rapport construit par l'un qui transforme l'un et l'autre en cannibales, mais il y a bien un responsable. Les pratiques actuelles de compagnies comme Unilever, Nestlé, Mars, Hershey's ou Lidl, qui exploitent les hommes et épuisent la terre afin de se procurer l'huile de palme, le cacao ou la banane, perpétuent bien évidemment le schéma colonial, et cette « circulation cannibale ». Quand on connaît l'histoire d'Unilever à Lusanga, de la pénibilité du travail d'extraction de l'huile de palme et de la mortalité liée à cette tâche, quand on apprend que ces firmes utilisent le travail forcé des enfants dans les champs de cacao en Côte d'Ivoire ou que la haute toxicité des produits déversés dans le champs qu'elles exploitent au Costa Rica et en Équateur provoquent chez les travailleurs-ses maladies respiratoires, nausées, réactions allergiques cutanées, vertiges, mais aussi un taux élevé de handicaps, de cancers et de fausses couches chez les femmes, on ne peut nier que ce schéma est toujours d'actualité. Avec l'existence du CATPC et ce livre, si on ne peut vraiment croire changer quelque chose à la situation écrasante qu'on vient de décrire, reste la possibilité de faire advenir d'autres discours et d'autres stratégies et d'autres expériences.

Els Roelandt and I have been working for two years on the book that is now in your hands, and in what follows I would like to share some notes with you about my experience as its co-editor as a way to evoke, not exhaustively of course, how this book was made, by who, and with what questions, hesitations, and back-and-forths. And, more generally, I would also like to evoke what its conception and making can teach us about such an undertaking—as well as about the broader undertaking that is the creation of the Cercle d'art des travailleurs de plantation congolaise (CATPC) and Renzo Martens' work in Lusanga—and about the men and women who participated in it.

Translated from French by Emilano Battista

At a Cafe in Paris

Four women meet at a cafe in Paris one morning to talk about this book, which at that time is little more than a distant idea. Eléonore Hellio, who teaches at the CATPC, brings up a discussion she had had with the CATPC member artists about their biographies, which Els and I had already imagined gathering and including in this book. It seemed that a first attempt to write their bios by means of an oral compilation and to frame the resulting stories of the various participants in the format we all recognize immediately in catalogues, the artist's bio, had proved unsatisfactory.

Eléonore suggests to us that morning, without a hint of irony, that an ideal biography could perhaps be a history of the plantation itself: a history of trees, by trees. Everything, after all, turns around them. The grandfather who fell from one, the father who eked out a living selling their oil: the economic, social and political complex around and with these trees, these exploited trees that make the CATPC member artists, in their flesh and filiation, subjects of the colonial empire, like the trees themselves: not just yesterday, with the grandfather, but today still.

We had to revisit the autobiographical narratives several times until we reached the ones you have read, or are still about to read, in this book. "Good enough" biographies whose language I reworked, carefully and with many doubts, have in the process passed from a certain French to another—a first translation—and from that French to English, a second translation. I did not want to transform them into the dead and formulaic bios that nevertheless have the power to legitimate an artist, but for readers to still be able to hear in them the experiences that are unique to the men and women of whom they speak: the importance of the inscription in a genealogy; the experience of the subjects of the colonial and post-colonial capitalist empire; the signs of a certain mystique; and, lastly, something of the voice of trees, particularly of Congolese trees. I still regret, I think, not being able to hear the voice of a Lusanga palm tree—which nevertheless animates and runs through this entire book—that would be like a definition, one among many others, of the ecocide[1], and of how its experience impacts the people of Lusanga and elsewhere, over time.

I Won't Go to Lusanga

I was supposed to go to Lusanga twice, but it never happened. The first time because I was denied a visa, the second because I became pregnant and didn't have the strength to go. I was relieved, both times. Even from the comfort of my desk in Paris I could feel that everything that touches Lusanga is imbued with such violence that I was scared that I'd consume it or be consumed by it. What does it change to be the official co-editor of a book about a place I don't plan to set foot on any time soon, certainly not before the book is published? A lot, no doubt, and not much. And that's why I pushed through with my work regardless.

Things from Lusanga would reach my computer: the images, texts, and voices from there sometimes occupied so much space that I advanced with more certainty (was it a certainty that I felt them?) towards completing this book, which has convinced me of one thing: that we can never ignore the links that bind us to other human beings, however far away they may be from us. What binds us, and what is also our narratives, which may often

1. Unilever was originally created by the Lever Brothers, and the city where they founded their company, Lusanga today, used to be called Leverville. William Lever started out making soap, but very quickly his company grew to be a giant supplier of cosmetics and food products worldwide. In 1911, Lever signed a deal with the Belgian Government that allowed his company to have total access to the palm oil of the Belgian Congo, and Leverville became the centre for the exploitation of this resource – the environmental and humanitarian consequences of this exploitation are evoked and discussed in several of the texts gathered here. Unilever remains to this day the greatest consumer and producer of palm oil in the world. From Congo to Indonesia, we can say that Unilever holds in its hands the fate of thousands of forests and their ecosystems, and an equal number of men and women.

be silenced, unwritten or badly (re)written, is what we eat, wear, breathe, what exists here, for us, because of what happens to them, there, and vice versa. Once the measure can be taken of these narratives (of lack, hierarchy, of the insurmountable inequalities that the colonial enterprise created), the task is to imagine the transformation of what they and these relations, these unjust exchanges, impose today (that's what Renzo Martens' work rests on), and to bring about this transformation for no other reason than to be able to see, whatever its degree of force, what happens at that point (hoping that this will be something "better") in a specific place there, in a classroom there, and in a book, both there and elsewhere.

Els Roelandt's Travel Journal (or "Cut in Two")

Els finally went to Lusanga, and I saw some photos of dust and of large, bright green spaces on Facebook. Some silence ensued before we caught up on Skype. I know that Els confirmed the violence, discreetly, and that later, again discreetly, she made me feel a host of little things of what one could see and hear in Lusanga, all of which reached me via the parasites of Skype. Upon her return Els was finally sure—and thus also full of uncertainty—that we were not making the right book.

CATPC member artists expressed their joy at the fact that their work would now be shown in a white cube, just like the work of Western artists, and that meanwhile we would be making a book devoted to narrating and describing their particular situation, their place in Renzo Martens' "meta-concept" (as Eléonore Hellio calls it), to showing their story as a model for a historical, political, and economic reality that we can all learn from. And we would be doing that through a series of texts written by specialists that would not speak about the work of CATPC artists using the codes of legitimation in place in the West, but would focus instead on the situation that these artists are caught in. It goes without saying that their situation is particular, as is the ways through which they have become artists—and the book was conceived in such a way as to contain this narrative and the questions it raises.

Eventually, we asked ourselves, quite simply, what good could this book do to its readers—in Lusanga, here in Europe, and in the US. That is how we decided, since there wasn't one answer, to cut the book in two. (As I write these lines, we still don't know how this will be achieved, materially speaking, or whether it is even achievable at all.) There is a straightforward book about artists and their work and that could be—and I say this without any contempt—the mirror of the book that every Western artist is entitled to whenever s/he gains any recognition. And there is a discursive part that I call, with tongue-in-cheek certainly, "White Stories and Doubts." This part talks about the difficulties, and the reasons behind them, of making this book; it tries to think the existence of the CATPC; and it invokes the history, politics, and experience of all the people involved, who are caught between here and there, as a way to try to talk about this strange laboratory. But these two parts of the same book walk hand in hand and never really split. If there is one thing that they capture well in their fracture (and that is as I wish), it is the consequences of the politics of profound separation founded, notably, on the asymmetric economy that was such a relentless part of the colonial project. Even in the framework of a project like the CATPC, when the moment came to survey the years that have passed and to posit some things in a book, we still found ourselves struggling with this insurmountable separation: how can these people, who *have nothing*, really be artists in the full-fledged sense we grant to their counterparts in the West? How can these men and women, who *have nothing at their disposal*, themselves become the producers of the knowledge that those who *have everything* have spent centuries producing about them? Turning these realities—this heritage—on their head was a daily struggle that confronted us as we tried to bring this book into being. But it is precisely because these limits tremble that the book exists nevertheless (even if bizarrely split!), because what happens at the CATPC and in the wake of its existence contradicts this supposedly insurmountable state of affairs.

Charles Sikitele Gize and Sacha Distel (or "Voice Problems")

One of the texts in the book is, without a doubt, quite singular and unique. I am referring to the text by Professor Charles Sikitele

Gize, which originated as a talk delivered in September 2015 in Lusanga, as part of the cycle of conferences organized by Renzo Martens and the team in Lusanga. The text reached me in the form of a laborious transcription, sprinkled with question marks, evident mistakes, uncertainties over names and dates, and citations from archive documents that the Professor clearly had at his disposal the day of the talk, but which no one seemed to have been able to get their hands on since. By way of concluding this short overview of the editorial work and the thought process that informed it, I would like to detail the relation I established to this text while preparing it for inclusion in this book.

The first question that came up as I worked on Charles Sikitele Gize's text was that of the treatment of the textual matter as such. I had to preserve its character as an oral presentation, a talk; to retain the narrative truculence; to honour a use of the French language that went hand in hand with specific word choices that would not always have been immediately understandable to a French francophone; to accept the evocation of archives that I knew would not be available to the reader; and, lastly, to preserve a terminology that could on occasion be polemical. For example: in the very precise description of a series of rapes of local women by colonists, the Professor doesn't always use the word "rape"; sometimes, he speaks instead of "sexual relations," and this can lead to a certain confusion over the consensual or non-consensual nature of these "sexual relations." But we know that these are instances of rape—the text is not ambiguous at all on this score. And the eventual reaction on the part of the village men, something Charles Sikitele Gize evokes when he describes the rapes, likewise attests to the measure of outrage felt. I could not say exactly what this inconsistent use of the word "rape" to describe instances of rape means, but it is clear that the passage in question tries, as much as possible, to inject some humour into the whole—and this measure of humour renders the deeds all the more cruel. It seemed to me that we should read it as it stands, because its disturbing buffoonery and seeming imprecision do make it possible for us to feel the horror of the unbounded predatory power that colonists enjoyed over the bodies of colonized women.

What relationship can we have today to the historical facts described by Charles Sikitele Gize? My own sense, in the end, is that they offer a narrative that is both alternative and true, that we know exists, but that we tend to read so little about in the end. It seemed to me that Charles Sikitele Gize's narrative stood opposite and against the standard narratives that colonists construct of the historical reality, and that have continued to circulate in the Western psyche to this day. It goes without saying that these narratives produce inalterable representations of black people, and the prejudices that infuse them continue to exert their power over us to this day. Take, for example, the song that Sacha Distel recorded in 1966 entitled "Monsieur Cannibale" (this song, by the way, gave its name and décor to one of the attractions, in the section called "The Kingdom of Adventure," at the Dutch amusement park Efteling, where the explorer and the cannibal chief in the song are represented in a three-metre high column that stands as the centerpiece of the attraction; the park remains immensely popular, of course). The song is evidently racist, but what deserves our attention, more than anything, is the fact that it depends on the classic strategy that twists and perverts the narrative of the kind of historical event that Professor Charles Sikitele Gize describes in his talk. There is no direct link between them, other than the relation between the very real (but silenced) horrors of colonization and the popular perpetuation of a racist and lying "unreal." In his narrative, the Professor asks his audience, as he is about to introduce the passage devoted to the events of May 1931, to be ready to understand, and not judge too quickly, the reasons that might lead men to decapitate their fellow beings and even eat their flesh. His discussion of anthropophagism is evocative more than graphically specific. However, when he comes to the account of the killing of colonists, he is clear about the fact that the dismemberment scene was seen at the time as a harbinger of cannibalism: that, in any case, as Charles Sikitele Gize underlines at the end of his presentation, is the false interpretation of this gesture that the colonists gave and propagated. The violence of these events, however, cannot be explained by the existence of certain indigenous practices; their explanation is to be found, rather, in the succession of abuses and acts of violence committed by colonists. Notable among these abuses are particularly cruel acts of rape: for example, the rape of a man's wife and sister by the colonial manager Collignon. It's the violence of these rapes that, in the end, prompts the reaction of the village men. In Sacha Distel's song, the "Africans" are already cannibals from the start, as if this was an undeniable fact about them. A white man, an explorer who accidentally loses his way and finds himself among savages, does whatever he can to mollify the village chief in the effort to save his skin. Nothing is working for the explorer, until he shows the chief a porn magazine; when the chief sees it, he leads the explorer to his "harem," where African women with their ferocious sexual drive demand that he satisfy them all. The song begins with the explorer begging to be allowed to leave, and ends with him begging to be allowed to stay. We can see here how narrative plots sourced in real historical events end up being turned into racist narratives that transform the abuses of colonists into the intrinsic barbarism of the natives: the black man is violent from the start and the black woman sexually insatiable. Sacha Distel's record was rereleased in France in 1996 and the colonial imaginary that infuses it is still current today. What is happening in Lusanga as part of Renzo Martens' project, and what this book wants to convey, is the emergence and the journey, from one continent to another, of narratives to be read, (re-)written and reappropriated so as to establish a different balance.

Still more concretely, and symbolically, what happens at the CATPC—the transaction of sculptures made out of chocolate between Congo, the Netherlands and Belgium, a host of representations of colonized subjects and of subjects living out the consequences and realities created by the colonial and capitalist project, comestible representations, productions with symbolic value sold to whites and thus providing blacks with a source of income—recall, and replay, the relations of predation and cannibalism. A number of texts in this publication evoke those relations from multiple angles. The depletion of natural resources and of men in Lusanga—the economic, environmental, physical, and social violence—is itself a form of cannibalism: the plantation ate men. What remained, then, other than the desire in turn to devour white people? It's the asymmetry in the relation constructed by one that transforms both one and the other into cannibals. That said, one must bear responsibility. The contemporary practices of companies like Unilever, Nestlé, Mars, Hershey's, or Lidl, which exploit men and deplete the earth in its search for palm oil, cacao, or banana, perpetuate the colonial scheme and this "cannibal circulation." When we know the history of Unilever in Lusanga, when we learn about the difficulty involved in extracting palm oil and the rate of mortality associated with that task, when we read that these companies employ forced child labor in cacao plantations in the Ivory Coast, when we are made to see the high toxicity of the products poured onto the land they cultivate in Costa Rica or Ecuador, products that cause laborers to suffer respiratory problems, nausea, cutaneous allergic reactions, vertigo, and are also behind a high rate of instances of handicap, cancer, and miscarriages in women, it's impossible to deny that the schema is still very much in place today. The existence of the CATPC and of this book rests on the conviction that, even if we cannot really believe in changing something about the crushing situation just described, we can nevertheless hope to destabilize it somewhat by introducing into it new discourses, new strategies, and new experiences.

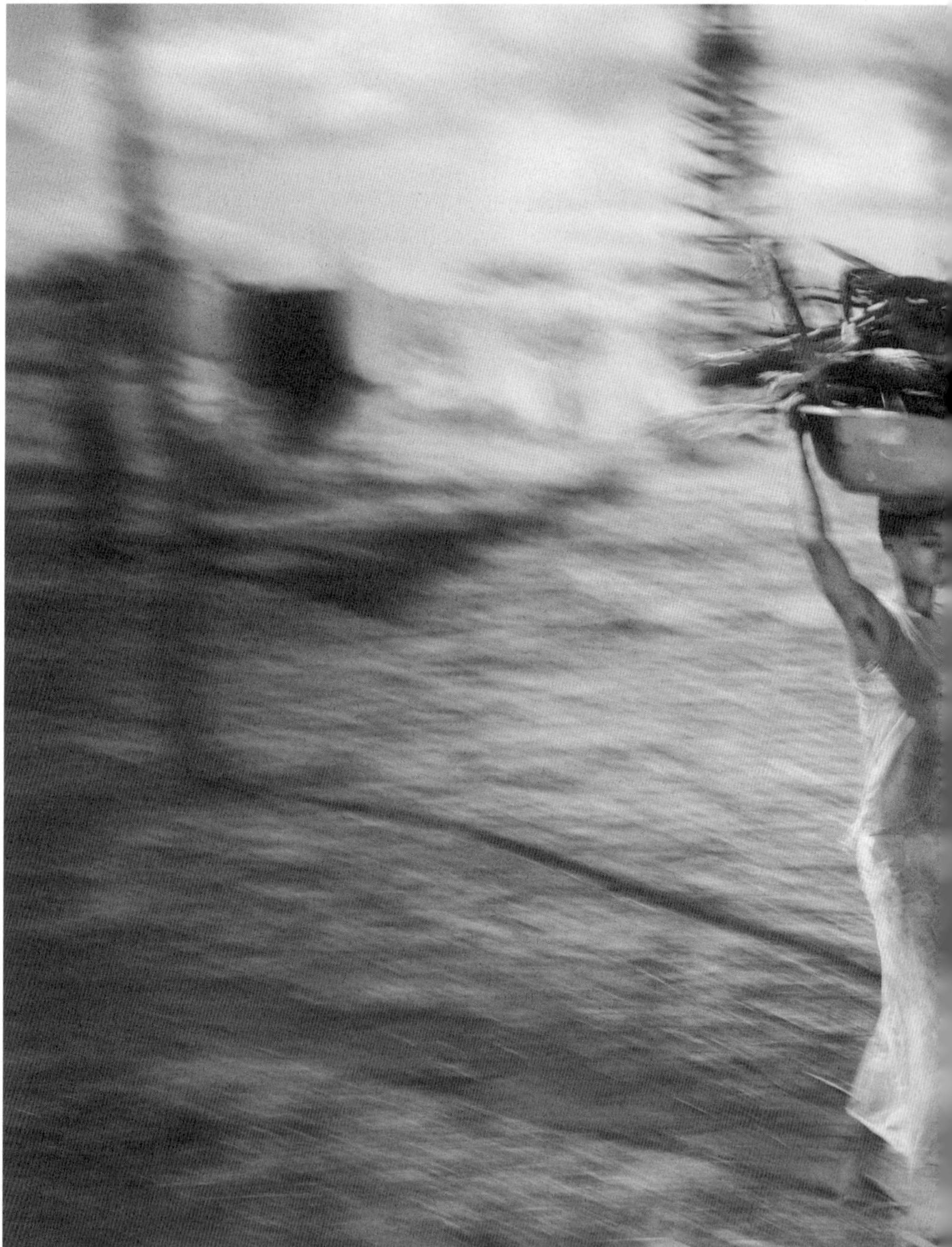

156

Young woman returning from a day of work in the woods

Jeune femme revenant d’une journée de travail dans les bois

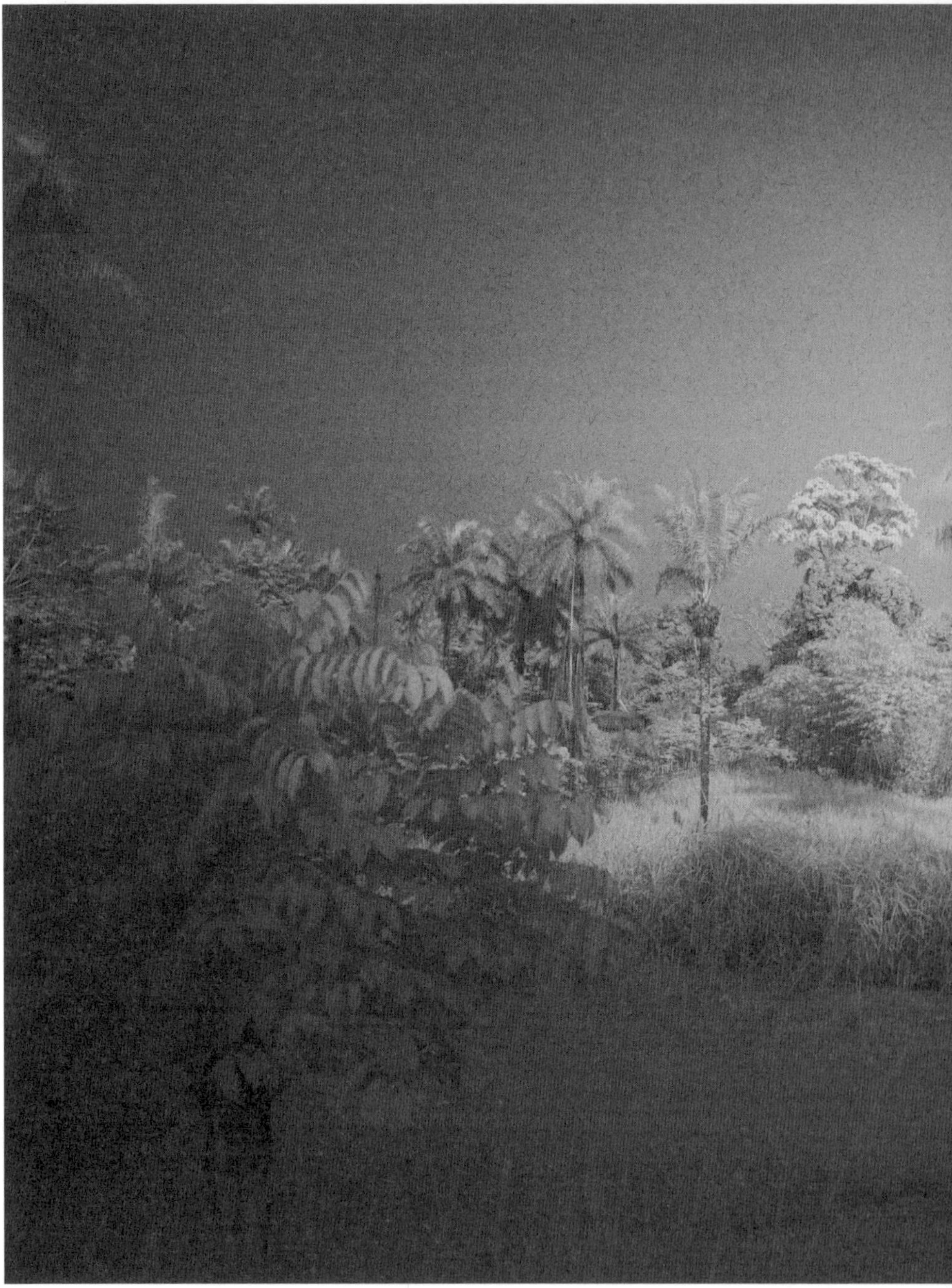

View of the village church

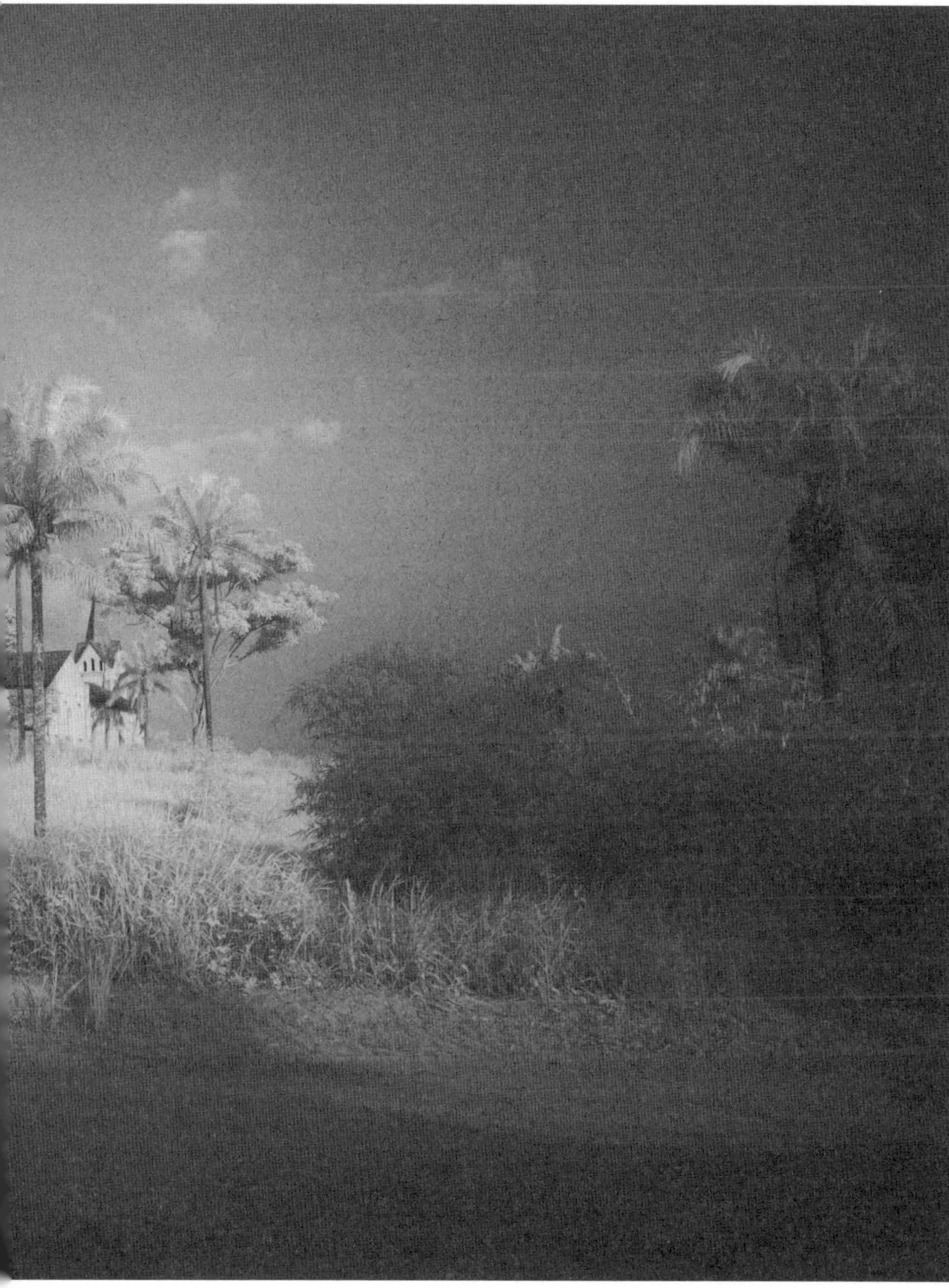

Vue sur l'église du village

EN CATPC in Conversation with Renzo Martens

FR CATPC en conversation avec Renzo Martens

Lusanga 07.2016

This conversation took place in two steps: Questions to Renzo Martens have been formulated in French and Lingala in June 2016 and recorded by Els Roelandt during her stay in Lusanga. Martens responded in November 2016.

Cette conversation s'est déroulée en deux étapes : Les questions ont été formulées en lingala et français en juin 2016 et régistré par Els Roelandt pendant son séjour à Lusanga. Martens a répondu en novembre 2016.

CATPC ARTISTS IRENE KANGA, MATHIEU KASIAMA, MBUKU KIMPALA, MAO KINGUNZA, THOMAS LEBA, JEREMIE MABIALA, MEGA MINGIEDI AND CEDRICK TAMASALA IN CONVERSATION WITH RENZO MARTENS

Jeremie Mabiala Why do you want to do this project? How did you get here, to Lusanga? And why did you make the film *Enjoy Poverty*?

Renzo Martens

That is a fundamental question to begin with so I'll try to be as detailed and clear as possible. I made the film *Enjoy Poverty* between 2004 and 2008. I felt I needed to highlight the power relations between the millions of people who are supposed to work in plantations, and in mines, and shut up, and a relatively small group of artists and writers who produce interesting critique about it. A bottle of shampoo or a chocolate bar is not required to reflect on the systems that sustain it, but a work of art is. So, like many have done before—and many have done better—I thought, I needed to think through the relation between the art piece and the economic structures that sustain that piece. That's exactly what I tried to do in *Enjoy Poverty*.

I travelled to different plantations in the Democratic Republic of Congo where young children die, mothers have no milk in their breasts, fathers are ashamed. *Enjoy Poverty* became a violent film about inequality. I tried to make clear that art is part of the problem and wanted to prove that critique itself was not enough, that, in fact it is sterile. The film was shown in many biennials and even on television, worldwide. In the DRC it was on TV7, but as no one on the plantations or in the refugee camps has electricity or a television, it is safe to say that making the film was a self-serving enterprise.

Congolese plantations generate immense profits at the benefice of remote investors, in London and other global cities. Part of the profit is re-invested in the arts. Entire research centers, whether they are in Berlin, Dakar, New York, or Lagos, are financed by enforced plantation labor. The segregation today is economic.

The segregation is also intellectual and artistic. Plantation workers have financed the museums and galleries in which critique and dissent can be formulated but they themselves are not entitled to produce any type of poetry or singularity. All these art centers are located very far away from the plantation's zones. Consequently, the artistic critique produced within them ends up producing effects far from plantation zones too. This double segregation breaks my heart. I cannot accept the prospect that all the coming *Documentas,* all coming documentary films, all coming research centers—however great they will be—generate an inclusive world on the site of exhibition for a few selected individuals and have very little impact on the plantations or the mines in the rest of the world.

In *Enjoy Poverty*, I tried to exhibit and understand this inequality. In 2012, when I started together with Jacob Koster the "Reverse Gentrification Program," I tried redressing the situation. The premise was simple: If I can make a living from artistic critique on plantation labor, then surely plantation workers—who cannot live from plantation labor—must be able to live from critique on plantation labor. Mega Mingiedi, Michel Ekeba, Eléonore Hellio, René Ngongo, and all the other members of the CATPC joined to somehow find ways to make this possible. I think you are succeeding. With the exhibition of the sculptures in white cubes in Berlin and New York we somehow prove one thing: Plantation workers can exhibit feelings in white cubes and make a living out of that. We, artists, curators, and other members of the art world mean well, yet it is hard to take control of the system of artistic critique. Who benefits from it? What infrastructure does it rely on? We don't control these mechanisms, they are dominated by market forces.

I think the chocolate sculptures as a societal project is great. But it remains an exploitative project. You and the members of the CATPC basically make money by adding the feelings and ideas of plantation workers to cocoa harvested on other plantations or small farms. So, in a way, the CATPC now functions exactly in the way all other artists in white cubes do: you produce and live off singularity, critique, dissent, and love. Nevertheless, you just switched places in the abject value chain. Your work relies on the work of other plantation workers, who still work under horrible labor regimes. I like how you decided to invest the profits in new, self-regulated gardens. I think that's a huge step. You made a point there and pushed the project one step further. This will allow the CATPC to take responsibility of its own value chain. In a few years eventually you will produce works of which you will have both harvested the raw materials for and added the artistic critique. Your artworks will have been made without destroying the rainforest and harming the animals and other species in it.

To bring back the white cube museum space to the plantation is a next step. There is a direct relation between white cubes and plantations: Profits extracted from plantations, through imposed monoculture, have financed the establishment of Tate Britain, of the Van Abbemuseum, the Museum Ludwig collection, and many more museums. The white cube and the plantation are two sides of the same coin. White cubes are places for dissent, critique, and taste. They gather people, funds, and ideas. Plantations, on the other hand, are places where monoculture is imposed on people, on plants, and on landscapes. Often this is done through forced labor, by burning down the rainforest and with armed forces. These are places where profits are extracted from, where dissent is crushed by the military, and the police, and where people flee and emigrate from.

The white cube has been separated for too long from the economic structures that sustain it. It must now be re-contextualized and put to the service of the people that financed it. The task is to reformulate what the white cube and the plantation are.

This is something I can not do alone. We, at the Institute for Human Activities, need you, the plantation workers of the CATPC, to carry along this endeavor. With the establishment of a white cube in Lusanga, we will possess a power object, a validation machine. We should use it to invent a new model, where artists take the full responsibility of the economic mechanisms they are entangled in. And we should spread that model. Our museum should become a searchlight in the rainforest, reaching out to other plantations and mines worldwide with a message of hope and change. The blue print we are building together can and should be exported to other plantations.

Thomas Leba — Things did not work out for you in Boteka, why did you come to Lusanga? Why were you chased from Boteka? How did people living on the equator perceive your ideas? Why are you actually really in exile?

RM

When Jacob Koster and I started out,[a] Unilever had just sold its plantations in the DRC. These were plantations they had confiscated in 1911 and sold again in 2009, for an amount they did not want to disclose. In Boteka people are so stressed. They can't have their own gardens or keep animals because Feronia, the new owner, is afraid they'll harm the palm oil plants. Most kids cannot go to school. Women walk long distances and cultivate land away from the plantations to grow food and survive. It is insane.

Jacob and I started small workshops, people made drawings, and a year later the company managers, sitting in their offices in London, called their management in Boteka and accused us of breaking contracts and inciting violence. They ordered their staff in Boteka to destroy the small art center that we had built there out of bamboo. They put people under house arrest. They really used all the tricks. We had to leave. It was traumatic. So that's why we're in exile here. I did not get to know any of the plantation workers intimately and consequently be can't witness to their sentiment towards the project. That is such a difference compared to here and now.

Irene Kanga — How did you find this place, Lusanga?

RM

So Jacob and Jean-François Mombi[aa] learned about another former Unilever plantation, that no longer operated under corporate rule. It was Lusanga, apparently the very first plantation the Lever Brothers founded. This is the place where it all started, in 1911. Lord Lever started it, he confiscated the land and all the trees. No Congolese was paid for his labor,

a. For a detailed history of the IHA's work in Boteka, see J.A. Koster: "Colonialism and the Creative Economy," on page 277 of this publication.

b. Jean-François Mombia is activist and historian. He is chairman of the board of directors of RIAO-RDC (Réseau d'information et d'appui aux ONG nationales, Democratic Republic Congo).

labor was enforced. Also, they did not pay for the palm fruit they needed. Even more so, trade was outlawed: all palm fruits belonged to the company, even if they are still hanging on the tree. When Jacob, Jean-Francois, and I arrived in Lusanga, we started out with much regret and grieving hearts. Gradually, however, we found out that Lusanga is good. On average, I think people are much happier here, and less stressed. There is less hunger than on the plantations that still produce palm oil for Unilever products.

Cedrick Tamasala What happens with this project once you have moved on to something else? Can the artists and their children stay and live in Lusanga?

RM

I hope the CATPC will grow, and that it will attract economists, critics, and plantation workers. You can use me. I can try to help find the funds and the tools to generate a more just world. But you need to organize the CATPC. You are already getting stronger every day. You are the ones who will make a success out of it. There is no program without you. The settlement will be totally yours soon. Hopefully, the research center will be self-sufficient and all essential services will be sourced on the settlement, in Lusanga. Then you don't depend on anyone anymore. So sure, why not bring your children too? I will be bound to the project forever I think. I'm very attached to it and to the need to reverse the dominant value chains.

Mao Kingunza Do you and your family ever consider coming to live in Kingangu? To live our lives? And stay here, even in unstable times?

RM

I cannot force my family to move. But you know my wife Lisa was here when she was pregnant and our son was here too. She was fine here. We all were. I hope we can come work here and stay for long periods of time. There is a lot to find out. We are just starting, the best is yet to come.

Mbuku Kimpala When my work is done I return home. What if someone is seriously ill, will you take care of these persons?

RM

No, I think the CATPC should take care of them. It is for you to decide. I am not a plantation owner, not an employer.

Cedrick Tamasala Do you, being an internationally acclaimed artist, consider the artists from CATPC as professional artists? If yes, how can we function in the outside art world? Are we artists or artisans, as we have not graduated from any art school?

RM

You are professional artists. The world needs you. We need plantation workers who become artists. If we build the research center and the white cube then we will internalize the tools of legitimation on the plantation. The very fact that some of you are also artisans and plantation workers will legitimate your artistic work. The segregation between people who need to shut up and work on plantations and other people that can make great art will then be supressed.

Mao Kingunza Do you consider building a place like this in Tshela? There are good artists in Tshela, who would like to work with you and share their ideas with the other artists of the CATPC.

RM

Our ambition should be to change all plantations, thus also Tshela. I think René Ngongo is good at developing things like that. We need the people of Thsela to create alternatives to the monoculture and the white cube. Maybe that will have an impact on the policies of the plantation companies and the art museums. We should aim to create a blueprint and spread it round.

Cedrick Tamasala — Are you not afraid of the political instability in the DRC? How about the still tense relations between Belgium and DRC? Aren't you afraid of coming here as a white man, living in an imperialist country?

RM

We ride several storms: the art world is volatile, the business world is volatile, and the DRC is volatile. We need to stay afloat. And we need to be positive, smart, and humble, then it will work. As for me, personally, I need to do this, not in spite of being a white man, but because I am a white man, because I am fed by the profits of an imperialist world, and because I am, in some way, part of an art world that critiques and analyzes freely, but that—I think—should step up its game. I think your work helps to do just that.

Mega Mingiedi — This project of the IHA, in all its aspects: is it real for you, or is it purely symbolic?

RM

Of course it is real! We use a lot of symbolic stuff. Fetishes are symbolic, the building of the white cube is symbolic. The performance you did in KunstWerke,[c] when we exhibited there in 2015 was symbolic. But the result of all of that is real. The income out of the sculptures is real. Using the white cube as a tool is real. The attempt to build a post-plantation is real.

Mathieu Kasiama — Do you think it is possible for you to create such conditions that we can locally produce chocolate, palm oil, soap, and margarine?

RM

Sure! If you want that, you should do it. It's a great idea, to make sure more of the profits and agency is here. The ultimate step in the existing value chain, to produce critique on the system

c. Mega Mingiedi presented a performance on the occasion of the first "Matter of Critique" Conference at KunstWerke in Berlin. "Matter of Critique" (MoC) is a series of conferences organized by IHA that investigate the economical, intellectual, and aesthetic impact of critically engaged art. The first edition of MoC took place in Berlin in May 2015 at KunstWerke. A second and third MoC took place in Lusanga in September 2015 and in September 2016.

and make money off of that, has already been proven possible. So just making soap or chocolate can't be more difficult than that.

Cedrick Tamasala How can we involve more local people? Could we, for example, lower the prices of the artworks so that they can also buy them? How could this work? Is this possible?

RM

That is a great idea. Yes. Let's work on that. In the museum that we are building there will be some of your works on show too. For example, two of the small chocolate sculptures arrived in Lusanga yesterday; we should exhibit them. They can be the cornerstones of the collection.

IRENE KANGA, MATHIEU KASIAMA, MBUKU KIMPALA, MAO KINGUNZA, THOMAS LEBA, JEREMIE MABIALA, MEGA MINGIEDI, ET CEDRICK TAMASALA, ARTISTES DU CATPC, EN CONVERSATION AVEC RENZO MARTENS

FR

Traduit de l'anglais par Jakuta Alikavazovic

Jeremie Mabiala Pourquoi ce projet ? Et comment vous êtes-vous retrouvé ici, à Lusanga ? Et pourquoi avez vous fait le film « Enjoy Poverty » ?

Renzo Martens

C'est une question fondamentale pour entamer la discussion et je vais essayer d'être aussi précis et clair que possible. Entre 2004 et 2008, j'ai fait le film « Enjoy Poverty ». Je trouvais nécessaire de souligner les relations de pouvoir entre les millions de gens qui sont censés travailler dans les plantations et les mines sans jamais pouvoir faire entendre leur voix, et un groupe relativement restreint d'artistes et d'auteurs qui produisent un travail critique intéressant à ce propos. On n'attend pas d'une bouteille de shampoing, d'une barre de chocolat, qu'elles soient porteuses d'une réflexion sur les systèmes qui les sous-tendent – mais d'une œuvre d'art, oui. Donc, comme bien d'autre avant moi – et bien mieux que moi – j'ai pensé, j'ai eu besoin de penser cette relation entre l'œuvre et les structures économiques qui la rendent possible. C'est exactement ce que j'ai tenté de faire dans « Enjoy Poverty ».

Je suis allé voir différentes plantations congolaises où les enfants meurent, où le lait des mères est tari, où les pères meurent de honte. « Enjoy Poverty » est devenu un film violent sur les inégalités. J'ai essayé de mettre en lumière le fait que l'art fait partie du problème et j'ai voulu prouver que la critique à elle seule ne suffisait pas, qu'elle était, en fait, stérile. Le film a été diffusé dans de nombreuses biennales et même à la télévision, partout dans le monde. Sur TV7 au Congo, mais comme personne dans les plantations ni les camps de réfugiés n'a ni l'électricité ni la télévision, on peut dire sans trop de risques que ce film m'a surtout apporté des choses à moi.

Les plantations congolaises génèrent d'immenses profits au bénéfice d'investisseurs lointains, à Londres ou dans d'autres villes globales. Une partie du profit est réinvestie dans les arts. Des centres de recherche entiers, que ce soit à Berlin, Dakar, New York ou Lagos, sont financés par le travail forcé sur les plantations. Aujourd'hui la ségrégation est économique. Mais aussi intellectuelle et artistique. Les travailleurs des plantations ont financé les musées et les galeries où critique et dissension peuvent être formulées, mais eux ne peuvent produire ni poésie, ni singularités d'aucune sorte. Tous ces centres d'art sont situés très loin des zones de plantation. En conséquence, la critique artistique produite en leur sein finit par produire des effets qui sont très loin, eux aussi, de ces zones. Cette double ségrégation me brise le cœur. Je ne peux me résigner à l'idée que toutes les « Documenta » à venir, tous les documentaires et les centres de recherche futurs – même très bons – généreront un monde inclusif, à l'endroit de l'exposition, pour quelques individus choisis, mais n'auront que très peu d'impact dans les plantations ou les mines du reste du monde.

Dans « Enjoy Poverty », j'ai tenté d'exhiber ces inégalités et de les comprendre. En 2012, quand j'ai lancé, avec Jacob Koster, le « programme de gentrification inversée », j'ai essayé de redresser la situation. Le principe de départ était simple : Si je peux gagner ma vie en produisant de la critique artistique à propos du travail dans les plantations, alors sans doute les travailleurs des plantations – qui ne peuvent pas vivre de ce travail – doivent pouvoir vivre de la critique de ce dernier. Mega Mingiedi, Michel Ekeba, Eléonore Hellio, René Ngongo et tous les autres membres du CATPC nous ont rejoints pour essayer de trouver comment réaliser ce projet. Je trouve que vous y parvenez. Avec l'exposition des sculptures dans les *white cubes* de Berlin et New York on réussit à prouver une chose : les travailleurs des plantations peuvent exposer des sentiments dans des *white cubes* – et en vivre. Nous autres, artistes, curateurs, membres du monde de l'art, nous sommes pleins de bonnes intentions. Pourtant, il est difficile de prendre le contrôle du système critique artistique. À qui profite-t-il ? Sur quelles infrastructures repose-t-il ? On ne contrôle pas ces mécanismes, ils sont régis par les lois du marché.

Je trouve que les sculptures en chocolat sont un projet sociétal formidable. Qui n'en demeure pas moins basé sur l'exploitation. Vous et les membres du CATPC, vous gagnez de l'argent en ajoutant des idées et des sentiments – qui sont ceux des travailleurs des plantations – au cacao récolté sur d'autres plantations ou fermettes. Donc d'une certaine façon, le CATPC fonctionne à présent exactement comme tous les artistes dans les *white cubes* que sont les galeries et les musées : vous produisez de la singularité, de la critique, des dissensions, de l'amour. Et vous en vivez. Néanmoins, vous n'avez fait que changer de place dans une chaîne de valeurs qui est abjecte. Votre travail dépend de celui d'autres travailleurs, qui eux se plient toujours à des régimes de production horribles. J'aime le fait que vous ayez décidé d'investir les profits dans dee nouvelles pépinières auto-régulées. Je pense que c'est un pas immense. Ça veut dire quelque chose, et vous avez fait avancer le projet. Cela permettra au CATPC d'assumer la responsabilité de sa propre chaîne de valeurs. Dans quelques années vous finirez par produire des œuvres dont vous aurez récolté la matière première avant d'y ajouter la réflexion critique et artistique. Vos œuvres auront été faites sans détruire la forêt tropicale et sans nuire aux animaux et aux autres espèces qui y vivent.

Ramener l'espace muséal – le white cube – dans la plantation, c'est l'étape suivante. Il y a un lien direct entre *white cube* et plantations : les profits extraits de ces dernières, via des monocultures imposées, ont financé la création de la Tate Modern, du Van Abbemuseum, du musée Ludwig, et tant d'autres. Le *white cube* et la plantation sont les deux faces d'une même réalité. Le premier est le lieu de la dissension, de la critique, du bon goût. S'y rassemblent les gens, les fonds, les idées. Quant aux plantations, c'est là que la monoculture est imposée à l'homme, aux plantes et aux paysages. Souvent, ceci passe par le travail forcé, l'incendie de la forêt tropicale et le recours aux formes armées. C'est là que les profits sont extraits, que toute dissension est matée par l'armée et la police ; c'est de là que les gens fuient et émigrent.

Le *white cube* a été trop longtemps tenu à l'écart des structures économiques qui le sous-tendent. Il doit désormais être recontextualisé et mis au service de ceux qui l'ont financé. La tâche sera de le redéfinir, de même que la plantation. C'est quelque chose que je ne peux pas faire tout seul. À l'IHA, on a besoin de vous, des travailleurs des plantations du CATPC, pour mener ce projet à bien. Avec la création d'un *white cube* à Lusanga, on aura en notre possession un objet de pouvoir, une machine à validation. Il faudra l'utiliser pour inventer un nouveau modèle, où les artistes assument la pleine responsabilité des mécanismes économiques dont ils dépendent. Puis, ce modèle, il faudra le diffuser. Notre musée devra devenir un phare dans la forêt et il devrait s'adresser aux autres plantations, aux autres mines du monde entier, leur porter un message d'espoir et de changement. Ce que nous esquissons ensemble pourra et devra s'exporter dans d'autres plantations.

Thomas Leba Ca ne s'est pas très bien passé pour vous à Boteka, pourquoi êtes-vous venu à Lusanga ? Pourquoi vous a-t-on chassé de Boteka ? Comment, dans les régions équatoriales, vos idées sont-elles perçues ? Pourquoi êtes-vous en exil ?

RM

Quand Jacob Koster et moi avons commencé[1], Unilever venait juste de vendre ses plantations congolaises. Celles-ci avaient été confisquées en 1911 puis revendues en 2009, pour un montant qu'ils n'ont pas voulu révéler. À Boteka les gens vivent dans un stress intense. Ils n'ont pas le droit d'avoir leurs propres parcelles, ni celui d'élever des animaux parce que Feronia, le nouveau propriétaire, a trop peur qu'ils nuisent aux palmiers à huile. La plupart des gosses ne peuvent pas aller à l'école. Les femmes doivent parcourir de grandes distances et cultiver des terres loin des plantations pour faire pousser de quoi survivre. C'est insensé. Jacob et moi avons ouvert de petits ateliers, les gens dessinaient. Un an plus tard les dirigeants de la firme, bien installés dans leurs bureaux de Londres, ont appelé la direction de Boteka pour nous accuser de ruptures de contrats et d'incitation à la violence. Ils ont ordonné au personnel de Boteka de détruire le petit centre d'art en bambou qu'on y avait construit. Ils ont assigné les gens à résidence. Tout le toutim. On a dû partir. C'était traumatisant. Voilà pourquoi on est ici, en exil. Je n'ai pas pu nouer de liens

1. Pour un compte-rendu détaillé du travail de l'IHA à Boteka, voir plus loin dans cette publication: J.A. Koster, « Colonialisme et Economie Créative », p. 277

très proches avec les travailleurs et, en conséquence, je ne peux parler de leurs sentiments concernant le projet. C'est si différent, ici et maintenant.

Irene Kanga — Comment avez-vous trouvé cet endroit, Lusanga ?

RM

Alors – Jacob et Jean-François Mombia[2] on entendu parler d'une autre plantation vendue par Unilever, qui n'était plus régie par les règles d'entreprise. C'était Lusanga, apparemment la toute première plantation fondée par les frères Lever. C'est ici que tout a commencé, en 1911. Lord Lever s'est installé, il a confisqué la terre et tous les arbres. Aucun Congolais n'a été payé pour sa peine, c'était du travail forcé. Et ils n'ont pas non plus payé les fruits de palmiers à huile dont ils avaient besoin. Qui plus est, le commerce était prohibé : tous les fruits appartenaient à la compagnie, même lorsqu'ils étaient encore sur l'arbre. Quand Jacob, Jean-François et moi sommes arrivés à Lusanga, on s'est attelé à la tâche le cœur gros, plein de regrets. Peu à peu cependant, on a trouvé Lusanga plutôt bien. En moyenne, je pense que les gens sont beaucoup plus heureux ici, et moins stressés. Ici, on souffre moins de la faim que dans les plantations qui produisent toujours de l'huile de palme pour les produits Unilever.

Cedrick Tamasala — Qu'est-ce qui arrivera à ce projet une fois que vous serez passé à autre chose ? Les artistes et leurs enfants pourront-ils rester vivre à Lusanga ?

RM

J'espère que le CATCP grandira et qu'il fera venir des économistes, des critiques et des travailleurs. Vous pouvez vous servir de moi. Je peux essayer d'aider à lever des fonds, à trouver les outils pour générer un monde plus juste. Mais vous devez organiser le CATPC. Vous êtes plus forts, de jour en jour. C'est vous qui ferez de ce projet un succès. Sans vous, il n'y a pas de programme. Bientôt, le camp sera totalement à vous. Espérons que le centre de recherche soit auto-suffisant un jour et que tous les services essentiels soient assurés et produits sur place, à

2. Jean-François Mombia est activiste et historien. Il est Président du Conseil d'administration du RIAO (Réseau d'information et d'appui aux ONG nationales) au RDC.

Lusanga. Là, vous ne dépendrez plus de personne. Donc bien sûr, pourquoi pas, venez avec vos enfants. Moi, je serai lié à jamais à ce projet, je pense. J'y suis très attaché, comme je suis attaché au besoin d'inverser les chaînes de valeurs dominantes.

Mao Kingunza Vous et votre famille, vous envisagez de venir vivre à Kingangu ? De venir vivre comme nous ? Et de rester, même en pleine instabilité ?

RM

Je ne peux pas obliger ma famille à déménager. Mais vous savez que ma femme, Lisa, était ici durant sa grossesse. Notre fils aussi. Elle se plaisait. Comme nous tous. J'espère qu'on pourra venir travailler, passer de longues périodes ici. On a beaucoup à découvrir. On ne fait que commencer. Le meilleur reste à venir.

Mbuku Kimpala Quand mon travail est fini, je rentre chez moi. Et si quelqu'un tombe gravement malade, vous vous en occuperez ?

RM

Non, je pense que c'est au CATPC de le prendre en charge. À vous de voir. Je ne suis pas propriétaire terrien. Ni employeur.

Cedrick Tamasala En tant qu'artiste à la renommée internationale, considérez-vous les artistes du CATPC comme des professionnels ? Si oui, comment pouvons-nous fonctionner hors du monde de l'art ? Sommes-nous des artistes ou des artisans – vu que nous ne sommes diplômés d'aucune école d'art ?

RM

Vous êtes des artistes professionnels. Le monde a besoin de vous. On a besoin de travailleurs de plantation qui deviennent artistes. Si on construit le centre de recherche et le *white cube* on internalisera les outils de légitimation au sein même de la plantation. Justement, le fait que certains d'entre vous sont aussi artisans et travailleurs légitimera votre travail artistique. La ségrégation entre ceux qui doivent la fermer et travailler sur les plantations et ceux qui peuvent se consacrer à de grandes œuvres d'art sera supprimée.

Mao Kingunza Envisagez-vous de construire un endroit comme celui-ci à Tshela ? Il y a de bons artistes à Tshela, qui aimeraient travailler avec vous et partager leurs idées avec les autres artistes du CATPC.

RM

Notre ambition devrait être de changer toutes les plantations, Tshela comprise. Je trouve que René Ngongo est doué pour ce genre de projet. Ce serait bien que les gens de Tshela créent des alternatives à la monoculture et au *white cube.* Peut-être que ça aura un impact sur les politiques des plantations et des musées d'art. Notre objectif devrait être de créer un modèle et de le diffuser.

Cedrick Tamasala N'avez-vous pas peur de l'instabilité politique en RDC ? Quid des relations encore tendues entre la Belgique et le Congo ? N'avez-vous pas peur de venir ici, en tant que Blanc, vivant dans un pays impérialiste ?

RM

Il y a plus d'une difficulté : le monde de l'art est volatil, le monde des affaires est volatil, le Congo également. On doit rester à flot. Et on doit être optimiste, malin et humble – alors, ça marchera. Quant à moi, personnellement, je dois faire ce que je fais, pas en dépit de ma couleur de peau mais à cause d'elle, parce que les profits d'un monde impérialiste me nourrissent et parce que je fais partie, d'une certaine façon, d'un monde de l'art libre de critiquer, d'analyser, mais qui – selon moi – devrait viser plus haut. Je pense que vous et votre travail contribuez à cela.

Mega Mingiedi Ce projet de l'IHA, avec ses multiples facettes – pour toi, est-il réel ou purement symbolique ?

RM

Bien sûr qu'il est réel ! On utilise des tas de trucs symboliques. Les gri-gris sont symboliques, le cube blanc est symbolique. Tout comme ta performance à KunstWerke[3], quand on y a exposé en 2015. Mais le résultat de tout ça, lui, est réel. La tentative de bâtir une post-plantation aussi.

Mathieu Kasiama À votre avis, est-il possible de créer les conditions qui permettraient de produire localement du chocolat, de l'huile de palme, du savon et de la margarine ?

RM

Bien sûr ! Si c'est ce que vous voulez, il faut le faire. C'est une idée formidable de s'assurer qu'une bonne partie des profits et de la production soit ici. La dernière étape dans la chaîne de valeurs existante – produire une critique du système et en vivre – est accessible, on l'a déjà prouvé. Donc de faire du savon ou du chocolat ne peut être plus si difficile que cela.

Cedrick Tamasala Comment faire pour inclure davantage la population locale, par exemple en baissant les prix des œuvres pour qu'ils puissent en acquérir eux aussi ? Ça pourrait marcher ? C'est possible ?

RM

Excellente idée. Oui. Faisons ça. Dans le musée qu'on construit, certaines œuvres aussi seront exposées. Par exemple : deux des petites sculptures en chocolat sont arrivées hier à Lusanga, on devrait les exposer. Elles peuvent être les pierres angulaires de la collection.

3. Mega Mingiedi a fait une performance à l'occasion de la première conférence « La Matière de la critique » (MoC) àBerlin à la KunstWerke (il s'agit d'une série de conférences, initiées par l'IHA, qui abordent l'impact économique, intellectuel et esthétique de l'art engagé d'un point de vue critique). La première édition du MoC a eu lieu à Berlin en mai 2015 à la KunstWerke. Une deuxième et une troisième édition ont eu lieu à Lusanga en septembre 2015 puis en septembre 2016.

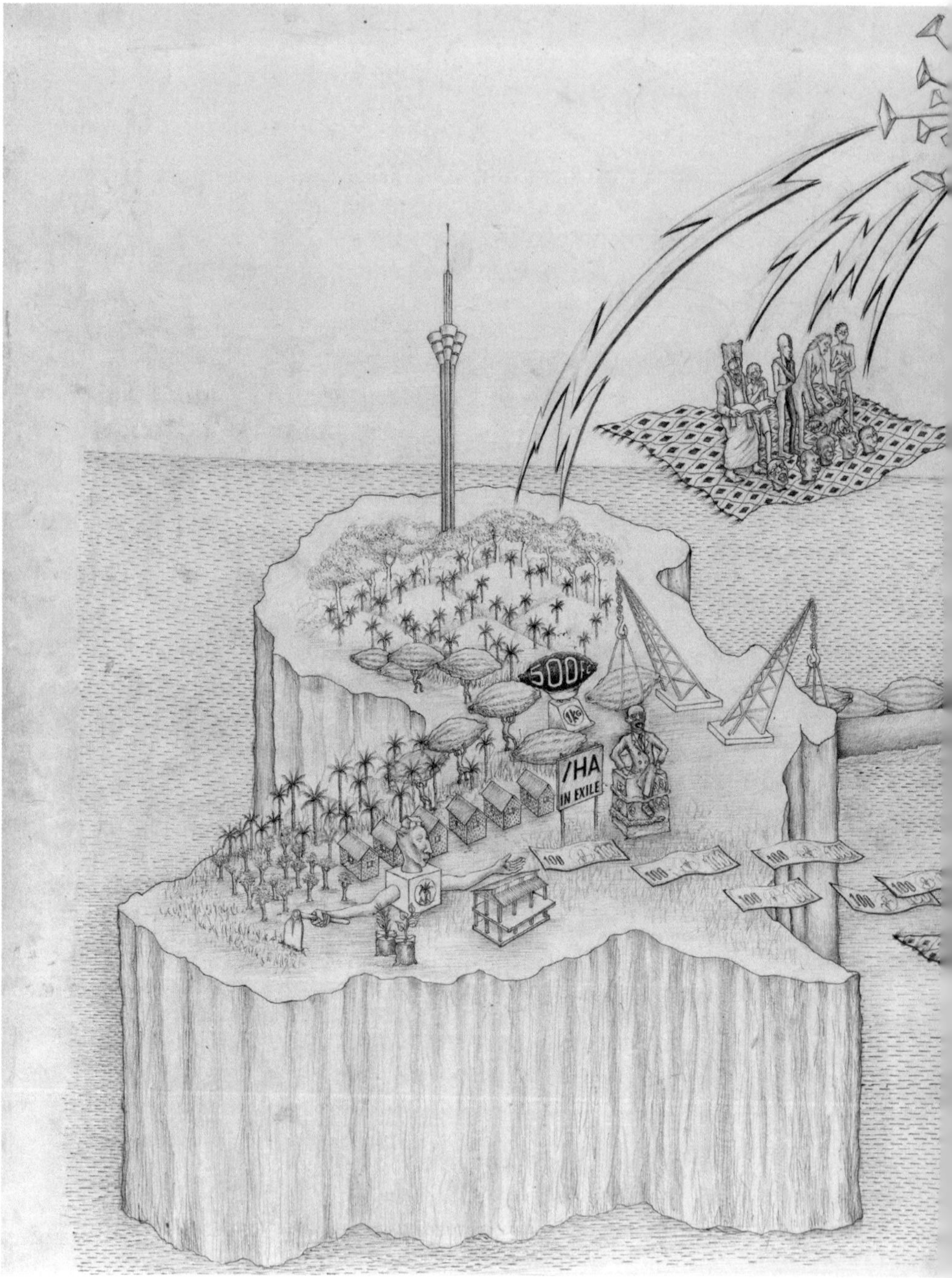

Cedrick Tamasala, *Untitled*, 2016, drawing on paper, 100 x 70 cm

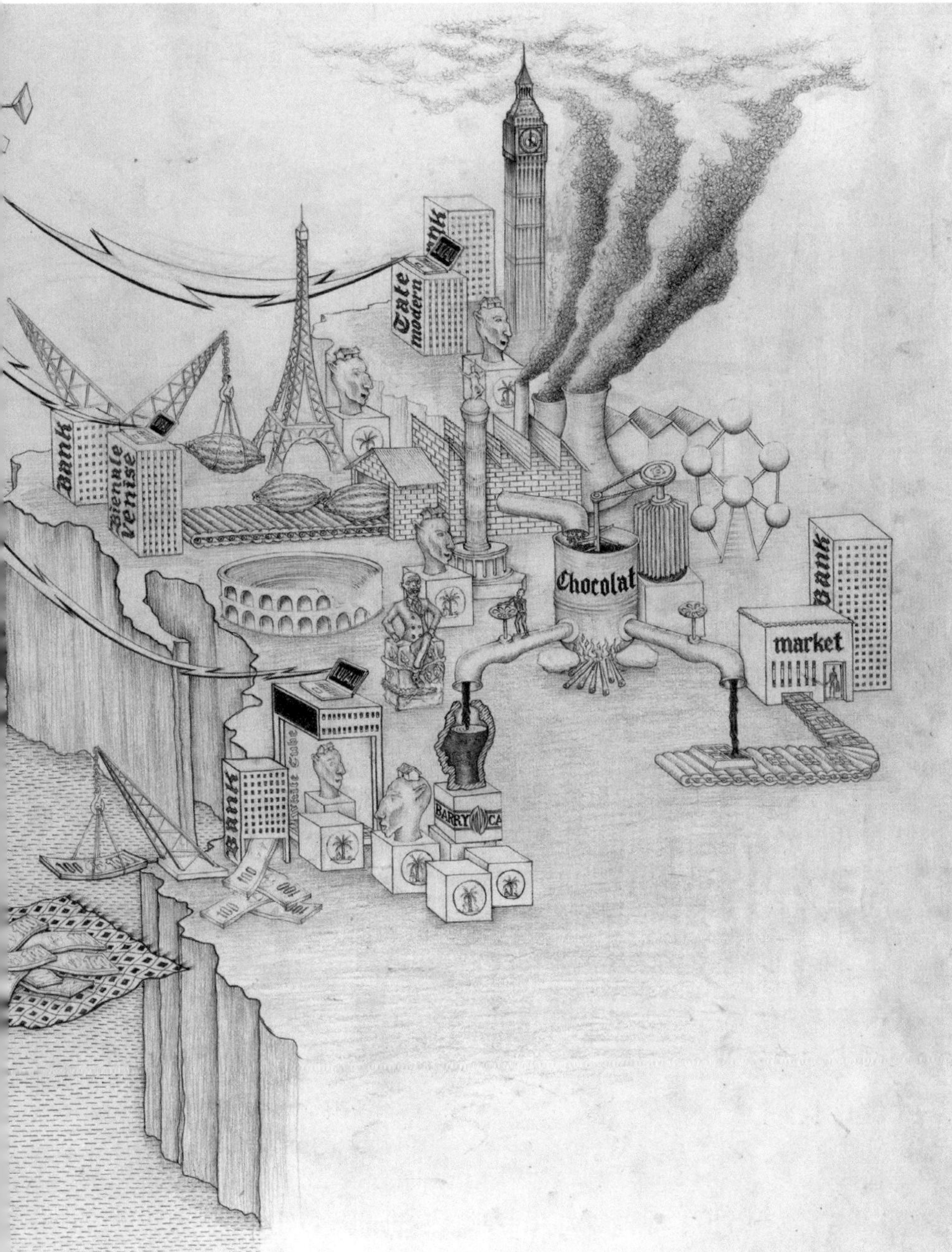

Cedrick Tamasala, *Sans Titre*, 2016, dessin sur papier, 100 x 70 cm

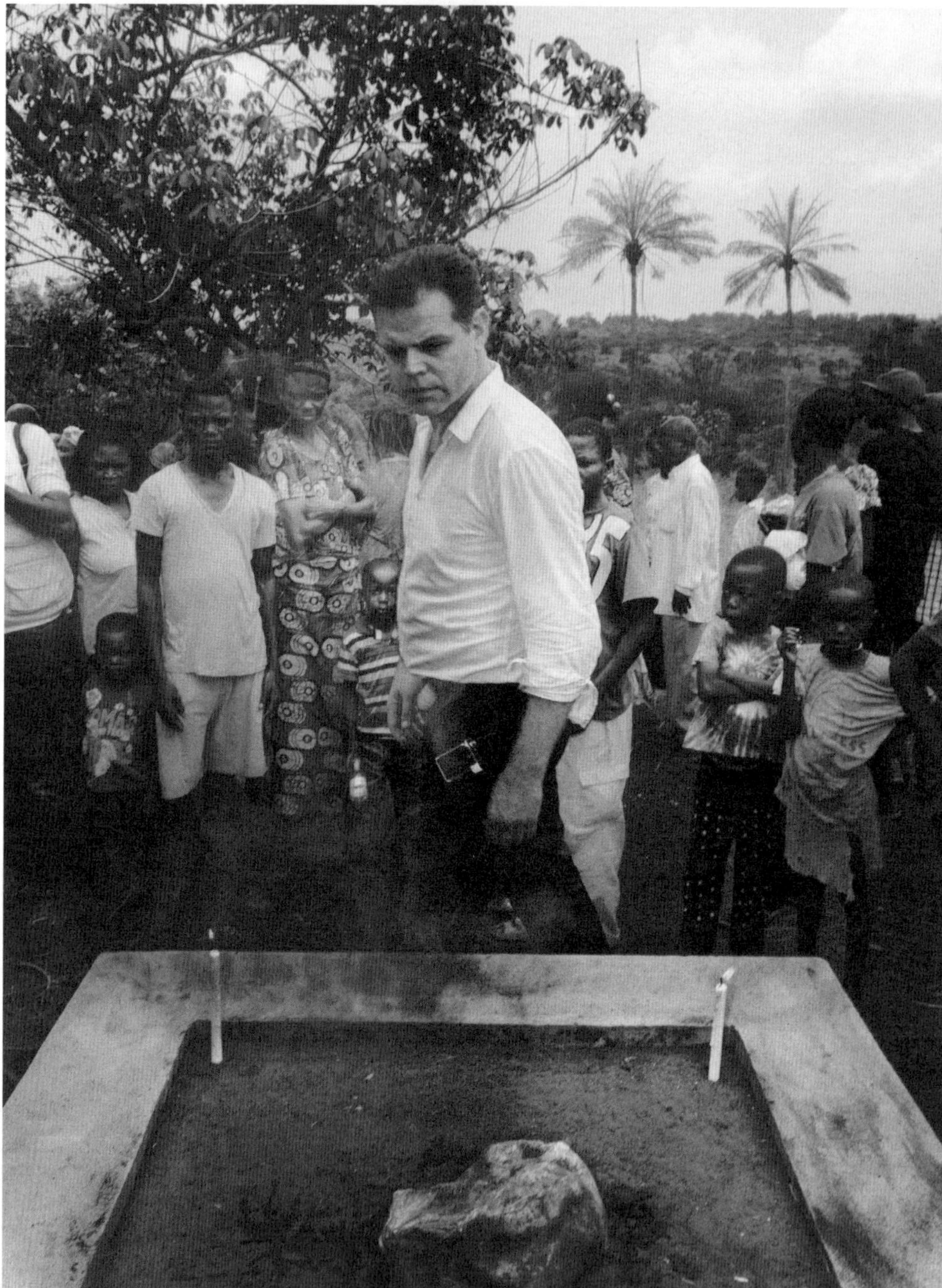

Renzo Martens walking by the foundation stone of LIRCAEI

Renzo Martens passant devant la pierre commémorative du LIRCAEI

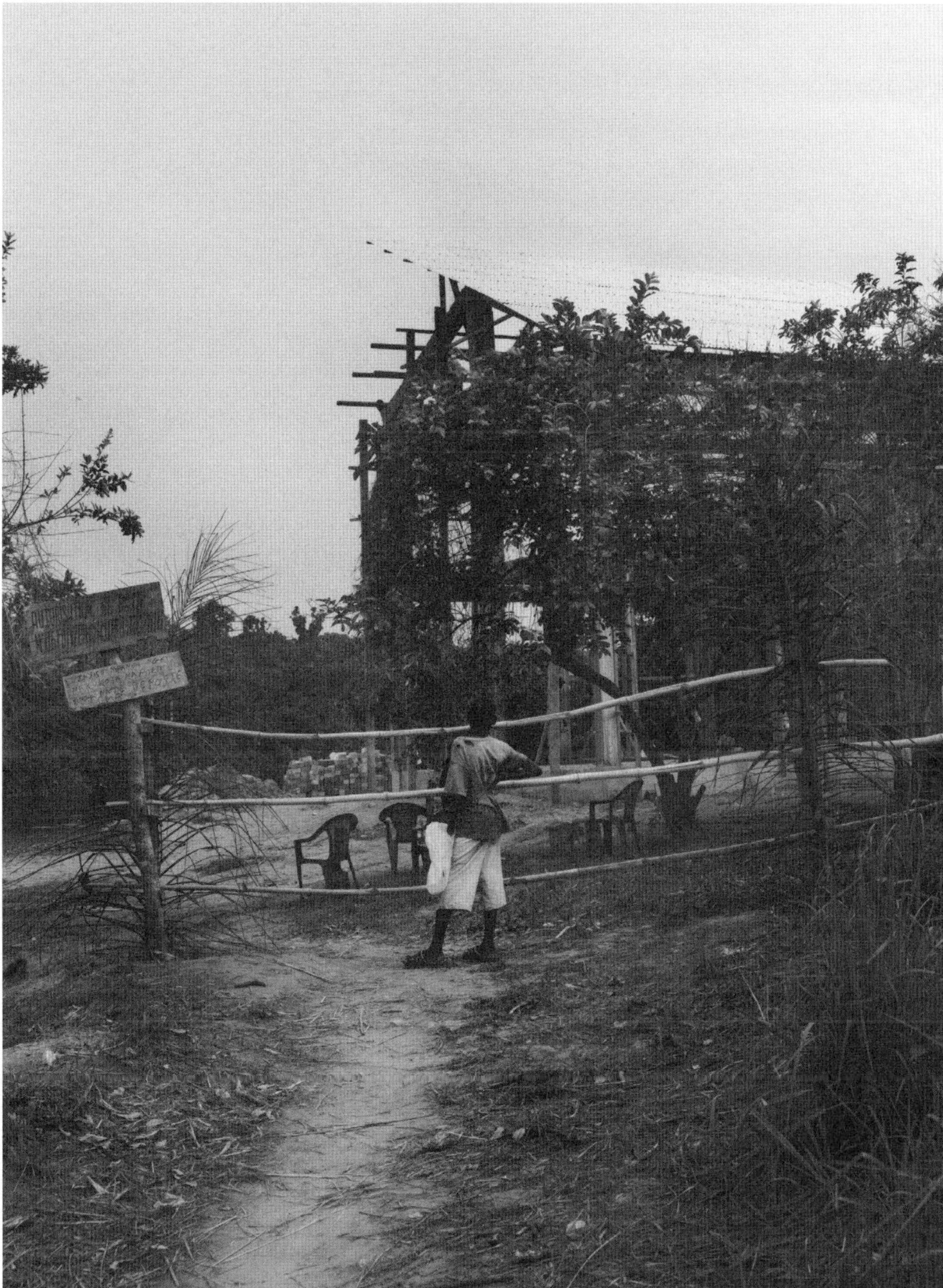

181

Young boy contemplating
the construction of the LIRCAEI
conference center

Jeune garçon contemplant
la construction du centre
de conférences du LIRCAEI

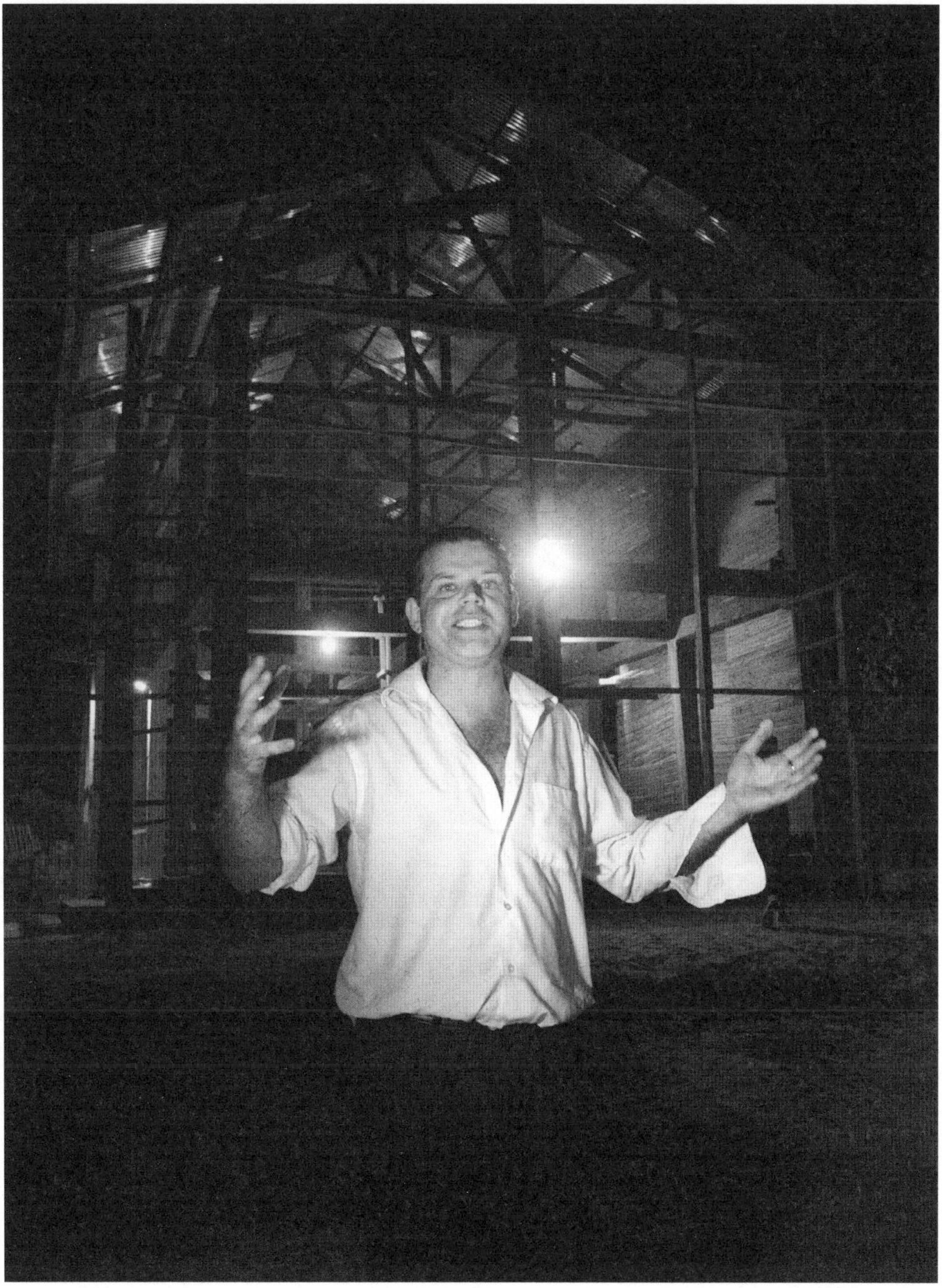

183

Renzo Martens arriving in Lusanga,
September 2016

Renzo Martens arrivant à Lusanga,
septembre 2016

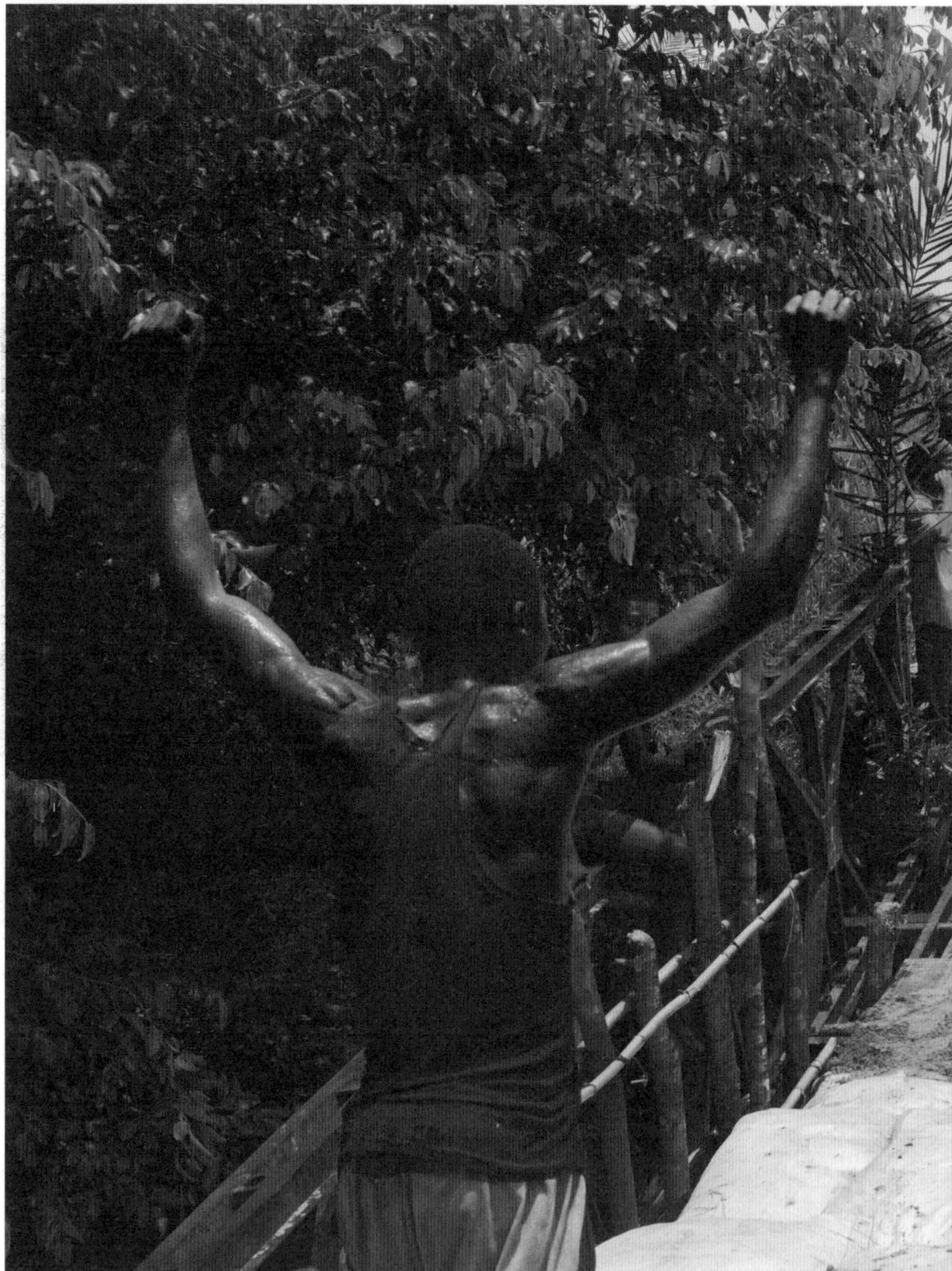

Mega Mingiedi and construction workers contemplating finished repairs to the bridge leading to the IHA settlement

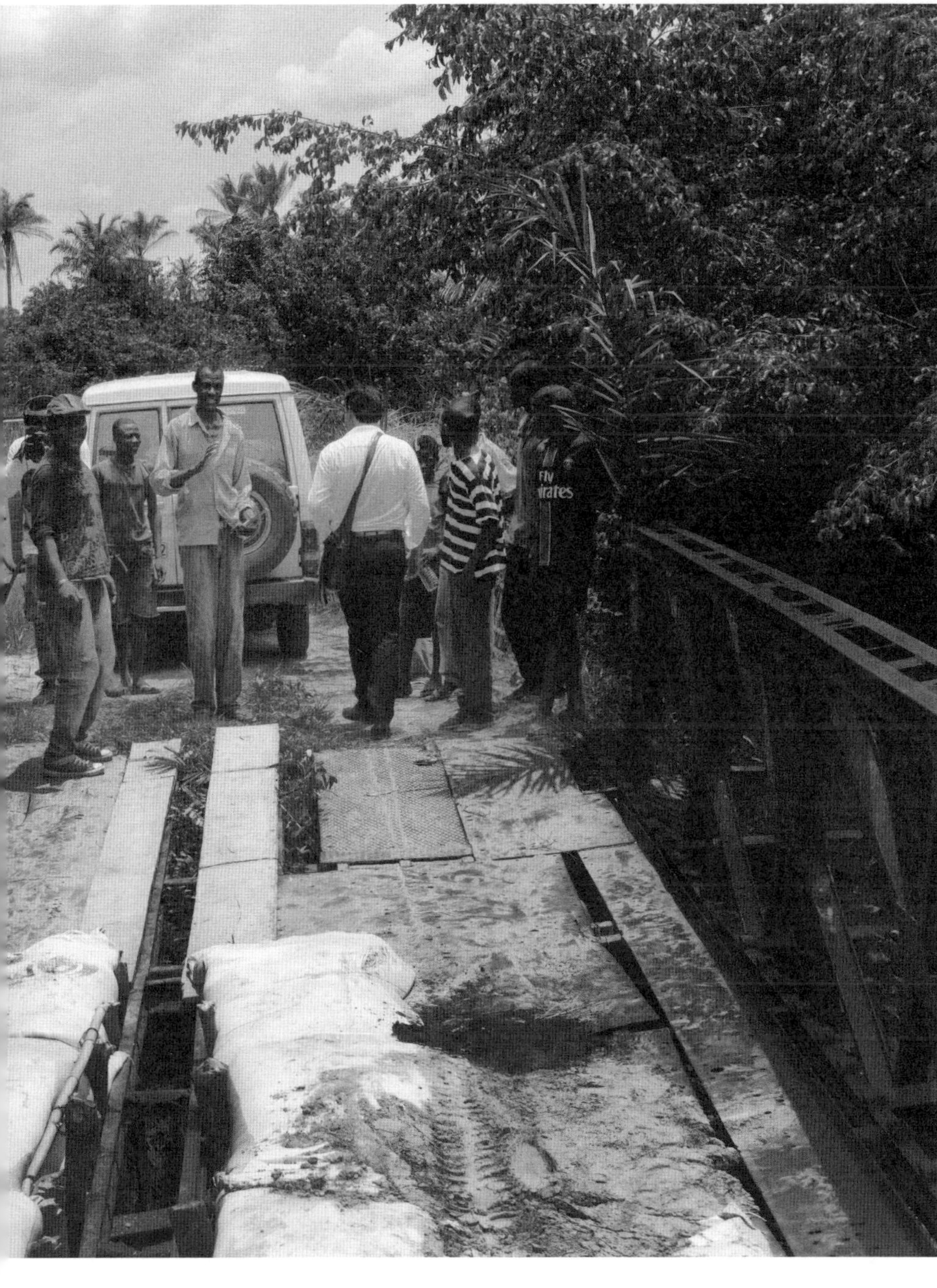

Mega Mingiedi et des ouvriers du bâtiment contemplant l'achèvement des réparations du pont menant au terrain de l'IHA

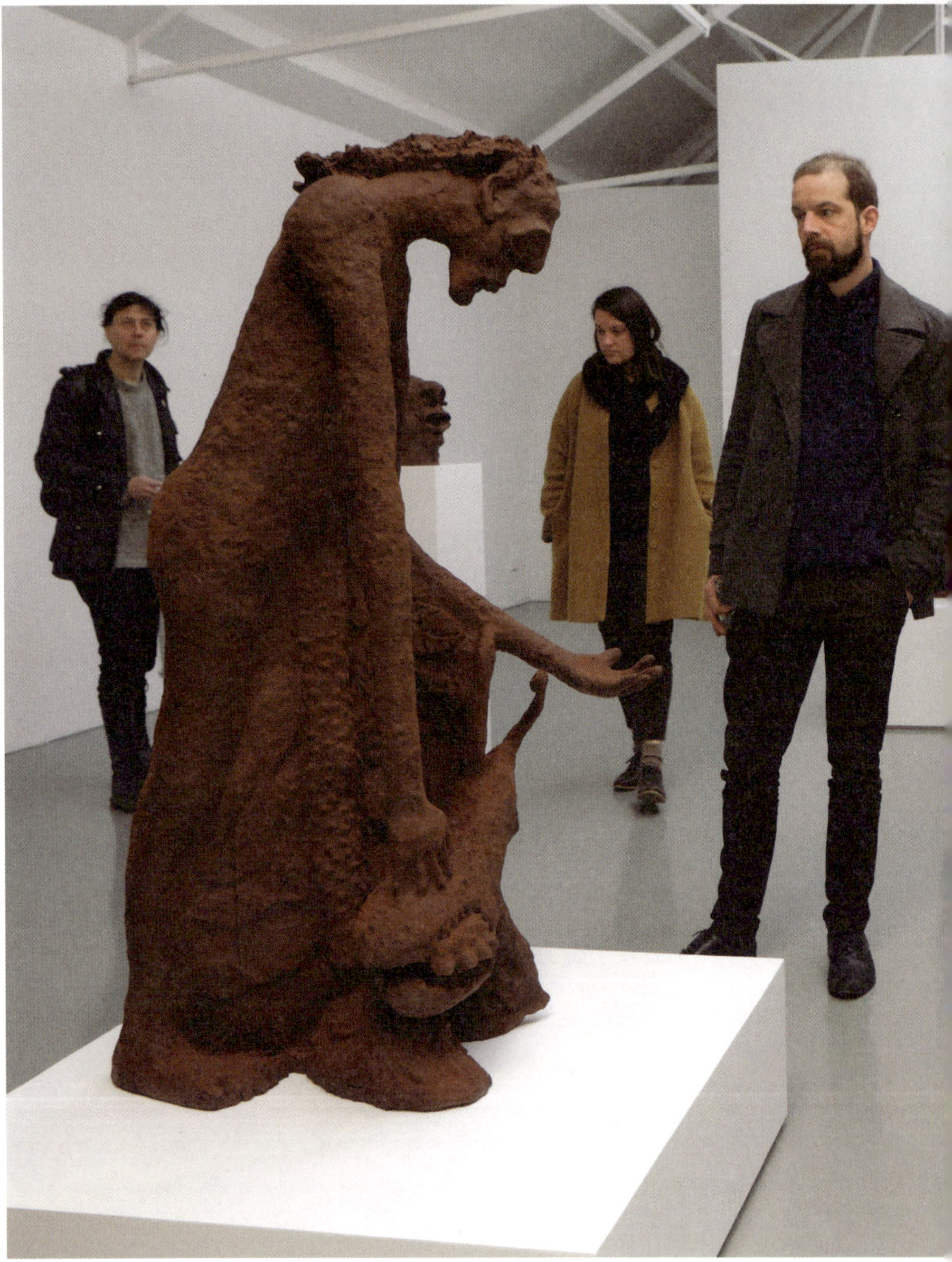

Exhibition view, "A New Settlement," Galerie Fons Welters, Amsterdam, May 2 – June 6, 2015
(photo: Ernst van Deursen)

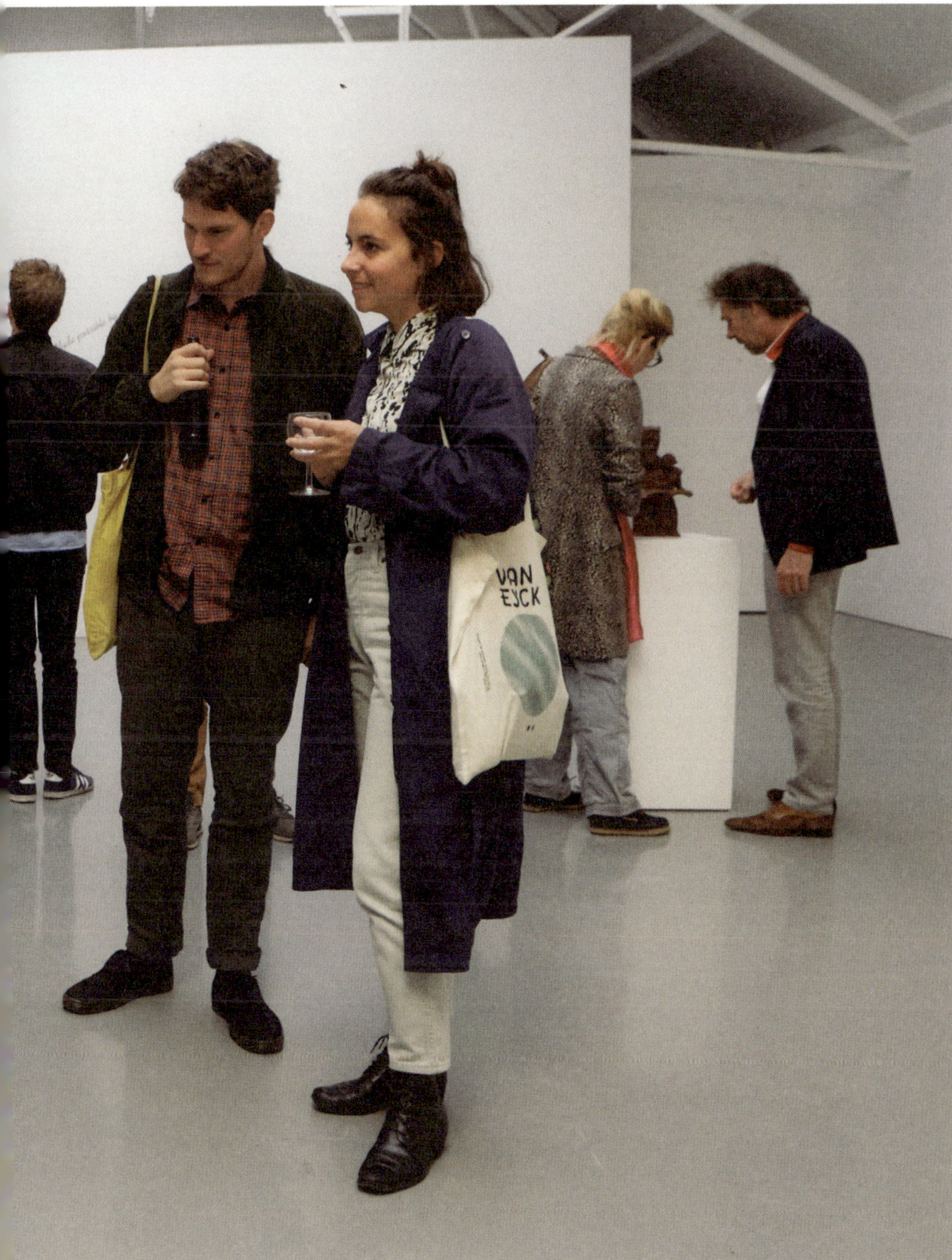

Vue de l'exposition « A New Settlement », Galerie Fons Welters, Amsterdam, du 2 mai au 6 juin 2015 (photo : Ernst van Deursen)

Ruba Katrib

EN
CATPC in New York, from the Village to a Hyper-Capitalist Art City

FR
Le CATPC à New York : du village à la métropole artistique hyper-capitaliste

New York
11.2016

CATPC IN NEW YORK, FROM THE VILLAGE TO A HYPER-CAPITALIST ART CITY

More often than not, successful artists function as recognizable names that circulate through the contemporary art economy as well as in secondary markets. Artists' names come to identify their work through varied press announcements, building a brand that theoretically creates further exhibition opportunities and boosts sales. Artists tend to live in identified art centers: many of the artists participating in international biennials, meant to represent a global art world, were born in places outside the global North but currently reside in a handful of major cities in Europe and the United States.[a] And in the Euro-American art world, artists from the global South are often under-represented in comparison to their northern counterparts. Further, artists who continue to live and work in the global South are often considered demographically equivalent to those that have emigrated elsewhere. While there are numerous reasons to leave one's country that often aren't accounted for in biographical listings, one reason is certainly economic. How do these conditions affect artist communities in cities and towns beyond Berlin, New York, London, or Paris? How can artist communities in more remote areas engage with the flow of the international art market without moving to a western capital in the logical effort to be closer to their gallery or to receive more studio visits? What would it change if there were more participation in the Euro-American art world by artists who reside outside of international art cities? And how will they access this art world with all the complications of staying put in the so-called margins?

The financial centers of the world support large art communities. These hubs are bustling because of profit and nonprofit economies sustained by the global elite. Bankers and artists live side by side. In New York City this creates an active schedule of events, openings and dinners, galas and auctions. There is no doubt that things are moving and shaking here, and the topics of art and gentrification are regularly raised in scholarly symposia to cocktail

a. For a chart examining the places of birth and residence of participants of Documenta between 1968 and 2007 that shows this phenomenon see Chin-Tao Wu, "Biennials Without Borders?," in *Tate Papers,* no. 12 (2009), accessed November 2016, www.tate.org.uk/research/publications/tate-papers/12/biennials-without-borders. A look at the same demographics from the 2015 Venice Biennale shows that fourty-four percent of the artists represented live in Europe: "How Geographically Diverse is the 2015 Venice Biennale?," in *ARTnews* (March 6, 2015), accessed November 2016, www.artnews.com/2015/03/06/how-geographically-diverse-is-the-2015-venice-biennale.

parties. As is commonly lamented, artists that moved to Brooklyn decades ago can no longer afford to live there after downtown Manhattan's prices skyrocketed, and now many established non-profits even have to move as their rent multiplies. There is no doubt that New York is becoming pricier, with Brooklyn cited as the most expensive place to live in America. A handful of enterprising artists have managed to thrive under these conditions by tapping into the wealth and finding opportunities to get a piece of it. Connected individuals can get help from real estate developers who provide free or cheap studio space and may enjoy continued sales of their work. But many others do not profit from the city's riches, or find that they reach a limit or hit a rough patch. Maybe they never get their work off the ground and in front of those with means. Despite factors determining monetary success, most artists probably want to live in New York so they can attend the exhibitions, openings, lectures and to participate in a lively art community—and they want to do so without having to rely on the gamble of accruing extraordinary financial wealth.

The collective Cercle d'art des travailleurs de plantation congolaise is based in the Democratic Republic of Congo (DRC), where its artists live and seldom leave. They are present or former agricultural workers embedded in the exploitative labour system of the largely foreign corporate-run plantation. Organized, encouraged and supported by European nationals with links to the Euro-American art world, the members of CATPC work together, exhibit together and earn together. All profits from the sales of their work return to CATPC, an approach that ensures that all members, not just a privileged few, share in their success. With the CATPC exhibition at the SculptureCenter that was held in New York City in early 2017, the commonalities and differences between working as an artist in the geographic sites of the DRC and the US become clear, and much is to be learned.

Although the members of CATPC retain individual authourship of their works, as a group they favor homogeneity in approach and final product. In all of their sculptures presented at the SculptureCenter the same material is used, chocolate, and the artists express their individuality through the original forms they cast; whether portraits, self-portraits or recreations of memories.

These unique expressions join to form a collectivity within the frame of collaboration and material uniformity—creating a new economic flow around labour, which continues to retain the mark of exploitative multinational corporations, but is now redirected through the art market. CATPC members produce their sculptures in editions, a common method of making artworks. When multiples of a single edition are shown together, as in the exhibition at the SculptureCenter, the sculpture's commodity status—created by the socioeconomic complexities of their material makeup and presentation as artworks, aka luxury goods—is emphasized. In addition to sculptures, the members also make singularly authored drawings and will most likely come to use other art forms in the future, such as film and photography. However, signature styles are pooled together and collectively established under the rubric of CATPC. Artistic techniques—and methods for making and exhibiting art—are developed under group influence, with equal priority given to expediency as much as expression (the art must be able to leave the DRC, even if the artists can't).

The CATPC alliance challenges the prevailing model of a few star artists coming to represent a whole. That members share the profits from the sale of their works, thus far totalling €30,000—not far from the cost of a single painting of a sought-after emerging artist in New York—disrupts the logic of hyper-capitalist art consumption. The wealth is shared by the group and put back into the resources they are constructing in Lusanga: their new exhibition and research center and their own plantations. Their membership in CATPC ensures that they can generate significant shared capital, sums of money that would take many lifetimes of laboring on plantations to accumulate. Using these funds, they can invest in, and themselves profit from, the natural resources extracted by multinational corporations. Their joint effort comes back to serve all. And so far not a single artist has wanted to break away from the group to pursue their own career.

Art is often seen as a generator of change. In New York in recent years, artists and arts institutions are seen as boosting commerce and increasing the desirability of a neighborhood but displacing longtime residents. Art is also credited with raising awareness about social issues and helping individuals and at-risk communities tap into their creativity. However, even these more socially engaged programs can dissolve and lose support as neighborhoods and cities gentrify. Is this just the inherent impact of art? Will an art collective in the DRC bring about changes in the local community comparable to those that resulted from the concentration of artists on the Lower East Side? Will hip boutiques be opened, to be followed by franchises? Will art tourism to Lusanga increase? To say that such a thing couldn't happen raises many questions as to why it wouldn't. To say that it could provokes questions as to what would happen if it did. There are many differences between Lusanga and New York, but it's worth considering if the impacts of art could operate similarly in both places. Through its global engagement, is contemporary art a possible common denominator between such different sites?

In the symposia and conferences taking place in Lusanga with local and foreign participants, CATPC members contribute to the discourse built around their works, yet it is still presented internationally through the mechanism of the Euro-American art system. As plantation workers and artists, their expressions are under-represented. Yet, how do we respond to the collective voice of CATPC? Do we require CATPC members to fully engage with this system? What would such engagement entail? Artists in New York can represent themselves in most contexts, but they lack the protection that a union provides. If their work stops selling, or never sells, they are on their own with whatever capital they have accrued. Their exhibitions are scrutinized and judged on their sole performance, and they can fall into or out of favor. Further, artists in New York must spend a huge percentage of their time working on their art and their careers. For most, the goal is that art becomes their primary profession. The members of CATPC make art, but as individuals they have some buffer from the volatility of the market and the changeability of trends. Whatever they earn goes a long way. They use their art in the pursuit of other sustainable models for the betterment of their community, and redirect the surplus of their artistic labor into more traditional forms of labor, like building their own plantations. Collective art production contributes to the regained agency of individuals in the socio economic sphere. For CATPC members, the profit made on their art makes it possible for them to stay in their homes and reengage in traditional labor, without being forced into exploitive economic situations, as long as their artwork continues to circulate and sell in the market. This possibility is likely because CATPC members are embedded and invested in their local context and are making that the core subject of their work—their mission of reinvestment promises to make their project appealing and resilient. The betterment of local community is at the core of the CATPC project in Lusanga, where art activity will continue to be used to effect all kinds of change to come.

Traduit de l'anglais par Isabelle Fabre

Les artistes à succès sont, le plus souvent, comme des noms facilement reconnaissables circulant à travers l'économie de l'art contemporain et les marchés secondaires. Grâce aux diverses annonces dans la presse, leur nom permet d'identifier leur travail, devenant ainsi une marque, qui, en théorie, suscite à son tour d'autres opportunités d'exposition et accroît les ventes. On peut en général les trouver dans des centres d'art bien établis : la plupart des artistes participant à des biennales internationales, censés représenter le monde de l'art dans sa globalité, ne sont pas nés dans l'hémisphère nord mais résident à présent dans une poignée de grandes villes en Europe ou aux États-Unis.[1] Et dans le monde de l'art occidental, les artistes des pays du sud se retrouvent souvent sous-représentés par rapport à leurs homologues du nord. Par ailleurs, sur un plan démographique, les artistes qui vivent et travaillent dans les pays du sud sont souvent considérés de la même manière que ceux qui ont décidés d'émigrer. Alors qu'il y a de nombreuses raisons de quitter son propre pays qui, souvent, ne sont pas prises en compte dans les informations biographiques, l'une d'entre elle est assurément la raison économique. Comment cet état des choses affecte-t-il la sphère artistique des villes et métropoles en dehors de Berlin, New York, Londres ou Paris ? Comment, dans des endroits plus reculés, les communautés artistiques peuvent-elles s'insérer dans le flux du marché de l'art international sans pour autant s'installer dans une capitale occidentale, pour ainsi s'efforcer en toute logique de se rapprocher de leur galerie ou d'avoir plus de visites d'atelier ? Qu'est-ce qui changerait si la part des artistes résidant en dehors des villes du circuit de l'art international était plus importante dans le monde de l'art occidental ? Et comment réussiraient-ils accéder à ce milieu artistique en dépit de toutes les difficultés qu'il y a à se trouver à la marge ?

Les centres financiers internationaux soutiennent des communautés artistiques importantes. Ces pôles sont en pleine effervescence grâce aux systèmes économiques, lucratifs ou

a. Un diagramme retraçant les lieux de naissance et de résidence des artistes présentés à la Documenta, entre 1968 et 2007, montre ce phénomène : Chin-Tao Wu, « Biennals Without Borders ? » (Biennales sans frontières ?), *Tate Papers,* n°12 (automne 2009), dernière visite novembre 2016, www.tate.org./uk/research/publications/tate-papers/12/biennals-without-borders. Et si l'on considère la Biennale de Venise de 2015, 44 pourcent des artistes représentés vivaient en Europe : Site internet d'*ARTnews,* dernière visite novembre 2016, www.artnews.com/2015/03/06/how-geographically-diverse-is-the-2015-venice-biennale/.

non, soutenus par l'élite mondiale. Les banquiers et les artistes vivent côte à côte. À New York, cela donne lieu à un programme chargé d'événements, de vernissages et dîners, galas et ventes aux enchères. Il ne fait pas de doute qu'ici tout bouge et tout s'agite. Et les sujets tels que l'art ou la gentrification sont fréquemment évoqués dans les colloques universitaires jusqu'aux soirées de cocktail. Ainsi qu'il est d'usage, on se lamente que les artistes ne peuvent plus se permettre de vivre à Brooklyn, après s'y être installés il y a trente ans lorsque les prix dans le centre de Manhattan se sont envolés. Et maintenant, plusieurs associations doivent même déménager tandis que leur loyer grimpe en flèche. Il n'y a pas de doute, New York devient hors de prix et Brooklyn est réputé être l'endroit des États-Unis où la vie est la plus chère. Quelques artistes plus entreprenants ont réussi à prospérer dans ces conditions en puisant dans les richesses, en trouvant de nouvelles opportunités pour en avoir leur part. Les individus bien connectés peuvent obtenir de l'aide via des promoteurs immobiliers qui leur fournissent des ateliers gratuitement ou à faible loyer et peuvent ainsi continuer à tirer profit des ventes de leurs œuvres. Mais, pour la plupart, les autres ne profitent pas des richesses de la ville, ou alors réalisent qu'ils ont atteint un seuil qu'ils ne peuvent dépasser, ou encore traversent une passe difficile. Il est probable qu'ils n'arrivent jamais à faire décoller leur travail par rapport à ceux qui ont les moyens. Mais, vraisemblablement, la majorité d'entre eux veut vivre à New York, afin de voir les expositions, de venir aux vernissages, aux conférences et de participer activement à la vitalité de la communauté artistique – et ils veulent le faire sans avoir à faire le pari d'accroître une richesse financière extraordinaire.

Le collectif du Cercle d'art des travailleurs de plantation congolaise est basé au Congo, où les artistes vivent, mais d'où ils partent rarement. Ce sont des travailleurs ou ex-travailleurs agricoles incorporés au système d'exploitation par le travail mis en place par les plantations, en grande partie gérées par des entreprises étrangères. Les membres du CATPC, à la fois coordonnés, encouragés et soutenus par des citoyens européens liés au monde de l'art occidental, travaillent ensemble, exposent ensemble et partagent leurs gains. Tous les profits issus des ventes de leur travail reviennent au CATPC, une démarche qui permet à tous les membres et pas seulement à quelques privilégiés, de prendre part à leur succès. Grâce à l'exposition du CATPC au SculptureCenter se tenant à New York au début 2017, les points communs et les différences entre le travail d'un artiste sur le territoire du Congo ou sur celui des États-Unis deviennent clairement perceptibles et il nous reste beaucoup à apprendre sur ce point.

Bien que les membres du CATPC jouissent des droits d'auteur individuels relatifs à leurs œuvres, ils privilégient en tant que groupe une certaine homogénéité dans leur approche ainsi qu'au niveau du produit fini. C'est le même matériau, le chocolat, qui est utilisé pour toutes les sculptures et leur individualité s'exprime à travers les formes originales qu'ils vont créer, qu'il s'agisse de portraits, d'autoportraits, de souvenirs ou bien de reconstitutions. Ces divers modes d'expression originaux sont réunis pour former une communauté, à travers une collaboration et une uniformité de matériaux – créant ainsi un nouveau flux économique lié au travail conservant encore la marque de l'exploitation des grandes multinationales, mais que vient à présent réorienter le marché de l'art. Les membres du CATPC réalisent plusieurs éditions de leurs sculptures, ce qui est fréquent pour les œuvres d'art. Mais lorsque les multiples d'une même édition sont présentés ensemble, comme c'est le cas pour l'exposition au SculptureCenter, leur statut de marchandises s'en trouve accentué, ceci étant dû à la complexité des conditions socio-économiques de leur réalisation matérielle et à la manière dont elles sont présentées en tant qu'œuvres d'art, telles des produits de luxe. Les membres réalisent aussi des dessins signés par chaque auteur, en plus des sculptures et, à l'avenir, ils en viendront sûrement à utiliser d'autres formes artistiques, telles que le film ou la photographie. Cependant les différents styles particuliers sont assemblés et collectivement regroupés sous l'appellation de CATPC. Les techniques artistiques – et les méthodes utilisées pour fabriquer et exposer – sont développées dans le cadre du groupe, avec une même priorité donnée aux procédés aussi bien qu'à l'expression elle-même (l'art doit pouvoir quitter le Congo, même si les artistes ne le peuvent).

L'association du CATPC s'oppose au modèle en vigueur de quelques artistes-stars censés représenter tout un groupe. Le fait que les membres se partagent les profits de la vente de leur travail, jusqu'ici totalisant 30 000 Euro – proche du coût d'une seule peinture d'un artiste émergent ayant le vent en poupe à New York – ébranle la consommation artistique hyper-capitaliste. La richesse est partagée par le groupe et réinvestie dans les structures qu'ils construisent à Lusanga : leur nouveau centre d'exposition et de recherches et leurs propres plantations. Leur statut de membre du CATPC leur assure de générer un capital commun important, des sommes d'argent que plusieurs vies de labeur dans les plantations ne suffiraient pas à accumuler. En utilisant ces fonds, ils peuvent investir dans les ressources naturelles extraites par les multinationales. La réunion de leurs efforts finit par servir à tous. Et jusqu'ici, pas un seul artiste n'a cherché à partir pour poursuivre seul sa carrière hors du groupe. Mais cela peut toujours arriver.

L'art est souvent perçu comme un générateur de changement. Ces dernières années à New York, les artistes et institutions artistiques sont considérés comme stimulant l'activité commerciale et augmentant l'attractivité d'un quartier, tout en délogeant ses résidents de longue date. L'art est réputé rendre plus aigüe la conscience des problèmes sociaux et aider les individus se trouvant dans des communautés à risque à exploiter leur propre créativité. Pourtant, même ces programmes engagés sur le plan social peuvent s'arrêter et perdre leurs soutiens lorsque les quartiers et les villes se gentrifient. Est-ce seulement une conséquence inhérente à l'art lui-même ? Est-ce qu'un collectif artistique au Congo entraînera des changements dans la communauté locale, comparables à ceux résultant de la concentration d'artistes dans le Lower East Side ? Affirmer que ça ne pourrait arriver pose de nombreuses questions quant au « pourquoi pas ». Affirmer que ça pourrait advenir suscite des questions sur ce qui se passerait si c'était le cas. Il y a de nombreuses différences entre Lusanga et New York, mais cela vaut la peine de se demander si les retombées de l'art pourraient être similaires dans les deux endroits. À travers son implication au niveau mondial, l'art contemporain est-il un dénominateur commun possible entre de tels territoires si différents ?

Au cours du colloque et des conférences qui se tenaient à Lusanga avec des participants aussi bien locaux qu'étrangers, les membres du CATPC prenaient part au discours construit autour de leurs œuvres, bien qu'au niveau international, celui-ci soit toujours présenté via les rouages du système de l'art occidental. En tant que travailleurs de plantation et artistes, leurs possibilités d'expression sont sous-représentées. Mais quelle réponse apportons-nous à la voix collective du CATPC ? Est-ce que nous exigeons des membres du CATPC qu'ils s'engagent entièrement dans ce système ? Dans la plupart des cas, les artistes new-yorkais peuvent se représenter eux-mêmes, mais il leur manque la protection qu'un groupe peut offrir. Si leur travail ne se vend plus, ou ne s'est jamais vendu, ils se retrouvent seuls, quel que soit le capital qu'ils aient pu accumuler. Leurs expositions sont examinées attentivement et jugées exclusivement sur la base de leurs résultats et ils peuvent aussi bien être portés aux nues que tomber en disgrâce. De plus, les artistes new-yorkais doivent passer une grande partie de leur temps à travailler que ce soit sur leurs œuvres ou leur carrière. La majorité d'entre eux souhaite parvenir à vivre de leur art. Les membres du CATPC font de l'art, mais en tant qu'individus, ils sont protégés de la volatilité du marché et de ses tendances fluctuantes. Quoi qu'ils gagnent, cela les aidera beaucoup. Ils utilisent leur art comme un moyen d'atteindre d'autres modèles durables leur donnant la possibilité d'améliorer la vie de leur communauté et leur permettant de reverser les excédents générés par leur travail artistique en direction d'autres formes de travail plus traditionnelles, comme le fait de développer leurs propres plantations. La production artistique collective contribue à renouer des liens entre les individus à l'intérieur de la sphère socio-économique. Pour les membres du CATPC, les profits tirés de leur activité artistique leur permettent de rester dans leurs maisons et de se réinvestir dans un travail traditionnel, sans être contraints à une situation d'exploitation économique, tant que leurs œuvres continuent à circuler et à se vendre via le marché de l'art. Une perspective vraisemblable dans la mesure où les membres du CATPC sont intégrés et impliqués au sein de leur contexte local, ce qui a pour effet que l'essence même de leur travail – leur mission de réinvestissement – rend leur projet solide et attractif. L'amélioration de la vie de la communauté locale se trouve au cœur du projet du CATPC à Lusanga, où l'activité artistique va continuer à permettre de mettre en œuvre tous les changements à venir.

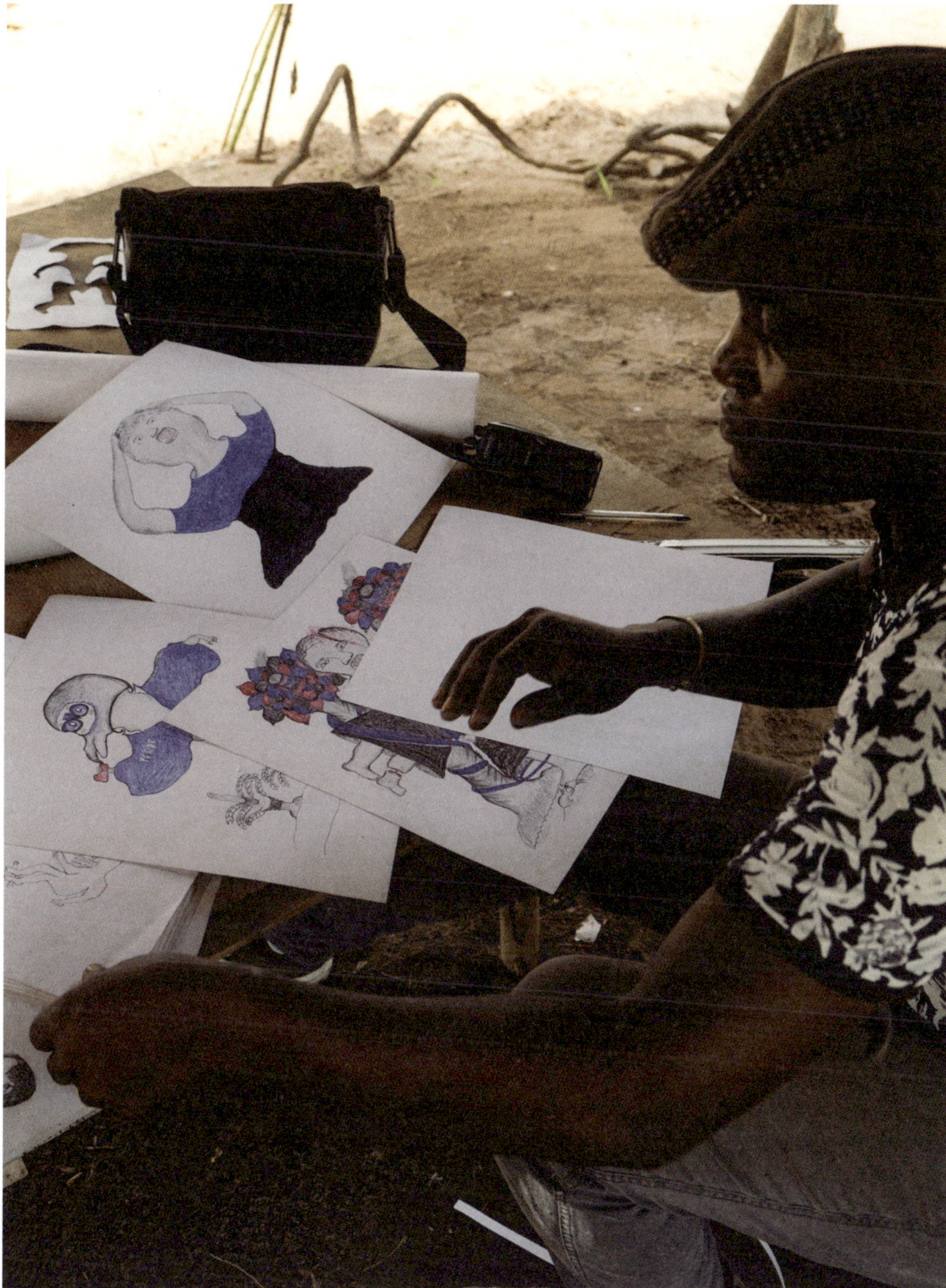

Mega Mingiedi selecting images for CATPC's exhibition at the SculpureCenter in New York

Mega Mingiedi choisit les dessins pour l'exposition du CATPC au SculptureCenter à New York

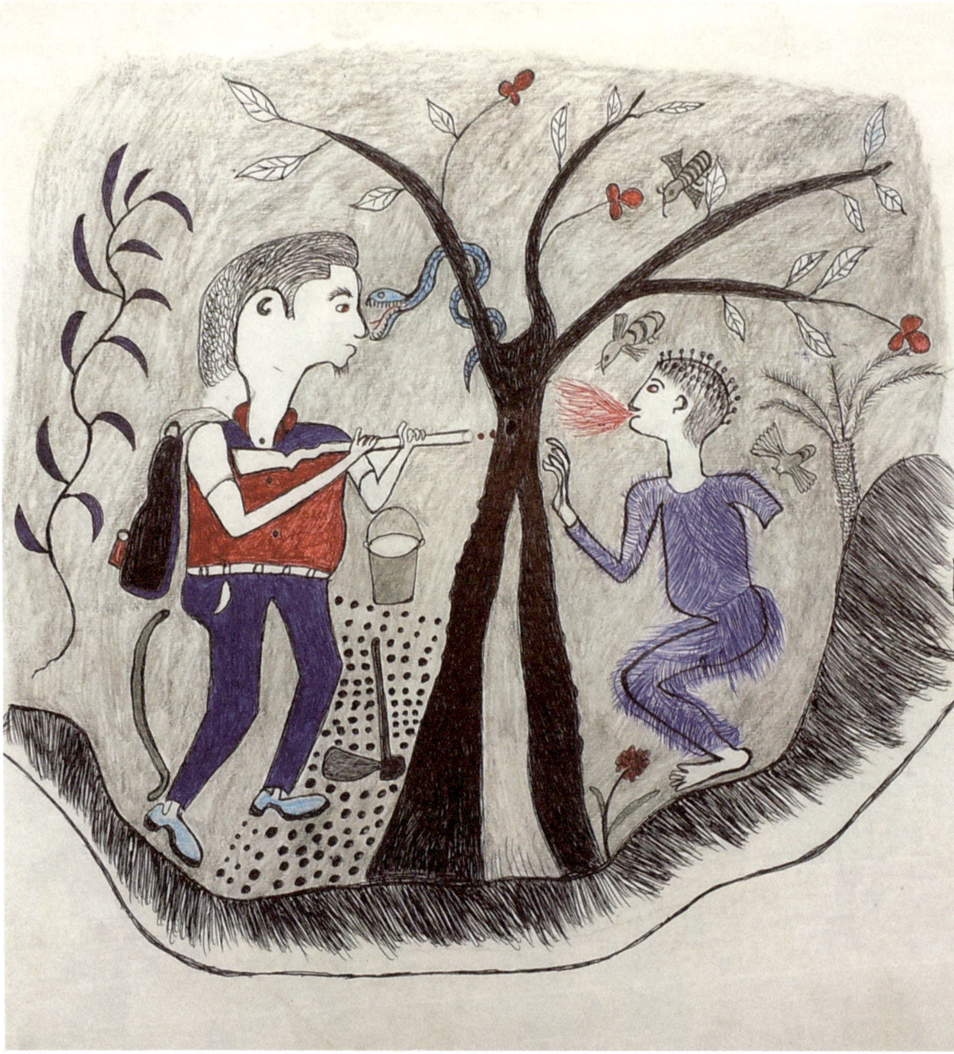

Daniel Manenga, *Untitled,* 2016, drawing on paper, 30 x 35 cm

Daniel Manenga, *Sans titre,* 2016, dessin sur papier, 30 x 35 cm

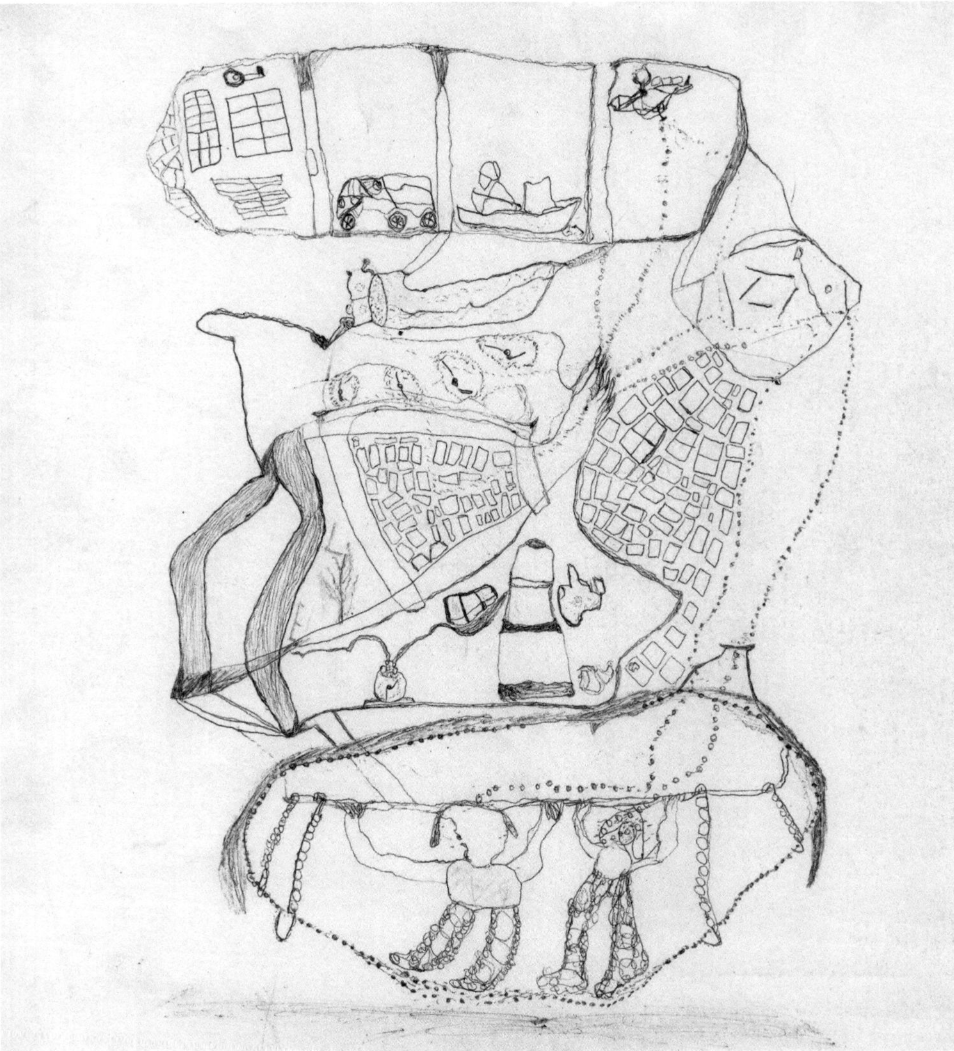

Daniel Mvuzi (artist/intern at CATPC), *Révolte dans la vie des morts,* 2016, drawing on paper, 31x 33 cm

Daniel Mvuzi (artiste/stagaire au CATPC), *Révolte dans la vie des morts,* 2016, dessin sur papier, 31 x 33 cm

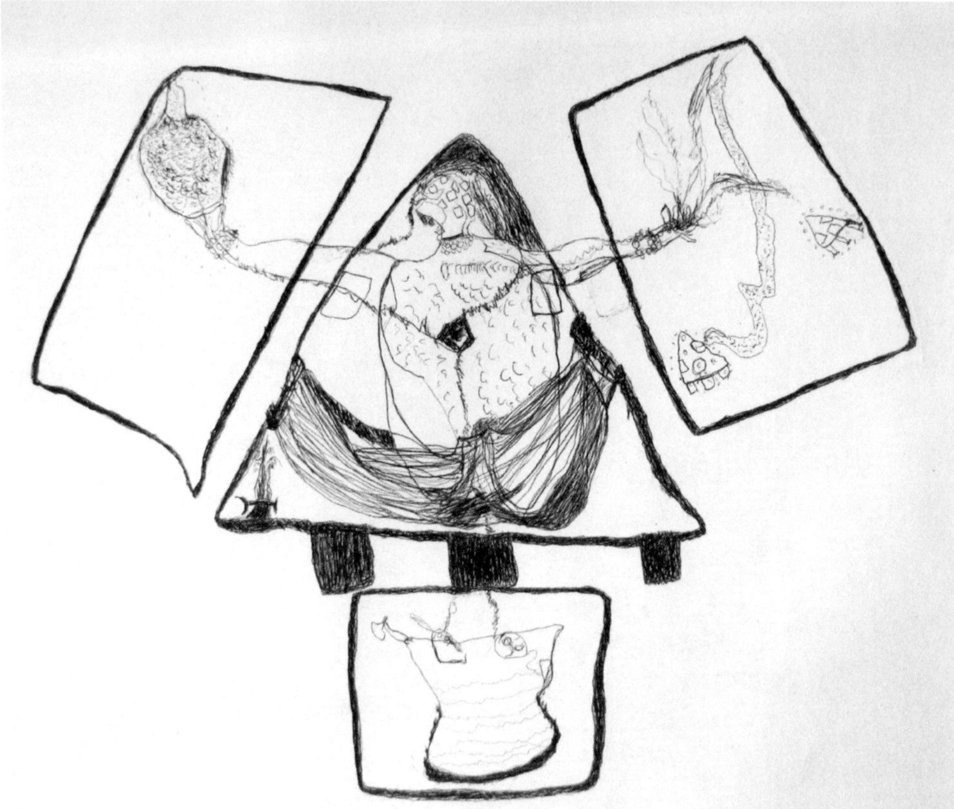

Mathieu Kasiama, *Est-ce que je peux avoir de quoi rêver ?,* 2016, drawing on paper, 31 x 33 cm

Mathieu Kasiama, *Est-ce que je peux avoir de quoi rêver ?*, 2016, dessin sur papier, 31 x 33 cm

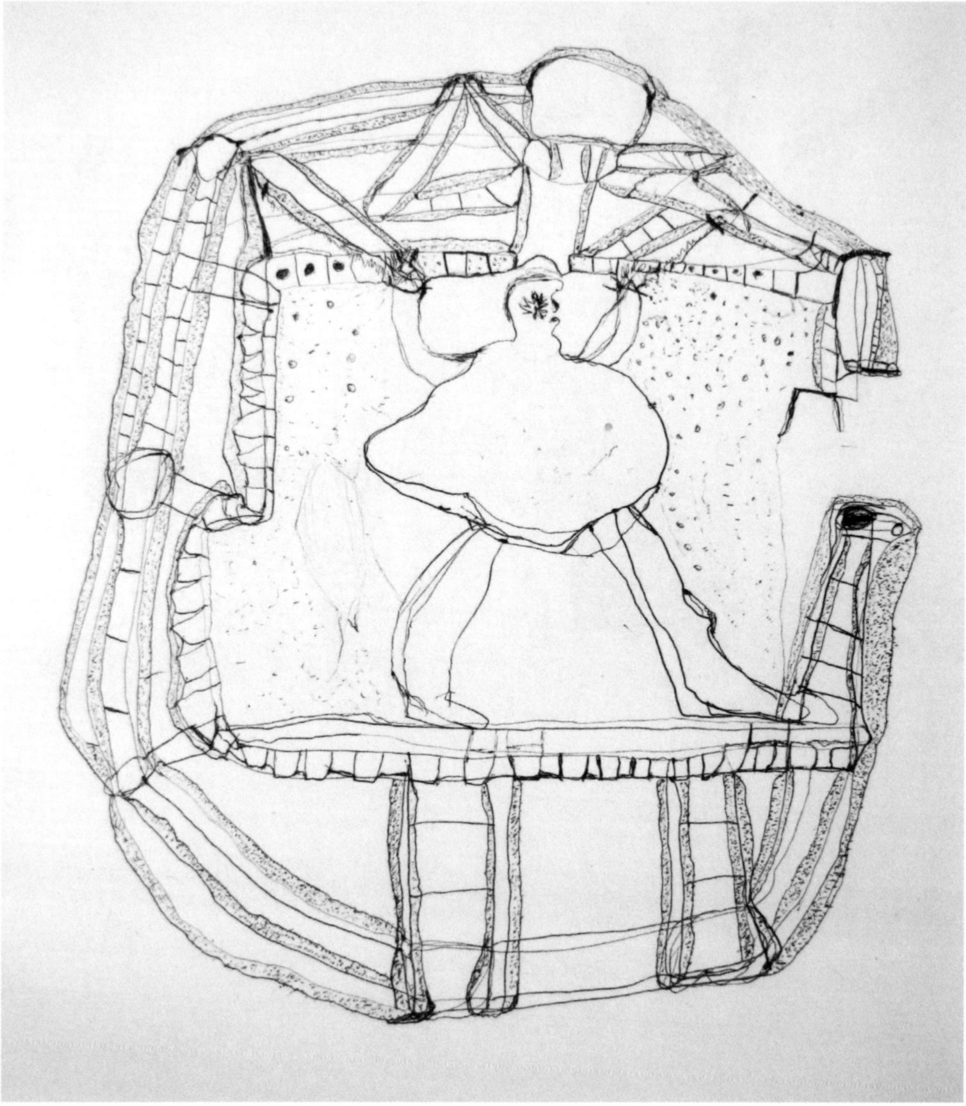

205

Mathieu Kasiama, *Encore un tour de cric,* 2015, drawing on paper, 31 x 33 cm

Mathieu Kasiama, *Encore un tour de cric,* 2015, dessin sur papier, 31 x 33 cm

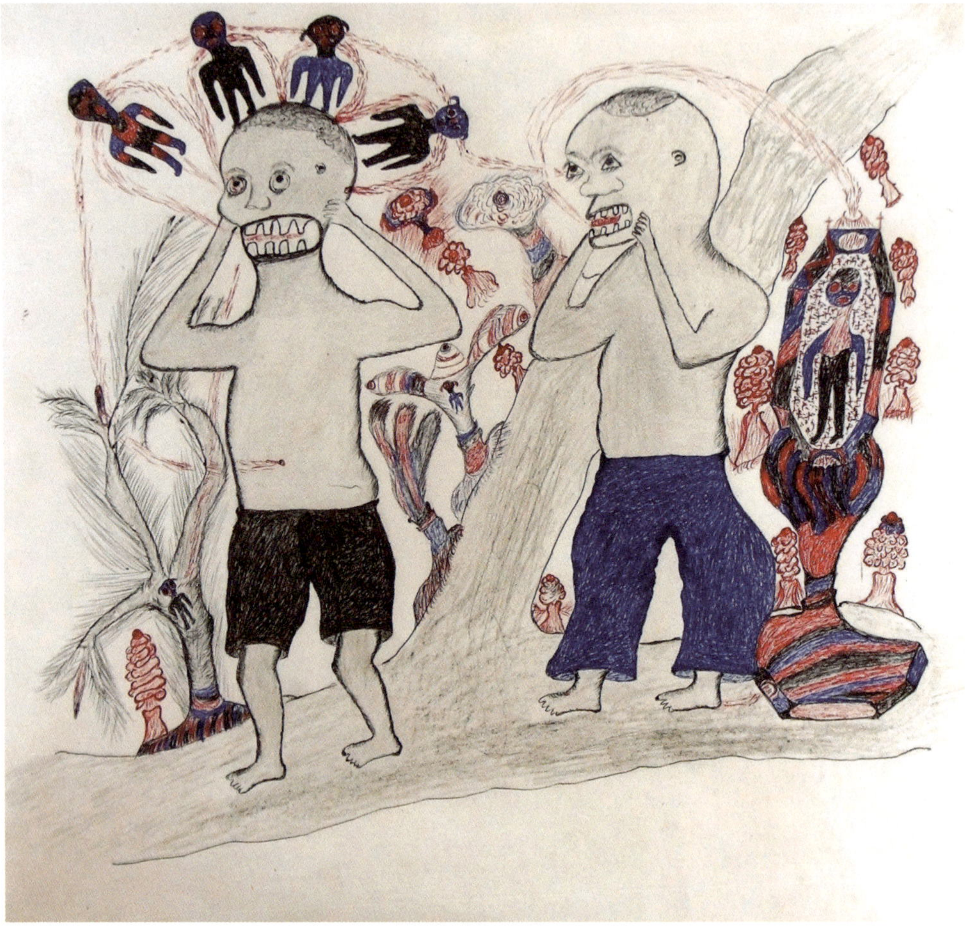

Daniel Mvuzi (artist/intern at CATPC), *Révolte dans la vie des morts,* 2016, drawing on paper, 31x 33 cm

Daniel Mvuzi (artiste/stagaire au CATPC), *Révolte dans la vie des morts,* 2016, dessin sur papier, 31 x 33 cm

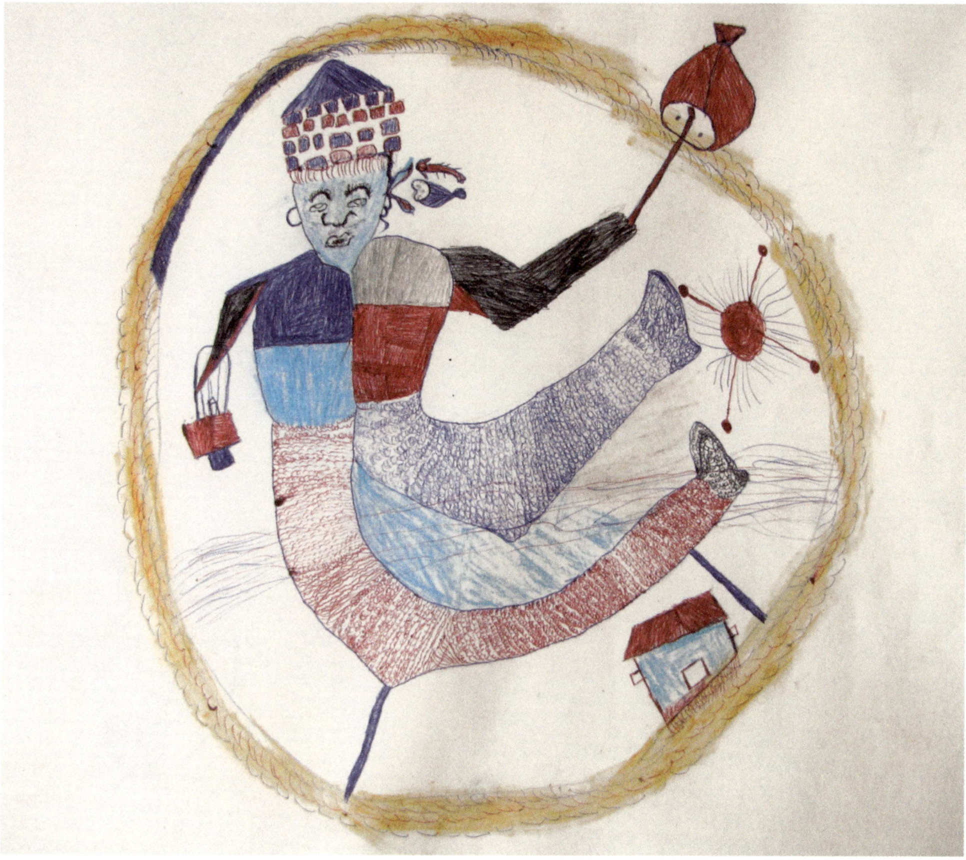

Mbuku Kimpala, *Untitled*, 2016, drawing on paper, 2016, 31 x 33 cm

Mbuku Kimpala, *Untitled*, 2016, dessin sur papier, 31 x 33 cm

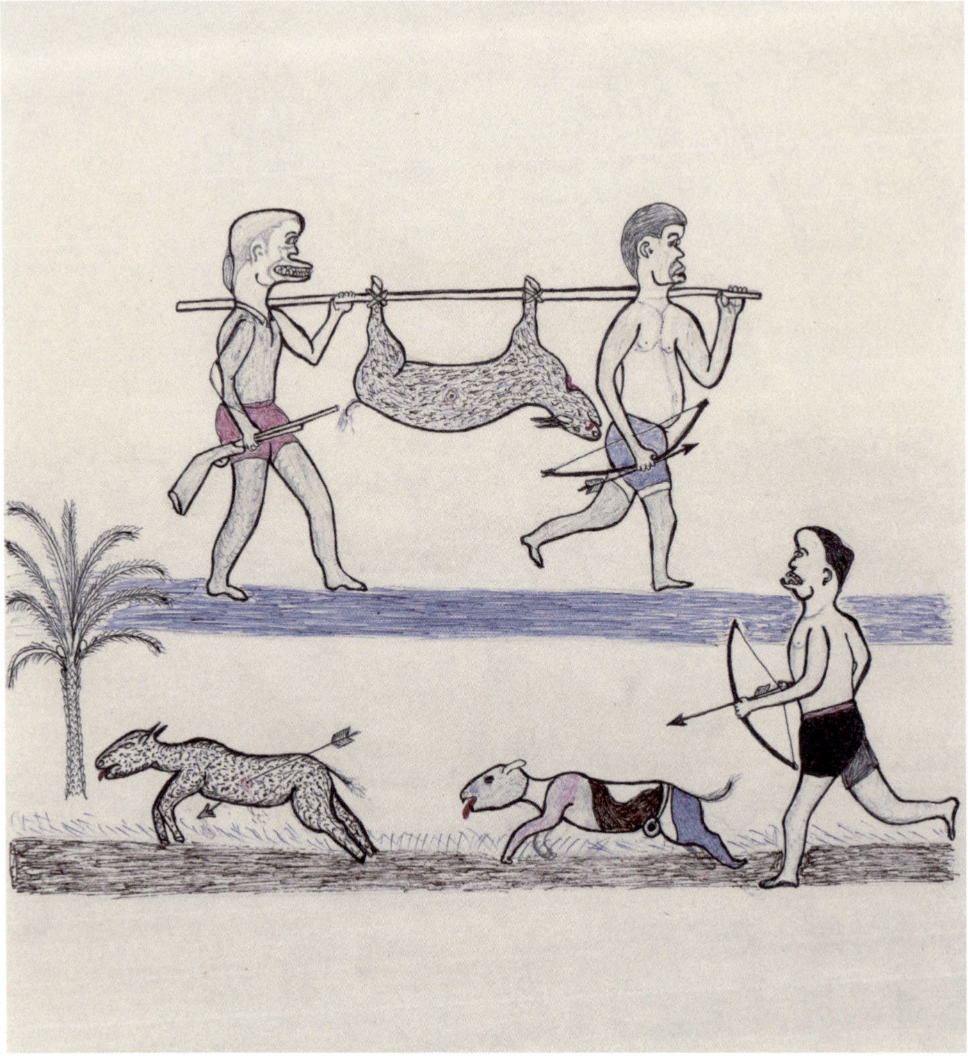

Emery Mohamba, *Chiens de chasse,* 2016, drawing on paper, 31 x 33 cm

Emery Mohamba, *Chiens de chasse,* 2016, dessin sur papier, 2016, 31 x 33 cm

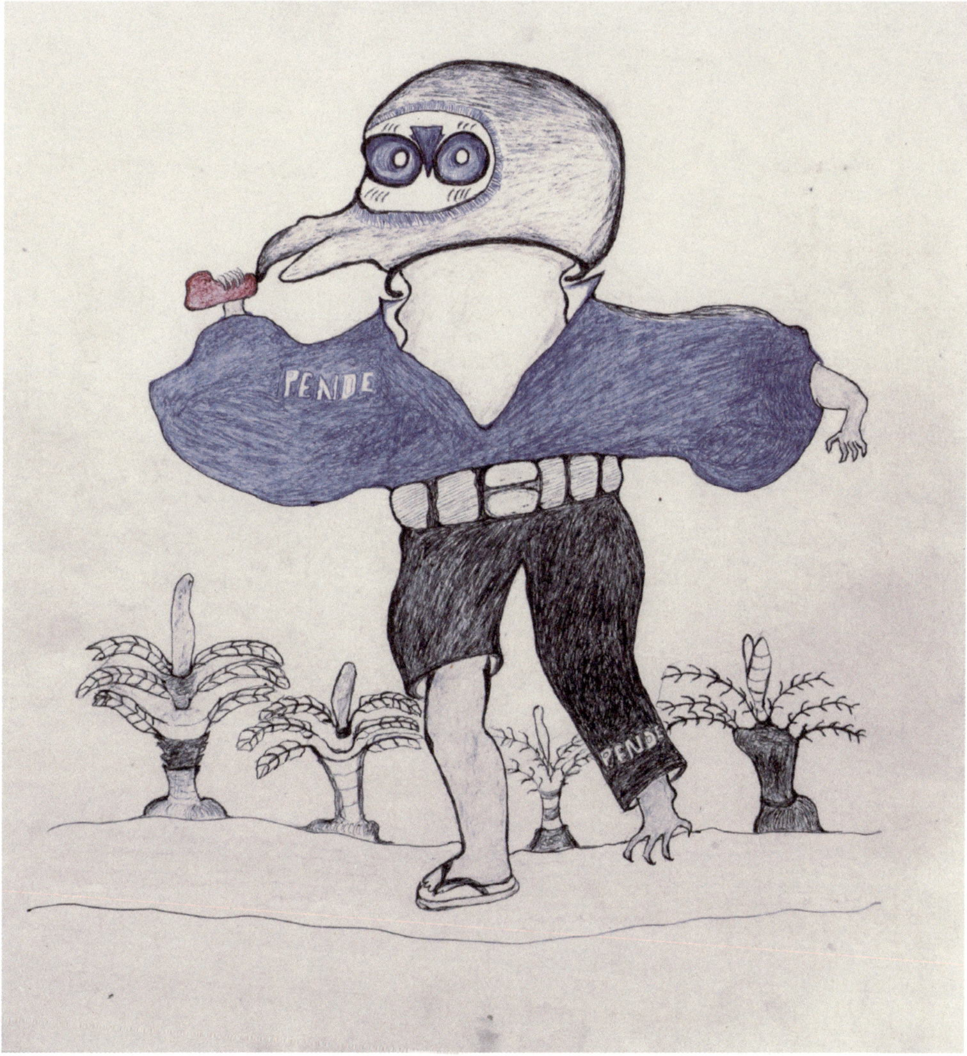

Daniel Mvuzi, *Révolte,* 2016, drawing on paper, 30 x 30 cm

Daniel Mvuzi, *Révolte,* 2016, dessin sur papier, 30 x 30 cm

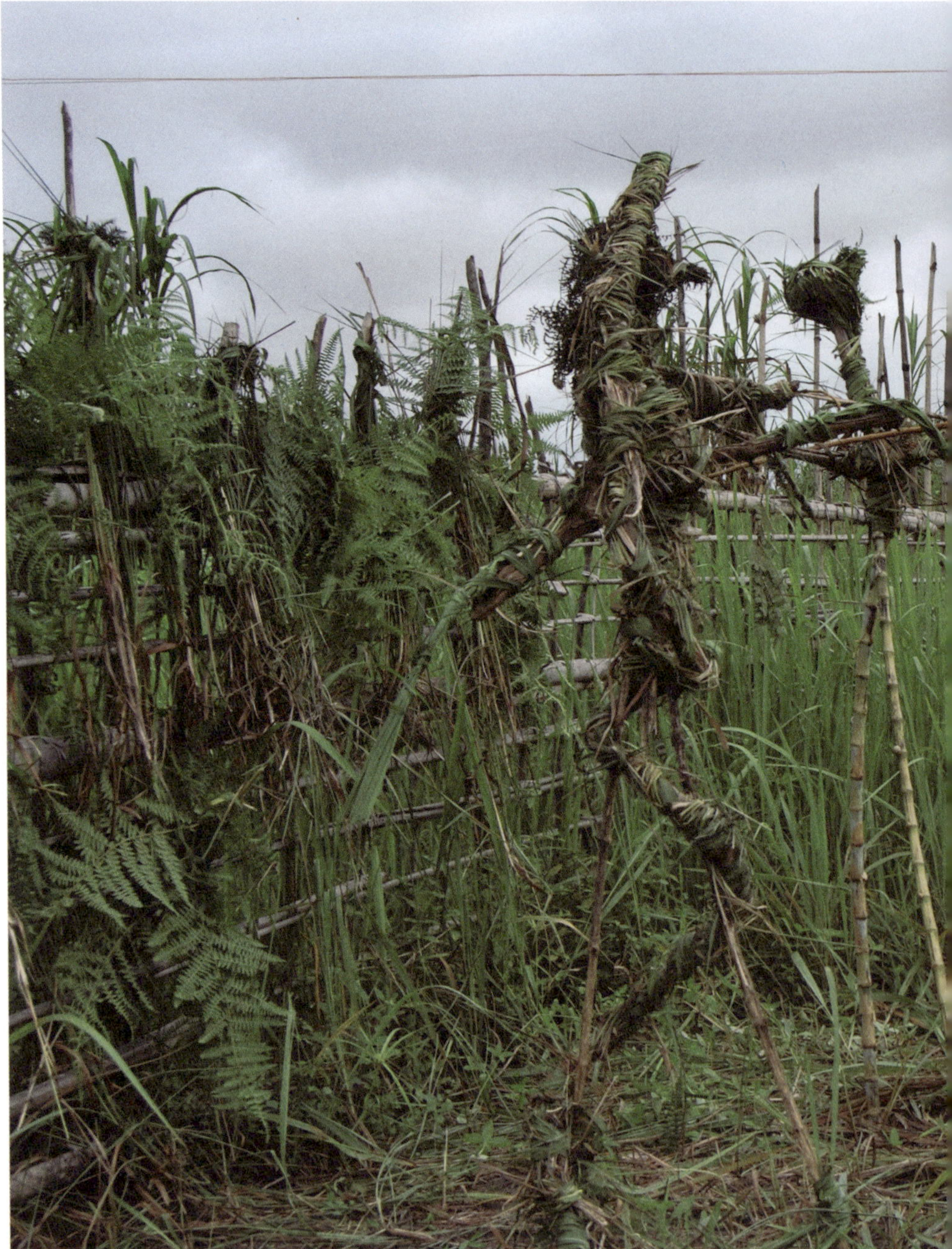

Mathieu Kasiama exploring different sculpture techniques, 2015 (photo: Eléonore Hellio)

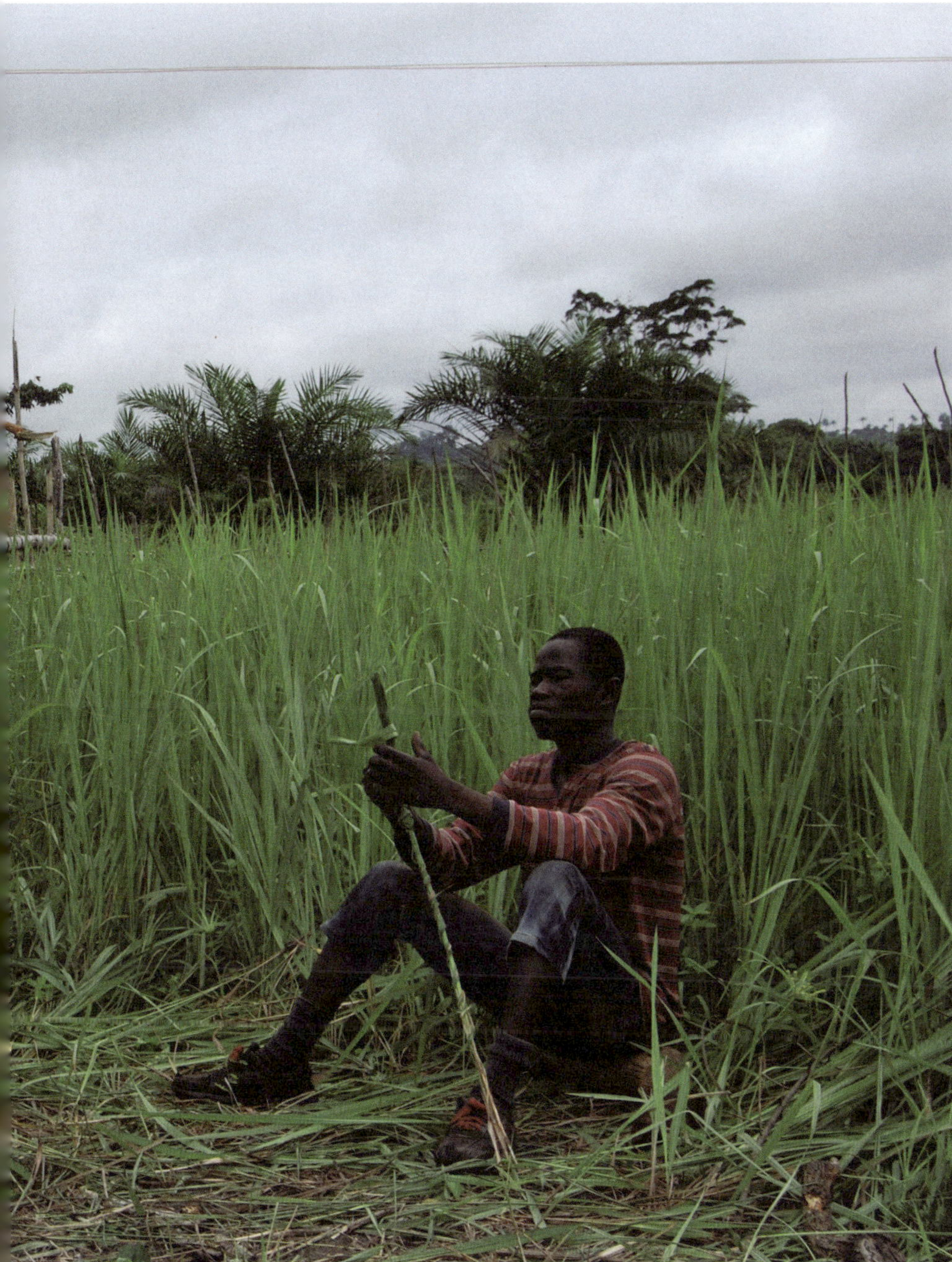

Mathieu Kasiama recherchant les sculptures techniques, 2015 (photo : Eléonore Hellio)

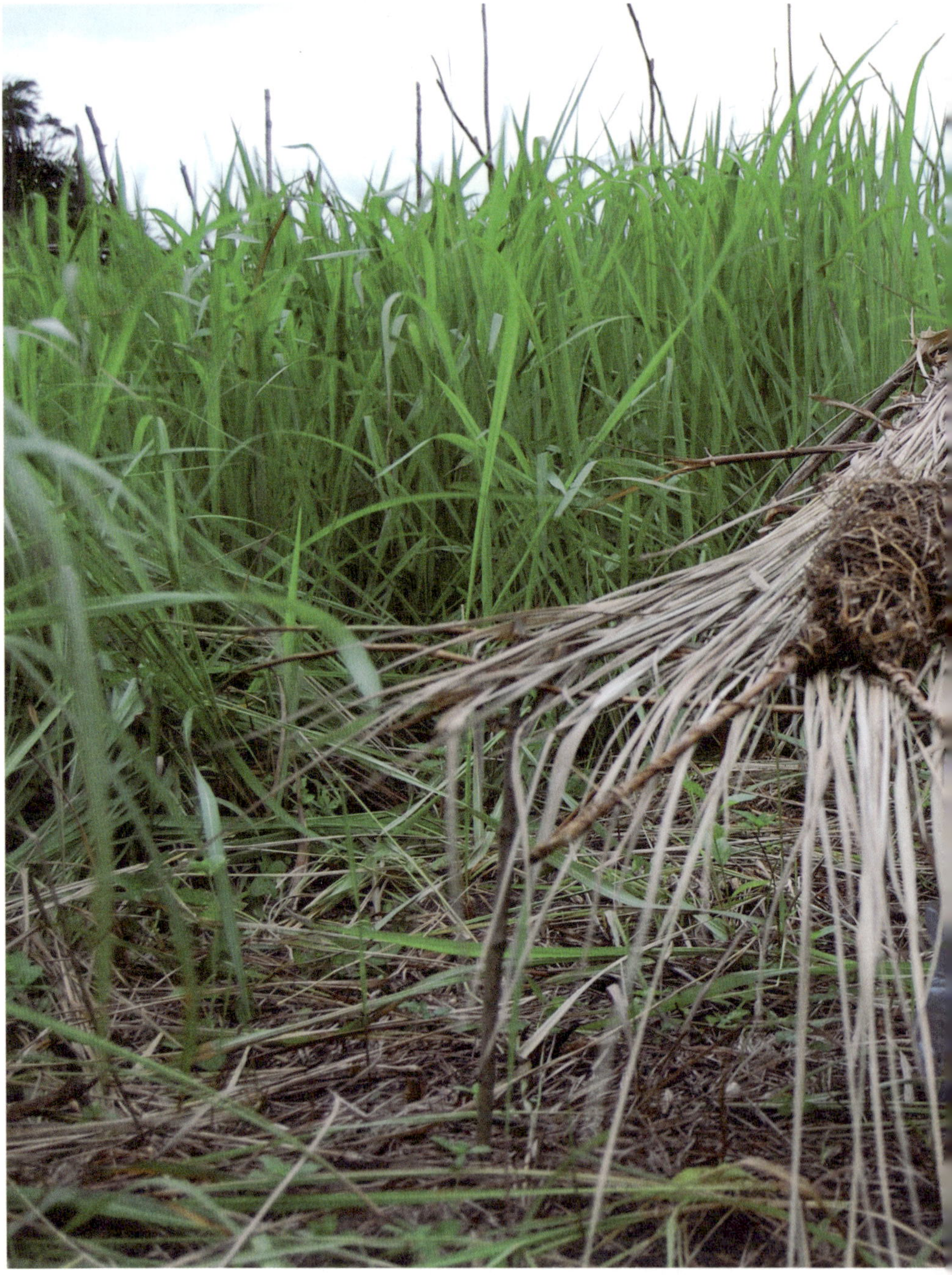

Mathieu Kasiama, *Jeune fille enceinte morte à l'hôpital,* sketch, 2015 (photo: Eléonore Hellio)

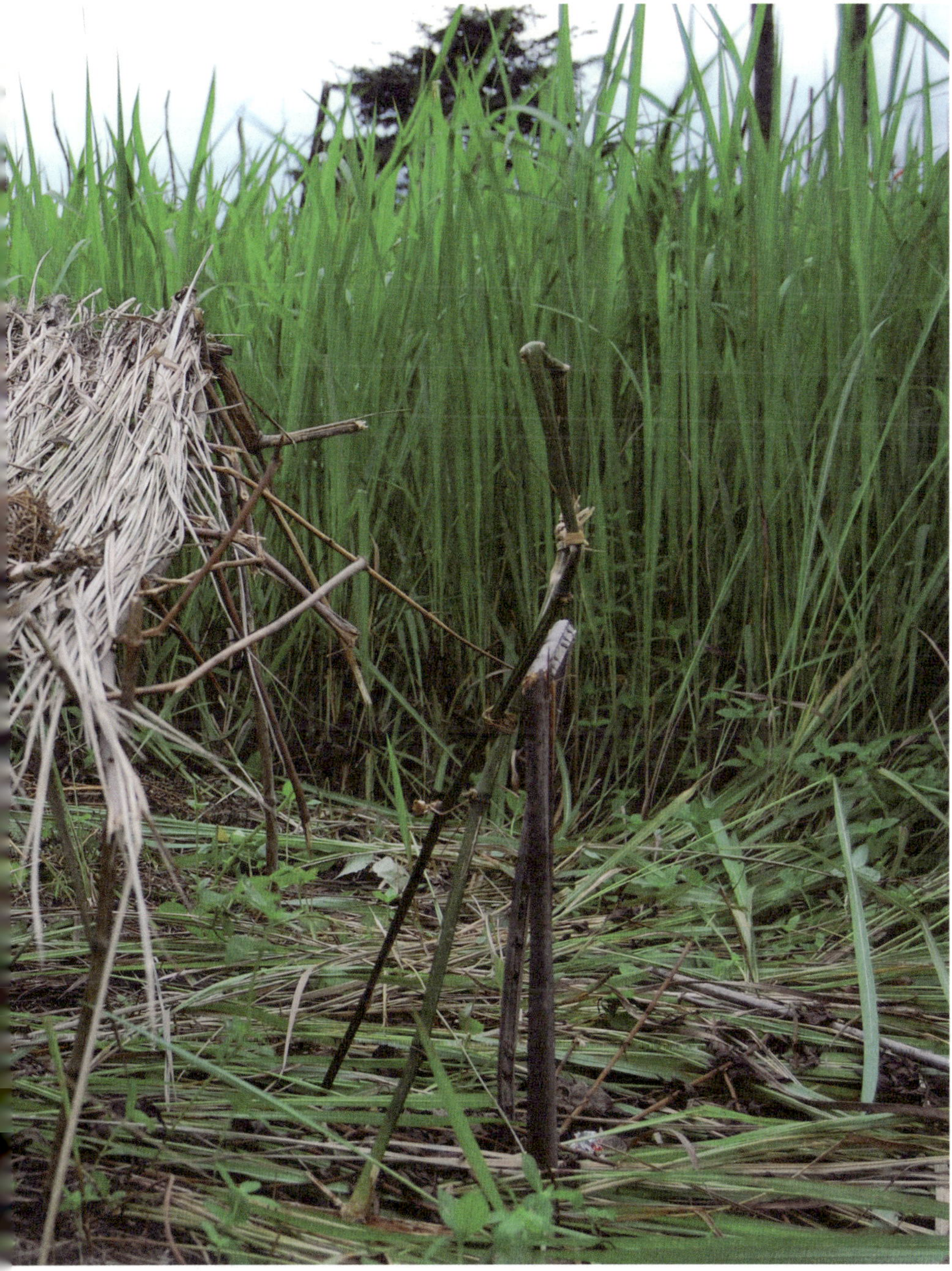

Mathieu Kasiama, *Jeune fille enceinte morte à l'hôpital,* assemblage, 2015 (photo : Eléonore Hellio)

Alexander Koch

EN From Clay to Chocolate: Adding Feelings and Meaning to Resources

FR De l’argile au chocolat : sentiments et signification comme valeur ajoutée

Berlin, 11.2016

FROM CLAY TO CHOCOLATE: ADDING FEELINGS AND MEANING TO RESOURCES

EN

Translated from German by Nathaniel McBride

When they went on show at KOW gallery[a] in Berlin in May 2015, the sculptures by the Cercle d'art des travailleurs de plantation congolaise (Congolese Plantation Workers Art League or CATPC) astonished the German and international public. The seven works exhibited by Mathieu Kasiama, Mbuku Kimpala, Thomas Leba, Jeremie Mabiala, Daniel Manenga, Emery Muhumba, and Cedrick Tamasala showed formal and narrative qualities whose expressive strength was obvious both to professional critics and ordinary art lovers. At the same time, the technical details of their production—and their economic and conceptual relation to the activities of the Institute for Human Activities (IHA) and Renzo Martens' artistic practice—have raised a number of questions, some of which I will answer here.

Adequately describing and understanding these busts and statues cast in chocolate means explaining their origin in the collaborative work of various protagonists at several different stages of production. The project was initiated in Lusanga in the Democratic Republic of Congo (DRC) by a network of individuals and organizations, each of whom took on different roles in the process of devising, producing, and distributing the statues. I will first describe the technical process, limiting myself to those factors that are directly relevant to how the CATPC produced its sculptures. Finally I will deal with the conceptual and social aspects of this production process.

In August 2014 the CATPC started holding sculpture workshops with plantation workers from in and around Lusanga. These were led by the Kinshasa artists Michel Ekeba, Eléonore Hellio, and Mega Mingiedi (Kinshasa, the capital of the DRC, is six hundred kilometres from Lusanga). The workshops used their participants' biographical stories, personal memories, and critical views of their own living conditions as inspiration for a series of self-portraits and allegorical figures, which were executed in clay. During a conversation in the group Renzo Martens came up with the idea to reproduce these works in chocolate, and some weeks later the artists, as a group, decided to proceed

a. "A Lucky Day," May 2 – July 26, 2015. KOW gallery is based in Berlin and run by Nikolaus Oberhuber and myself. It represents Renzo Martens and therefore also shows works by the CATPC. An earlier series of sculptures was first shown at the National Museum of Art in Cardiff, UK, in October 2014. The same series was shown in May 2015 at the KW Institute for Contemporary Art in Berlin alongside the exhibition at KOW.

that way. The sculptures were digitalized using a 3D scanner and the data was sent by Internet to the IHA's offices in Amsterdam, which coordinated the reproduction and distribution of the works. Exact replicas of the sculptures were produced using a 3D printer, which then served as prototypes for the production of further reproductions and casts. Dutch chocolatiers cast copies of the works using raw chocolate provided by the Franco-Belgian company Barry Callebaut, one of the leading suppliers of chocolate in the world. Finally, an art removal firm packed the chocolate sculptures into transport crates and transported them to a variety of destinations across Europe: museums, art centers, galleries, art fairs, and private collections.

Although this production process doesn't sound particularly complicated, it was technically and logistically demanding and required the participation of several dozen people. It is also of central importance to the sculptures' conceptual and aesthetic significance, as well as to the different meanings they have in Lusanga where they were made, on the one hand, and at the primary sites of their reception and distribution in the European or Western art world, on the other. The material and ideological conditions of the various people who made, transported, and received the sculptures were unusually disparate. The objects themselves both bear the imprint of this difference, and to some extent also bridge it.

Clay, the material used to make the initial statues, is naturally and abundantly available in Lusanga, and comparatively easy to model. However, it is too heavy and brittle to be easily transported long distances without technical stabilization of some kind. More importantly, the transport infrastructure between Lusanga and the exhibition venues is either non-existent or extremely difficult to negotiate. By contrast, the transport routes for raw materials grown in and around Lusanga, including rubber and cocoa as well as palm oil, are functional and efficient. Raw material exports are the only direct connection between the plantation workers and the distant world of industry and consumption. This connection leads, among other places, to Amsterdam, the largest trading port for chocolate in the world. The CATPC sculptures were made from raw chocolate—some of it originating from plantations in Lusanga—that had been shipped to the Netherlands and refined into its edible form. This meant that they travelled along existing export and colonial trade routes, while undergoing a number of transformations in the process. The 3D scanner in Lusanga dematerialized the objects and transformed them into digital information, which was then sent by Internet to The Netherlands where it was further worked on. Thus, together with the raw material chocolate, all the most valuable components of the reproduced sculptures come from the DRC: on the one hand the artistic forms and narratives that shaped them, and on the other the Lusanga artists' subjective experiences and expressive power, which are the quintessence of the works of art.

The result is that the chocolate replicas—each prototype had an edition of five copies made from it—make a definitive break with Western clichés about the auratic power of African sculpture. The surface of the sculptures clearly show structures produced by the 3D printing process. These bear witness both to the mechanical process used to produce them, and to the distance between the works' place of origin and the places where they are distributed and received, a distance that has been covered by technology. The result is that their undeniable aesthetic effect can not be directly attributed to their authenticity. Instead, this effect becomes mingled with the gastronomic qualities of chocolate that are associated with pleasure, sophistication, and taste, and which almost unavoidably make satirical reference to both the traditional and trivial qualities of art.

Other aspects of the chocolate sculptures are their ageing process and their sensitivity to heat. They start to melt at temperatures over twenty-six degrees Celsius, meaning that in Lusanga they would last only a few days, while in air-conditioned museums and private collections they can last a good few decades. The sculptures are sold with a guarantee that, should they be damaged or destroyed, a new copy of them will be provided at cost price, as the data sets needed to do this can be preserved over long periods of time. This means that the objects can, in principle, be eaten and replaced without losing any of their real value. The fact that these works offer buyers the opportunity to literally—and not just symbolically—consume African sculpture can be seen as one of their qualities within Renzo Martens' conceptual attempts.

One notable reaction of many visitors to our exhibition in Berlin was the surprised remark that the sculptures "didn't look at all African." Rather, they were more reminiscent of European Gothic sculptures. What is revealed here is a cultural misunderstanding and historical ignorance of colonial history. After missionaries and colonial occupiers had erased Congolese cultural identities and narratives and replaced them with Christian motifs and allegories, and after they had largely eradicated the country's once-famous traditions of sculpture-making, the CATPC sculptures bring the consequences of this violent transformation back to Europe, confronting its public with works that seem, thanks to the influence of their own culture, inauthentic and strange. The point made is not an insignificant one.

Renzo Martens' initiative in the DRC had a part in helping found both the IHA and the CATPC. Following on from his film *Enjoy Poverty* (2008), the initiative aims not only at exposing contemporary art's complicity with the mechanisms of colonial exploitation and economic inequality, but also at using this complicity to develop a model of action for fighting inequality that is both artistic and economic. Put simply: if, within its own neo-feudal and neo-colonial conditions of production, contemporary art can transform critical reflection on injustice into surplus value,[b] can it also produce this surplus value where this injustice has its material origin: at the sites of poverty and deprivation on which Western prosperity is based?

Will some of the plantation workers of the CATPC give up working on the plantation to embark upon artistic careers, with all the risks, hopes, and exposure to external factors that this implies? Some desire to do so. Three possible motives might be ascribed to them for hoping to make this change of career. The first would be to free themselves from grinding material poverty. The second would be the hope of leading a life they have some control over, as well as one in which they can freely express themselves through artistic forms. The third would be participation in a global

b. See "CATPC in Conversation with Renzo Martens" on page 161 of this publication.

dialogue about the conditions in which they live. Whether or not that will ever happen depends on the success of the collaboration between the CATPC, IHA and Renzo Martens, including the success of our work as a gallery.

While I contemplate this question from my desk in Berlin, it is becoming clear how different the social, economic, and contentual dimensions of these sculptures appear when looked at from different points of view. Our gallery KOW is one of those locations where social and economic inequality can be critically reflected on from a position of privilege. However, it is also—as Renzo Martens rightly points out—a location that stabilizes that inequality or even makes it worse, by profiting from critique and benefiting from the capital accumulation that routinely goes on in the urban art centers of the West.

Contemporary art's basic economic model is based on money that has been stolen, lives that have been robbed, and culture that has been destroyed. The workings of the Western art system cannot be explained without reference to the industrialized countries' ongoing colonial exploitation of the global South.[c] From the perspective of Berlin, exhibiting and selling the CATPC's sculptures in exhibitions and art fairs means confronting one's own history and present of social violence. It goes hand in hand with the hope of exposing the ethical and structural dilemma of how this violence is bound up with everything—no matter how unintentionally—so that it no longer continues to be a blind spot in our own, and the public's, understanding of art.

Another hope is to be able to help shape, and learn from, an alternative model. Of course, any such attempt to reorganize the art world's ideological parameters, symbolic capitals, material resources, and social privileges so that they actually reduce inequality rather than increase it will inevitably involve pitfalls. This particular model has a number of economic aspects, one of which is that 50 percent of the profits from the sale of the CATPC's sculptures flow to Lusanga, while the other 50 percent remain, as is usual, with the gallery in Berlin. This is not about creating an exception to the rule, but rather a different constellation of actors and relationships.

c. See Unilever's corporate history and cultural funding, which partly originated in Lusanga (former Leverville).

In many places today, the bringing together of local knowledge, digital technology, and global means of communication is seen to hold out the promise of lasting social innovation and economic change, which emerge both locally and offline. In this regard, CATPC's sculptures can be understood and addressed as conceptual works inspired by new models of collaboration. At the same time, they are also simply fascinating sculptural works by people who would never have been expected to make them; works which at least make it more difficult to defend the privileges to express themselves enjoyed by some against the supposed voicelessness of others, including the economic system that is linked to these privileges.

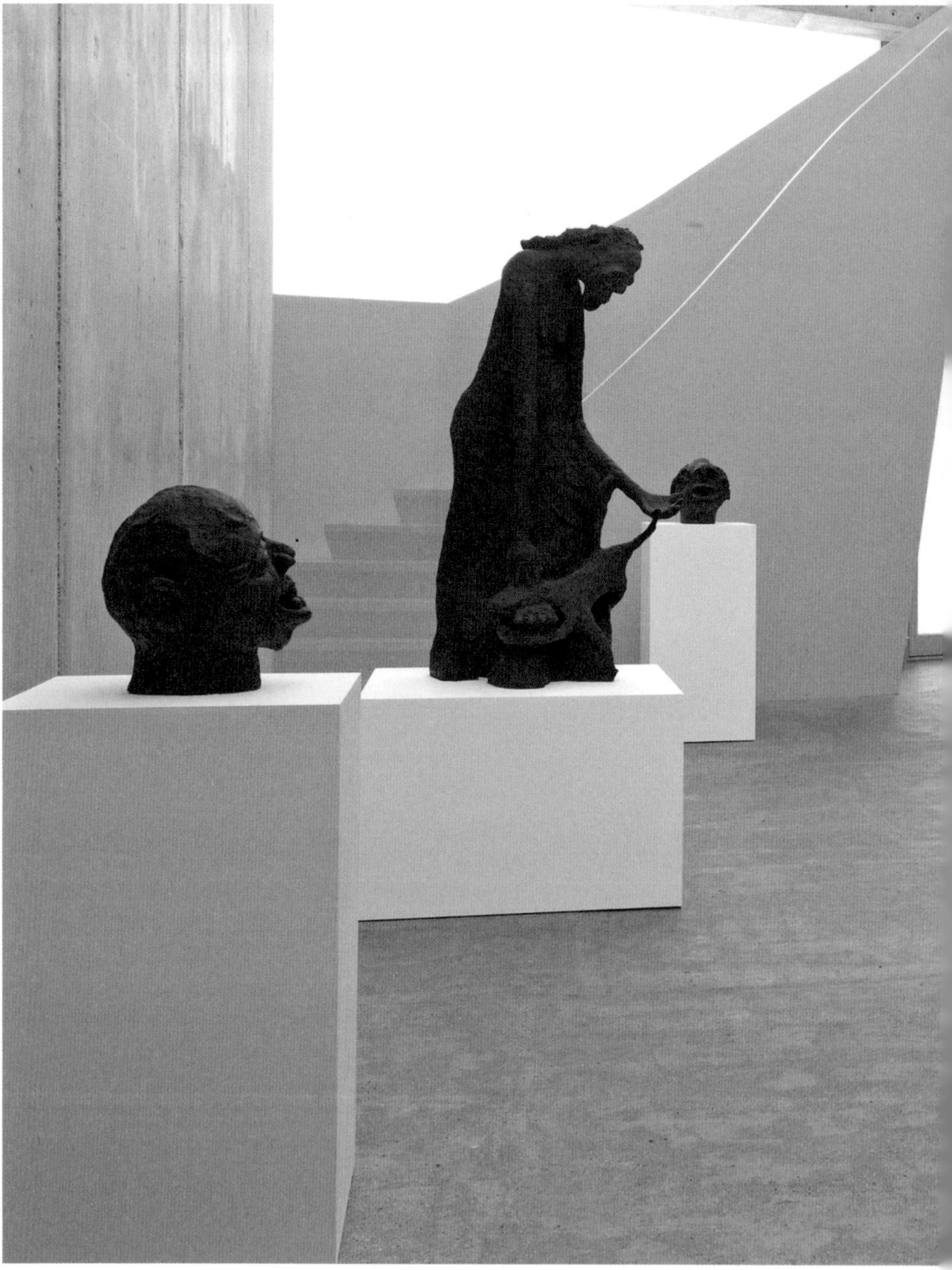

Exhibition view, 'A Lucky Day', KOW, Berlin, May 2 – July 26, 2015 (photo: Ladislav Zajac)

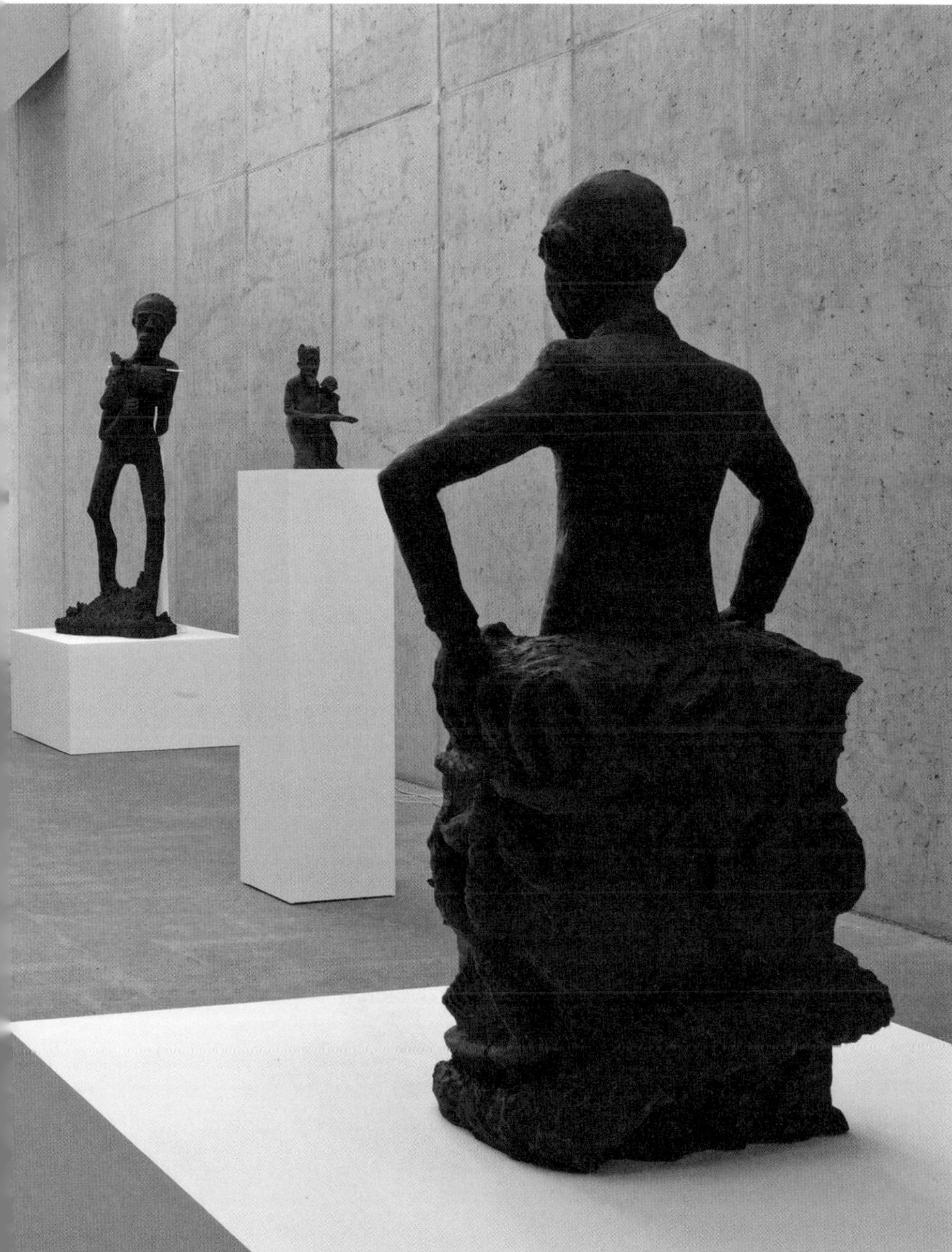

223

Vue d'exposition, « A Lucky Day », KOW, Berlin, du 2 mai au 26 juillet 2015
(photo : Ladislav Zajac)

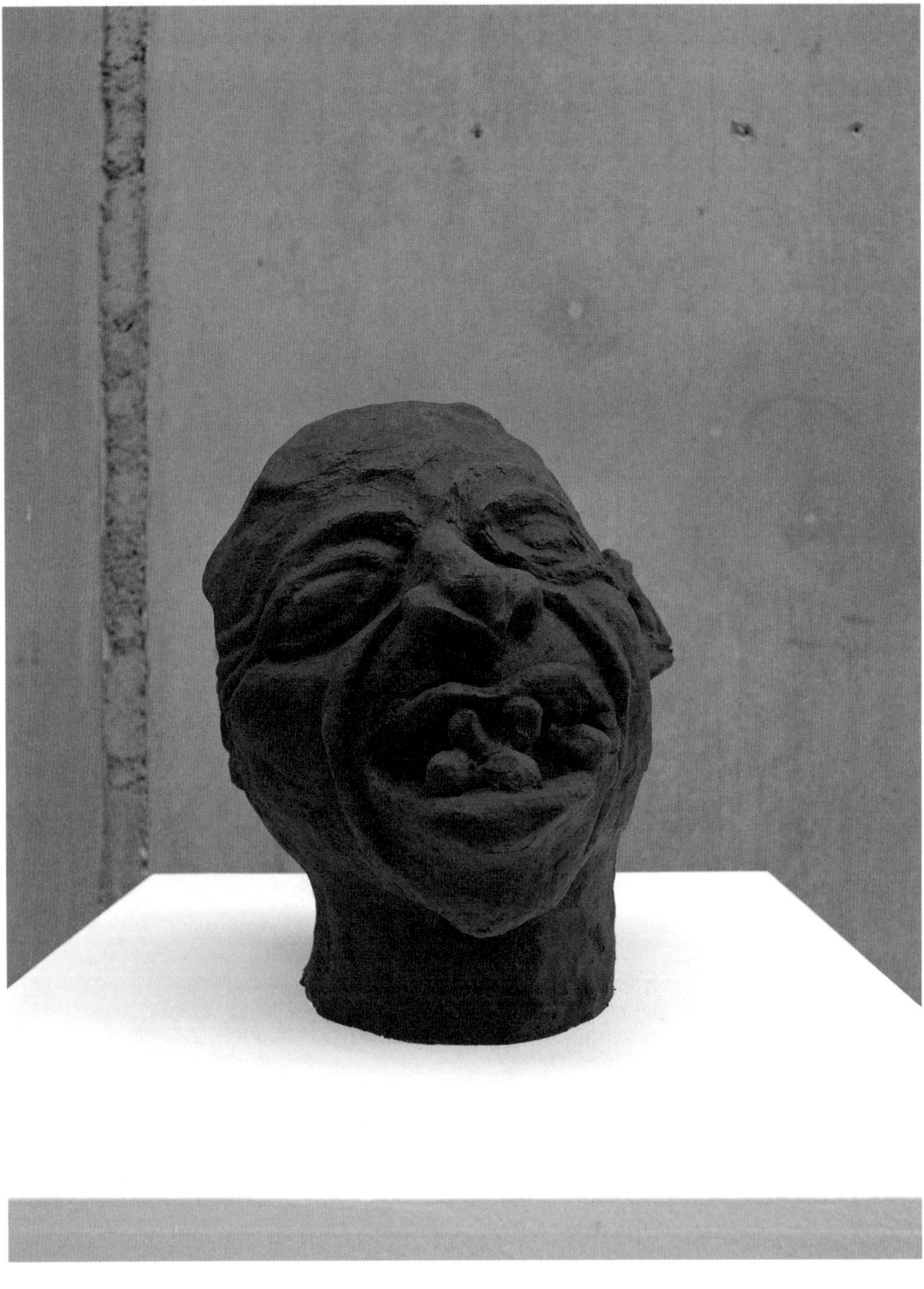

Djonga Bismar, *self-portrait,* 2015, on view at 'A Lucky Day', KOW, Berlin, May 2 – July 26, 2015 (photo: Ladislav Zajac)

Djonga Bismar, *autoportrait,* exposé à l'occasion de « A Lucky Day », KOW, Berlin, du 2 mai au 26 juillet 2015 (photo : Ladislav Zajac)

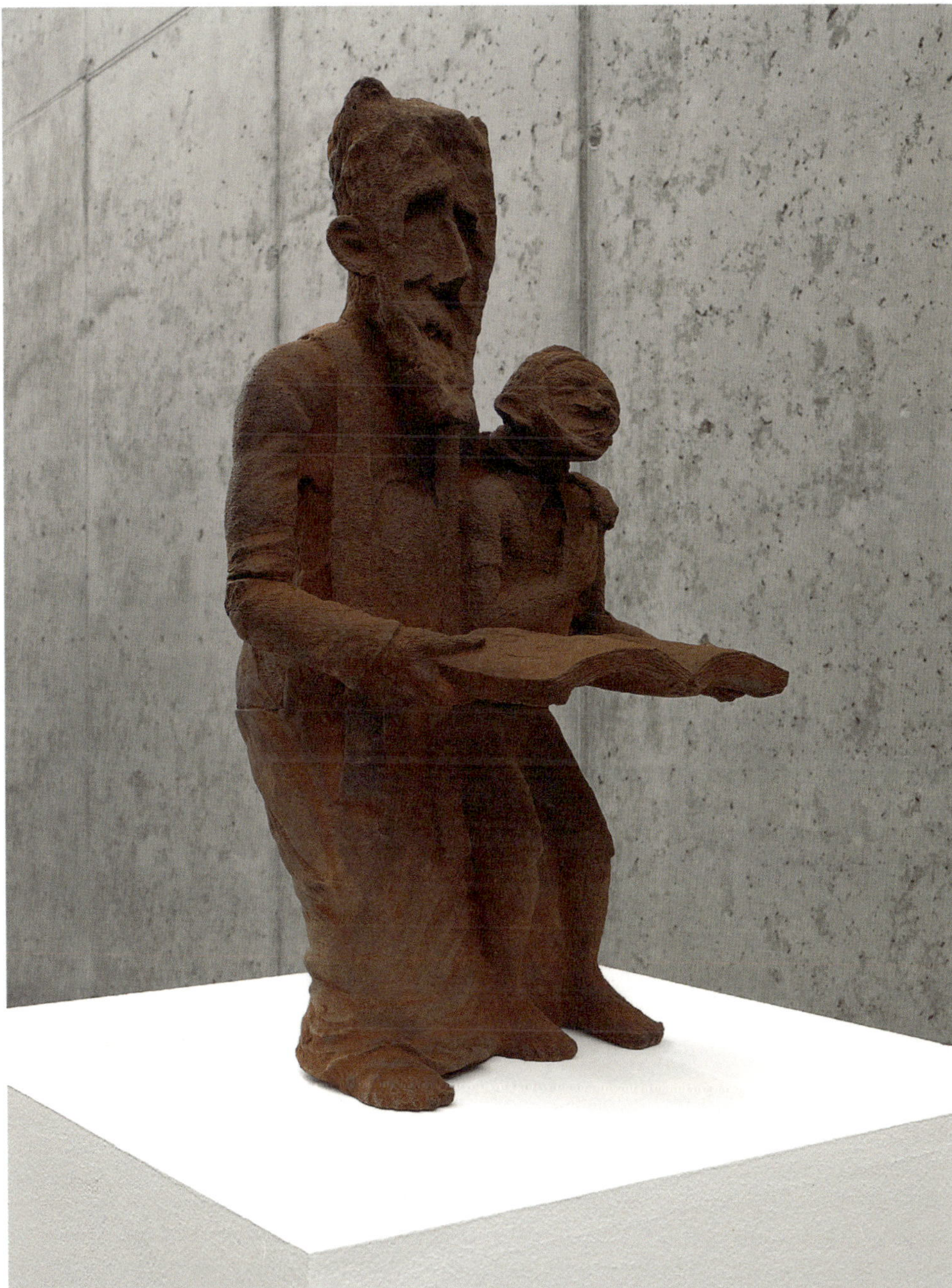

Cedrick Tamasala, *How my Grandfather Survived,* 2014, cacao sculpture on view at 'A Lucky Day', KOW, Berlin, May 2 – July 26, 2015 (photo: Ladislav Zajac)

Cedrick Tamasala, *How my Grandfather Survived,* 2014, sculpture en chocolat exposée à l'occasion de « A Lucky Day » KOW, Berlin, du 2 mai au 26 juillet 2015 (photo : Ladislav Zajac)

DE L'ARGILE AU CHOCOLAT : SENTIMENTS ET SIGNIFICATION COMME VALEUR AJOUTÉ

FR

Traduit de l'anglais par Isabelle Fabre

Lors de leur présentation à la galerie KOW[1], à Berlin, en mai 2015, les sculptures du Cercle d'art des travailleurs de plantation congolaise (CATPC) ont stupéfait les visiteurs allemands aussi bien qu'étrangers. Les sept œuvres réalisées par Mathieu Kasiama, Mbuku Kimpala, Thomas Leba, Jeremie Mabiala, Daniel Manenga, Emery Muhumba et Cedrick Tamasala présentaient des qualités formelles et narratives dont la force expressive s'imposait, que ce soit auprès des critiques professionnels ou bien des simples amateurs d'art. En même temps, les détails techniques de leur production – tout comme leur relation économique aussi bien que conceptuelle avec les activités de l'IHA et la pratique artistique de Renzo Martens – soulevaient nombre de questions, auxquelles, pour certaines, je vais répondre ici.

Pour décrire de façon appropriée et pour comprendre ces bustes et statues moulés en chocolat, il faut expliquer leur origine en partant du travail de collaboration de plusieurs protagonistes à différentes étapes de leur production. Le projet a été initié à Lusanga, en République démocratique du Congo, par un réseau d'individus et d'organismes, dont chacun a joué un rôle différent dans les processus de conception, de production et de distribution des statues. Je commencerai par décrire le processus technique, en me limitant aux faits qui concernent directement le procédé de production des sculptures utilisé par le CATPC. Pour terminer, je traiterai des aspects sociaux et conceptuels de ce type de production.

En août 2014, le CATPC a commencé à organiser des ateliers de sculpture avec des ouvriers des plantations de Lusanga et des environs. Ils étaient dirigés par des artistes de Kinshasa, Michel Ekeba, Eléonore Hellio et Mega Mingiedi (Kinshasa, la capitale de la République démocratique du Congo, se trouve à 600 kms de Lusanga). Les ateliers utilisaient les témoignages biographiques des participants, leurs souvenirs personnels et leurs points de vue critiques sur leurs propres conditions de vie, comme source d'inspiration pour une série d'autoportraits et

1. *A Lucky Day*, 2 mai – 26 juillet 2015. La galerie KOW, basée à Berlin, est dirigée par Nikolaus Oberhuber et moi-même. Elle représente Renzo Martens et par conséquent, présente également les œuvres du CATPC. Une première série de sculptures a été tout d'abord montrée en octobre 2014, au National Museum of Art à Cardiff, au Royaume-Uni. La même série a ensuite été exposée en mai 2015 au KW Institute for Contemporary Art à Berlin, parallèlement à l'exposition à la galerie KOW.

de figures allégoriques réalisés en argile. Lors d'une discussion avec le groupe, Renzo Martens eu l'idée de reproduire ces œuvres en chocolat et quelques semaines plus tard les artistes décidèrent en groupe de procéder ainsi. Les sculptures furent donc digitalisées en utilisant un scanner 3D et les données furent envoyées par internet au bureau de l'IHA, à Amsterdam, qui coordonnait la reproduction et la diffusion des œuvres. On réalisa des répliques exactes des sculptures en se servant d'une imprimante 3D, qui ensuite servirent de prototypes pour réaliser d'autres reproductions ou moulages. Les chocolatiers hollandais fabriquèrent des moulages des œuvres à partir de chocolat brut fourni par la compagnie franco-belge Barry Callebaut, l'un des plus gros distributeurs de chocolat au monde. Pour terminer, une société de transport d'œuvres d'art emballa les sculptures en chocolat dans des caisses de transport et les achemina vers différentes destinations à travers l'Europe : musées, centres d'art, galeries, foires artistiques et collections privées.

Bien que ce processus de production ne semble pas particulièrement compliqué, il est exigeant sur le plan technique et logistique et a requis la participation de plusieurs douzaines de personnes. Son importance est également primordiale, au regard de la portée conceptuelle et esthétique des sculptures, que ce soit par rapport aux différentes significations qu'elles peuvent avoir à Lusanga où elles ont été réalisées, ou bien par rapport aux principaux sites qui les réceptionnent et les diffusent dans le monde de l'art européen ou occidental. Les situations matérielles et morales des personnes qui les ont réalisées, transportées ou bien reçues étaient exceptionnellement hétérogènes. Les objets eux-mêmes portaient la marque de ces disparités, tout en les nivelant jusqu'à un certain point.

Le matériau initialement utilisé pour réaliser les statues, l'argile, se trouve naturellement en abondance à Lusanga et est relativement facile à modeler. Cependant, elle est trop lourde et trop friable pour être facilement transportée sur de longues distances sans une forme de stabilisation sur le plan technique. Mais surtout, les infrastructures de transport entre Lusanga et les lieux d'exposition sont ou inexistantes, ou bien extrêmement difficiles à utiliser. Par contraste, les moyens de transport utilisés pour les matières premières en provenance de Lusanga et des environs, dont le caoutchouc, le cacao et l'huile de palme sont fonctionnels et performants. Les exportations de matières premières constituent le seul lien direct entre les travailleurs des plantations et le monde lointain de l'industrie et de la consommation. Cette liaison conduit jusqu'à Amsterdam, le plus grand port au monde pour le commerce du chocolat.

Les sculptures du CATPC étaient réalisées avec du chocolat brut – dont une partie provenait des plantations à Lusanga – qui avait été expédié en Hollande et raffiné afin de le rendre comestible. Ce qui signifie qu'elles avaient suivi les routes de l'exportation et du commerce colonial, tout en subissant plusieurs transformations. Le scanner 3D à Lusanga dématérialisait les objets et les transformait en données numériques, qui étaient envoyées par internet en Hollande où elles continuaient à être traitées. Ainsi, tous les composants les plus importants des sculptures reproduites, dont le chocolat brut, proviennent du Congo : d'une part les formes artistiques et les récits qui les ont formées et d'autre part les expériences subjectives et la puissance expressive des artistes de Lusanga, qui constituent la quintessence des œuvres d'art.

C'est pourquoi les reproductions en chocolat – chaque prototype était édité en cinq exemplaires – rompent radicalement avec les clichés occidentaux se référant à l'aura puissante des sculptures africaines. La surface des sculptures affiche clairement les traces du processus de production en 3D. Celles-ci témoignent à la fois du procédé mécanique utilisé pour leur fabrication, ainsi que de la distance entre le lieu d'origine de l'œuvre et le lieu de leur réception et de leur distribution, une distance couverte par le biais de la technologie. Par conséquent, leur impact esthétique indéniable ne peut être attribué directement à leur authenticité. Au contraire, celui-ci se mêle aux qualités gastronomiques du chocolat, associées au plaisir, au goût et au raffinement, qui, de façon quasi inévitable, nous renvoient de manière ironique aux qualités classiques aussi bien que triviales de l'art.

Le processus de vieillissement et la sensibilité à la chaleur constituent les autres caractéristiques des sculptures en chocolat. Elles commencent à fondre à une température supérieure à 26 degrés, ce qui veut dire qu'elles ne pourraient durer que quelques jours à Lusanga, alors que dans les musées et collections privées disposant d'une climatisation, elles peuvent durer plusieurs dizaines d'années. Les sculptures sont vendues avec la garantie que, si elles sont abîmées ou détruites, une nouvelle copie sera réalisée au prix coûtant, dans la mesure où les données qui ont servies à les réaliser peuvent être conservées sur une longue période. Ce qui revient à dire que les pièces peuvent, en principe, être mangées et remplacées, sans rien perdre de leur valeur véritable. Le fait que ces œuvres permettent à leurs acheteurs de consommer littéralement – et pas seulement symboliquement – la sculpture africaine peut être perçu comme une de leurs qualités, dans le cadre de la démarche conceptuelle de Renzo Martens.

Lors de notre exposition à Berlin, une des réactions notables de nombreux visiteurs était leur étonnement que les sculptures « n'aient pas du tout l'air africaines ». Au contraire, elles évoquaient plutôt des sculptures gothiques européennes. Ce qui est révélateur d'une incompréhension culturelle et d'une méconnaissance de l'histoire coloniale. Après que les missionnaires et les colons eurent effacé l'identité culturelle et les histoires des Congolais pour les remplacer par des allégories et des thèmes chrétiens et après qu'ils eurent largement fait disparaître les traditions sculpturales pour lesquelles le pays était jadis reconnu, les sculptures du CATPC ramenaient le résultat de cette transformation violente en Europe, confrontant ainsi leur public avec des œuvres qui semblaient bizarres et inauthentiques, ceci dû à l'influence de leur propre culture. Ce qui n'est pas un élément négligeable.

L'initiative de Renzo Martens au Congo permettait de soutenir financièrement aussi bien l'IHA que le CATPC. Faisant suite à son film « Enjoy Poverty », cette initiative avait pour but, non seulement de démontrer la complicité de l'art contemporain avec les mécanismes de l'exploitation coloniale et des inégalités économiques, mais aussi de se servir de cette complicité pour développer un mode d'action visant à combattre l'inégalité à la fois sur le plan artistique et économique. En d'autres termes : si l'art contemporain, avec ses propres conditions de production néocoloniales et néo-féodales, parvient à transformer la réflexion critique sur l'injustice en une valeur ajoutée[2], peut-il également produire cette valeur ajoutée là où l'injustice trouve son origine : dans les endroits de pauvreté et de précarité sur lesquels se construit la prospérité du monde occidental ?

Est-ce que certains des travailleurs de plantation du CATPC arrêteront de travailler dans les plantations pour se lancer dans une carrière artistique, avec tous les risques, les espoirs et les expositions à des facteurs extérieurs que cela implique ? Certains le désirent. Trois raisons sont à l'origine de cette aspiration à changer de carrière. La première serait de se libérer de l'extrême pauvreté matérielle. La seconde serait l'espoir de mener une vie sur laquelle ils puissent avoir une forme de contrôle, ainsi qu'une vie qui leur permette de s'exprimer via une pratique artistique. La troisième serait d'ouvrir un dialogue sur leurs conditions de vie. Il dépend de la coopération entre le CATPC, l'IHA et Renzo Martens, ainsi que de la réussite du travail de la galerie, qu'ils puissent un jour y parvenir.

Tandis que je réfléchis à cette question depuis mon bureau à Berlin, il est maintenant clair que la perception des différences sociales, économiques ou contextuelles de ces sculptures dépend de l'angle où l'on se place. KOW est l'un de ces endroits où il est possible de mener une réflexion critique sur les inégalités sociales et économiques à partir d'une situation privilégiée. Mais c'est également – ainsi que le souligne avec raison Renzo Martens – une situation qui cristallise ces inégalités ou même les aggrave, en profitant de ce point de vue critique tout en bénéficiant de l'accumulation de capital qui circule généralement dans les centres d'art des villes occidentales.

Le modèle économique de base de l'art contemporain est construit sur un argent qui a été volé, des existences qui ont été flouées et une culture qui a été détruite. Le fonctionnement du marché de l'art occidental ne peut s'expliquer sans se référer à l'exploitation continue des pays du sud[3] par les pays industrialisés. Depuis notre perspective berlinoise, exposer et vendre les sculptures du CATPC dans des foires et expositions d'art contemporain signifie faire face à la violence sociale de

2. Voir l'interview avec Renzo Martens, p. 161.
3. Voir l'histoire de l'entreprise et du financement culturel d'Unilever, qui trouve en partie son origine à Lusanga (l'ancien Leverville).

sa propre histoire – passée et présente. Cela va de pair avec la volonté de dénoncer le problème éthique et structurel du lien qui existe entre cette violence et tout le reste – peu importe qu'elle soit non intentionnelle – de telle façon à ce que cela cela ne constitue plus un angle mort pour notre propre appréhension de l'art contemporain – ainsi que pour celle du public.

Un autre objectif est d'aider à former un modèle alternatif et d'apprendre de celui-ci. Bien sûr, toute tentative de ce genre pour remanier les paramètres idéologiques, le capital symbolique, les ressources matérielles et les privilèges sociaux du monde de l'art afin qu'ils réduisent réellement les inégalités plutôt que de les accroître, serait nécessairement semée d'embûches. Ce modèle particulier a plusieurs aspects économiques, dont l'un est que 50% des profits tirés de la vente des sculptures du CATPC sont versés à Lusanga, alors que les autres 50% reviennent, comme c'est l'usage, à la galerie à Berlin. Il ne s'agit pas de créer une exception à la règle, mais plutôt de développer un réseau différent d'acteurs et de relations.

Dans la plupart des endroits aujourd'hui, la réunion des savoirs locaux, de la technologie numérique et des moyens de communication internationaux est perçue comme une promesse d'innovation sociale et de changement économique durable, émergeant à la fois de façon déconnectée et locale. À cet égard, on peut comprendre et envisager les sculptures du CATPC comme des œuvres conceptuelles inspirées par de nouveaux modèles de collaboration. En même temps, ce sont aussi des œuvres sculpturales fascinantes créées par des personnes qui n'auraient jamais imaginé les réaliser ; des œuvres qui, tout au moins, rendent plus difficile à défendre à la fois le privilège de l'expression personnelle dont quelques-uns sont seuls à bénéficier face à l'impossibilité qu'ont les autres à se faire entendre et le système économique lié à ces privilèges.

Photos on pages 233- 245:
Portfolio composed by Léonard Pongo

Photos à la page 233 jusqu'à 245 :
Portfolio composé par Léonard Pongo

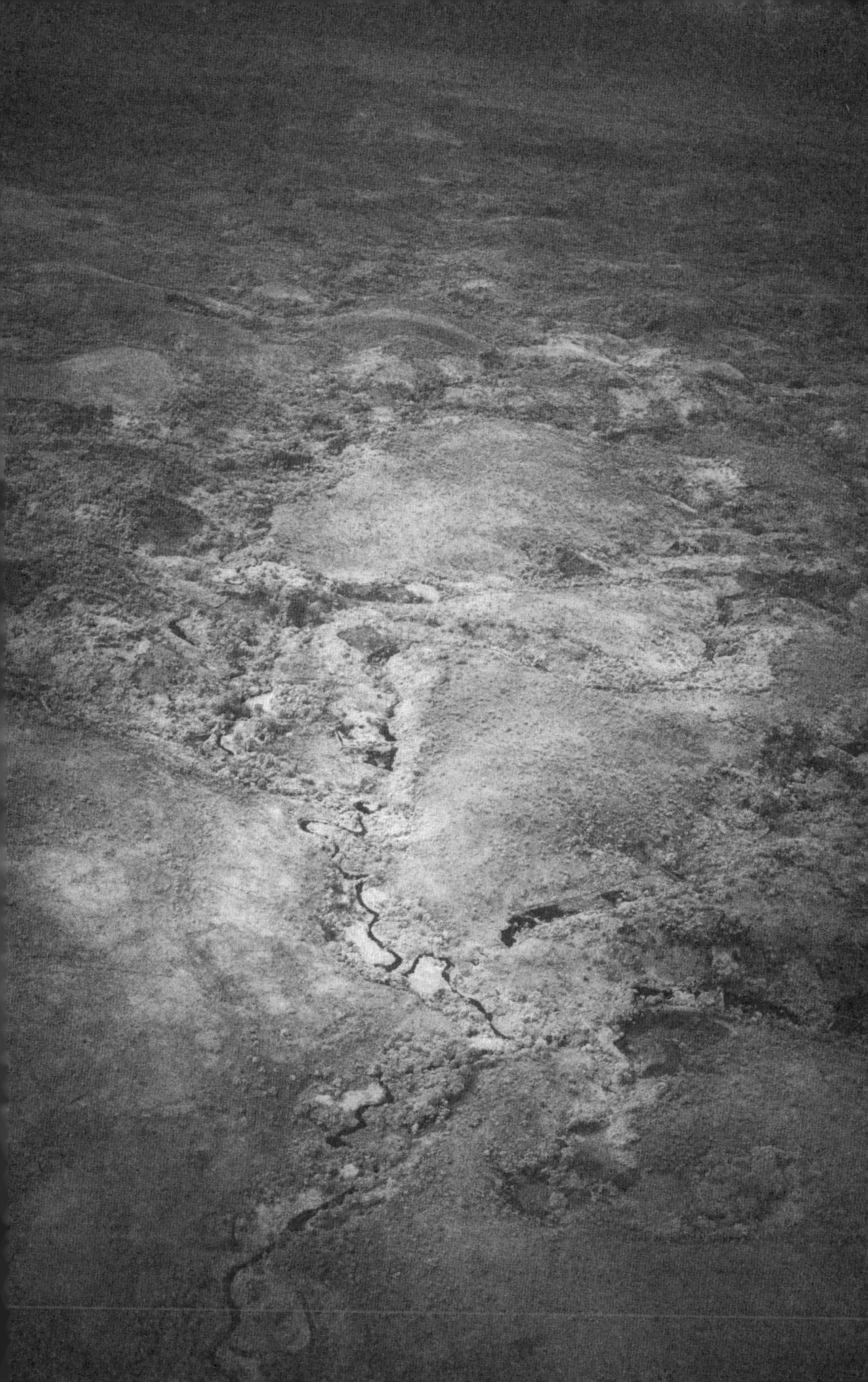

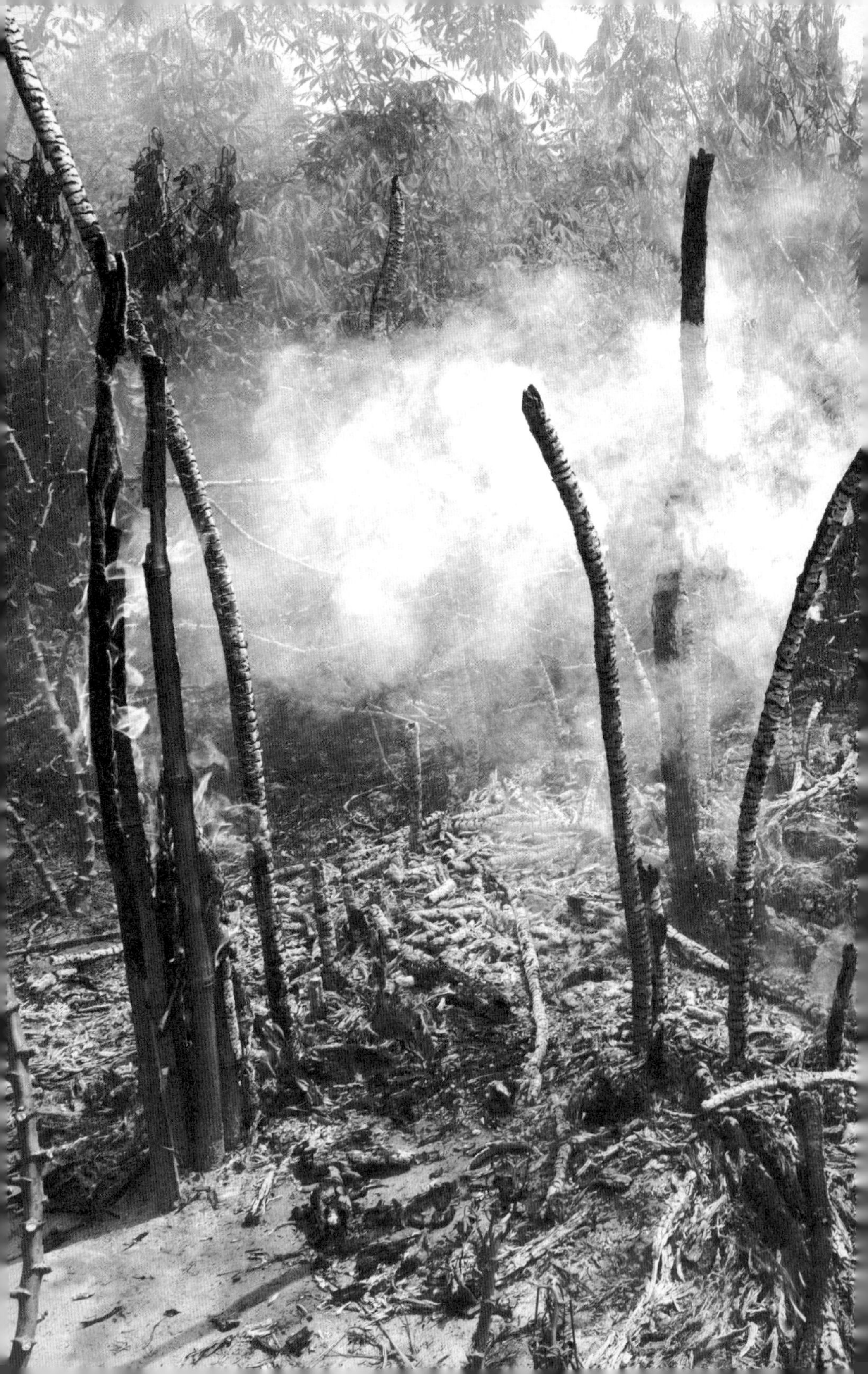

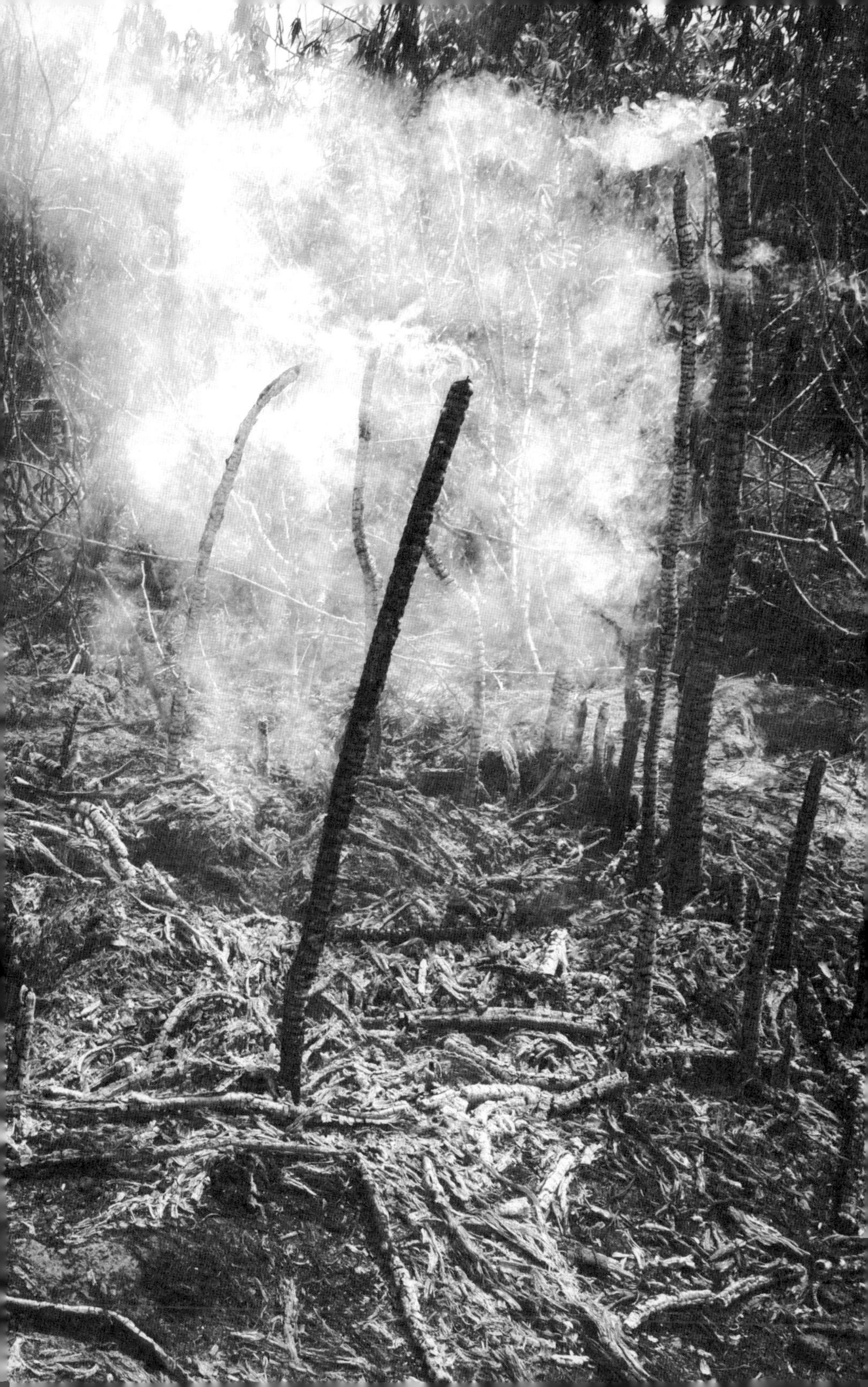

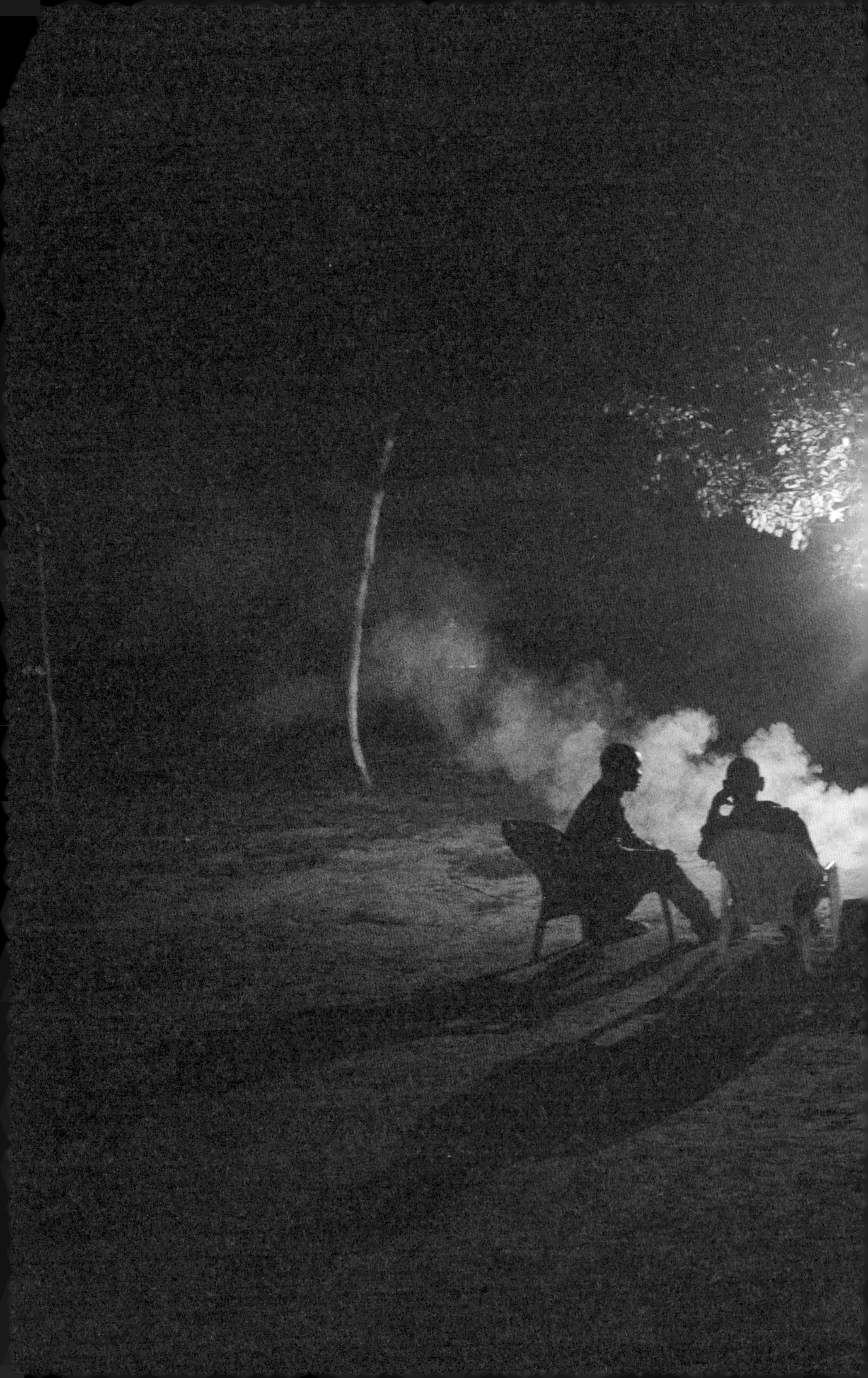

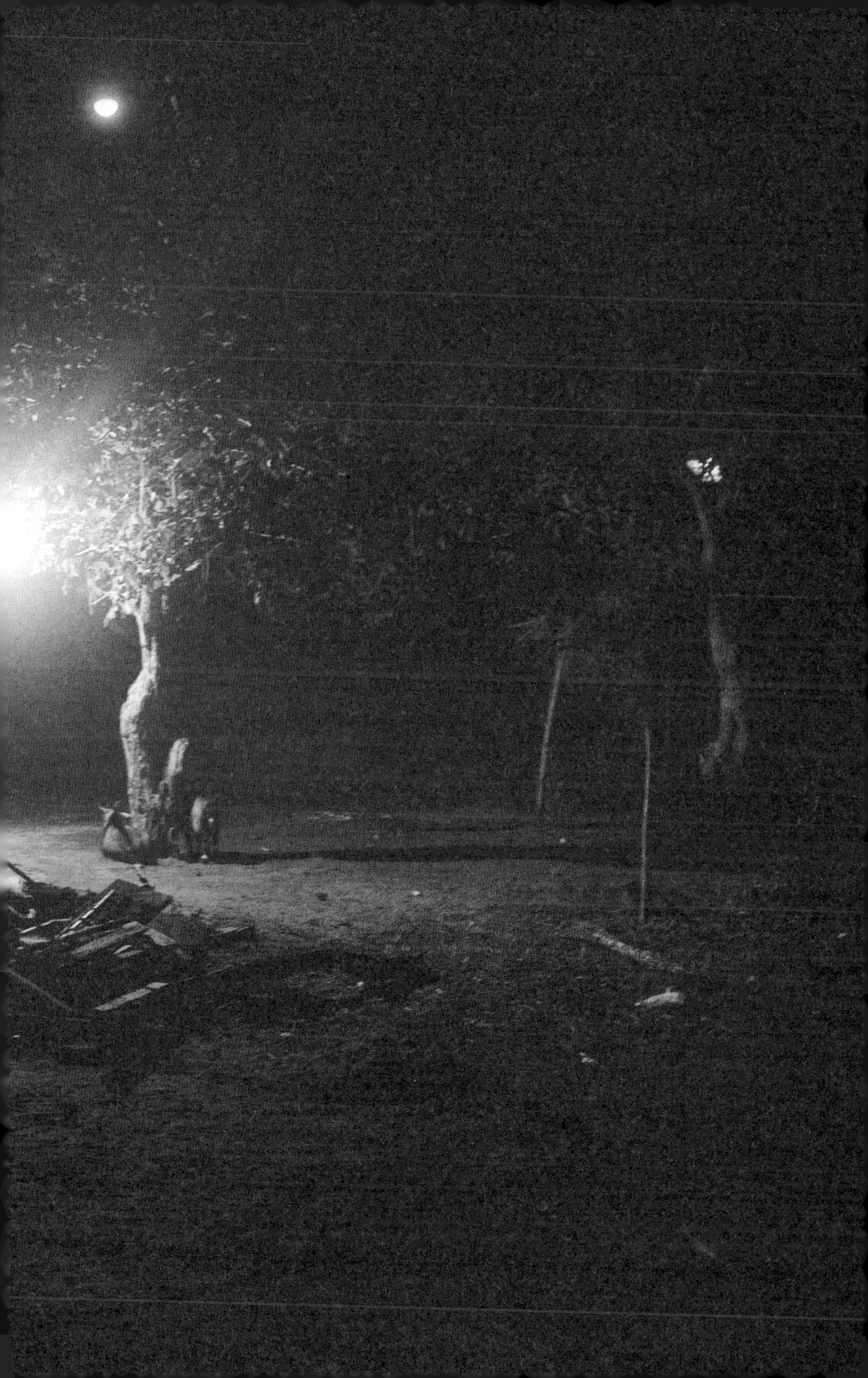

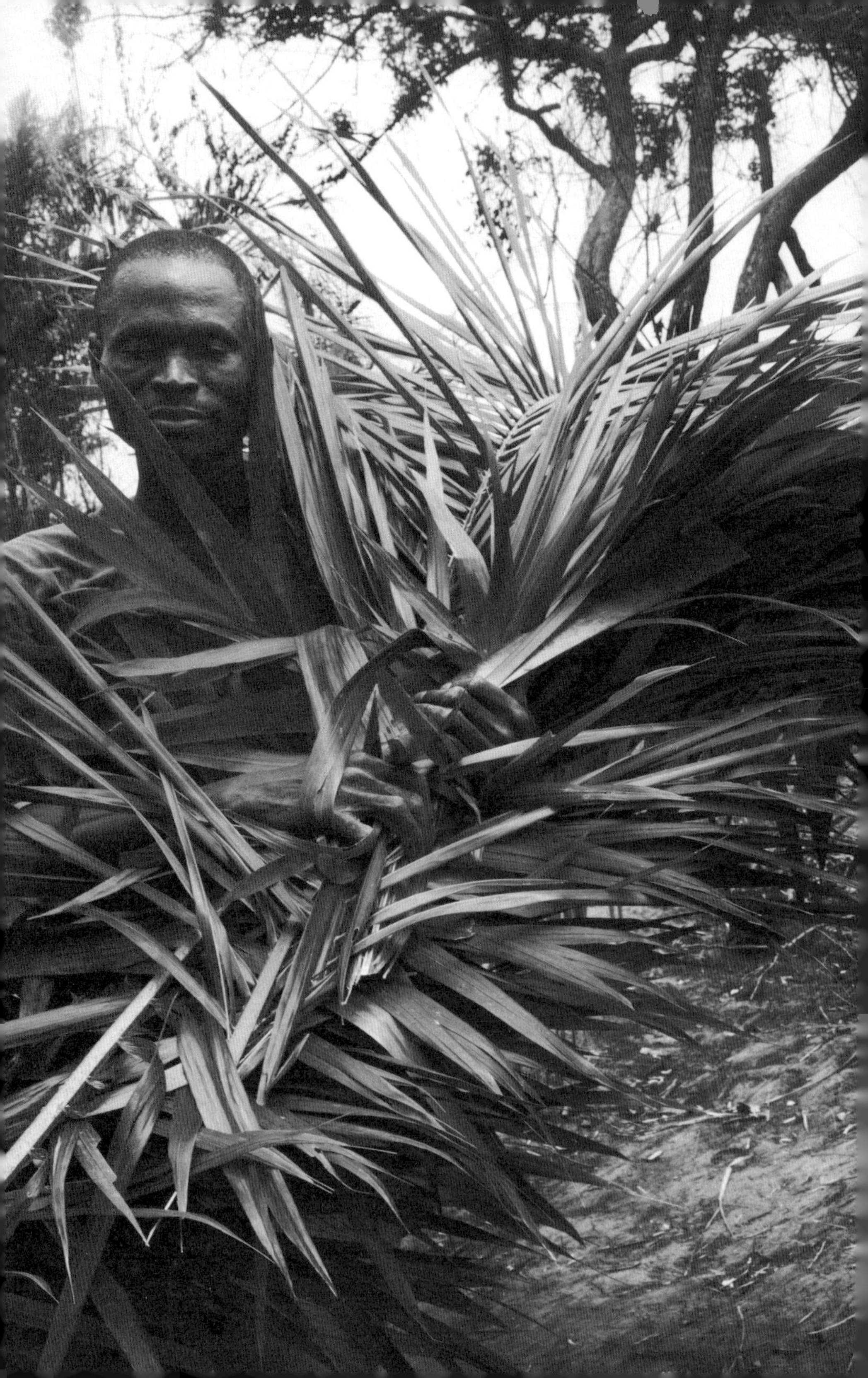

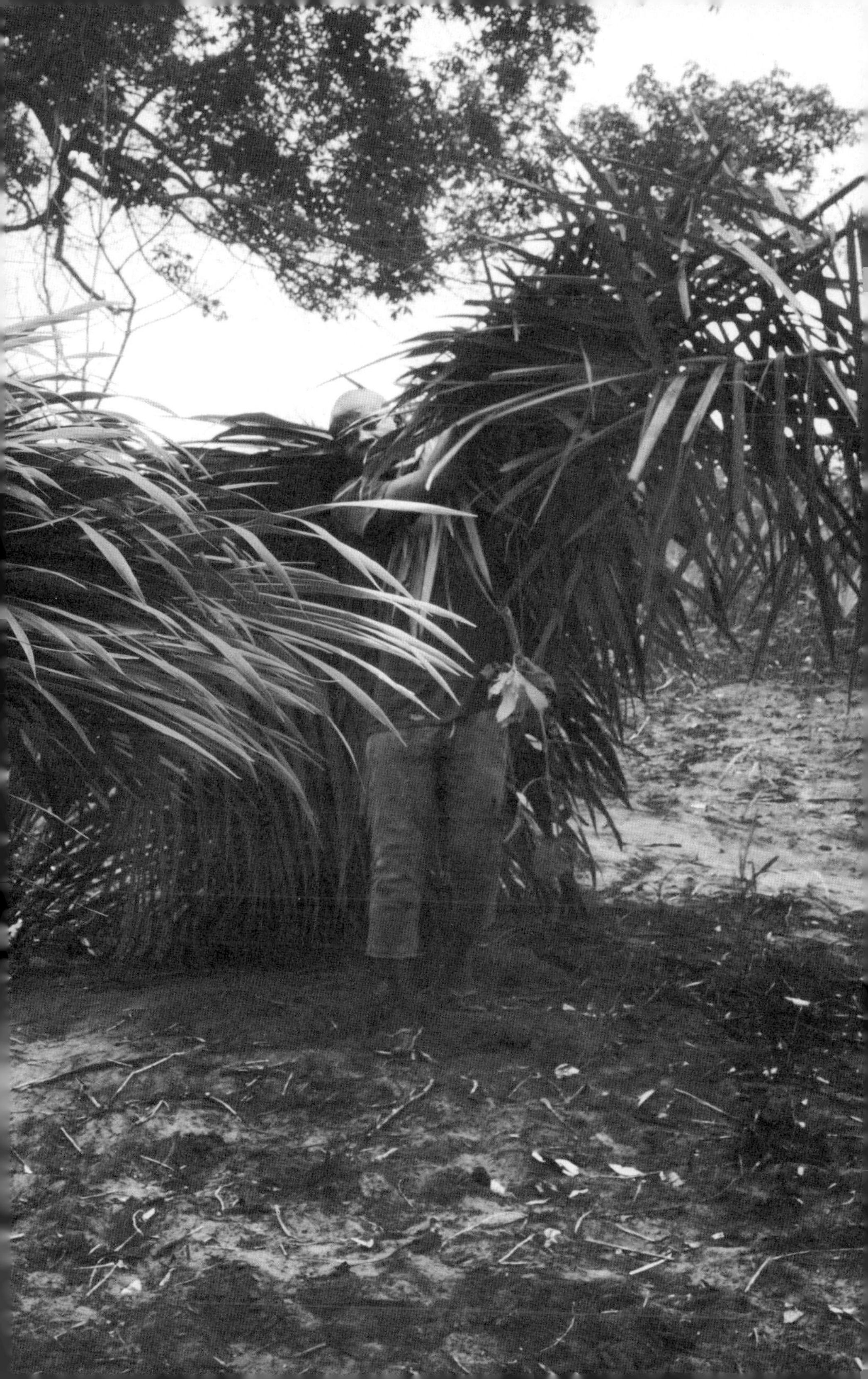

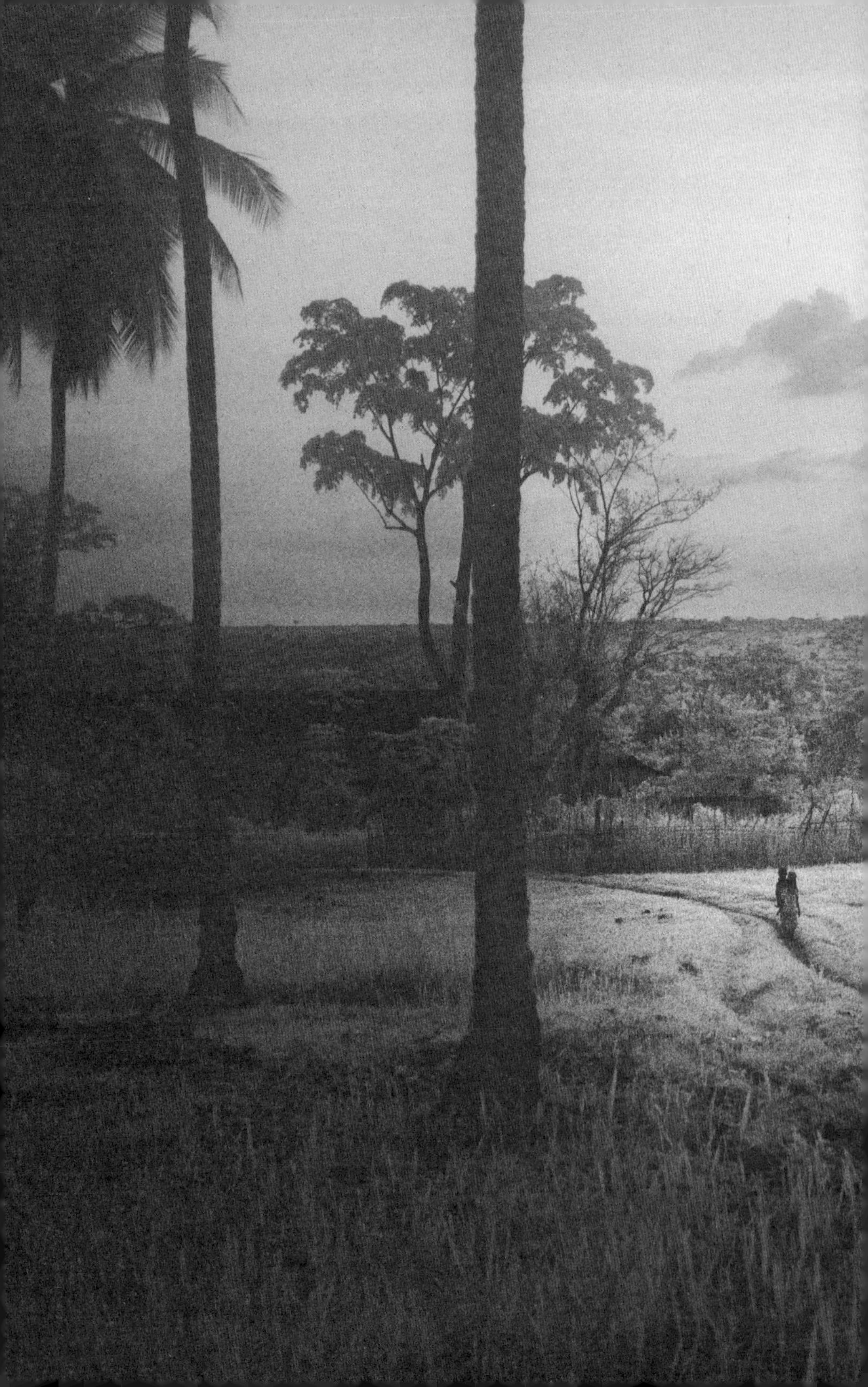

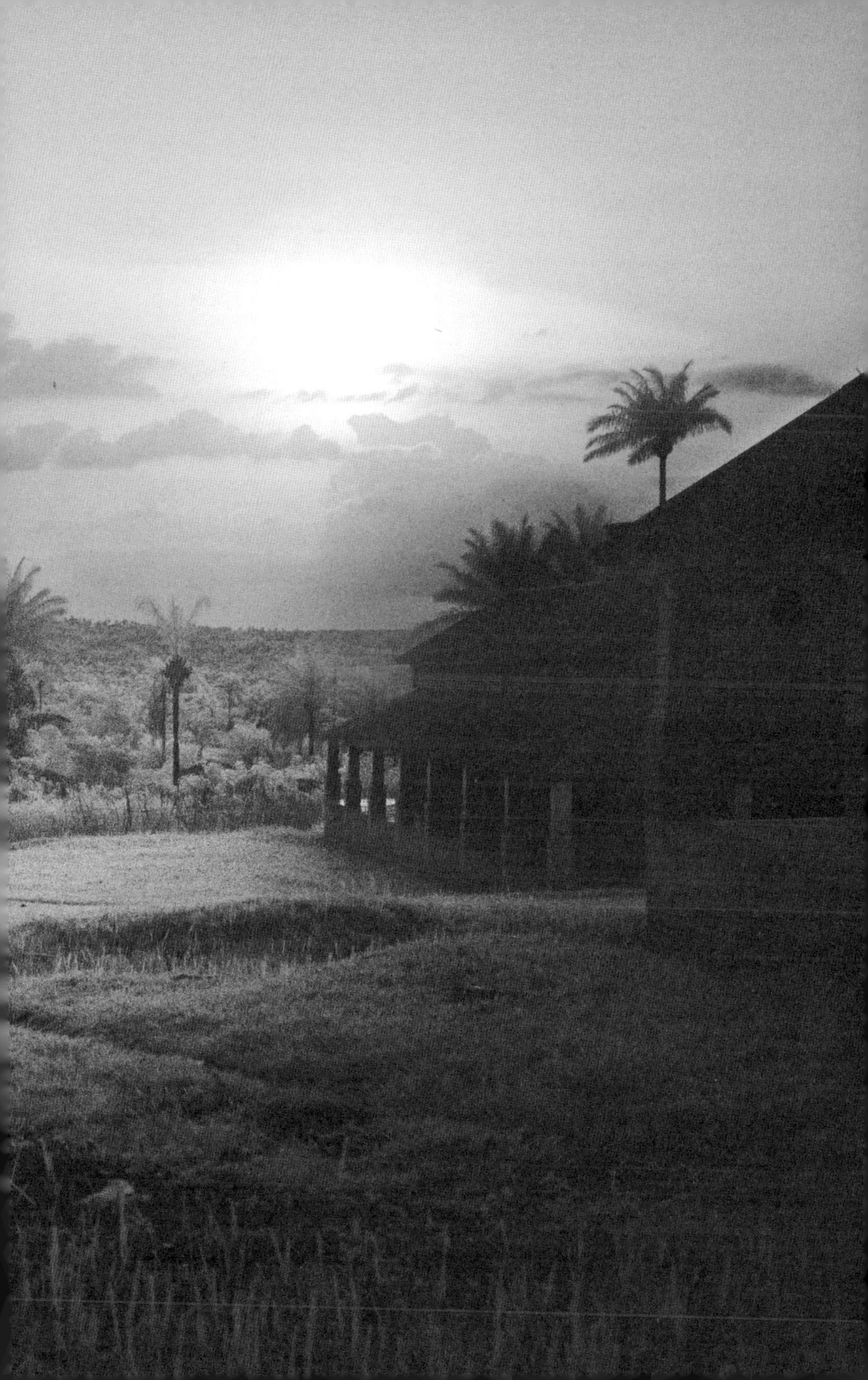

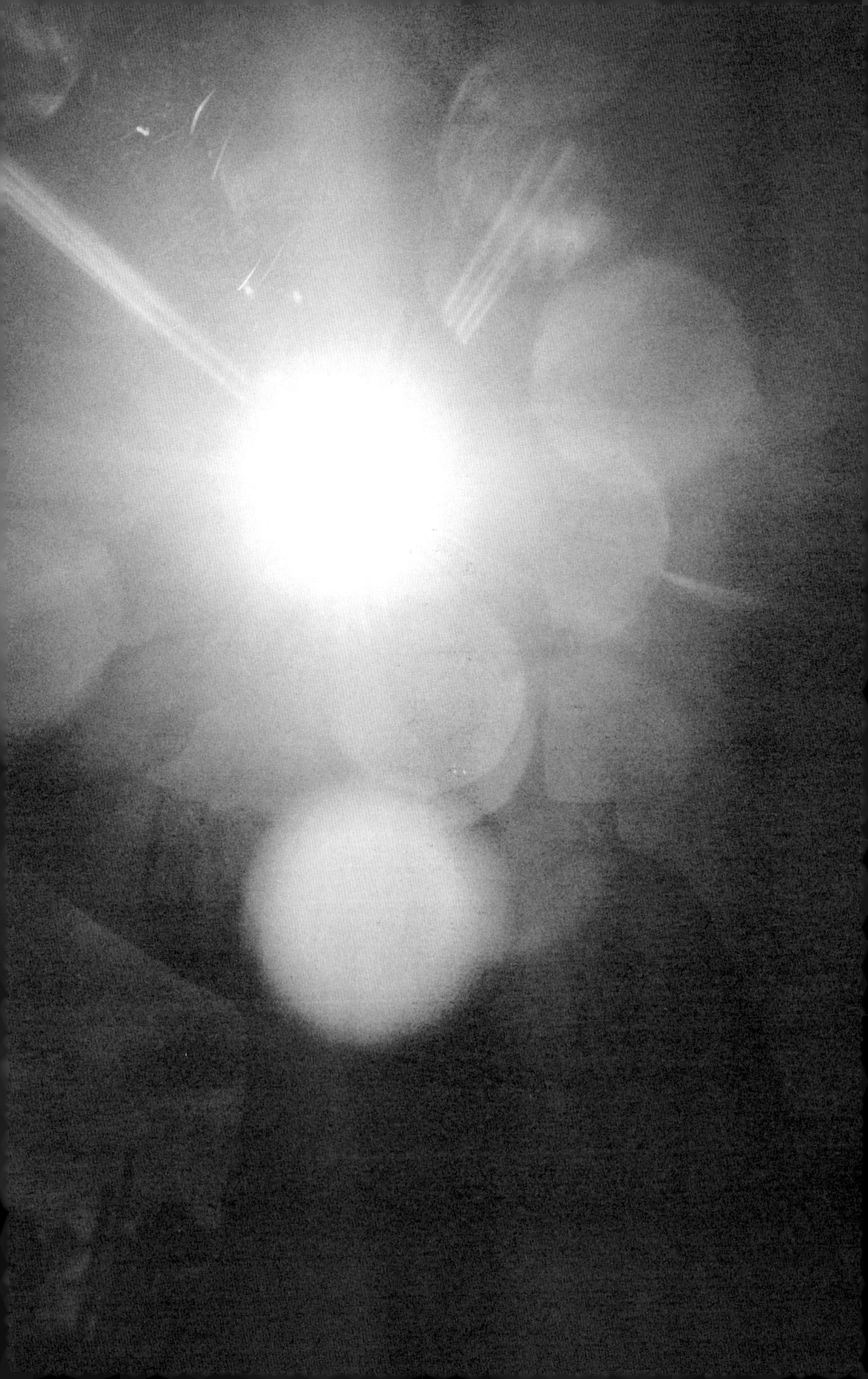

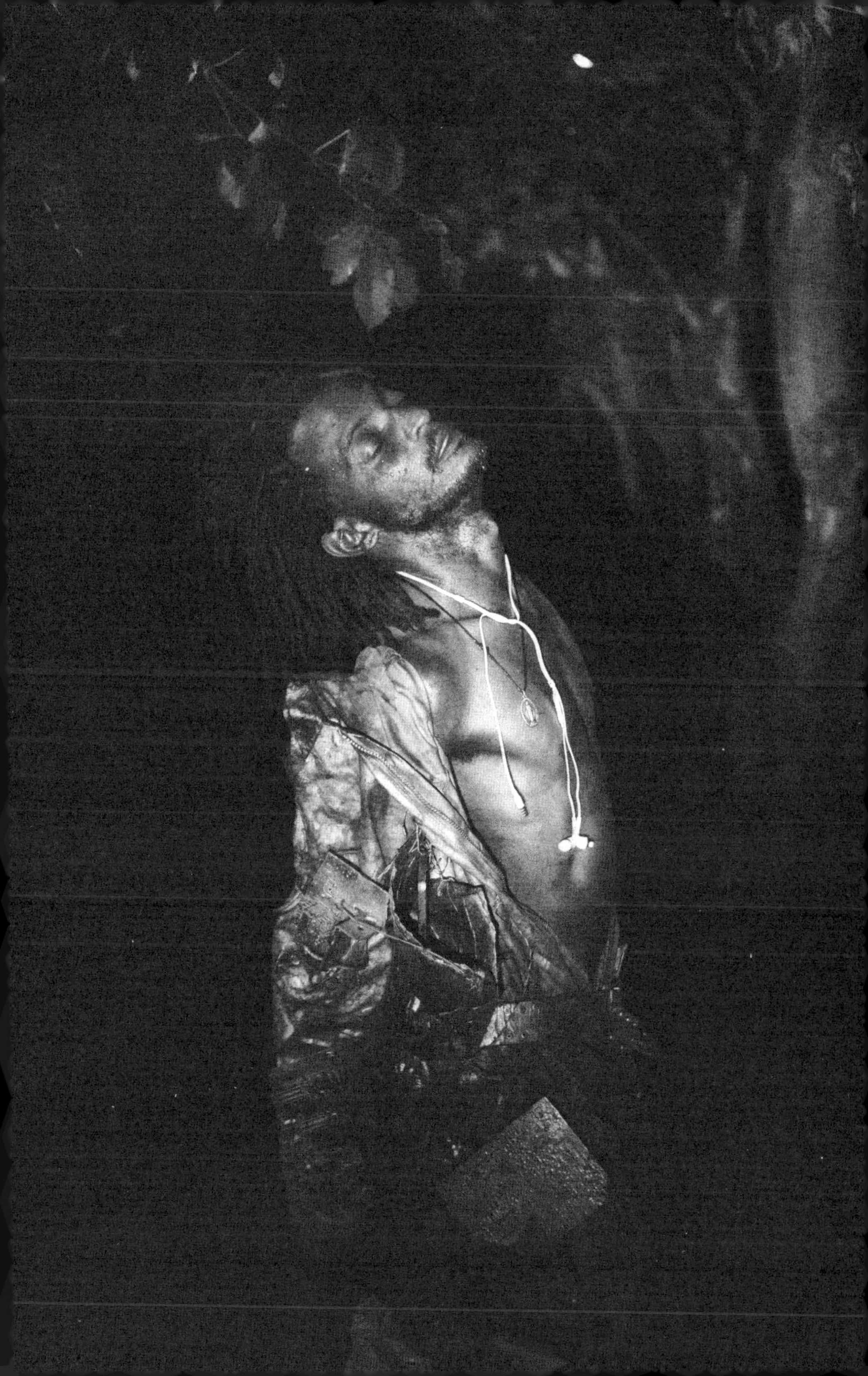

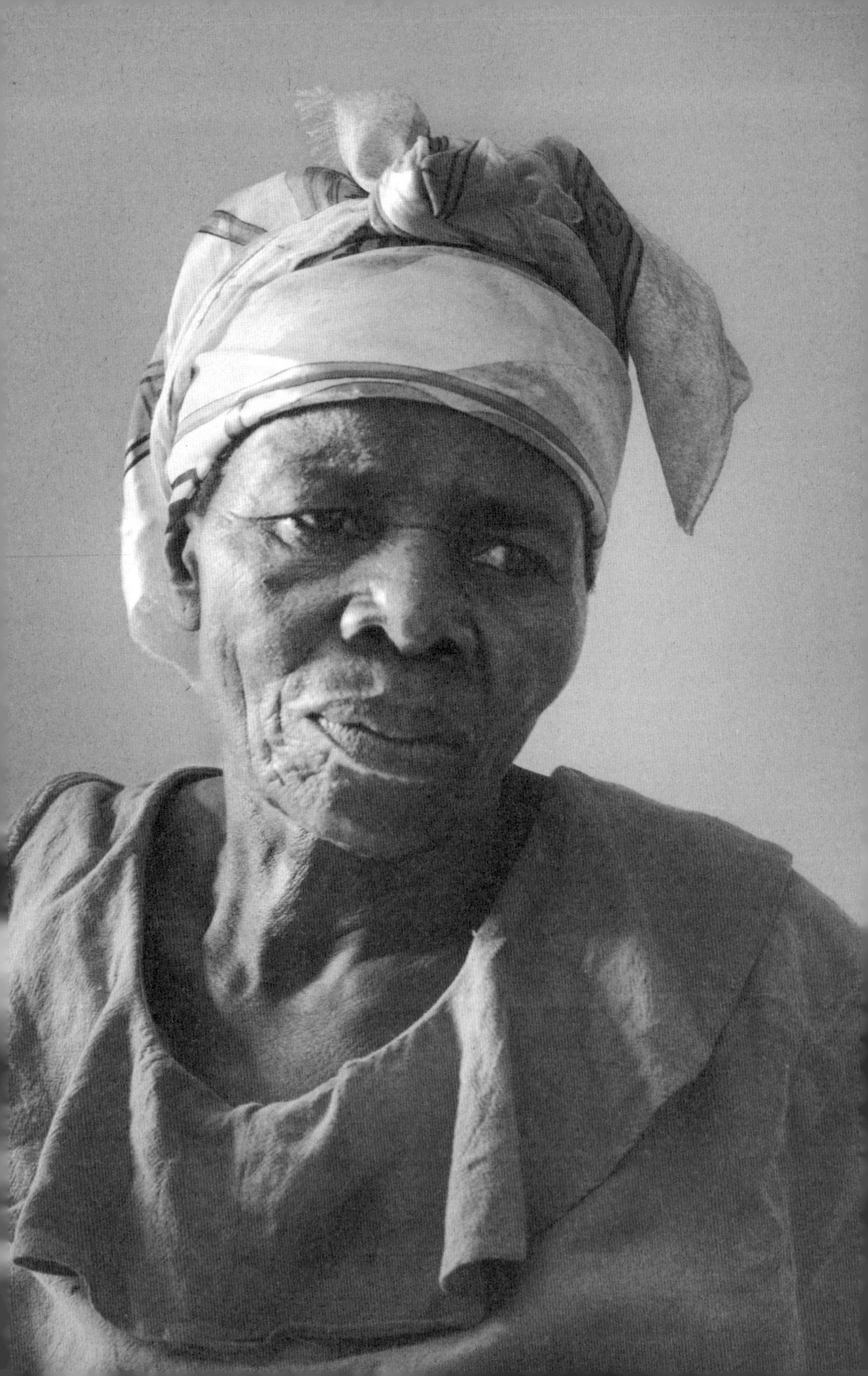

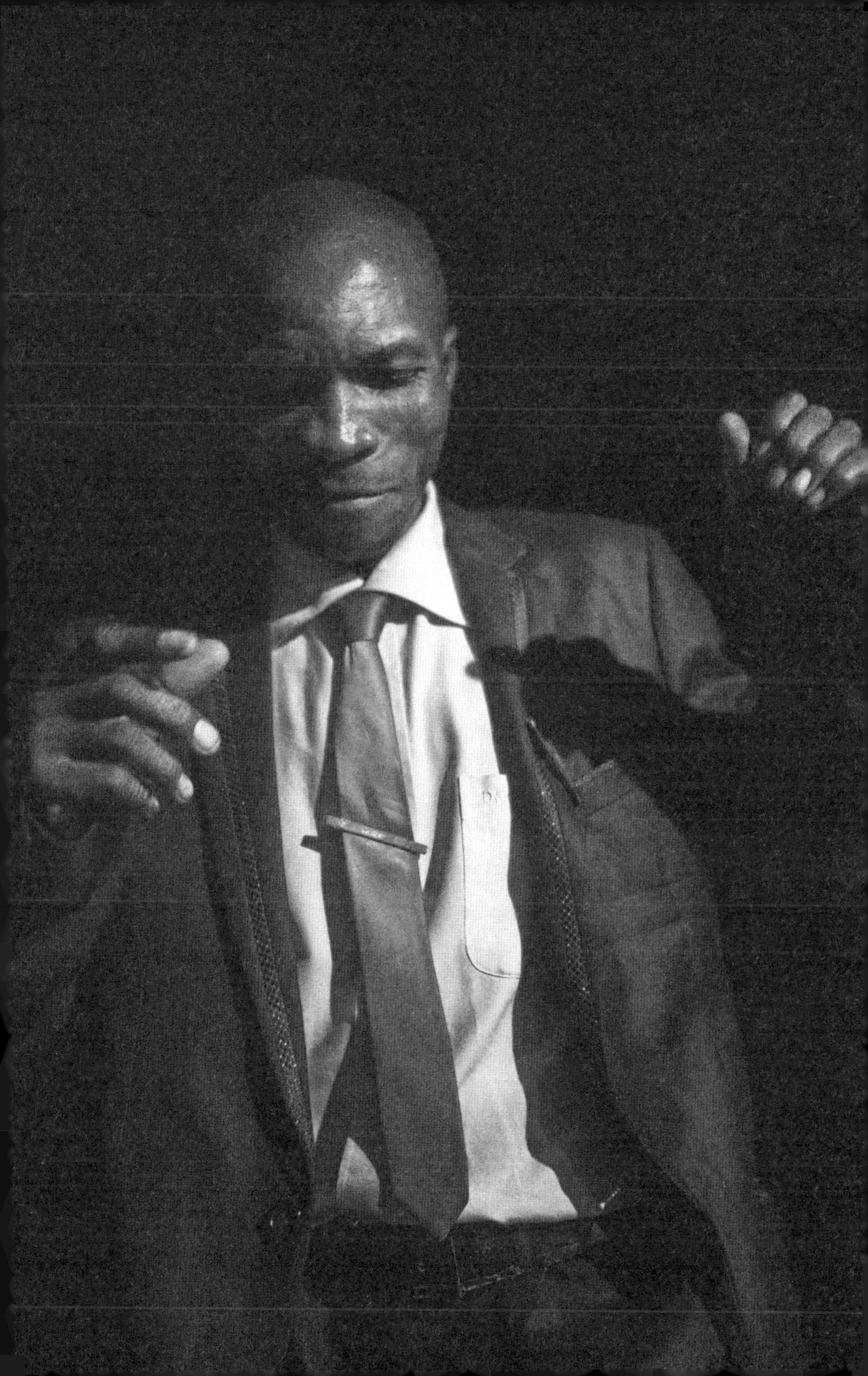

Charles Sikitele Gize

FR
La révolte des Pende

EN
The Revolt of the Pende

Lusanga
09.2015

Conférence donnée à l'occassion du colloque « La matière de la critique II »

Lecture given at the conference "The Matter of Critique II".

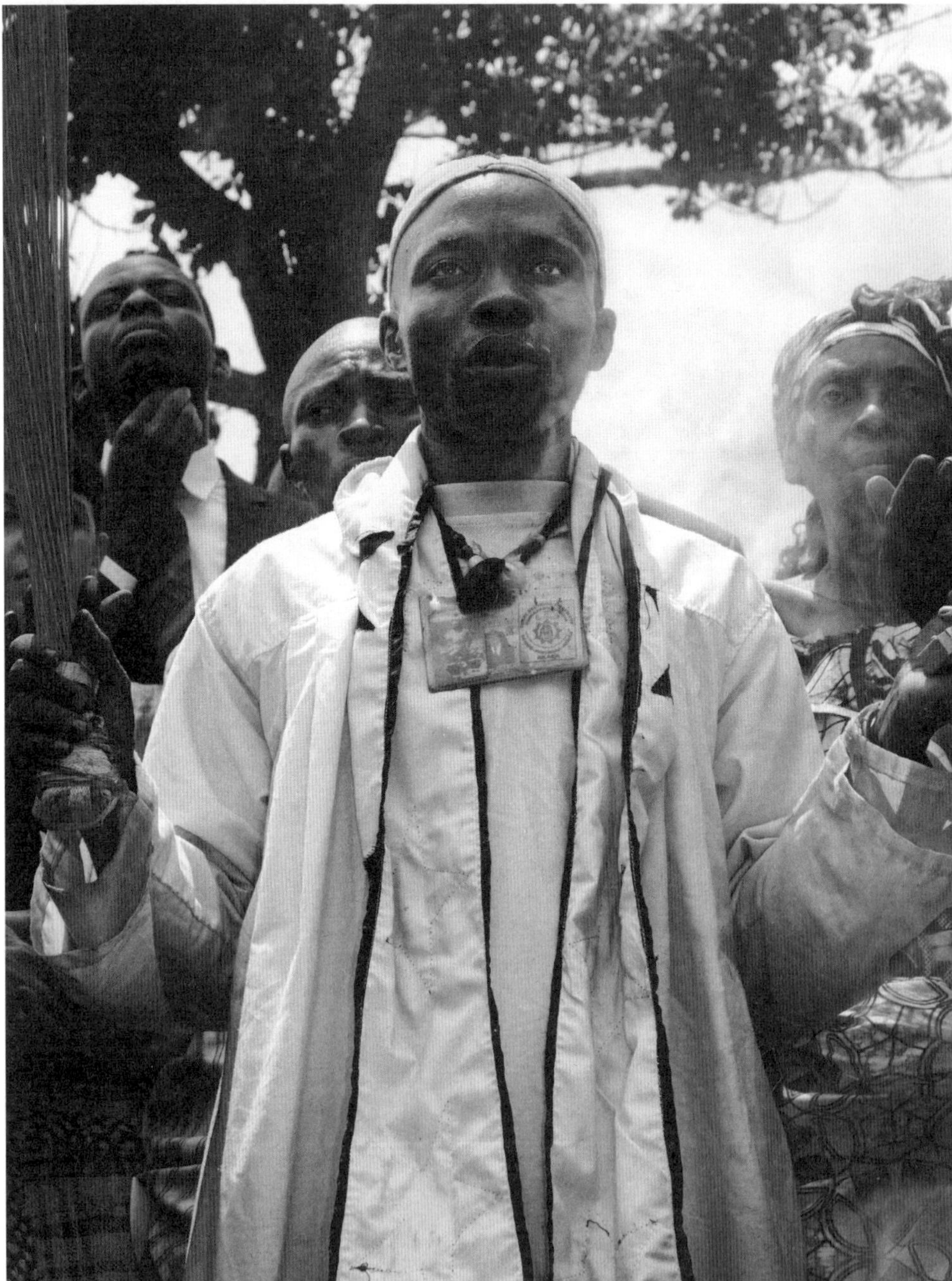

Ritual performances on the occasion of the foundation stone laying ceremony LIRCAEI, Lusanga, September 23, 2016

Performances rituelles célébrant la cérémonie de pose de la première pierre du LIRCAEI, Lusanga,23 septembre 2016

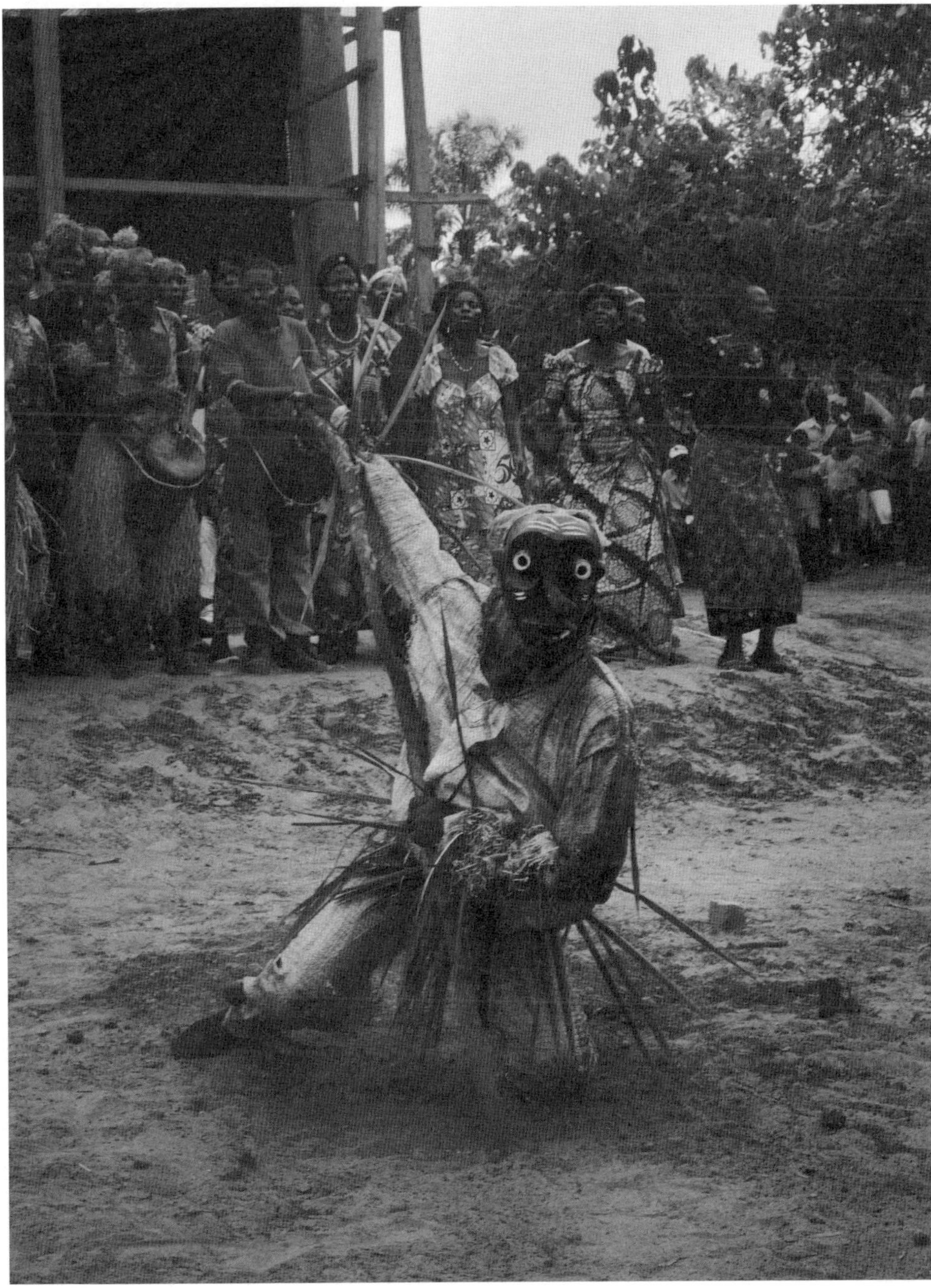

249

Ritual performances on the occasion of the opening of the conference "The Matter of Critique III," Lusanga, September 24, 2016

Performances rituelles célébrant l'ouverture du colloque « La Matière de la critique III », Lusanga, 24 septembre 2016

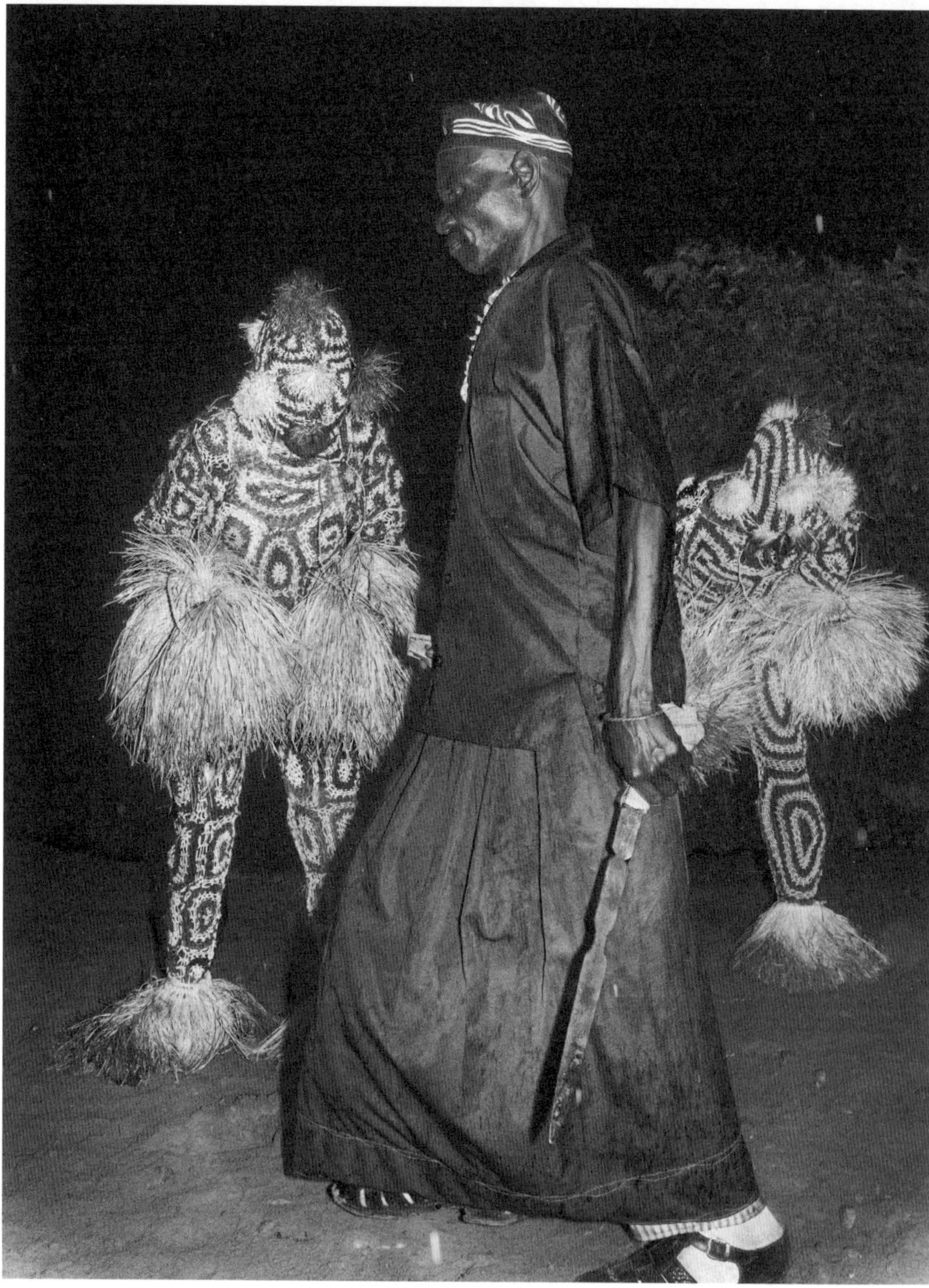

250

Ritual performances on the occasion of the opening of the conference "The Matter of Critique II," Lusanga, September 24, 2016

Performances rituelles célébrant l'ouverture du colloque « La Matière de la critique II », Lusanga, 24 septembre 2016

LA RÉVOLTE DES PENDE: CONFÉRENCE DONNÉE À L'OCCASION DU COLLOQUE « LA MATIÈRE DE LA CRITIQUE III »

C'est une grande surprise pour moi que de me retrouver avec vous cet après-midi. Il y a près de deux mois, un collègue de l'université de Kinshasa m'a abordé pour me dire qu'on allait organiser, bientôt, un colloque, à Louvain, enfin en Belgique ou en Hollande. On me proposait de parler de la révolte des BaPende. Alors j'ai vraiment été surpris lorsqu'elle m'a dit « En fait non, la conférence ne va pas se tenir en Belgique ou en Hollande, ça va se tenir au Congo, à Lusanga. » Vous comprenez, ça c'était une surprise.

La question fondamentale qui va donc nous préoccuper maintenant est la suivante : pourquoi les Pende se sont-ils révoltés en mai 1931 ? Ou : quelles sont les causes qui les ont poussé à se révolter ? Ensuite, on pourra développer le comment ils se sont révoltés, et ensuite s'attacher aux conséquences de cette révolte. On répartit généralement les causes historiques en trois catégories : il y a, d'un côté, les causes internes, et, d'autre part, les causes immédiates ou proches. Et il y a la cause occasionnelle, qu'on appelle souvent « occasion » tout court, ou « prétexte ». Sous quel prétexte les Pende se sont-ils révoltés ? Car ce soulèvement fut vraiment un fait majeur aux temps du Congo belge.

Ce sont des abus commis entre le 13 et le 16 mai 1931, dans le village de Kilamba, par un groupe de cinq Européens lors d'une tentative de recrutement forcé de coupeurs de noix pour les HCB (Huileries du Congo Belge) qui a déclenché les choses. Vous comprenez donc mon émotion aujourd'hui : nous sommes au sein des HCB ici, c'est la ville, la vieille ville, celle des HCB fondées en 1911, celle qui a été à le théâtre de ces premiers soulèvements suite aux abus des Européens. Ce moment de 1931 peut être lu comme un condensé du régime d'abus et d'exactions perpétrés depuis de longues années au pays Pende et dans les régions avoisinantes par certains acteurs du régime colonial belge au Congo. Ces abus et exactions furent les véritables causes, à la fois lointaines et immédiates, de la révolte.

Pour mieux faire comprendre le moment précis de la révolte, je commencerai donc par vous exposer brièvement certains de ces abus anciens. Je décrirai ensuite, les faits relatifs au soulèvement même. Et j'évoquerai enfin les épisodes importants qui ont rythmé ces soulèvements et leur suite, par exemple le massacre de l'agent territorial Maximilien Balot le 8 juin 1931, évènement particulièrement important et qui a donné a la révolte son ampleur. Mes recherches m'ont d'ailleurs permis d'avoir accès à des documents exceptionnels pour comprendre cette période : le procès-verbal dressé par Vandervelde, à Gakobola et le procès-verbal de l'audition de celui-là même qui avait décapité le blanc Maximilien Balot.

Les causes anciennes de la révolte furent nombreuses et fort complexes. Signalons premièrement l'obligation imposée aux Pende de fournir régulièrement et sous la contrainte des produits aux firmes commerciales européennes, plus particulièrement aux firmes de la compagnie du Kasaï fondée en 1901. Ces produits étaient essentiellement du caoutchouc, des herbes ou des lianes, et plus tard, après 1910, après la crise du caoutchouc, des noix de palme et des amandes palmistes. Les villageois Pende et voisins étaient sans cesse contraints de fournir ces produits. C'était l'un des contrats mis au point par le régime colonial. Et des agents de la compagnie du Kasaï commettaient des abus dans ce domaine, exagérant les quantités de prélèvement sur les produits lors de la récolte. Une autre source de tension fut le recrutement forcé des coupeurs de noix de palme, par et pour le compte des Huileries du Congo Belge. Les villageois devaient aussi subir le régime du portage forcé, imposé aux Pende par des commerçants européens, particulièrement par ceux de la compagnie du Kasaï, et par ceux des firmes portugaises établies dans la région. Enfin, la population avait à supporter les pressions et les brimades des agents européens de l'administration coloniale et de leurs auxiliaires africains – soldats, policiers, messagers, porteurs – plus particulièrement lors de la perception de l'impôt qu'on appelait à l'époque « indigène » et lors de l'exécution de corvées et des cultures obligatoires. Par ailleurs, ces agents intervenaient continuellement dans la vie politique traditionnelle ou coutumière, plus particulièrement lors des conflits ou des compétitions pour la succession au pouvoir.

Les causes plus proches furent aussi nombreuses et complexes : signalons, pour mémoir, la surexploitation du peuple Pende et des peuples voisins au début de la grande crise économique du début des années trente (qui a commencé en octobre-novembre 1929, mais qui est s'est ressentie au Congo en 1930). Pour la combattre, on avait installé une pancarte publicitaire avec le message « produire doit être le mot d'ordre ». Et on a effectivement mis la population au travail, pour produire des quantités énormes, et à des prix moindres. Le poids de l'impôt dit « indigène », sur la société Pende en 1930-1931 demeure aussi très lourd. Cet impôt curieux était réparti en deux parties : il y avait l'impôt des capitations, par tête du contribuable, et puis l'impôt supplémentaire pour tout homme polygame. Or les notables Pende étaient pour la plupart polygames. Pendant la crise, on va augmenter l'impôt, parce qu'en l'augmentant, on oblige les gens à produire plus, pour pouvoir liquider les taux de l'impôt. Et enfin, cause plus immédiate : les abus commis au village de Kilamba sur lesquels je vais revenir et, autre cause proche encore, les rivalités politiques provoquées par l'immixtion du pouvoir colonial dans les affaires politiques des chefferies traditionnelles Pende.

Maintenant je vais vous parler du moment même de la révolte. La révolte des BaPende est déclenchée par une tentative de recrutement forcée de coupeurs de noix pour les Huileries du Congo Belge, au sein desquelles nous nous trouvons aujourd'hui, ainsi que par une série d'abus commis au village de Kilamba par un groupe d'Européens entre le 13 et le 16 mai 1931. Le village était sous la gestion de l'agent territorial Burnotte de la ville de Kandale et de l'agent recruteur Van Hombeek des HCB. Plusieurs messagers arrivèrent le 13 mai 1931 au village de Kilamba en vue du recrutement de coupeurs qui devaient aller travailler dans les cases HCB de la région de Lusanga. La tâche principale de l'agent territorial Burnotte était de faciliter la mission de recrutement de Monsieur Van Hombeek. Burnotte était également là pour contrôler, auprès des Européens établis dans la région nord du territoire du Kandale, le bien-fondé et la véracité de la plainte déposée auprès des autorités de Kandale par le chef médaillé Mbundu de la chefferie Oukayachifra qui prétendaient que les gens de la région de Kilamba n'obéissaient pas à leur chef, refusaient de travailler pour gagner l'argent suffisant pour leur permettre de payer l'impôt, et refusaient de payer l'impôt.

À l'arrivée des deux Européens à Kilamba et à la nouvelle du recrutement, tous les hommes adultes et valides de ce village se sauvèrent en forêt. Mécontents, Burnotte et Van Hombeek firent razzier le village de Kilamba. Ils s'emparèrent des chèvres pour nourrir les messagers et les porteurs venus avec eux, et surtout, ils arrêtèrent femmes et enfants. Les femmes arrêtées furent parquées dans l'enclos du chef du village qui s'appelait Mafuta. Les BaPende avaient d'ailleurs donné à l'agent recruteur Burnotte le surnom de Mafuta Mingui, parce que c'était un homme corpulent, à ne pas confondre avec son homonyme le chef du village donc. Les femmes arrêtées et les enfants parqués dans le parc de Lupangu resteront ainsi enfermés pendant trois jours et demi, ceci pour les empêcher d'apporter de la nourriture à leurs maris et pères qui étaient en forêt, cela pour que la faim les contraigne à revenir et que le recrutement puisse avoir lieu. Maintenant, il est très important de comprendre pourquoi ces gens se sont révoltés, on ne peut pas seulement dire « ce sont des dépeceurs de cadavres, des anthropophages ». La vraie question c'est pourquoi ils sont devenus anthropophages ou dépeceurs de cadavres.

Dès son arrivée à Kilamba, Burnotte adresse à Henri Collignon, un de ses amis, directeur de la firme CK de Bangi, une lettre le priant de le rejoindre. Collignon se rendra donc à Kilamba avant de rentrer à Bangi. Son séjour s'achèvera par une soirée d'adieux entre amis si copieusement arrosée qu'il ne regagnera Bangi qu'à quatre heures du matin et dans un état d'ébriété prononcée dont on s'entretiendra encore gaiement les jours suivants. Mais que se passe t-il lors de cette soirée ? Avant de rentrer à Bangi, le gérant Collignon, surnommé Kisupa, c'est-à-dire Léopard car c'était un homme méchant, s'empara de force d'une des femmes de Matemo Kelenge, la nommée Kafutchi avec laquelle il eut, nous renseignent le rapport Jungers et les enquêtes de Caprasse, des relations sexuelles. Ce viol donc, eut lieu à Kilamba même, contre la clôture de l'enclos où les femmes étaient enfermées. L'agent territorial Burnotte fit également chercher une femme : la nommée Pela. Il avait déjà eu des relations sexuelles avec elle à plusieurs reprises pendant son séjour à Kilamba et Pela semblait consentante. Le 14 mai, le gérant Collignon, qui était rentré à Bangi à quatre heures du matin, devait rejoindre Burnotte et Van Hombeek à Kilamba vers onze heures. Ces trois Européens sont rejoints entre onze heures trente et treize heures par un quatrième, un certain Pollet, gérant de la factorerie. Et les quatre sont rejoints vers quinze heures par un cinquième Européen, un certain Vladimir Thomas Koudiakoff, gérant des postes CK d'Atene et de Bundu. Alors la beuverie générale commence. Dans la soirée du 14 mai, les cinq Européens réunis à Kilamba font une grande fête. Certains se font amener à cette occasion des femmes choisies parmi celles parquées dans l'enclos du chef Mafuta avec lesquelles ils ont des relations sexuelles. Il a été établi, que l'agent territorial Burnotte continua ses relations avec sa chère Pela, tandis que le gérant Collignon changea de femme et prit en ce soir du 14 mai 1931 la nommée Kapombo, soeur de Matemo Kelenge avec laquelle il eut des relations. Henri Collignon eu donc, entre le 13 et le 14 mai 1931, cet indicible privilège de coucher avec Kafutchi, épouse de Matemo Kelenge, et avec Kapombo, sœur de ce même Matemo. Cet inconcevable agissement fait déjà à lui seul comprendre la grande colère qui s'emparera quelques jours après de ce Matemo Kelenge lorsqu'il apprendra cette ignominie. Et les choses ne s'arrêtèrent pas là. Dans la soirée du 15 mai il ne restait plus que trois Européens à Kilamba : Burnotte, Van Hombeek et Collignon. Ils continuèrent à s'amuser, Burnotte continua ses relations avec sa chère Pela, tandis que Collignon entra dans les bonnes grâces d'une troisième femme, la nommée Majila, et même d'une quatrième, la nommée Gisella. Pendant que les Européens festoyaient et s'amusaient dans leur gîte d'étape avec les filles du village de Kilamba, leurs auxiliaires africains, messagers, porteurs et cuisiniers, s'emparèrent de leur côté de certaines femmes parquées dans l'enclos du chef Mafuta et eurent régulièrement des rapports sexuels avec elles. Ainsi, les Africains s'emparèrent de leurs propres sœurs pour en abuser. Il y eut un autre acte encore plus grave : le chicotage (l'administration du fouet) de dizaines d'hommes adultes et valides des villages voisins de Kilamba. Nous avons signalé déjà que, dès l'arrivée de Burnotte et Van Hombeek à Kilamba le 13 mai 1931, tous les hommes adultes et valides de ce village s'étaient sauvés en forêt afin d'échapper au recrutement qui les aurait condamnés à être porteurs et coupeurs à Lusanga. Et c'est au titre de représailles contre cette fuite que l'agent territorial Burnotte fit nettoyer et razzier le 13 et le 14 mai le village de Kilamba. Le 14 et le 15 mai, l'agent territorial et le chef médaillé Yongo Bundayamuni, qui tenaient coûte que coûte à livrer quelques coupeurs au recruteur HCB Van Hombeek firent venir par ruse à Kilamba quelques contribuables des villages environnants en vue de choisir parmi eux quelques hommes à envoyer travailler aux HCB. Répondant à la convocation de l'agent territorial Burnotte qui les appelait soit disant pour payer l'impôt indigène, de nombreux contribuables, hommes adultes et valides, vinrent effectivement. Mais une fois à Kilamba, ces hommes furent surpris d'apprendre qu'on les avait appelés non pas pour payer l'impôt,mais pour choisir parmi eux des coupeurs devant aller travailler aux HCB à Lusanga. « Les différents chefs ou sous-chefs se trouvant ce jour-là à Kilamba vont désigner, parmi ces contribuables ayant répondu à la convocation de Burnotte, certaines personnes devant être recrutées comme coupeurs de noix » est-il annoncé à ces hommes. Sous les menaces du fouet et de la chicote, dix d'entre eux seulement « acceptent ». Plusieurs refusent fermement. Devant ces refus, l'agent territorial Burnotte se met en colère et fait administrer 600 coups de chicote causant des blessures et l'incapacité de travailler pour une soixantaine de personnes qui soit disant n'obéissaient pas à leur chef et refusaient de se laisser recruter comme coupeurs. Il a été clairement établi, durant le procès de 1934, que cinq Européens, messieurs Burnotte, Van Hombeek, Collignon, Pollet et Koudiakoff, ont assisté à la séance des coups de chicote administrés à de nombreux indigènes sur l'ordre de l'agent territorial Burnotte. Ce châtiment à la chicote, provoqua un profond mécontentement dans tous les villages voisins de Kilamba. Ce climat explique à lui seul, en grande partie, l'adhésion massive et presque spontanée de tous ces villages au mouvement de révolte. En quittant Kilamba le 16 mai 1931 les hommes de Burnotte dévastèrent et incendièrent plusieurs villages. En partant de Kilamba, les Européens prirent aussi certaines femmes et quelques enfants et les amenèrent à Bangi, à la firme CK dont Collignon était le gérant, pour que les maris de ces femmes et les pères de ces enfants, se trouvant toujours en forêt, se voient forcés à les suivre et puissent finalement être recrutés. Parmi ces femmes se trouvait la fameuse Kafutchi, une des femmes de Matema Kelenge que Collignon avait violée à Kilamba.

Voilà chers frères et sœurs, exposés un peu en détail, les divers abus commis à Kilamba par un groupe de cinq

Européens : Burnotte, Van Hombeek, Collignon, Pollet et Koudiakoff. Rappelons-les : des razzias, le nettoyage du village de Kilamba, le viol, la prise d'otages de femmes et d'enfants, la détention et claustration de ces derniers dans un enclos, le recrutement forcé de coupeurs parmi les hommes adultes et valides des villages voisins de Kilamba, la dévastation et l'incendie des cases du village Kilamba, le chicotage. Sous quel ciel de pareils méfaits ne pourraient pousser les gens qui en sont victimes à se révolter ? En tout cas, à Kilamba, la réaction fut vive et presque spontanée. Dès leur sortie de la forêt, en constatant les dégâts causés par les Européens et leurs auxiliaires africains, les hommes du village se déclarèrent ouvertement en révolte et décidèrent de ne plus supporter la présence d'un quelconque Européen chez eux. À la tête de ces révoltés se plaça un homme, Matema Kelenge. Il fut sans nul doute l'une des plus grandes victimes des abus que nous venons de vous rappeler et il deviendra, quelques temps après, le plus grand leader du mouvement insurrectionnel. Le bruit s'était répandu, à travers tous les villages environnants de Kilamba, que Collignon, alias Kisupa, avait couché avec non seulement avec la sœur, Kapombo, de ce Matema Kelenge, mais aussi avec sa femme, Kafutchi. Et cette dernière avait été emportée par les Européens à Bangi. Matema Kelenge qui était ainsi doublement offensé se fâcha au plus haut point et décida d'effacer l'affront subi. Il se rendit, probablement le 17 mai 1931, à Bangi, protester auprès des Européens et réclamer sa chère Kafutchi. Là il fut fouetté par les Européens. Fort exaspéré par cette nouvelle humiliation Matema Kelenge va alors adhérer au mouvement religieux de Tupelepele qui, à l'insu de l'administration coloniale, faisait rage à cette époque dans certains villages Pende. Il se fait initier aux pratiques de ce mouvement par la prêtresse et ,une fois initié, il fonde dans le village de Kilamba un foyer très important du mouvement religieux, foyer qui surpasse bientôt en renommée tous les autres foyers pré-existants. Ce mouvement prêchait le départ des Blancs et prétendait que les ancêtres allaient revenir pour apporter beaucoup de richesses aux BaPende. Matema Kelenge devenu Mundele Fundji prend bientôt la direction de la secte de Tupelepele, au sein de laquelle il prêche la révolte ouverte contre les Européens. Il devient un véritable point de mire et le plus grand symbole de l'opposition contre l'occupation européenne. Il exerce de ce fait une grande influence dans tous les villages Pende. On vient l'écouter de partout. Désormais il est le plus grand leader et le principal initiateur aux pratiques de la secte des Tupelepele. Il interdit tout travail pour le compte des Européens et demande spécialement aux coupeurs de ne plus livrer de noix de palme aux firmes européennes et plus particulièrement à la factorerie de Kasaï à Bangi dont le gérant est Collignon. Il recommande également aux gens de s'élever collectivement contre la levée de l'impôt de 1931. L'opposition ouverte ainsi prêchée a vite des effets et les évènements se précipitent entre le 20 mai et le 1er juin 1931.

Un événement majeur a ainsi lieu le 8 juin 1931 : le massacre et le dépeçage de l'agent territorial Maximilien Balot. Pas seulement le massacre, pas seulement la décapitation de la tête, mais aussi le dépeçage et le partage de son corps entre les différents notables. Car au moment où les évènements se précipitent l'administrateur des territoires de Kandale charge ce Maximilien Balot (Burnotte venait de partir en congé) d'une triple mission : il lui demande d'aller commencer la perception de l'impôt dans le Nord, notamment dans la région de Kilamba, mais aussi d'examiner la plainte de Collignon et enfin d'enquêter sur la secte, sur le mouvement religieux nommé Tupelepele, qu'on appelait aussi mouvement de Satan. L'agent territorial Maximilien Balot, chargé de ces trois missions, quitte Kandale le 6 juin 1931 à bord d'une voiture qui le dépose le même jour au village Yongo. Maximilien Balot était nouveau dans la région et malgré les supplications du chef Yongo qui l'implora de ne pas se rendre dans ce village, Balot décida d'aller en personne se rendre compte de la situation. C'est ainsi qu'accompagné du chef médaillé Yongo, de soldats et de trois messagers, il se mit en route pour Kilamba où, lorsqu'ils arrivèrent, ils trouvèrent les gens attroupés selon la coutume de l'époque. Ils tirèrent deux coups de feu en l'air en guise de sommation et, comme les gens ne bougeaient pas, Balot ordonna l'ordre de tirer dans le tas. Et ils parvinrent ainsi à blesser le neveu de Mafuta et ce fut alors le soulèvement général contre Balot. Les gens se précipitèrent sur lui, notamment Matema Kelenge. Balot fut poursuivi et assommé de flèches. Voici maintenant venir l'un des épisodes les plus surprenants de la révolte Pende de 1931, sur lequel on a fait des récits, et souvent des récits noircissant les Pende :

la décapitation, le dépeçage et le partage du corps de l'agent territorial Maximilien Balot. L'un des auteurs principaux de cet exploit en a fait un récit et j'ai obtenu cette histoire auprès d'un certain Donatien Tukuinza, conservateur des archives du district à Kikwit. Je suis donc l'un des rares détenteurs de ce récit là de par la possession de cet original dactylographié. Voici ce qu'on peut y lire (c'est Shakindungu qui parle) :

> « Je fus le principal auteur de l'assassinat de feu Balot. Mais si je ne l'avais fait, d'autres auraient tué le Blanc de l'État. Comme j'avais conseillé à Mundele-Fundji, c'est-à-dire à Matema Kelenge devenu Mundele Fundji de tuer le Blanc et qu'il ne l'exécuta que partiellement, c'est moi qui ai achevé l'Européen. Après que Mundele-Fundji avait frappé le Blanc — c'est Mundele-Fundji qui l'avait frappé, n'est ce pas ? — avec un coup de couteau, moi, Fumushiko et Matamuheka lui avons tiré chacun une flèche. Feu Balot s'était enfui et c'est alors que nos flèches le percèrent. Nous étions tous trois suivis par nos hommes. Je tirai la première flèche à bout portant du côté gauche de la poitrine. Elle sortait par le dos. Le Blanc avança encore mais très lentement. Fumushiko lui lança une flèche à bout portant dans le dos. Elle sortait devant du côté droit de la poitrine. Feu Balot tomba en criant de douleur. Matamuheka lui tira alors toujours à bout portant une flèche dans le côté droit. Elle sortait du côté gauche. Le Blanc remuait encore ouvrant parfois les yeux et la bouche. Il était étendu sur le dos. Je posai alors mes genoux entre ses jambes et regardai les blessures. Les yeux et la bouche ne bougeaient plus. J'ouvris la chemise et constatai de faibles battements de cœur. Le Blanc n'était donc pas mort. Je voulus alors m'attribuer le titre de grand chef et coupai la tête. J'étais inondé de sang. J'enlevai la chemise et le pantalon pour emballer la tête. En même temps Mundele-Ndjila de Kitengo coupa le bras gauche à l'articulation de l'épaule. Ce qui restait de feu Balot fut alors abandonné sur place. Le lendemain Kondji de Kitengo coupa le bras droit à l'articulation du coude, Kinaka de Kilamba coupa le bras droit supérieur. Mazika de Binga coupa la jambe droite près du genou et Katende de Kitondolo coupa la cuisse droite. Mundele-Fundji coupa le membre inférieur gauche près du

bassin. Pela de Mindele prit une partie droite de la cage thoracique. Kitenga de Maholo coupa un morceau du côté gauche de la poitrine. Mongao de Gita coupa le côté droit du dos. Muhungu de Indele s'attribua la partie gauche du dos. Mundele-Fundji prit encore le cœur et les poumons qu'il donna à la femme Kavundji parce qu'elle l'avait instruit. Il prit également les intestins qu'il distribua aux nombreux indigènes présents. Kuvulula de Kitondolo — ça c'est un peu dans ma région —, prit les parties génitales. (...) »

Voilà un acte ignominieux, on peut le qualifier comme vous voulez, qui amena d'autres gens à se révolter. Et cela va provoquer des conséquences énormes, notamment la restructuration de l'administration, on ne le dit pas souvent. La création de six provinces vient de là, la création de secteurs vient de là. Au lieu de charger des agents territoriaux d'aller percevoir l'impôt, on va regrouper les chefferies en secteurs et charger les chefs de secteurs d'aller recruter et récolter l'impôt auprès de leurs confrères.

Shakindungu, chef du village Pende de Muenga, l'homme qui décapita l'agent territorial Balot, avait pris sa tête et la cacha avec l'intention de la remettre à Katshinga. De ce fait, il fut reconnu à l'époque par la population comme le vrai chef de la partie septentrionale de la chefferie et le chef médaillé imposé par l'administration coloniale ne fut pas reconnu comme tel. Durant la répression de la révolte et lors du conseil de guerre, la recherche de cette tête fera mourir des dizaines, des centaines de personnes soupçonnées d'en être détentrices ou d'en connaître la cachette. Au moment où Shakingungu fut capturé, sachant qu'il allait mourir dans quelques instants, il fit des révélations. Il livra notamment des informations qui prouvaient qu'il n'avait pas agi seul. Ces informations allaient coûter très cher aux personnes citées. Notons qu'une des conséquences indirectes des ces révélations sera le massacre indicible au camp de concentration de Kakobola de dizaines, de centaines de Pende qui dans la majorité des cas étaient des personnes innocentes.

Pourquoi les révoltés Pende de Kilamba ont-ils agi si violemment avec le corps de Balot ? Ce n'est certainement pas par désir d'anthropophagie, comme on l'a décrit à l'époque dans les journaux et dans d'autres documents et comme on l'a prétendu au

Parlement belge et comme certains seraient encore tentés de le croire aujourd'hui, non ce n'est pas par désir d'anthropophagie que les insurgés de Kilamba posèrent cet acte mais à cause d'une ancienne coutume Pende qui veut que lorsqu'on tue un ennemi puissant, il faille le décapiter et remettre sa tête au chef suprême de la chefferie qui doit la garder dans sa case « cheffale » parmi les objets et les insignes symbolisant et constituant le pouvoir cheffal suprême. Par ailleurs le Blanc était considéré par les Pende comme un être puissant et c'est par souci de capter cette puissance que certains chefs cherchèrent à posséder un morceau de chair de Balot, morceau de chair qui devait aussi servir à alimenter leurs fétiches et sortilèges. Conserver les différents morceaux du Blanc pour les montrer aux générations futures était aussi un moyen de pouvoir prouver les haut exploits réalisés par les Pende. Et effectivement, malgré la répression qui fut très dure, certains chefs et certains notables conservèrent des morceaux du corps de Balot jusqu'au moment de l'indépendance du Congo en 1960. Nous doutons fort qu'il en existent encore. En tout cas, lors de nos enquêtes successives sur le terrain entre 1970 et 1978, nous n'avons pas eu la chance d'en découvrir un morceau. Conformément à la tradition BaPende qui veut que le cadavre d'un ennemi soit réparti entre les vainqueurs, proportionnellement à l'importance de chacun de ceux-ci — c'est-à-dire que chacun a droit à une partie déterminée du corps, l'un a la tête, l'autre a la nuque, etc. — les parties du corps ainsi attribuées devinrent des « kissis », c'est-à-dire des fétiches qui protègent les clans victorieux et les rendent définitivement solidaires et unis contre l'ennemi commun. Notons avant de terminer cet important paragraphe de notre exposé que c'est une très regrettable méprise qui conduisit le malheureux agent territorial Balot à la mort. La plupart des révoltés rassemblés le 8 juin en 1931 à Kilamba, l'ayant pris pour l'agent territorial Burnotte. Le malheureux Balot a payé pour d'autres. C'est à dire les Burnotte, les Gaspard, les Dewilliamort, les Michiels, les Lambert, les Dewit, les Tiess, les Van Hombeek, les Collignon, les Pollet, les Lafalise, les Quadrio, des agents coloniaux et des recruteurs et divers autres gangsters qui terrorisèrent pendant de nombreuses années la région Pende de l'antre du Kwango Kwilu.

Il y a exactement 84 ans que ce sont déroulées les révoltes Pende mais la société Pende en a gardé souvenir très vivant.

S'il est vrai que les faits historiques servent souvent de leçon à certaines sociétés, nous pouvons espérer que, mis au courant par leurs expériences répétées de révoltes très coûteuses en vies humaines, les Pende ne reprendront plus jamais leurs arcs et flèches pour lutter contre des gens armés de mitrailleuses. Mais malheureusement le cours de l'histoire est essentiellement imprévisible et dans l'histoire d'un homme ou d'une société il n'y a pas que la vie qui compte mais aussi l'honneur et la dignité que des êtres humains défendent parfois au prix de leurs vies. C'est dans un tel contexte que l'on doit situer et comprendre le soulèvement Pende de 1931.

D'autre part, un acte parfois isolé peut provoquer des effets engageant tout un peuple dans des voix imprévisibles. Ainsi, le massacre de l'agent territorial Maximilien Balot par les révoltés de Kilamba détermina le sort de tous les Pende de l'entre Lutshima-Kwilu en les poussant à s'engager dans une révolte qui fut très sévèrement réprimée. Des milliers de gens furent tués à cause du massacre d'un seul individu. J'ai fait des enquêtes : plus de 4000. Et la révolte provoqua de nombreuses conséquences dont certaines se perpétuent encore aujourd'hui. La plus malheureuse de ces conséquences est sans nul doute celle que nous pouvons appeler « l'ombre de la révolte » sur le peuple Pende. En effet, à cause de la révolte de 1931, divers préjugés et stéréotypes ont été forgés de toutes pièces et entretenus autour du peuple Pende. Ainsi, ce dernier est généralement considéré comme un peuple guerrier ou révolutionnaire et foncièrement contestataire. Et cette malheureuse réputation a entraîné diverses autres conséquences dont la plus grave fut certainement la surveillance continuelle et très étroite à laquelle furent soumis, à l'époque coloniale, tous les ressortissants Pende. Tout fut, par exemple, mis en œuvre pour empêcher certains de ces derniers qui le désiraient de s'établir dans des grands centres urbains. On veillait par ailleurs avec un soin tout particulier à ce que tous les Pende qui se rendaient travailler dans les HCB retournent dans leurs villages respectifs aussitôt que leurs contrats d'engagement parvenaient à leur termes. Les Pende furent d'autre part très souvent considérés, à l'époque coloniale, comme des brebis galeuses. Et chaque fois que dans un milieu où se trouvaient quelques Pende — écoles, camps de travailleurs, prisons, missions — se manifestait un certain mécontentement ou un quelconque mouvement de revendication, on accusait immédiatement les Pende. On se plaisait alors souvent à mettre le mécontentement ou la revendication en liaison avec les événements de 1931 et l'on prenait contre les malheureux Pende des mesures draconiennes pour soi-disant les empêcher de transmettre leurs prétendus esprits d'insubordination aux autres peuples réputés paisibles et totalement soumis.

Mais la révolte Pende de 1931 ne produisit pas que des faits malheureux ou néfastes, elle fut aussi à l'origine de quelques heureuses conséquences. La principale incidence heureuse fut sans doute le fait que cette révolte procura au gouvernement colonial belge l'occasion de faire son autocritique et d'entreprendre, à partir de 1932 et en vue de mieux asseoir son autorité, de profondes réformes politiques et administratives au Congo. Ces mesures bénéficièrent avant tout aux gens et aux peuples qui n'avaient pas participé à la révolte, tandis que les anciens révoltés durent continuer à payer la dette contractée pour leur témérité qui les avait poussés à mettre en cause le prestige et le pouvoir colonial. Il semble que ce soit là l'une des lois de toutes révolutions : les vrais auteurs d'un soulèvement ne profitent presque jamais de ses résultats. Toutefois, dans l'évolution des nations humaines, les réactions semblent être la source indispensable de certains changements. En conclusion, disons que pour avoir tenté de remettre en cause l'ordre colonial et le prestige de l'Européen, la société Pende perdit, en 1931-1932, une bonne partie de ses élites politiques et religieuses; et elle éprouvera par la suite de nombreuses difficultés à les reconstituer. Mais, dans le même temps, rappelons que cette révolte a permis que l'autorité coloniale opère un certains nombre de changements en vue de rendre son action plus humaine.

THE REVOLT OF THE PENDE, LECTURE GIVEN ON THE OCCASION OF THE CONFERENCE "THE MATTER OF CRITIQUE II"

Translated from French by Timothy Stroud

It is a great surprise to me to find myself with you this afternoon. About two months ago, a colleague at the University of Kinshasa told me that a symposium was soon to be organized at Leuven, anyway in either Belgium or Holland. It was suggested to me that I speak about the revolt of the Pende. I was completely taken by surprise when my colleague said to me "Actually no, the conference is not going to take place in Belgium or Holland, it will be held in the Congo, at Lusanga." That really came to me as a surprise.

The basic question that we will deal with now is the following: why did the Pende rebel in May 1931? Or: what was it that pushed them to rebel? Then, I will develop the subject of how they rebelled, and then the consequences of the revolt. Generally, historic causes are divided into three categories: firstly, internal causes; secondly, immediate or imminent causes; and lastly, chance causes, which are often referred to as "occasions" or "pretexts." Under what pretext did the Pende revolt? Because this uprising was a major event at the time of the Belgian Congo.

Events were triggered by abuses committed between May 13–16, 1931 in the village of Kilamba by a group of five Europeans while attempting to forcefully recruit palm nut cutters for the HCB (Huileries du Congo Belge). You will therefore understand my emotional state today: here we are, at the heart of the HCB; this is the old HCB town founded in 1911 that was the setting for the first uprisings brought about by the abuses visited on the Pende by the Europeans. This period in 1931 can be considered a digest of the regime of abuse and violence perpetrated over long years in the lands of the Pende and neighboring regions by certain individuals of the Belgian colonial authorities in the Congo. The true causes of the revolt were these instances of abuse and violence, perpetrated both on the spot and remotely.

For a clearer understanding of the precise moment of the revolt, I will begin by briefly illustrating to you some of the abuses. I will then explain facts relating to the actual uprising.

Finally, I will describe the major episodes of the rebellion and their consequences, for example, the killing of territorial agent Maximilien Balot on June 8, 1931, an event that was especially important and responsible for the extent of the revolt. My research has allowed me access to documents of exceptional relevance for understanding this period: the statement made by Vandervelde in Gabokola and the report of the hearing of the man who had decapitated the white man Maximilien Balot.

The causes of the revolt were numerous and complex. To begin with, let us consider the obligation imposed on the Pende to provide, under duress, a regular supply of products to European companies, more particularly, the Compagnie du Kasaï (CK) founded in 1901. These products were essentially rubber plants and lianas, and later, after 1910 and the rubber crisis, palm nuts and palm kernels.

The Pende villages and neighbors were constantly hounded to supply these products as part of one of the contracts put in place by the colonial regime. Within this context, agents of the CK committed abuses by exaggerating the quantities to be supplied during the harvest. Another source of tension was the forced recruitment of palm nut cutters by and for the company HCB. Villagers were also made to suffer forced porterage, which was imposed on the Pende by the European traders, particularly those working for the CK and Portuguese firms in the region. Lastly, the local population had to endure the pressure and harassment of the European agents of the colonial administration and their African auxiliaries—soldiers, police officers, messengers, porters—and more particularly during the collection of the tax known at the time by the name *impôt indigene* ("native tax"), and at the time of corvées and obligatory crop cultivation. Furthermore, these agents intervened on a continual basis in traditional or customary political life, especially during disputes relating to successions of power.

There were also many and complex causes that were more immediate: let us consider the over-exploitation of the Pende and their neighboring peoples at the start of the great economic crisis in the early 1930s (which began in October–November

1929, but whose effects were felt in the Congo in 1930). In an attempt to stave off its effects, a sign was put up bearing the message *produire doit être le mot d'ordre* (literally, "production must be the order of the day"). The population was effectively put to work to produce enormous quantities for low prices. The burden on Pende society imposed by the *impôt indigène* in 1930–31 remained very heavy. This curious tax was in two parts: there was the poll tax on individuals, and then a supplementary tax for all the polygamous men, and most of the Pende figures of importance were polygamous. During the crisis, the tax would be increased because, by increasing it, the natives were obliged to produce more in order to pay it. Lastly, a more immediate cause: the abuses committed in the village of Kilamba, to which I will return, as well as the political rivalries provoked by the colonial power's interference in the political affairs of the traditional Pende chieftainships.

I would now like to talk to you about the revolt itself. It was triggered by the attempted forced recruitment of palm nut cutters for the HCB, where we find ourselves today, and by a series of abuses committed in the village of Kilamba by a group of Europeans between May 13–16, 1931. The village was under the direction of territorial agent Burnotte from the town of Kandale, and recruiting agent Van Hombeek of the HCB. Several messengers arrived on May 13 in the village of Kilamba with the purpose of recruiting palm nut cutters to work in the HCB huts in the region of Lusanga. The principal task of territorial agent Burnotte was to facilitate Mr Van Hombeek's recruitment operation. Burnotte was also there to check the validity and veracity—through Europeans installed in the northern region of the territory of Kandale—of the complaint lodged with the authorities of Kandala by the officially recognized chief, Mbundu of the Ukayachifra chieftainship, who claimed that the people in the Kilamba region were not obeying their chief, refusing to work to earn enough money to pay the native tax, and refusing to pay the tax at all.

On the arrival of the two Europeans in Kilamba and on news of the recruitment, all healthy adult males in the village fled into the forest. Angry, Burnotte and Van Hombeek plundered the village of Kilamba. They took possession of the goats to feed the messengers and porters who had come with them, and, above all, they arrested the women and children. The women were packed into the enclosure of the village chief, who was called Mafuta. Incidentally, the Pende had nicknamed recruiting agent Burnotte "Mafuta Mingui" as he was on the large side, thus this name is not to be confused with that of the village chief. The arrested women and the children who were held in Lupangu park remained confined for three and a half days so that they would be unable to take food to their husbands and fathers in the forest, and thus so the men would be forced to return to the village, allowing the recruitment to take place. It is very important to understand why these people rebelled. We cannot simply say they dismembered bodies and were cannibals. The question that must be asked is why they cut up bodies or became cannibals.

On his arrival in Kilamba, Burnotte wrote a letter to Henri Collignon, one of his friends and director of the company CK in Bangi, in which he asked Collignon to join him. So Collignon went to Kilamba before returning to Bangi. His stay ended with a farewell evening so boozy that he didn't get back to Bangi until four o'clock in the morning in a very drunken state and which he would allude to gaily over the days to come. But what happened that evening? Before returning to Bangi, Collignon—who was nicknamed "Kisupa" (Leopard) because he was an unpleasant man—had captured a certain Kafutchi, one of the wives of Matemo Kelenge, with whom, according to the Jungers report and enquiries by Caprasse, forcefully had sexual relations with her.

The rape took place in Kilamba, against the fence of the enclosure where the women were penned in. Territorial agent Burnotte also went in search of a woman. Her name was Pela and he had had sexual relations with her on several occasions during his stay in Kilamba, when it seems Pela was consenting. On May 14, administrator Collignon, who had reached Bangi at four in the morning, rejoined Burnotte and Van Hombeek in Kilamba around eleven o'clock. These three Europeans were joined by a fourth between 11:30 a.m. and 1:00 p.m., a certain Mr. Pollet, who was a manager at the CK factory, and the group were then joined at about 3:00 p.m. by a fifth European, Vladimir Thomas Koudiakoff, a manager for CK in Athens and Bundu. At this point the five Europeans started on a general drinking session that lasted through the evening of May 14. Certain of them had women brought to them, whom they had chosen among those in Chief Mafuta's enclosure, whereupon they engaged in sexual relations. It has been established that territorial agent Burnotte continued his relations with his favorite, Pela, while Collignon changed women, on this particular evening of May 14, 1931, choosing Kapombo, the sister of Matemo Kelenge.

Therefore, on May 13 and 14, Henri Collignon had the inexpressible privilege of having sex with both Kafutchi, the wife of Matemo Kelenge, and with Kapombo, the same man's sister. This extraordinary combination is itself enough to explain the anger that took hold of Matemo Kelenge when he learned of the facts a few days later. But things did not stop there. On the evening of May 15, only three of the Europeans were left in Kilamba: Burnotte, Van Hombeek and Collignon. They continued to amuse themselves: Burnotte with Pela, and Collignon with a third woman, called Majila, and then a fourth, Gisella. While the Europeans continued their celebrations in their lodge with the girls of the village, their African auxiliaries, messengers, porters, and cooks also had some of the women in the enclosure. Thus the Africans too abused their sisters.

A yet more serious act also took place: the whipping of tens of healthy, adult men in villages neighboring Kilamba. It was mentioned above that when Burnotte and Van Hombeek arrived in Kilamba on May 13, all the healthy adult men fled into the forest to avoid being recruited as porters and palm nut cutters in Lusanga. It was in reprisal for this flight that Burnotte plundered the village on May 13 and 14. On May 14 and 15, the territorial agent and the officially recognized chief Yongo Bundayamuni, whose intention was at all costs to consign a number of cutters to the HCB recruiter Van Hombeek, tricked a few taxpayers from the surrounding villages to come to Kilamba so that he might choose a few to send to HCB.

A number of healthy adult men responded to Burnotte's summons to the village, in the belief they were to pay their *impôt indigène*. However, on their arrival they were surprised to learn they were there instead so that some of them could be chosen as cutters to work for HCB in Lusanga. "The various chiefs or sub-chiefs who are in Kilamba this particular day will choose certain individuals among the taxpayers who have responded to Burnotte's summons, who will be recruited as palm nut cutters," it was announced to these men. Threatened with the whip, only ten among them "accepted." Many refused. Angered by this, Burnotte ordered 600 lashes to be given, causing wounds to the sixty or so of the men who refused to "obey" their chief and allow themselves to be recruited as cutters.

In the trial held in 1934, it was clearly established that the five Europeans, Burnotte, Van Hombeek, Collignon, Pollet, and Koudiakoff, were present at the whipping session ordered by territorial agent Burnotte. The punishment triggered deep discontent in all the villages around Kilamba. The mood engendered alone almost justifies the huge and almost spontaneous uptake in the revolt of all the surrounding villages. When they left Kilamba on May 16, Burnotte's men laid waste to and burned several villages. And when the Europeans left Kilamba, they also took some of the women and children to the offices of CK in Bangi, where Collignon was the manager, so that their husbands and fathers would be obliged to leave the forest and follow, at which point they could be forcibly recruited. The women included Kafutchi, the wife of Matema Kelenge whom Collignon had raped in Kilamba.

Those, dear brothers and sisters, briefly, are the abuses committed in Kilamba by the group of five Europeans: Burnotte, Van Hombeek, Collignon, Pollet, and Koudiakoff: raids, the looting of Kilamba, rape, the taking hostage of women and children and their detention in an enclosure, the forced recruitment of palm nut cutters among the healthy adult men of the villages around Kilamba, the devastation and burning of huts in the village, and the lashes given to the tricked men. Under what heaven would such misdeeds not trigger their victims to rebel? In Kilamba the reaction was keen and almost spontaneous. When they came out of the forest and saw the destruction caused by the Europeans and their African auxiliaries, the men of the village declared that they were openly in revolt and decided they would no longer stand for the presence of any European among them. At the head of these rebels was Matema Kelenge. He was unquestionably one of those who had suffered most and would become the foremost leader of the insurrection. Word had spread through all the villages surrounding Kilamba that Collignon, alias Kisupa, had slept with not only Matema's sister Kapombo, but also with his wife Kafutchi, who, in addition, had been carried off to Bangi.

Although doubly offended and burning with anger, Matema Kelenge decided to erase the affront. He thus travelled, probably on May 17, to Bangi to protest to the Europeans and demand his precious wife back, but there he was subjected to the lash. Exasperated by this new humiliation, Matema Kelenge decided to join the religious movement called Tupelepele that, unknown to the colonial administration, was then erupting in certain Pende villages. Once initiated into the practices of the movement by the priestess, he founded a large Tupelepele center in Kilamba that quickly surpassed all the others in renown. The movement preached the departure of the Whites and argued that the ancestors would return to bring riches to the Pende. Matema Kelenge became Mundele Fundji and soon took over the leadership of the Tupelepele, preaching open revolt against the Europeans. As the greatest symbol of opposition against European occupation, he became the target of their antipathy, as a result of which he had particular influence in all Pende villages. The local people travelled from all round to hear him speak. He prohibited all work for Europeans and asked the palm nut cutters especially not to supply nuts to the European companies, in particular the factory of the CK run by Collignon. He also exhorted the people to rise up against the collection of the 1931 *impôt indigène*. The open opposition to the Europeans quickly snowballed and events accelerated between May 20 and June 1.

A major event occurred on June 8, the massacre and dismemberment of territorial agent Maximilien Balot. Not only was he killed and decapitated, but pieces of his body were dismembered and shared out between various of the most important men of the area. It was just when events had begun to accelerate that —as Burnotte had just gone on leave—Balot, the administrator overseeing the territories of Kandale, was instructed to execute a three-part mission: to begin the collection of the native tax in the north, in particular in the region of Kilamba, to look into the truth of Collignon's complaint, and lastly to find out about the Tupelepele religious movement, known also as the movement "of Satan." Balot left Kandale on June 6 in a car that left him in the village of Yongo the same day. He was new to the area and, in spite of Chief Yongo's entreaties not to enter the village, Balot decided to go to Kilamba in person to take account of the situation. Accompanied by the colonially recognized chief Yongo, soldiers, and three messengers, he headed for Kilamba where he found the people massed in a crowd as was the custom of the period. The new arrivals fired twice into the air as a warning but, as the people did not disperse, Balot ordered the soldiers to fire into the crowd. One of the wounded was the nephew of Mafuta, a fact that kindled the general uprising against Balot.

The crowd, including Matema Kelenge in particular, rushed at him. Balot tried to escape but was pursued and brought down by arrows. Now comes one of the most surprising episodes of the Pende revolt of 1931, about which many statements have been made, and which often discredit the Pende: the decapitation, dismemberment, and sharing out of the body of territorial agent Maximilien Balot. One of the central figures in this event made a statement, which I obtained from Donatien Tukuinza, the conservation officer of the archives of the district of Kikwit. I am therefore one of the very few people to have read this account, the typed original of which I have in my possession. This is what Shakindungu, the man whose statement it was, has to say:

> I was the person most responsible for the murder of the late Balot. But if I hadn't done it, others would have killed this White Man of the State. Like I had advised Mundele-Fundji, that is Matema Kelenge who became Mundele Fundji, to kill the White Man but only to execute him partially, it was me who finished the European off. After Mundele-Fundji had stabbed the White Man—it was Mundele-Fundji who stabbed him, wasn't it?—with a knife, me, Fumushiko and Matamu-heka fired arrows at him. Balot had run off and it was then that our arrows struck him. All three of us were followed by our men. I fired the first arrow fully into him on the left side of

> the chest. It came out of his back. The White Man still went forwards but very slowly. Fumushiko fired an arrow fully into him in his back that came out of his chest on the right side. The late Balot fell, crying with pain. Matamuheka then also fired an arrow fully into his right side. It came out of his left side. The White Man still moved a little, sometimes opening his eyes and mouth. He was lying on his back. I then opened his legs with my knees and looked at his wounds. The eyes and mouth no longer moved. I opened his shirt and noticed feeble heartbeats. The White Man was therefore not dead.
>
> Then I wanted to assume the title of Great Chief so I cut off his head. Blood spurted all over me. I took off his shirt and trousers to wrap up his head. At the same time Mundele-Ndjila of Kitengo cut off his left arm at the shoulder joint. What was left of the late Balot we left there where he lay. The next day Kondji of Kitengo cut off his right arm at the elbow, Kinaka of Kilamba cut off his right upper arm. Mazika of Binga cut off his right leg at the knee and Katende of Kitondolo cut off his right thigh. Mundele-Fundji cut off his left leg near the pelvis. Pela of Mindele took some of the right side of his ribcage. Kitenga of Maholo cut off a piece of the left side of his chest. Mongao of Gita cut off the right side of his back. Muhungu of Indele took the left side of his back. Mundele-Fundji took the heart and lungs, which he gave to the visionary woman Kavundji because she had told him how to do it. He also took the intestines, which he distributed to the many natives present. Kuvulula of Kitondolo—that's a little in my region—took the genitals.

This ignominious act, describe it as you will, led others to rebel and it had huge consequences, notably the restructuring of the administration, but this is not often talked of. This in turn led to the creation of six provinces and the creation of sectors. Instead of making territorial agents responsible for the collection of the native tax, the chieftainships were grouped in sectors and it became the responsibility of the chief of each sector to recruit men and collect the tax among their people.

Shakindungu, chief of the Pende village of Muenga and the man who decapitated Maximilien Balot, took the head and hid it with the intention of handing it over to Katshinga. By doing so, he became recognized at the time as the true chief of the northern area of the chieftainship in the place of the officially recognized chief imposed by the colonial administration. During the time the revolt was put down, hundreds of people were suspected of being the person who had the head or who knew where it was hidden. When Shakindungu was captured, knowing that he was about to die, he began to give out information. In particular he revealed details that proved he had not acted alone, details that would prove very costly to those mentioned. Note that one of the indirect consequences of his revelations was the unspeakable massacre of dozens or hundreds of Pende in the concentration camp in Kakobola, who for the most part were innocent.

Why did the Pende rebels treat Balot's body with such violence? It certainly wasn't due to cannibalism, as was written in certain newspapers and other documents, and as was claimed in the Belgian Parliament and what some people would still like to believe even today. No, it was not prompted by the desire for cannibalism that the insurgents of Kilamba committed this act, it was instead the result of an ancient Pende custom in which, when you kill a powerful enemy, he must be decapitated and his head given to the supreme chief of the chiefdom, who keeps it in his *cheffale* hut among the objects and insignia that constitute the supreme power of the chief. Furthermore, the White Man was considered by the Pende as a powerful being and it was on account of their wish to capture his power that some chiefs wanted to possess some of Balot's flesh. This flesh would also be used in their fetishes and spells.

The conservation of different bits of the White Man to show to future generations was also a way to demonstrate the glorious exploits of the Pende. And in fact, in spite of repression being very severe, some chiefs and notables kept the pieces of Balot's body until the Congo attained independence in 1960. We are very doubtful that they still exist. In any case, during on-the-spot enquiries between 1970 and 1978, we did not find any. In accordance with the Pende tradition that the body of an enemy is shared between the victors proportionally in accordance with their importance—that is to say that each one has the right to a certain part of the body: one to the head, another to the neck, et cetera—the body parts become *kissis,* fetishes that protect the victorious clans and make them permanently united against the common enemy. Before bringing this paragraph to an end, it should be pointed out that it was due to a very regrettable misunderstanding that the death of territorial agent Balot occurred. Most of the rebels gathered in Kilamba on June 8, 1931 thought that Balot was in fact Burnotte. In other words, the unfortunate Balot paid for the others—for those colonial agents, recruiters and other gangsters like Burnotte, Gaspard, Dewilliamort, Michiel, Lambert, Dewit, Tiess, Van Hombeek, Collignon, Pollet, Lafalise, and Quadrio—who terrorized the Pende region from the area of the Kwango Kwilu for many years.

It was exactly eight-four years ago that the Pende revolts took place but they remain a vivid memory in Pende society. If it is true that we learn from history, we can hope that the repeated suffering caused by revolts, costly in terms of human life will teach the Pende never again to take up their bows and arrows against people armed with machine guns. Sadly, the course of history is essentially unpredictable and in the history of a human being or society it is not only life itself that counts, but also honor and dignity that we defend, sometimes at the cost of our lives. It is within this context that we should situate and understand the Pende uprising of 1931.

On the other hand, a sometimes isolated act can have consequences that affect an entire people in unforeseeable ways. Thus, the killing of territorial agent Maximilien Balot by the rebels of Kilamba decided the fate of all the Pende in the Lutshima-Kwilu area by inducing them to engage in a revolt that was severely repressed. Thousands of people were killed as a result of the death of a single person. I have made enquiries: more than four thousand. And the revolt had certain outcomes that continue even today. The saddest of them is undoubtedly the one that might be labelled "the shadow of the revolt" that lies over the Pende people. Due to the 1931 revolt, a number of prejudices and stereotypes built up around the Pende. Today they are generally considered a warlike or revolutionary people and fundamentally anti-establishment. This unfortunate reputation entrained various consequences, of which the most serious was the continual and close surveillance imposed on the Pende during the rest of the colonial period.

For example, everything was done to prevent some of them from moving to the large towns and cities. Particular attention was paid to ensure that the Pende who worked at HCB returned to their villages as soon as their work contracts came to an end. During the colonial period, the Pende were also very often considered to be infamous members of society. Each time that a certain discontentment or some kind of protest occurred in such milieus as schools, workers camps, prisons, or missions where Pende were present, it was always the Pende that were accused of being the guilty party. It became normal to link the discontentment or protests with the events of 1931 and draconian measures would be taken against the Pende in these cases so that they could not contaminate the allegedly peaceful, subjected other individuals present with their supposed spirit of insubordination.

But the 1931 revolt did not only have unfortunate or harmful effects. It also lay at the origin of several happy consequences. The most welcome was indisputably the fact that the revolt stimulated the Belgian colonial government to take a critical look at itself and to implement, from 1932, far-reaching political and administrative reforms in the Congo with the aim of more strongly establishing its authority. These measures above all benefited those peoples that had not participated in the revolt, while the former rebels continued to pay the debt they had contracted for having diminished colonial prestige and power. It seems that this is one of the laws of all revolutions: the real authors of the uprising almost never benefit from the results. However, in the evolution of nations as a whole, it is only reaction that brings about certain changes.

To conclude, let us say that for having attempted to challenge the colonial order and the prestige of European power, in 1931–32 Pende society lost many members of its political and religious elites and that it would later suffer many difficulties in the attempt to reconstitute them. At the same time, we should remember that the revolt caused the colonial authority to put into practice a number of alterations with the aim of making its actions more humane.

J.A. Koster

EN Colonialism and the Creative Economy

FR Colonialisme et économie créative

Lusanga,
Brighton
06–09.2016

> We're sitting here with about 200 people who work on a former Unilever plantation, and we're building some kind of art center here. We believe that they too have to make [the] transition from the Fordist economy to something beyond that.
>
> — Renzo Martens interviewing Richard Florida via satellite connection (2012)

> Creativity [...] is increasingly recognized as the font from which new technologies, new industries, new wealth, and all other good economic things flow.
>
> — Richard Florida, *The Rise of the Creative Class, Revisited* (2012)

> It is impossible to exaggerate the importance of creating and maintaining in the native mind the impression that the cutter is the "élite" of the H.C.B. native labour and of the local population.
>
> — HCB Native Labour handbook ("For the information and guidance of Members of the Staff," 1930)

> Direct interference of State officials and native Chiefs in procuring manual labour will be more and more against the Government policy and so you must find some means to induce the natives to come to work *spontaneously* in increasing numbers.
>
> — Bishop Sylvain Van Hee in a letter to the HCB management (1928)

1

I am always happy to leave Kinshasa behind. But even as the city recedes in the rear-view mirror, the thrum and pulse of its rhythm reverberate in my ears. Of all the things that are in short supply in Kinshasa, silence may be the most elusive. There are enclaves of quiet in the outlying neighborhoods—in the stretched-out yards of Limete for example—but the inner city never shuts an eye, never even stops to gather its breath. It is in perpetual motion, an unceasing cadence of graft and hustle, and I can only stand it for a few days.

Despite its sprawling decrepitude Kinshasa is a place of opportunity. Most Congolese would give their right arm for a shot at success in the city. It is the plughole that drains all of the country's wealth, talent, and resources. And yet we are travelling in the opposite direction, away from the city, to a place considered dull and démodé by the younger generations.

We are headed for Lusanga, which for half a century was the beating heart of the country's palm oil industry. Unilever, an Anglo-Dutch multinational trading under the name Huileries du Congo Belge (HCB), dominated this industry. When the Belgian Congo became independent in 1960, the HCB owned twenty mills and employed nearly 60,000 people.[a] Their operations were spread over five different areas—"circles" as they were called, of 120 kilometres in diameter. Among these Lusanga was the most important, accounting for almost a third of the labor force and half of the mills.

Today most economic activity has shifted to neighboring Kikwit, which is connected to Kinshasa by tar road. Lusanga is in ruins, but for a long time it was a more attractive town than Kikwit. By the 1950s it had grown into a genuine regional hub. At weekends traders, administrators, and a few *évolués*[b] would flock to the town to play a game of tennis or watch the company's football team. Leverville, as it was known then, was not merely a place of febrile industriousness; it was full of glee and glamor. The mill provided electricity around the clock—unheard of at the time—which meant cold drinks, amplified music, and even film screenings. The seductive wealth of corporate capital was on display for all to see. This was not just the result of the leisurely needs of white expats; it was part of a concerted effort to brand Unilever as a model employer.

It is interesting that the project we have come to visit is engaged in a similar endeavor. The Institute for Human Activities (IHA), led by artist Renzo Martens, wants to turn Lusanga into a cultural hub. In a sense, the long-term goal is to re-endow the town

a. Henri Nicolaï, "Le Congo et l'huile de palme. Un siècle. Un cycle ? / The Congo and palm oil. A century. A cycle?," *Belgeo: Belgian Journal of Geography 4* (2013), www.belgeo.revues.org/11772, §21.

b. A term invented by colonists to refer to "natives" with some form of Western education. Also see section 2, below.

with the sex appeal it once had. Their latest trump card in this regard is a museum designed by The Office for Metropolitan Architecture (OMA), the famous architectural firm founded by Rem Koolhaas. This can be seen as a typical prestige project calculated to impress and attract potential collaborators. It is an outlandish idea to erect a costly art venue in the absence of vital infrastructure—an idea for which Renzo Martens deserves due credit—but it underscores an important fact about the creative-economy paradigm within which the IHA operates: prestige is its main currency. Without it art devolves into mere design, engagement into activism.

2

I first came to the Democratic Republic of Congo (DRC) in 2012 as a member of the IHA. Renzo and I had gotten to know each other over the preceding months. While I worked as a volunteer at my old high school in Swaziland, Renzo would often dial in over a patchy Skype connection to explain his new project to me. I knew him as the maker of *Episode III: Enjoy Poverty* (2008), a film which had left a deep impression on me. It brutally exposed the inadequacy of "aid"—whether in the form of development projects or artistic engagement. He now wanted to set up an art institute that would grapple with much the same question *Enjoy Poverty* had: How can artists engage in meaningful critique given their complicity with the status quo? Complicity, Renzo argued, is not a function of individual artistic practice, but rather of the system that valorizes and authenticates art, which is almost exclusively based in the West. As a result, art tends to accrue value in the wealthiest places on earth even if it takes issue with injustices occurring in the "periphery." In this sense, artistic critique has a tendency to entrench rather than to reduce inequality. Renzo wanted to change this by launching an art institute in a place that had seen plenty of artistic engagement but little improvement as a result of it, the DRC.

One of my first jobs involved me holding a ten-foot flagpole with the banner of the Berlin Biennale attached to it, while Renzo stood a few paces away, taking pictures of me. We went about the outskirts of Kinshasa like this, planting our flag, and so claiming a piece of land for the project. It was a facile gesture given the inscription on the flag. As is well-known, the fate of the Congo was decided at the Berlin Conference of 1885, during which a handful of Europeans divvied up the African continent. In the end none of the pictures with me in it made the cut—something for which I am still grateful. We settled on a photo which looked suitably vague—a nondescript village glimpsed through the tall grass—for the location of the project hadn't been decided yet. This was to be my brief: to find a site that could host the IHA's opening seminar. A Unilever palm oil plantation would be ideal. At the time the company was a major art sponsor, supporting Tate Modern to the tune of £4.4 million. This sponsorship resulted in the Unilever Series: thirteen high-profile artworks commissioned for display in the Turbine Hall, Tate Modern's gigantic ground-floor display room. Beautiful, progressive works by Bruce Nauman, Ai Weiwei, and Tino Sehgal were thus financed by Congolese workers earning less than a dollar a day. This was the contradiction the IHA wanted to explore.[c]

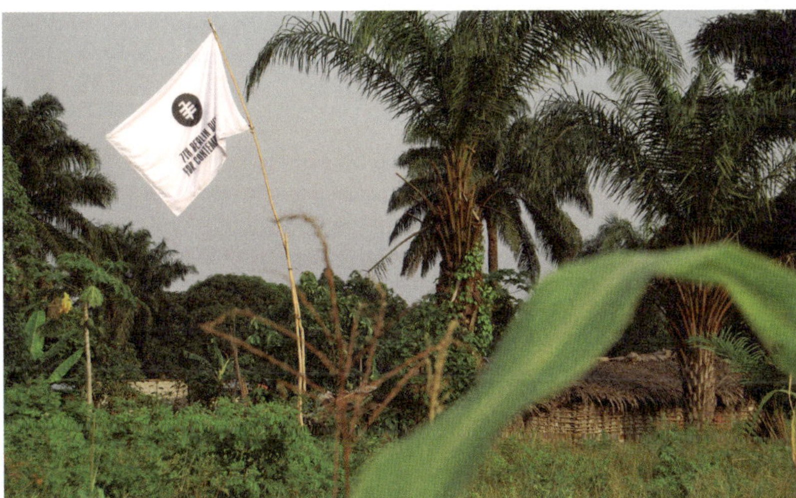

Planter le drapeau (photo : Renzo Martens)

Planting the Flag (photo: Renzo Martens)

Renzo and I were staying at the Procure St. Anne in Kinshasa, a mission house converted into a hotel for humanitarians. Having

c. Equally, the Leverhulme Trust, established upon William Lever's death, funds important research into colonialism past and present. Some examples of projects that received funding in 2009: "European imperialism and its legacies," and "Commodities and culture in the colonial world, 1851-1914: travel, technology and transformation," "Interwar colonial India." Ariella Azoulay's visiting professorship at Durham University was also supported by a grant from the Leverhulme Trust. See: The Leverhulme Trust, "Awards made in 2009," accessed November 30, 2016, www.leverhulme.ac.uk/sites/default/files/imported_pdfs/2009.pdf.

booked our flight to Basankusu, we lived in a strange purgatory. The Congo's network of domestic airports is extensive but some towns are only served once a week, and sometimes those flights are cancelled three weeks in a row. We spent our days idling about the compound of the Procure while we waited for our flight to be confirmed. Time was measured by the peal of a bell, drawing guests from their ill-ventilated rooms to the dining hall for lunch or dinner. I hadn't seen the sun since my arrival. A white fog hung in the air like something solid and impenetrable, weighing on our movements and draining our energy.

To ward off the heat we spent many hours drinking beer with two elderly Fathers of the Mill Hill congregation. One of them, James, was a veteran missionary and for years afterwards I'd hear his name mentioned in the mission houses that lodged me. Apparently he was given to throwing earth-rattling tantrums—but we never saw any of that. He was an expert on all things Congo, which gave me, as green as the Congolese jungle, a chance to steep in received wisdom. I learnt that the Mongo are disloyal, the Bateteke good huntsmen, the Bashilele born warriors—the list went on and on. Each ethnicity had its strengths and weaknesses to which the missionaries had adapted their approach. It reminded me of one of those banal conversations between Erasmus students in which every country is reduced to a given trait. He also gave me some personal advice. "You mustn't try to do too much in one day," he said, taking a swig of his cold draught. It turned out that his frequent naps and genial manner served to preserve an inner cool. As is so often the case with people giving advice, he was talking to himself. Father James had a problem controlling his temper.

The real lesson I learnt was to do with the power of the Catholic church—*l'église mère* as she is affectionately called. In a country ravaged by war, misgovernance, and predatory capitalism, the church had managed to preserve its infrastructure. As I travelled through regions where plantation and logging companies exerted feudal power, the churches and mission houses provided a kind of temporary refuge, a zone where a different, countervailing authority held sway. The only institutions in the Congo to rival the power of the church are the concessionary companies.

When our flight was finally called, we climbed aboard a small propellor jet of Chinese make and rose above the grey expanse of cloud. The blue sky bared itself at last. About thirty minutes in, the clouds cleared as if their sole purpose had been to deprive the people of Kinshasa of sunshine, and I first laid eyes on the forest below. I remembered the words of a South African logger who had told me without a hint of irony, "the forest is so big, it never ends—it just never does." This man was a creature from another age: just because he couldn't see the end of the forest, he thought it was endless. But now it dawned on me he was right. The earth was a ball of green, held together by brown waterways and the occasional band of red earth. The plane's engines purred softly and for an hour I relished the detailed monotony of the landscape.

At Basankusu we introduced ourselves to the priests and project managers and checked ourselves into a mission house. Our plantation visit was planned for the following morning. As usual, breakfast consisted of white bread and cheap Belgian chocolate spread. I always thought it was a supreme irony that this spread—made of palm oil, sugar, and a sprinkling of cocoa powder—should have to be imported from Belgium. But I couldn't get much down my throat. I was filled with a sense of foreboding. Images from *Enjoy Poverty* flashed through my mind. Starving children. Old emaciated men with blank looks in their eyes, waiting for god knows what, death probably. The visit felt like a rite of passage, the price I had to pay to join a small circle of cognoscenti.

Our driver and guide sent us whirling down the orange macadam. He explained about the various professions at the plantation. The colonial register was still in place. Fruit cutters were referred to as *main d'oeuvre ordinaire*, while the people in the more technical professions were still, after fifty years of independence, called *évolués*—a term invented by colonists to refer to "natives" with some form of Western education.

Perhaps the most poignant throwback to former times was the system of "metayage." After about twenty years, a palm tree ceases to produce fruit on a regular basis, though it remains productive for a further twenty years. During this latter cycle of the palm tree's life, it is given to the local population. The company, however, retains the sole right to purchase the fruit—at a fixed, uneconomic price. In this way the company manages to squeeze every last cluster from the plantation's ageing blocks without bearing the responsibility for their upkeep. This is exactly the system that was in place in the Unilever concessions in the 1920s, which led to unspeakable abuses. Interestingly, while the métayers are at the very bottom of the plantation hierarchy, they are referred to as "entrepreneurs."

We stopped at a roadside village surrounded on all sides by interminable alleys of palm trees. The villagers drew up to the car and Renzo urged me to go and talk to them. Two chairs were set out under a shelter and an elderly man sat down across from me. I couldn't speak. Earlier I had been unable to take photos. The camera had hung limply around my neck. I had raised it only to take indistinct pictures of the landscape. The human forms had had the force of a taboo, as if by photographing them I would have ensnared myself in an economy of images I didn't want to be a part of. *Enjoy Poverty* was still fresh in my mind; it was the lens through which I approached my experience. The old man gave me a quizzical look. I couldn't even think of as simple a question as "How are you?" or "What is your name?" White guilt paralyzed me. Renzo soon took over and made conversation with the old man. He drew out the element he wanted me to remember—the wages the company was paying and the resulting poverty trap—but also engaged in banter and small talk, doing something I had yet to learn: to see past the suffering and oppression and engage on a personal level.

As we were about to leave a young man sidled up to me. His glasses were too large for his head and one of the lenses was cracked. It gave him something of the wool-gathering intellectual. I wasn't surprised when he started talking about his school fees. I counted the money in my wallet, which came to about eighty US dollars. The man's eyes, already enlarged by his glasses, bulged. Before giving him the money I told him, in good paternalistic fashion, to spend it wisely. It is the only time I have seen someone literally jumping for joy. He went off like a hare at a dog race, the greyhounds careening in his wake.

After Renzo Martens had returned to Europe, I began to explore the plantations on my own. I visited four others as well as three logging concessions. I was struck by the authority that still goes out from these essentially colonial institutions. This is perhaps unsurprising. Their land tenure is based on colonial agreements that have never been revised. Those agreements were underpinned by the notion of "vacant land," which meant that entire populations were sold into private hands. To this day villages are encircled by trees which their inhabitants are not allowed to harvest or clear to make way for their own crops. The people are essentially a part of the plantation's inventory and are treated as such. The companies maintain their own roads, schools, hospitals, and security force. They own the water and electricity supply. Even if the company is defunct, it continues to control the immovables within their concession, as is the case in Lusanga. Nothing escapes their notice. They control the government authorities, not the other way around, as the IHA found out the hard way.[d]

3

The IHA's opening seminar was held on a former Unilever plantation in Boteka. When I first arrived there I was weak with illness and fatigue. After six months of travelling through the Congolese forest, I had contracted malaria and typhoid. My first weeks in Boteka were marred by long and delirious stints in bed. The doctor's medicine cupboard was empty. The only succour he could provide were words of encoragement. He rifled through my toiletries bag a few times, then, with a defeated look, recommended I get medical care in the city. The company's guest house was appointed with teak furnishings, round-the-clock electricity, and air-conditioning—luxuries I hadn't enjoyed for months. Yet the only medicine they seemed to stock at the company hospital was aspirin.

As soon as I'd recovered I set about erecting the IHA's settlement. With the help of the company's builders and engineers it scarcely took me three weeks to build seven cottages—complete

d. In 2013 the IHA were violently expelled from their settlement in Boteka by Feronia Inc., a Canadian agribusiness exploiting three former Unilever plantations in the DRC. For more information about Feronia's illegal occupation of land, see RIAO-RDC and GRAIN, "Agro-colonialism in the Congo: European and US development finance bankrolls a new round of agro-colonialism in the DRC" (June 2, 2015), www.grain.org/article/entries/5220-agro-colonialism-in-the-congo-european-and-us-development-finance-bankrolls-a-new-round-of-agro-colonialism-in-the-drc.

with bamboo shelving and sliding doors—a staked fence three metres high, watchtowers, bamboo ablution blocks, and a platform for our satellite connection. Our team in Belgium had rented a military-grade device that could establish a broadband connection anywhere in the world. At just under $0.50 per second it was prohibitively expensive. But it enabled a real-time connection with Toronto, allowing Renzo to interview Richard Florida about the creative economy.

According to Florida creativity is "the defining feature of economic life [...] the font from which new technologies, new industries, new wealth, and all other good economic things flow."[e] Creativity is a spur to growth because it creates value—much more so than cacao, palm oil, and various other commodities on which Southern economies rely. During the interview, Renzo suggests that it may be in the interest of plantation laborers if they too made the transition to the creative economy. Florida couldn't agree more. "When studying development," he said, "artistic creation comes before roads, comes before schools, comes before hospitals. So in the development process, investing in artistic and creative infrastructure deliberately and strategically is important to an overarching strategy to achieve higher levels of development and higher standards of living."[f]

Whether or not the irony was lost on Florida doesn't matter. His book, *The Rise of the Creative Class*, is about making ideas profitable, and his own ideas have made him a fortune. His theory rather self-referentially inverts the age-old dogma of the avant-garde and takes commercial success to be indicative of the quality of an idea. This supposed connection between creativity and commercial viability is what has made Florida into a policy sensation. Otherwise there is little that is innovative about his work. As Sarah Brouillette points out, Florida borrows most of his ideas from a rather tired body of management literature. Starting with Abraham Maslow's famous "hierarchy of needs," management science has pegged creatives as "self-actualizing" individuals par excellence. The artist has thus come to occupy the place of the ideal worker.[g] Unlike traditional factory workers, artists are not alienated from their work. They are autonomous

e. Richard Florida, *The Rise of the Creative Class, Revisited* (New York: Basic Books, 2012), 15.
f. Richard Florida, "Interview with Richard Florida at Research Seminar," video recording of a conversation with Renzo Martens and René Ngongo for the Institute for Human Activities opening seminar, June 2012, Boteka, DRC (uploaded by the IHA on January 15, 2014) www.vimeo.com/84210906.
g. Sarah Brouillette, *Literature and the Creative Economy* (Stanford, CA: Stanford University Press, 2014), 64.

and self-motivating. They do not need to be embedded in costly structures of control. Because their work is supposed to be inherently gratifying, they require less payment.

This view of the artist is part of the overhang of Romanticism. Even today we tend to think of artists as creative geniuses, as uniquely expressive individuals. It is interesting therefore that creative-economy discourse insists on the universality of the creative ideal. It takes what used to be an aristocratic notion and applies it, almost indiscriminately, to large swathes of the economy. Creative self-expression used to be the preserve of the genius, now it is expected of baristas and even fast-food employees.[h] Clearly, the notion of self-expression has been greatly debased, but that is not the point. By enabling a barista to think of herself as an "artist," her employer is able to pay her less and make casual employment seem like a viable option to her. The prestige of a cultural career compensates for the lack of stability and financial security. By glamorizing the artist's unique "freedom," representations of artists at work have provided a blueprint for various kinds of precarious employment.[i]

It seems true that in order for work to be wholly satisfying it must come from within. One should be able to identify with the task or see it as an expression of one's individuality. Today companies take it for granted that employees are driven by the need for self-actualization. Hence the endless feedback sessions and self-evaluation forms. But of course self-actualization must occur within the limits set by the company's profit statement. Ultimately, workers are expected to actuate the company's values, not their own. The imagined continuity between the two is a means to discipline the worker. If she fails to perform to standard, she will be reprimanded not for her work but for her behavior. It is not what she does that comes in for criticism but what she is. If she wants to "succeed," she must "develop" herself accordingly. The idea of self-expression, then, is used to create subjectivities that are geared to executing certain well-defined tasks. This can be seen in its purest form in the way work was construed under colonialism. It was not the task that had to conform to the individual's desires, but the individual who had to be made to conform to the task. Unilever's managers also thought of work

h. Sarah Brouillette gives the example of Subway's "sandwich artists." Sarah Brouillette, "Apostate Theses on the Creative Economy" (unpublished manuscript), 3.
i. Ibid., 2.

as a form of self-actualization. Their workers toiled in the most gruesome conditions, but all they could see was the torch of freedom and civilization their laborers held aloft. This shows how easily the idea of self-expression is appropriated by forces that are fundamentally opposed to it.

"We need in this moment of crisis new models of development," Florida told us. "In the Congo you have the opportunity to show that in a place that isn't the wealthiest on the planet, in a place that has struggled, you can place a new model."[j] The model the IHA proposes to introduce will allow communities to share in the material benefits of artistic critique. The idea is that those communities who have for a long time been the subject of critical discourse will finally begin to see their situation improve because of it. This could potentially lend such discourse a new relevance and efficacy. The question is: What kind of strategies will the IHA depend on to make this work? Are they going to pander to the discourse of self-expression, or are they going to elaborate a more collective form of critical engagement?

The chocolate sculptures are a good case study because they are so clearly a collective effort. Individual members of the the Cercle d'art des travailleurs de plantation congolaise (CATPC) each contributed a clay form.[k] These forms were then 3D-scanned and exported to Europe as information. While the end product in chocolate is an imprint of the clay original, the nature of the sculpture has changed entirely. Not only has the material changed, but so have context, setting, audience, and discourse.[l] How many layers of meaning were added, for example, by casting the sculptures in chocolate—an idea that did not originate with the Congolese artists? The members of the IHA and CATPC would be the first to admit the shared nature of their authorship. And yet the history of the sculptures' presentation reflects unease with the collective mode of production. The sculptures have never been presented in the same way. Each exhibition has highlighted a different contributor to the project. In the early shows at the Van Abbemuseum and Artes Mundi the emphasis was on the medium—chocolate—and as such the chocolatiers took center stage. A later exhibition

j. Richard Florida, "Interview with Richard Florida at Research Seminar."

k. They did so under the tutelage of three artists based in Kinshasa: Mega Mingiedi Tunga, Eléonore Hellio, and Michel Ekeba.

l. The discourse in Lusanga was one of *luyalu* and *fio-fiotique*, which could be reductively summarized as the spirit, animus, or meaning of the sculpture, which is given temporary shelter in material form, while the IHA spoke of "redressing global value chains" and "overwriting existing economies."

at the Middlesbrough Institute of Modern Art emphasized the contributions of the individual members of the CATPC, in a sense *producing* them as the sculptures' authors and thereby creating the impression of an autonomous practice that was merely facilitated by the IHA. Such ambiguities are perhaps born of the commercial need for clearly identifiable authors. Clearly, however, the sculptures' mode of production does not readily yield to such exigencies.

4

As we get closer to Lusanga, there is a subtle change in the landscape. The hilltops are plumed with clusters of palm trees and down in the valleys you can catch a first glimpse of the so-called "natural palmeries"—forested groves in which the oil palm predominates. We have entered palm oil country. Those green beds luxuriating in the valleys are the reason William Lever settled on this area to establish his first oil mill. In 1911 he signed an agreement with the Belgian government allowing him to buy 750,000 hectares of land divided over five areas. His idea was to secure a reliable source of palm oil to sustain his soap emporium. Later, the shared need for palm oil would form the basis of the merger with the Dutch Margarine Unie, creating one of the world's largest multinationals, Unilever.

Of the five areas purchased by Lever, three were to be found in the equatorial forests near the Congo river. The remaining two were located further south: one on the Kasai river, and the other—Lusanga—at the confluence of the Kwilu and Kwenge rivers. The Lusanga area was known to have more natural groves than the other areas and therefore held the most promise. Three mills were erected in quick succession and with much brouhaha the company's settlement was named for its founder. However, the Leverville concession turned out to be somewhat of a disappointment. Not only did the company face an intractable labor problem, the climate was ill-suited for the establishment of plantations.[m] This meant that the production of palm oil could not be rationalized, which in turn exacerbated the labor problem.[n] The fate of the Leverville concession depended entirely on widely

m. Nicolaï, §39.

dispersed natural groves, and with that came a dependency on specialized labor. These were the people that were to climb up the trees to harvest the palm fruit: the fruit cutters.

It is important to note that the "natural palmeries" Lever had stumbled across were in fact the result of local farming activities. As André-Bernard Ergo explains, the idea of a natural palmery is a myth. Such groves "develop on the fallows of abandoned fields thanks to the system of [crop] rotation used by indigenous farmers."[o] The use of the term "natural palmery"—with its suggestion of palm groves forming out of thin air—facilitated the expropriation of indigenous land. In the same spirit, certain land was judged to be "vacant"—vast areas waiting to be snapped up by European capitalists. It was argued that Congolese villages, fields, and hunting grounds were contained within "native land." These were the areas to which the local population could lay claim, though they could not formally own them. Nonetheless, palm fruit growing on "native land" belonged to the Congolese. They could sell their fruit to anyone they wanted. This was often the only means available to them to raise money to pay their taxes. Given a choice, they preferred to sell their fruit to small independent traders. These had lower overheads and invariably offered better prices than large concessionary companies such as the HCB. Needless to say, the company's directors judged this to be "unfair" (a category to which only Europeans could appeal). As required by the agreement with the Belgian government, the HCB had invested millions of francs in local infrastructure. The independent traders, many of whom were Portuguese, had made no such investments. They were seen as dangerous opportunists, undermining the HCB's ability to turn a profit.

The HCB set out on a campaign to persuade the Belgian government to grant it a monopoly. They petitioned the authorities at Leopoldville and Brussels, urging them to compel the native population to work in the groves. Most often these were thinly veiled pleas for coercive measures. In 1923 the government finally caved in. Within the HCB's concessions all "native land" was collapsed into "vacant land," effectively granting the company a monopoly on all commercial palm produce.[p] Congolese farmers were no longer allowed to do business with independent traders.

n. See for example D.K. Fieldhouse, *Unilever Overseas: The Anatomy of a Multinational 1895-1965* (London: Croom Helm Limited, 1978), 532.

o. André-Bernard Ergo, *Histoire de l'"Elaéiculture au Congo Belge*, 25 (my translation). www.abergo1.e-monsite.com/medias/files/palmhisco-5.pdf.

Instead they were forced to sell their fruit to the HCB at a fixed, uneconomic price. The result of this new piece of legislation was to turn the HCB concessions into vast labor camps. At the stroke of a pen everyone living within the concessions had been conscripted into the company's workforce.

5

Before we get to Kikwit we make a left turn and leave the asphalt. Lusanga is only fifty kilometres away. Surfing down the sandy topsoil, we pass a large number of run-down villages. As in most places in the Congo the villages along the trunk roads are in a bad shape. They resemble temporary encampments: a few rows of crumbling houses, some trees scattered about for shade, earth ripped by erosion. Sources of potable water are few and far between, adding a heavy burden to the housework. It is hard to believe that people have been living in such encampments since the early decades of the twentieth century, when the Belgian government forced them from their villages in the valleys, thus freeing up the palm groves for commercial exploitation. In Lusanga the problem is heightened by Unilever's interference in local demographics. When I first visited Lusanga in 2013 I was surprised to find people referring to themselves as foreigners despite having lived there for generations. Their grandfathers were Pende fruit cutters who had been forcefully resettled in Lusanga. This foreign ancestry meant that their relation to the soil was tenuous. Local dignitaries would sometimes refuse to give them land to cultivate, throwing them into destitution. The Pende camps still bear the names of the cutters' native villages—Shimuna, Pembe, Kakobola. A nostalgic reminder of better times.

Before plunging into the Kwenge valley, we catch a first glimpse of Lusanga. On the opposite bank a church spire in the ubiquitous red brick of Belgian architecture marks the center of the former European settlement. Lusanga is in ruins. What is left is but a pale reflection of Lever's expansive vision. The town used to be bisected by wide tree-lined avenues, the mill serviced by narrow-gauge railways. The managers lived on top of the hill in large airy mansions boasting stunning views of the Kwenge river.

p. This arrangement was formalized in so-called "tripartite contracts." See Dirk Beke, "Land-law in Belgian Central Africa," in *Our Laws, Their Lands: Land Laws and Land Use in Modern Colonial Societies,* Jaap de Moor and Dietmar Rothermund, eds., (Münster: Lit Verlag, 1994), 62. Also see: D.K. Fieldhouse, *Unilever Overseas: The Anatomy of A Multinational 1895–1965,* 517–21.

Some of the workmen and their families were housed in brick camps along the rivers. Brick houses were reserved for so-called "qualified" labor—mechanics, factory workers, and other technicians. These camps, newly erected and kept in good repair, could be marvelled at from the rivers. As a result, European dignitaries on flash visits never failed to be impressed by the "state-of-the-art" housing conditions. The majority of the workers, however, lived out of sight, concealed deep within the palm groves, sometimes dozens of kilometres away from the town—invisible. These were the fruit cutters, who, when all was said and done, were responsible for the wealth and glamor of Leverville. In 1930 there were about 10,000 of them in the Lusanga concession alone.[q]

About sixty percent of cutters lived in their own villages. These were the indigenous inhabitants of the land. By the mid 1920s virtually all of them—men, women, and children—had been drafted into the HCB labor force.[r] The chief medical officer of the province at the time, Victor Daco, remarked drily that the HCB assumed it owned both the palm trees and the people living among them.[s] And yet this labor force was insufficient to keep the mills fed. As a result the company took measures to recruit workers from further afield. These men constituted the remaining forty percent of cutters and were known as "imported" labor.[t] Many of them came from Kikwit and Kandale Territory—about 150 kilometres south of Leverville as the crow flies—and were Pende. Using the infamous head tax as a weapon, the local administrators raided the villages. Those who couldn't pay their taxes were roped up and marched off to Leverville. As taxes were ratcheted up following the Wall Street Crash of 1929, more and more people fell prey to such predatory recruitment drives.

The HCB found itself in a double bind. On the one hand it recognized that forced recruitment was unsustainable in the long run—in the company's "Native Labor Policy," a booklet that was given to all European agents, the company proposed replacing the current system "of harvesting the fruit of the Elaeis palm and decorticating it by *indentured cutters*" with a system based on the free purchase of fruit.[u] On the other hand the company believed it did

q. Jules Marchal, *Lord Leverhulme's Ghost* (London: Verso, 2008), 94. Also see: D.K. Fieldhouse, *Unilever Overseas: The Anatomy of a Multinational 1895-1965,* 514.

r. James Marchal, *Lord Leverhulme's Ghost,* 95.

s. Ibid., 97.

t. Victor Daco, inspection report of the Leverville concession (dated November 15, 1929) in *Main-d"œuvre, Eglise, Capital et Administration dans le Congo des années trente (Vol. II),* Jacques Vanderlinden, ed. (Bruxelles: Academie Royale des Sciences d' Outre-Mer, 2014), 102.

not have the wherewithal to sustain such a system. According to Sidney Edkins, the man who established the mills at Lusanga and became the area's first general manager, the free purchase of fruit would run into problems given "the price the Société could afford to pay."[v] Similarly, when Pierre Ryckmans, future governor-general of the Belgian Congo, toured the Leverville concession in 1931, he remarked that "adopting a system of free purchase would at present result in the immediate closure of the mills."[w]

Bringing in workers from afar presented the company with an opportunity to create a professional labor force whose interests were aligned with that of the company. It was speculated that eventually these workers would be so attuned to the company's needs that "at the expiration of their contracts" they would "return with their wives and families [to] settle down permanently within the limits of the HCB areas."[x] As one director explained: "To be really successful we must not only secure the necessary labor, but see that their task and treatment is such as to induce them to remain and work in a thoroughly contented manner."[y] In this regard, the HCB's Native Labour Policy was as much a practical handbook as a statement of the company's aspirations.

> It is impossible to exaggerate the importance of creating and maintaining in the native mind the impression that the cutter is the "élite" of the H.C.B. native labour and of the local population. Every practical means of doing this should be utilised. They will be given the best houses, and their palavers and complaints will be attended to with special promptness and benevolence. They will be given distinctive clothing, at the Société's expense, and certain bonuses that will be fixed periodically by the Congo Management.[z]

Many of these measures were put in place after 1945, when a post-war boom led to a spike in the price of palm oil. But in 1930, at the low point of the recession, the experiences of "imported" Pende workers were quite different. They came from what they

v. D.K. Fieldhouse, *Unilever Overseas: The Anatomy of a Multinational 1895-1965,* 514. Also see Lord Lever in a letter to Moseley dated June 1, 1916: "We cannot depend in the Congo entirely upon a system of purchase." (Unilever Archives, LBC/215.)
w. Pierre Ryckmans in a letter to his wife Madeleine dated January 18, 1931, in *Main-d"œuvre, Eglise, Capital et Administration dans le Congo des années trente (Vol. I)*, Jacques Vanderlinden ed. (Bruxelles: Academie Royale des Sciences d'Outre-Mer, 2007), 146 (my translation).
x. S.A. des Huileries du Congo Belge, 3.
y. Moseley in a letter to Dusseljé dated January 6, 1923 (Unilever Archives, UAC/2/36/7/1/2).
z. S.A. des Huileries du Congo Belge, 4.

considered to be a totally different country. Given three days to get to Kikwit, they walked for sixty kilometres a day, often without being properly provisioned. At Kikwit they were housed in what would later become the government prison. Rather than being given "distinctive clothing," they were shorn of their cultural attributes—most importantly their hair, which was crafted into elaborate coiffures, but also jewellery, such as bangles and pendants worn around the neck. They were tested for sleeping sickness. At the merest sign of inflamed lymph nodes, they were subjected to an invasive treatment. At Leverville, the HCB's general manager would welcome them personally. Until 1928 this was Elso Dusseljé, a thickset Dutchman who would go on to make an exemplary career with Unilever. He was known locally as *ngula,* which means wild pig or warthog, an animal known for its vigor and fearlessness. He was given to playing cruel games with the newly arrived cutters, chasing them up a palm tree while setting fire to it. This was the "training" the new cutters received. They were then given a blanket and machete and sent into the groves, where they were expected to build their own house. They would live in makeshift camps for up to six months at a stretch. Many cutters fell ill because of insufficient rations. The mortality rate was staggering.[aa]

In January 1936, Dusseljé, who by this time was Managing Director of Unilever's Congo operations, gave an interview in *Le Courrier d'Afrique* in which he deplored the illegal traffic in palm oil. This trade was costing the company dearly. The convention with the government specified that the company had the sole right to purchase fruit within its concessions. But the local population preferred to make their own oil, which they then sold "illegally" to small independent traders. Dusseljé acknowledges that in this way local cutters could earn more than twice as much per kilogram of palm fruit as they would by selling it to the HCB. Given the investments his company had made, Dusseljé condemned this practice as "anti-economic." Moreover, he claimed, it was in the "self-interest of the native" to sell his fruit

aa. It is no doubt impossible to establish the precise death rate for the HCB concessions but it was clearly very high. Doctor Lejeune in a report drafted in 1923 suggests an annual rate as high as thirty-six percent (Jules Marchal, *Lord Leverhulme's Ghost,* 35). Eugène Jungers, president of the Court of Appeal at Leopoldville, alleges the HCB manipulate mortality figures by reporting only hospital deaths (Jacques Vanderlinden, *Main-d'œuvre, Eglise, Capital et Administration dans le Congo des années trente (Vol. II),* 202.). Finally, Pierre Ryckmans leaves us this cryptic note: "Noticed enormous mortality among cutters. Great number of accidents. In rainy weather must still provide. Slip." In Jacques Vanderlinden, Main-d'œuvre, Eglise, Capital et Administration dans le Congo des années trente (Vol. I), 309. My translation.

to "the industrialist possessing a modern mill" rather than to treat it himself.[bb]

The idea that it would be in the local population's self-interest to cooperate with the HCB is repeated continuously by managers and officials alike. What is interesting about the interview with Dusseljé is that it clearly shows—gives mathematical proof—that it was not in the worker's *financial* interest to accommodate the HCB. What Dusseljé therefore appeals to is not the rational, dispassionate reasoning of *homo economicus* but something altogether more metaphysical. This puts the managerial dream of a labor contingent that would voluntarily and permanently settle within the limits of the HCB's concessions in a new perspective. It makes it clear that this workforce did not exist but had to be created, and not by providing economic incentives but by changing their outlook.

The "labor problem" European industrialists struggled with was to find a way to conscript the local population into the cash economy—how, in other words, to constrain them to work. But in the resultant discourse the notion of "work" never functions as we expect it to. It is never simply the expenditure of physical energy towards some productive goal. The discourse of economics was conflated with the discourse of the *mission civilisatrice*.[cc] Work, generating too little money even to pay for one's taxes, became a means to moral enlightenment instead. The argument used, in proper dialectical fashion, was that work itself constituted a kind of freedom. One didn't work for monetary gain but towards some higher goal such as "freedom" or "civilization." These were universal ends that each individual, regardless of race or nationality, was supposed to aspire to. Work was thus conceived as the realization or even the materialization of the individual's subjectivity. In this sense the Capitalists operating in the Congo were true Marxists. In the *Grundrisse* Marx chides Adam Smith for not seeing that work can be a "liberating activity" in which "the external aims become stripped of the semblance of merely external natural urgencies, and become posited as aims which the individual himself posits—hence as self-realization, objectification of the subject, hence real freedom."[dd] For the fruit cutter this meant drudgery and toil of the most physical kind. Yet his taskmasters

bb. Elso Dusseljé, Managing Director of the HCB, interviewed by *Le Courrier d'Afrique* on January 17, 1936 (Unilever Archives, UAC/2/36/7/1/2). My translation.

cc. In a letter to Max Horn laying out the argument for restricting the native population's right to trade freely within the HCB's concessions, Lord Lever describes the HCB as a "a civilizing agency." Lord Leverhulme to Max Horn, November 16, 1917 (Unilever Archives, LBC/229).

perceived something more exalted. By positing "civilization" as the cutters' objective rather than their own, Lever and others could claim they were helping them *actualize* their true nature. The cutters were in fact creative laborers in the original sense—artisans of civilization—securing their status as free moral agents.

6

The IHA and its sister organization, the CATPC, have set up shop in Kingangu, an old workers camp. There is only one labor line left—five tiny decrepit houses, and a bigger one for the *chef de camp*. A spreading avocado tree holds court in the middle of the village. There are papaya trees and banana bushes and bickering fowl, and off to one side at the head of a gentle slope the makeshift camp of the CATPC is nestles. Their members look out on the opposite wall of the valley and the undulating landscape beyond. Every night the sun sets behind them, over a line of palm trees, coloring the sky scarlet and yellow and green.

The IHA have bought twenty hectares of land along the Kwenge river. Camp Kingangu falls within this concession, as do its inhabitants. It's a stark reminder of the colonial origin of property rights. Many Congolese do not have official title to the land they live on. In theory, the IHA have the power to evict and expel as they please, but their program is one of "reverse gentrification," not gentrification proper. During my visit, some of the houses were having their brickwork pointed, others their door lintel replaced. Naturally, the occupiers were happy with these improvements. The IHA have, however, asked people to temporarily vacate their homes during conferences and other events.

On paper the CATPC is an autonomous entity. It has its own legal structure and representation and to some extent its own infrastructure. But in reality the distinction between the two organizations is more ambiguous. The CATPC is funded for the most part by the IHA. The result is that their much-touted autonomy is in fact a political objective that is not so easily achieved. Eléonore Hellio, one of the CATPC's leaders, told me, "we have been completely co-opted by the IHA." She laughed about it, but it is

dd. Karl Marx, *Grundrisse,* trans. Martin Nicolaus (London: Penguin Books, 1973); retrieved from Marxists, "Grundrisse: Notebook VI," accessed December 28, 2016, www.marxists.org/archive/marx/works/1857/grundrisse/ch12.htm.

not something she and her colleagues take lightly. When I was last in Lusanga, the relationship between the IHA and CATPC was one of simmering antagonism. The local IHA representative, Suzanne Hoogewys, whose background is in development work, had little patience for the ceaseless group discussions and faux democracy of the CATPC, while Hellio criticized the mercenary pragmatism of the IHA. At the time a debate was raging about OMA's proposed parcelling up of the concession. Both the IHA and CATPC agreed that OMA's plan was not sufficiently embedded in local experience, but what should come in its place was as yet a bone of contention.

Mega Mingiedi, Michel Ekeba, and Eléonore Hellio are the leaders of the CATPC, but, by their own admission, *artistes sans oeuvres* (artists without art). If they are to be seen as creators, it is within the context of a larger reflection on the function of art in postcolonial society. The majority of the CATPC's members, however, are expected to be productive in a more traditional sense. These are the people whose names have come to be attached to the chocolate sculptures.

One of the artists I got to know during my stay in Lusanga was Cedrick Tamasala, a charming, soft-spoken man in his early thirties. Within the CATPC Cedrick is known as an expert draftsman. He lent me one of his notebooks, which was brimming with sketches, poems, collages, notes, and aphorisms. What interested me about Cedrick's work is his investment in the region's history. Mindful of other European attempts to bring light to the Congo—beginning with the missionary drive into the Kwilu basin in the early twentieth century—Cedrick has cultivated a historical perspective on the IHA's project. This is evident from his sketches as well as the form he contributed to the sculpture, *How My Grandfather Survived* (2014).

The story that inspired the work is gripping. Cedrick's great-grandfather was one of the many fruit cutters who died on the job. He fell to his death while harvesting fruit from the crown of a palm tree.[ee] Cedrick's orphaned grandfather was taken in by his uncle. He lived there with his brother and sister, but they suffered at the hands of their uncle's abusive wife. When this

ee. Also see Pierre Ryckmans' observation in footnote aa, above.

woman, in a fit of anger, killed their sister, the two brothers fled. They lived in the palm groves for a while, seeking shelter in the fruit depots along the river. A friendly guard would give them a morsel of cassava bread, another a piece of fish. This is how they scraped by, until one of the Jesuit Fathers found them, emaciated and covered with scabs. This, then, is how Cedrick's father and great-uncle survived.

Cedrick did several studies for the sculpture, some of them including his great-uncle, but in the end decided to focus on his grandfather. He is depicted as a young boy in European dress wearing a warped expression on his face. His distorted head bears a striking resemblance to figures in Francis Bacon. Beside him stands a Jesuit priest. They hold a bible between them, or maybe it is the catechism. The face of the priest is elongated and inscrutable. On top of his head he sports a set of horns. His loving embrace has thus acquired a menacing undertone. The sculpture lends itself to an obvious interpretation.[ff] The white Father has helped the boy to survive, but at the cost of his identity. The sculpture thus casts doubt upon the benevolence of the priest while at the same time acknowledging it.

As a comment on the inherited trauma of colonialism the sculpture is a potent piece of social criticism. It is also highly self-reflexive. The sculpture manifests an awareness of its own contingency on the missionary endeavor. If it wasn't for Christianity, the mindset that champions introspective criticality would never have gained such prominence. Cedrick self-consciously shows himself to be the product of this history. Interestingly, he includes the IHA in the same history. In the pages of his notebook, he returns to the figure of the missionary and the boy time and again, putting them on a plinth with "IHA" written across it. He thus seems to identify a Christian if not colonial undercurrent in the IHA's project. The CATPC is set apart from this tableau. The latter organization is represented by a precocious toddler, hovering between the Father and the boy as if the product of the two. Whereas the boy is deformed, the toddler is whole, calmly confronting the viewer's gaze.

ff. I am focusing here on Tamasala's contribution to the sculpture, that is, its form. The fact that it has been cast in chocolate adds a whole new dimension to it. Also see section three, above.

That Christianity facilitated the subjugation of colonized peoples is well known. What is perhaps less clearly perceived is how Christianity laid the groundwork for our current understanding of creativity. It did so by inaugurating a sphere in which individuality could flourish. This sphere resided within. It was a space of interiority in which one could commune with God. What made Christianity so popular in the early days of the church was its presumption of equality. Everyone had a soul, and all souls were equal in the eyes of their Maker. It reassured people in their sense of worth. Moreover, in a world of fixed hierarchies and gaping inequality, Christianity offered a vision of upward mobility, albeit in the afterlife. Everybody had an equal chance of redemption. But this laid a heavy responsibility on the individual. One was personally accountable to God, and this was no laughing matter when God was privy to one's darkest and most abject thoughts. To please Him, it was no longer sufficient to observe the Mosaic Law, as it had been in Judaism, or to perform one's rites, as had been demanded by Greek and Roman gods. In Christianity acts of charity were nothing if they weren't carried out with love. It was not the outcome that mattered but the intention. In order to live up to the imperative of moral excellence, Christians had to cultivate pure intentions, and this required constant vigilance and self-examination.

The idea of the equality of souls generated a paradox at the heart of the missionary endeavor. On the one hand indigenous people were considered inferior in almost every respect. On the other hand they too had been created in the image of God and were therefore equal.[gg] In the gap opened up by this paradox the missionary project inserted itself. This was a matter of winning the native population to the church—especially the children, who were the most impressionable. While being prepared for baptism catechumens received a rigorous training, "ascetic as much as intellectual."[hh] They were sequestered from their native communities and lived a highly regimented life. Every minute of their day was accounted for. Besides doing manual labor—on which the white Fathers placed a heavy emphasis—they spent much time in meditation and prayer. Through study, silence, and

gg. Anicet N'Teba Mbengi, *La mission de la Compagnie de Jesus au Kwilu: Contribution à la Transformation d'une Région 1901–1954* (Rome: Gregorian & Biblical Press, 2010), 435–37.

hh. Ibid., 347.

solitude an inner space was cultivated in which the soul could flourish.[ii] By instilling in their pupils the habits of self-examination and self-criticism, the missionaries prepared them for confession. In theory, this moral education was supposed to inspire humility, kindness, and acts of charity. In practice, however, the Jesuit Fathers were more interested in creating a professional, self-motivated labor force for their friends running the concessionary firms.[jj] Religious instruction, they thought, would stimulate neophytes to enrol as fruit cutters with companies such as the HCB, but in fact the opposite happened. They refused.[kk]

When the missionaries arrived in the Congo they took with them not just the dogma *of* the church, but 2000 years of culture that had developed *out of* the church—in brief, liberalism.[ll] Missionaries thought of civilization as a Christian achievement. But by the twentieth century Christianity had given way to liberalism as the prime ideological matrix through which the West perceived itself. The worship of God had been replaced by the worship of the individual and the rights—primarily property rights—inhering in the individual. Even the missionaries themselves seem to have conflated the two. For example, vicar apostolic Sylvain Van Hee, the man who presided over the Jesuit chapter at Leverville, was convinced of the civilizing and therefore Christianizing power of the HCB. He was baffled and annoyed, therefore, that none of his flock wanted to cut fruit for them. In several long, rambling treatises he tried to make sense of the problem. One was called "Work and Civilisation," another "Free Contract or Forced Labour."[mm] Both pieces are interspersed with brief synopses in English, indicating that they were written specifically for the HCB management. In these texts he tried to answer a question he had asked of an HCB manager in London

ii. According to vicar apostolic Van Hee, children, who were "entirely orientated towards the exterior, the sensible," had to be turned towards the "inner life." (Vanderlinden, Vol. I, 289 [my translation].)

jj. See vicar apostolic Van Hee"s letter to Mr Bell. Discussed below (Jacques Vanderlinden, *Main-d'œuvre, Eglise, Capital et Administration dans le Congo des années trente (Vol. I)*, 211–3).

kk. For example see Jacques Vanderlinden, *Main-d'œuvre, Eglise, Capital et Administration dans le Congo des années trente (Vol. I)*, 214, and Jacques Vanderlinden, *Main-d'œuvre, Eglise, Capital et Administration dans le Congo des années trente (Vol. II)*,293.

ll. This and other paragraphs in this section are heavily indebted to Larry Siedentop's account of the rise of Liberalism. Larry Siedentop, *Inventing the Individual: The Origins of Western Liberalism* (London: Penguin Books, 2015).

mm. Both collected in Jacques Vanderlinden, *Main-d'œuvre, Eglise, Capital et Administration dans le Congo des années trente (Vol. II)*.

two years before: “How to induce a sufficient number of natives to engage for regular work in your concerns in the Kwango without exercising any ‘objectionable’ pressure?”[nn]

His answer was “moral suasion”—an appeal not to brute force but to an authority that speaks to the worker from within.[oo] Physical constraint was costly and ineffective. Instead, Van Hee suggested, the focus should be on the inner life of workers. The only way to “obtain a permanent and complete result” was to “change the native’s mind.”[pp] But the training that was supposed to “change the native’s mind” had the opposite effect. It equipped new converts with the critical tools to call out their instructors’ hypocrisy. “The kingdom of God is within you,” they were told, but the world outside suddenly belonged to the white man.
To the critical student this was a poor bargain. Learning of their equality in principle, they now demanded equality in practice. They did not want to work as fruit cutters. They wanted to work in the professions occupied by white colonists. To Van Hee’s chagrin, Christians categorically refused to “accept the machete,” as it was called. No white man would ever reduce himself like that, so why should they? The profession of cutter was reserved for *basenji*, savages from the bush who had yet to taste the heady wine of equality. Typically, Cedrick’s grandfather, after having been baptized and trained by the Jesuit Fathers, did not take up employment as a fruit cutter but became a laboratory assistant at the general hospital.

8

It’s clear that Cedrick is on to something when he finds in the IHA a distant echo of the missionary project. I am not suggesting that the IHA has ulterior motives, that it is secretly training its members to work in the groves. What I am hinting at is that the institute’s self-presentation can easily be construed along Christian lines. Take, for example, Renzo’s notion of complicity, which he presents as an inevitable involvement in global systems of exploitation. This can be seen as a sublimated form of original sin. By acknowledging our complicity—or confessing to it—we

nn. Van Hee to Mr Bell, December 7, 1928, in Jacques Vanderlinden, *Main-d’œuvre, Eglise, Capital et Administration dans le Congo des années trente (Vol. I)*, 212.

oo. Van Hee, “Free Contract or Forced Labour” in Jacques Vanderlinden, *Main-d’œuvre, Eglise, Capital et Administration dans le Congo des années trente (Vol. II)*, 145.

pp. Van Hee to Mr Bell, December 7, 1928, in Jacques Vanderlinden, *Main-d’œuvre, Eglise, Capital et Administration dans le Congo des années trente (Vol. I)*, 212.

can reach a higher state of consciousness. But critical self-consciousness is not enough. "As the body without the spirit is dead, so faith without deeds is dead," says James. The value of critical awareness is that it brings benefits to the needy. But material benefits are relevant only in *this* life. Despite the IHA's stress on going beyond symbolism to effect change in the real world, what it really wants is to transcend the binary relation between viewer and viewed, donor and beneficiary, representation and reality. In the early texts of the IHA, all of this stood to happen at the Settlement in the Congo. Bringing together the disparate elements that constitute a work of art, the Settlement would no longer represent anything but just *be*. It would be an ironing out, a reckoning, allowing people to live together in truth and love—a state of pure being. It would be as close to heaven as one could get.

The IHA self-consciously claims a modernist lineage. In this context it makes sense to follow the Christian trajectory of inwards and upwards. Modernism made self-reference its supreme value, and discovered in it a kind of freedom. Some artists, like Renzo, believe that "this act of self-reference, which has something vain about it, makes space for a truly existing humanism."[qq] But to others this may sound utopian. Individualism, in its many guises, has got us where we are. In the sphere of politics and religion, it has eroded social identities. In the sphere of work, it has eroded social security and public service provisions. It is unlikely that in the sphere of culture—in particular in the context of a project which strives to critically challenge the status quo—the idea of "freedom as self-reference" is going to do much good. It is time to elaborate new forms of critical engagement, forms which distance themselves from the Christian-modernist legacy and the wildly misused idea of "self-expression." It is time for a more collective form of engagement. That said, the collaboration between the IHA and the CATPC might be an experiment in just that. And this is Renzo's unquestionable achievement: he has laid the foundation for an art institute and research center which has the potential to go beyond his own ideas. Cedrick may have already glimpsed a change on the horizon.

qq. Renzo Martens, "Episode II," www.expertise.hogent.be/nl/projects/episode-ii(5fe83acb-0db4-4306-960d-14232ac6e9f0).html.

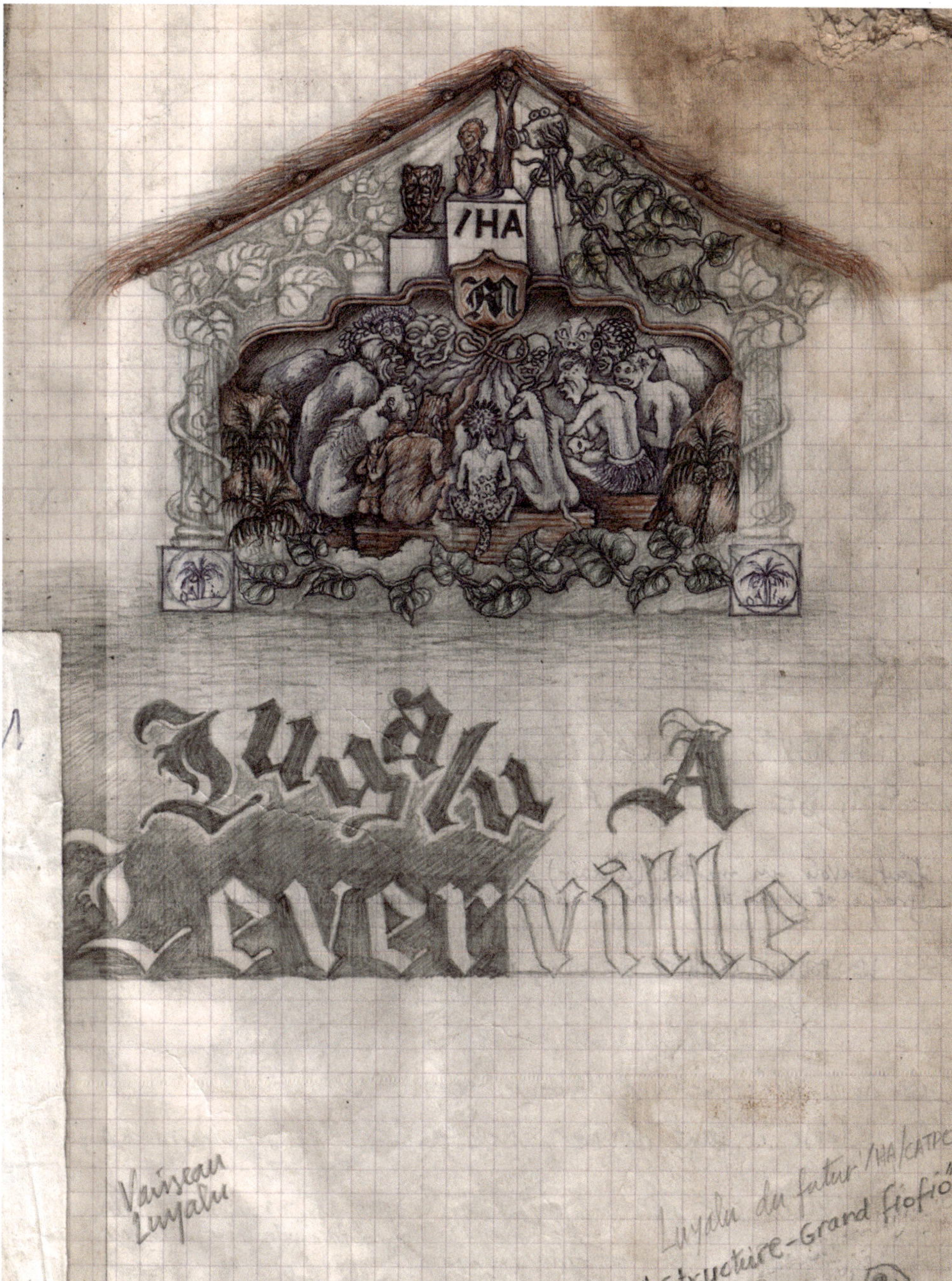

All drawings by Cedrick Tamasala, scanned from Tamasala's sketchbook (2014–16) in Ghent, November 2016

Dessins de Cedrick Tamasala, scannés à Gand à partir du carnet de croquis de Tamasala (2014–16), novembre 2016

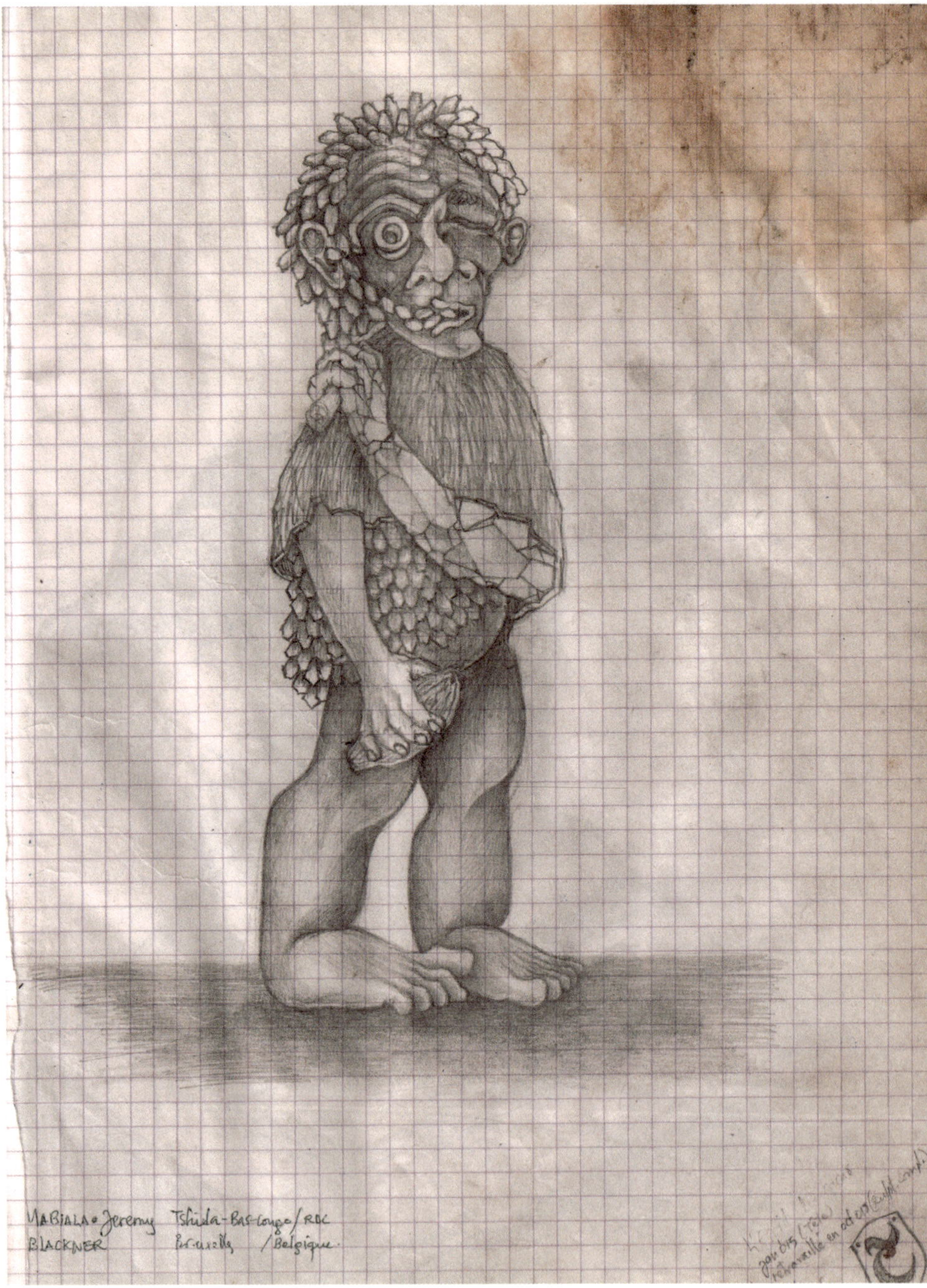
MABIALA • Jeremy
BLACKNER
Tshiela-Bas-Congo / RDC
/ Belgique

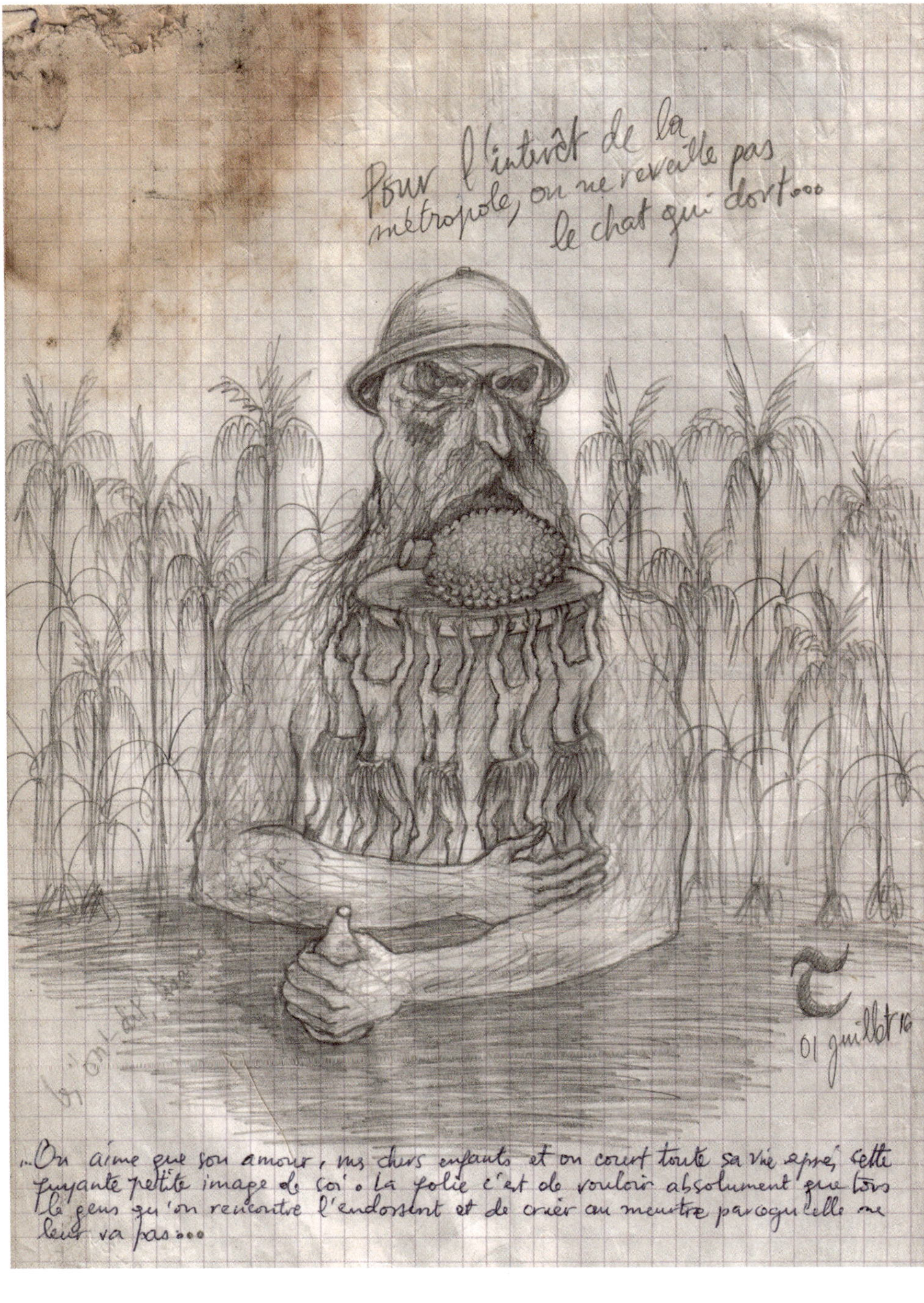
Pour l'intérêt de la métropole, on ne reveille pas le chat qui dort...
01 juillet 16
...On aime que son amour, mes chers enfants et on court toute sa vie après cette fuyante petite image de soi. La folie c'est de vouloir absolument que tous le gens qu'on rencontre l'endossent et de crier au meurtre parce qu'elle ne leur va pas...

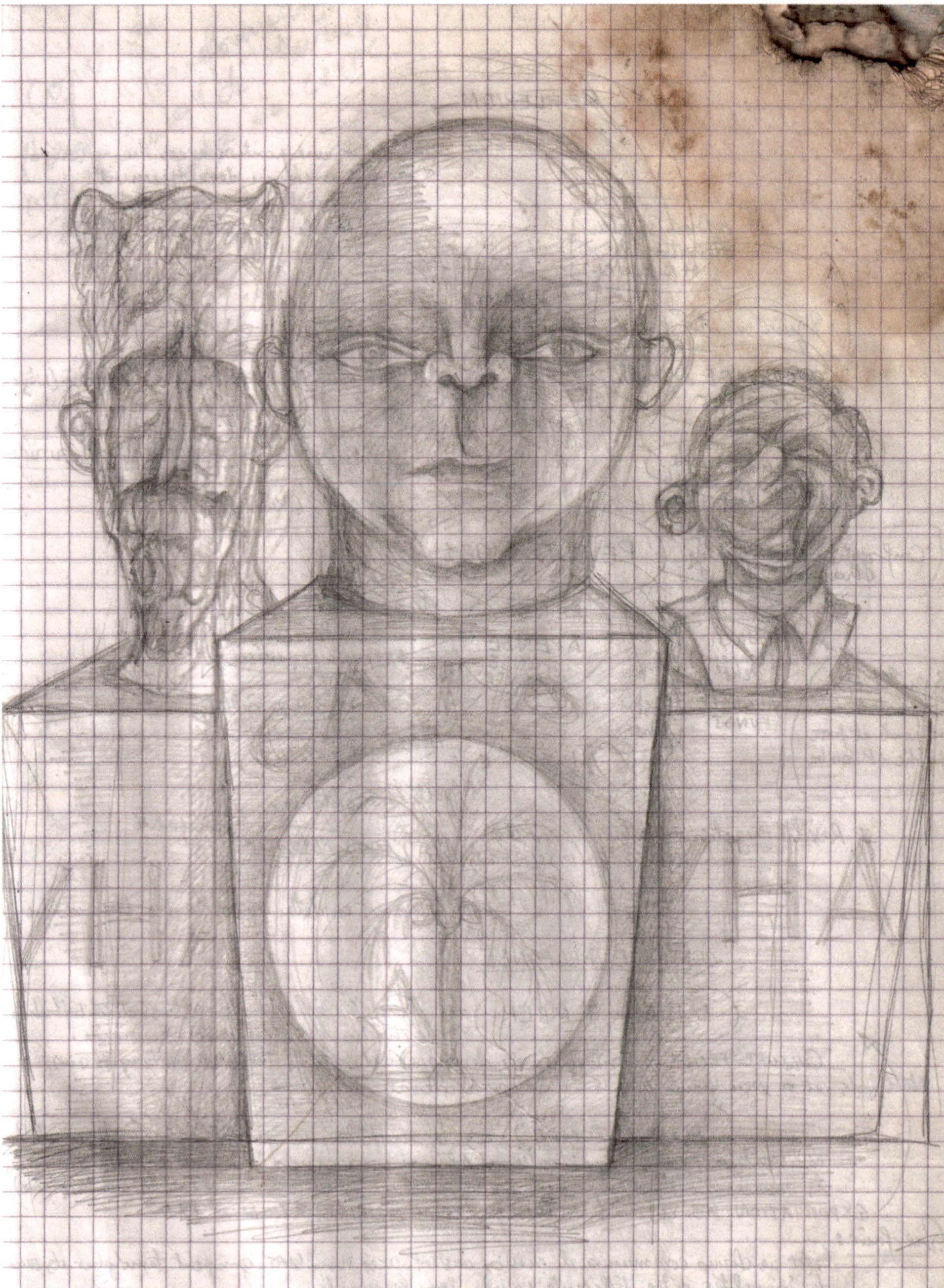

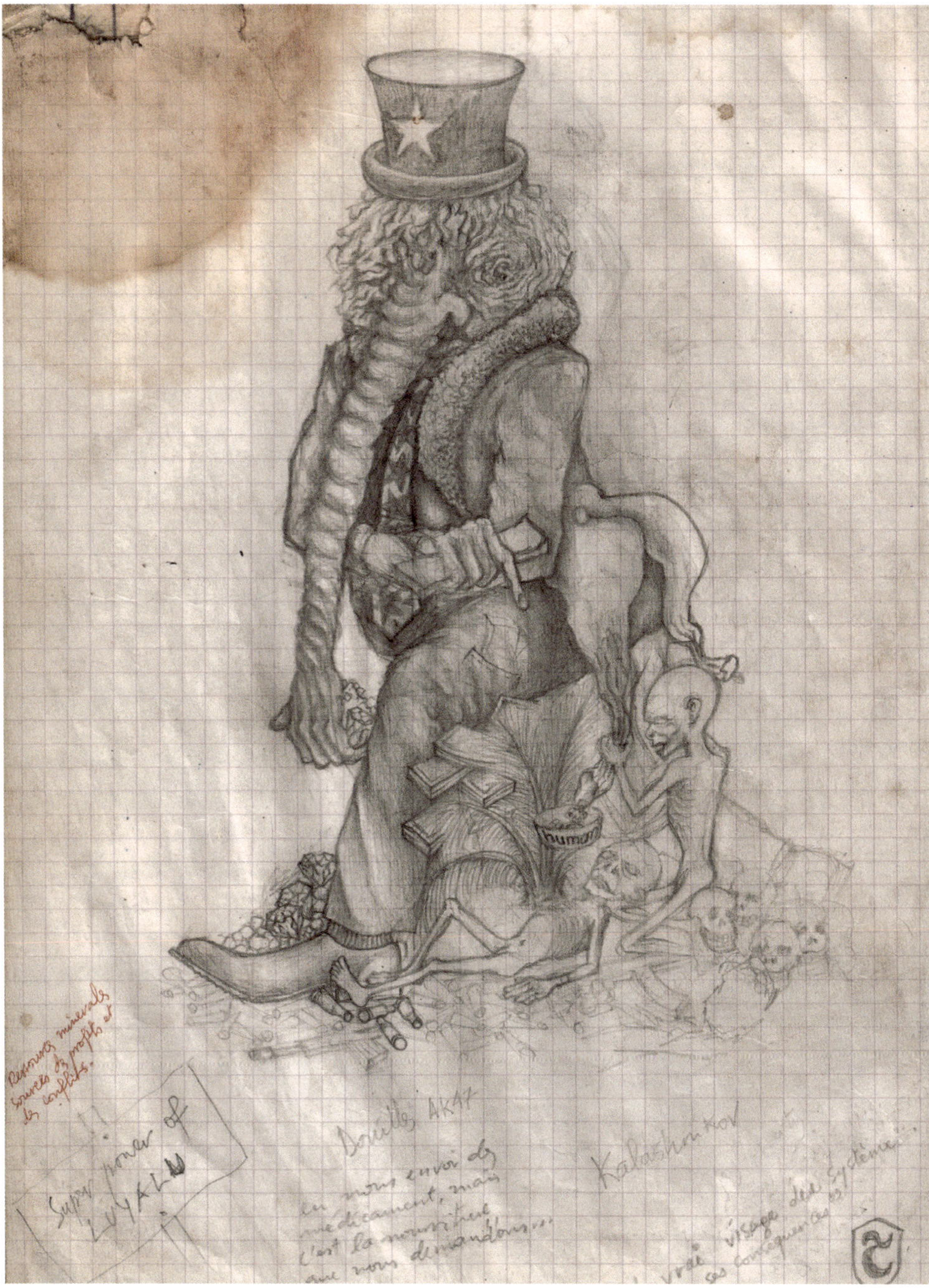
Ressources minérales sources de profits et de conflits.
Super power of
Douille AK47
Kalashnikov

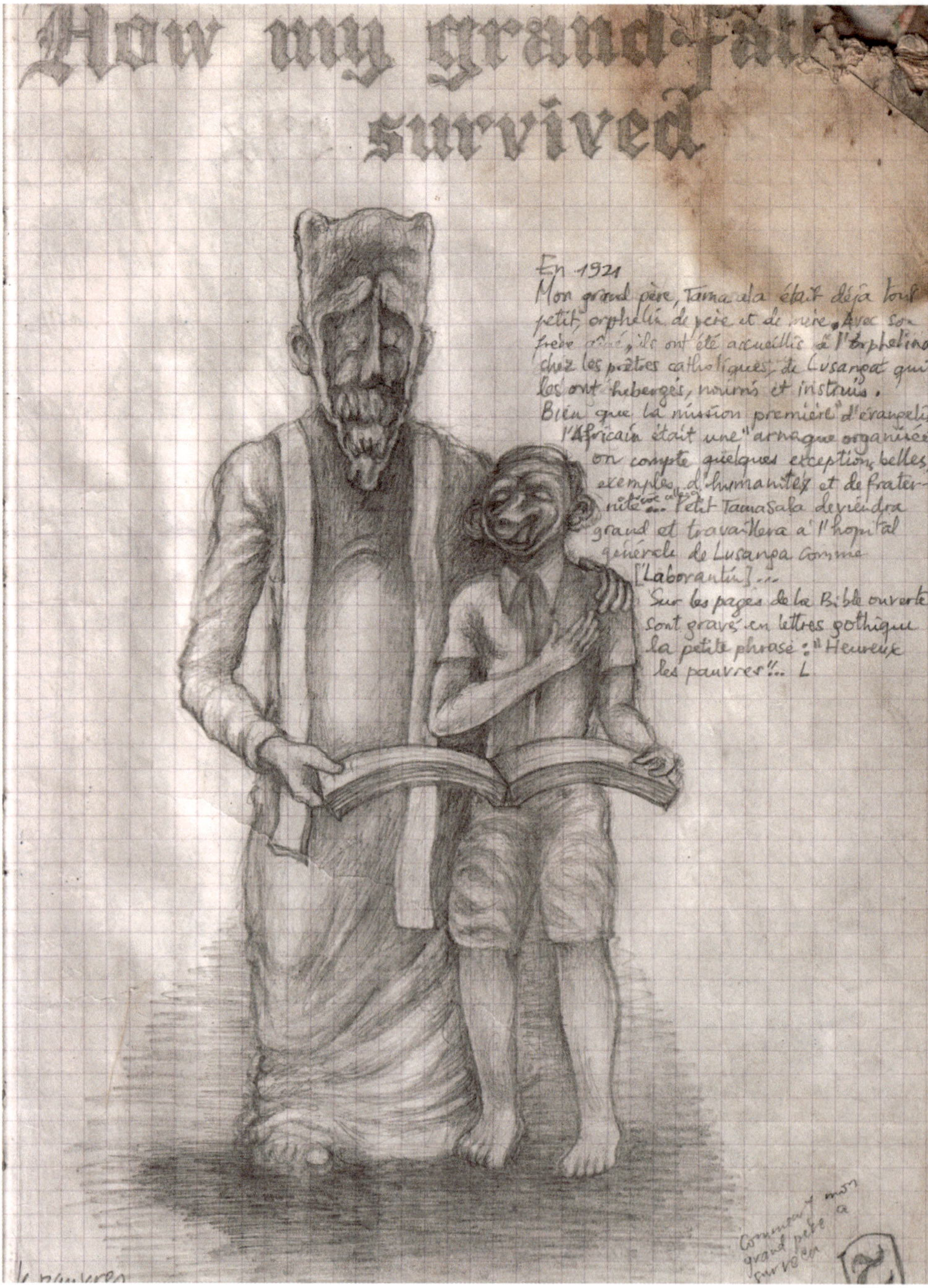
How my grand-fat[her]
survived
En 1921
Mon grand père, Tamasala était déjà tout
petit, orphelin de père et de mère. Avec son
frère aîné, ils ont été accueillis à l'orphelinat
chez les prêtres catholiques de Lusanga qui
les ont hébergés, nourris et instruits.
Bien que la mission première d'évangéliser
l'Africain était une "arnaque organisée",
on compte quelques exceptions belles,
exemples d'humanités et de frater-
nité... Petit Tamasala deviendra
grand et travaillera à l'hôpital
générale de Lusanga comme
[Laborantin]...
Sur les pages de la Bible ouverte
sont gravés en lettres gothique
la petite phrase : "Heureux
les pauvres"!.. L

Traduit de l'anglais par Vanessa Cochen

Nous voici aujourd'hui avec environ 200 personnes qui ont travaillé dans une ancienne plantation Unilever et nous allons construire ici une sorte de centre d'art. Nous pensons qu'ils doivent eux aussi faire la transition leur permettant d'aller au-delà d'une économie de type fordiste.

— Renzo Martens interviewant Richard Florida par connexion satellite (2012)

La créativité [...] est de plus en plus considérée comme la source d'où jaillissent les nouvelles technologies, les nouvelles industries, les nouvelles richesses et tout ce qui est positif sur le plan économique.

— Richard Florida, *The Rise of the Creative Class, Revisited* (« l'ascension de la classe créative », 2012)

On ne saurait assez souligner l'importance qu'il y a à faire naître et à entretenir dans l'esprit des indigènes l'idée que le coupeur représente l'« élite » de la main-d'œuvre indigène des HCB et de la population locale.

— Livret de main d'œuvre indigène des HCB (« Information et conseils à destination des membres du personnel », 1930)

L'intervention directe des représentants de l'état ainsi que des chefs indigènes pour procurer de la main d'œuvre se fera de plus en plus à l'encontre de la politique gouvernementale, il faut donc trouver des moyens pour inciter les indigènes à venir travailler *spontanément* et ce, en nombre croissant.

— L'évêque Sylvain Van Hee dans une lettre à la direction des HCB (1928)

1

Je suis toujours heureux de quitter Kinshasa. Mais alors même que la ville s'évanouit dans le rétroviseur, sa vibration et son rythme résonnent encore à mes oreilles. De toutes les choses dont Kinshasa est à court, le silence est peut-être la plus insaisissable. Il y a des enclaves de tranquillité dans les quartiers en périphérie, dans les cours à rallonge de la commune de Limete par exemple, mais jamais le cœur de la ville ne ferme l'œil ou ne s'arrête, même pour reprendre son souffle. Elle est en mouvement perpétuel, dans une cadence incessante de travail acharné et de tumulte qu'il ne m'est possible de supporter que quelques jours.

Malgré la décrépitude qui se répand, comme armée de tentacules, Kinshasa est un endroit doté de possibilités. La plupart des congolais donneraient leur bras droit juste pour avoir l'opportunité de tenter leur chance dans la ville. Elle est l'aimant qui attire tout ce que le pays compte de richesses, de talent et de ressources. Et pourtant nous voyageons dans la direction opposée, loin de la ville, vers un endroit qui, pour les jeunes générations, est considéré comme étant morne et démodé.

Nous nous dirigeons vers Lusanga, qui a constitué pendant un demi-siècle le cœur de l'industrie d'huile de palme du pays. La multinationale anglo-hollandaise Unilever, commerçant sous le nom des Huileries du Congo Belge (HCB), dominait cette industrie. Lorsque le Congo belge devint indépendant en 1960, les HCB possédaient vingt huileries et employaient près de 60 000 personnes.[1] Leur production était répartie sur cinq sites différents qu'on appelait des « cercles », et qui faisaient 120 kilomètres de diamètre. Parmi ceux-ci, Lusanga était le plus important, comportant près d'un tiers de la main d'œuvre et la moitié des huileries.

De nos jours l'activité économique s'est déplacée dans les environs, à Kikwit, reliée à Kinshasa par une route goudronnée. Lusanga est en ruine, mais pendant longtemps elle a été plus attrayante que Kikwit. Dans les années cinquante, elle était devenue un véritable centre régional. Pendant les week-ends, les commerçants, les fonctionnaires et quelques *évolués*[2] y affluaient pour faire une partie de tennis ou assister à un match de l'équipe de foot de HCB. Leverville, son nom d'antan, n'était pas seulement un lieu dédié au travail fébrile et zélé, elle était séduisante et pleine d'allégresse. L'usine fournissait

1. Henri Nicolaï, « Le Congo et l'huile de palme. Un siècle. Un cycle ? » *Belgeo,* 4 (2013) belgeo.revues.org/11772 (consulté le 30 novembre, 2016) (§ 21).
2. Un terme inventé par les colons pour désigner les « indigènes » ayant acquis quelque éducation occidentale. Voir également ci-après, chapitre 2.

de l'électricité en continu (fait exceptionnel à l'époque), ce qui mettait à disposition des boissons fraîches, de la musique amplifiée et même des séances de cinéma. La fascinante opulence du capital d'entreprise était étalée aux yeux de tous. Ce n'était pas uniquement le résultat d'éventuels besoins des expatriés blancs ; cela faisait partie d'un effort conjugué visant à ériger Unilever au rang d'employeur modèle.

Il est intéressant que le projet que nous sommes venus voir s'engage dans une voie similaire. L'Institut pour les activités humaines (Institute for Human Activities – IHA) dirigé par Renzo Martens, veut faire de Lusanga un centre culturel. D'une certaine manière, l'objectif à long terme est de redonner à la ville l'attrait qu'elle possédait autrefois. À cet effet, le dernier atout en date est la construction d'un musée réalisée par OMA (Office for Metropolitan Architecture), une agence d'architecture renommée fondée par Rem Koolhaas. Ceci peut être perçu comme une opération de prestige classique, échafaudée pour impressionner et attirer de potentiels collaborateurs. C'est une idée saugrenue que de bâtir un centre d'art luxueux en l'absence de toute infrastructure de base – une idée à mettre entièrement au mérite de Renzo Martens – mais cela souligne un aspect important de ce modèle d'économie créative au sein duquel opère le IHA : le prestige est sa devise principale. Sans le prestige, l'art est relégué au rang de simple « design », et l'engagement à l'activisme.

2

Je me suis rendu pour la première fois en République démocratique du Congo (RDC) en 2012 en tant que membre de l'IHA. Renzo et moi avions lié connaissance au fil du temps durant les mois précédents. Alors que je travaillais en tant que bénévole dans mon ancien lycée au Swaziland, Renzo m'appelait souvent, via une connexion Skype fragmentée, pour m'expliquer son nouveau projet. Je le connaissais en tant que réalisateur de « Enjoy Poverty » (2008), un film qui m'avait profondément marqué. Il y exposait brutalement le caractère inadéquat de « l'aide », qu'elle prenne la forme de projets de développement ou d'engagement artistique. Il souhaitait à présent mettre en place un centre artistique qui composerait, comme « Enjoy Poverty », avec le même sujet : comment les artistes peuvent-ils s'engager dans une critique significative étant donné leur complicité avec le statu quo ? Renzo estime que la complicité n'est pas liée à une pratique artistique individuelle mais qu'elle vient plutôt du système qui valorise et authentifie l'art, et qui est établi presque exclusivement au sein des pays occidentaux. Le résultat est que, par le biais de l'art, les fortunes et l'abondance s'accumulent dans les pays les plus riches du monde, et cela alors même que l'art prend pour sujet les inégalités existantes en « périphérie ». À cet égard, la critique artistique tend à aggraver plutôt qu'à réduire les inégalités. Renzo voulait changer cela en mettant en place une institution artistique dans un territoire qui avait connu beaucoup d'engagement sur le plan artistique mais n'en avait guère récolté les fruits, la République démocratique du Congo (RDC).

L'un de mes premiers boulots consista à tenir un mât de trois mètres de haut, arborant la bannière de la Biennale de Berlin en étendard, tandis que Renzo, qui se tenait à quelques pas, me prenait en photo. Nous avons ainsi arpenté les alentours de Kinshasa, plantant notre drapeau et prétendant à une parcelle de terrain pour notre projet. C'était un geste facile étant donné l'inscription sur le drapeau. On sait que le destin du Congo fût scellé lors de la Conférence de Berlin en 1885, lors de laquelle une poignée d'Européens se divisèrent le continent africain. Finalement, aucune des photos où j'apparaissais ne fut retenue – ce dont je suis encore reconnaissant. Nous nous sommes décidés pour une photo qui avait l'air suffisamment anodine dans la mesure où l'emplacement du projet n'avait pas encore été décidé : un village quelconque, entraperçu à travers de hautes herbes. Ceci était ma mission : trouver un site qui pourrait accueillir le séminaire d'ouverture de l'IHA. Une plantation de palmiers à huile d'Unilever aurait été idéale. À l'époque, la compagnie était un sponsor majeur de l'art, ayant contribué au financement de la Tate Modern à hauteur de 4.4 millions de livres sterling. De ce parrainage découlèrent les Unilever Series : treize œuvres de haut profil furent commandées afin d'être exposée dans le Turbine Hall, la salle d'exposition gigantesque au rez-de-chaussée de la Tate Modern. Des œuvres sublimes et progressistes réalisées par Bruce Nauman, Ai Weiwei et Tino Sehgal ont ainsi été financées par des travailleurs congolais gagnant moins d'un dollar par jour. C'était la contradiction même que le IHA se proposait d'explorer.[3]

Renzo et moi séjournions à la Procure Sainte Anne à Kinshasa, une maison missionnaire transformée en hôtel pour les humanitaires. Après avoir réservé notre vol pour Basankusu, nous nous sommes retrouvés comme dans un étrange purgatoire. Le réseau d'aéroports nationaux au Congo est bien développé mais certaines villes ne sont desservies qu'une fois par semaine et parfois les vols peuvent être annulés pendant trois semaines d'affilée. Nous passions nos journées à fainéanter dans l'enclos de la Procure, en attendant que notre vol soit confirmé. Le temps était mesuré par le carillon d'une clochette signalant les heures des repas, tirant les visiteurs de leurs chambres mal ventilées pour se rendre dans la salle à manger pour déjeuner ou dîner. Je n'avais pas vu le soleil depuis mon arrivée. Un brouillard blanc qui semblait fait de matière solide et impénétrable était suspendu dans les airs, pesant sur tous nos mouvements et nous vidant de toute énergie.

Pour contrer la chaleur, nous passions des heures à boire de la bière avec deux vieux Pères de la congrégation de Mill Hill. L'un des deux, James, était un ancien missionnaire dont il s'avéra que j'entendrai mentionner le nom, des années suivant, dans les maisons missionnaires qui me logeaient. Il était apparemment connu pour ses crises de colères à échelle sismique, mais nous n'y avons pas été confrontés. C'était un expert pour tout ce qui avait trait au Congo, ce qui me permit, novice que j'étais, de mariner dans le grand bain des idées reçues. J'appris que les Mongo étaient déloyaux, les Bateteke de bons chasseurs, les Bashilele des guerriers-nés et ainsi de suite. Chaque ethnie avait ses forces et ses faiblesses et les missionnaires avaient adapté leur approche en fonction de celles-ci. Cela me rappelait ces conversations banales entre étudiants Erasmus, au cours desquelles chaque pays se résume à un trait caractéristique.

3. De la même manière, le Leverhulme Trust, créé après la mort de William Lever, finance des recherches importantes sur le colonialisme passé et présent. Parmi les projets qui ont reçu un soutien en 2009 : « L'impérialisme européen et son héritage », « Marchandises et culture dans le monde colonial, 1851-1914 : voyage, technologie et transformation », « L'inde coloniale de l'entre-deux-guerres ». Le poste de professeur invité d'Ariella Azoulay à l'université de Durham a également été financé par le Leverhulme Trust. (Le Leverhulme Trust « Awards made in 2009 ».) www.leverhulme.ac.uk/sites/default/files/imported_pdfs/2009.pdf.

Il me donna également des conseils personnels. « Ne cherche pas à trop en faire en une journée », me dit-il, en buvant une gorgée de bière fraîche. Il s'avéra que ses siestes fréquentes et ses manières affables lui permettaient de garder son sang-froid. Comme c'est souvent le cas avec les personnes qui prodiguent des conseils, il se parlait en fait à lui-même. Le Père James avait des difficultés à contrôler son tempérament.

Ce que j'appris véritablement concernait le pouvoir de l'église catholique, *l'église mère*, telle qu'on l'appelle affectueusement. Dans un pays ravagé par la guerre, une gouvernance boiteuse et un capitalisme prédateur, l'église avait réussi à préserver son infrastructure. Lors de mes voyages dans des régions où les plantations et sociétés forestières exerçaient un pouvoir féodal, les églises et maisons missionnaires procuraient une sorte de refuge temporaire, une zone où prévalait une autre forme d'autorité, contrebalançant la précédente. Au Congo, les seules institutions qui sont sur un pied d'égalité avec le pouvoir de l'église sont les sociétés concessionnaires.

Lorsque notre vol fut finalement annoncé, nous embarquâmes dans un petit avion à hélice de fabrication chinoise et nous nous élevâmes au-dessus de la couche grise des nuages. Le ciel bleu se découvrit enfin. Au bout de trente minutes, les nuages disparurent comme si leur unique raison d'être avait été de priver de soleil les habitants de Kinshasa et la forêt qui s'étendait au-dessous de nous se dévoila à mes yeux. Je me souvins des paroles d'un bûcheron sud-africain, qui m'avait dit sans une once d'ironie, « la forêt est tellement vaste, elle n'en finit pas, elle est juste sans fin ». Cet homme était une créature d'un autre temps : parce qu'il ne pouvait voir la fin de la forêt, il pensait qu'elle était infinie. À présent, je me rendais compte qu'il avait raison. La terre était comme une boule verte, entrelacée des rivières marrons et des bandes de terre rouge. Le moteur de l'avion ronronnait doucement et, le temps d'une heure, je me suis délecté de la monotonie regorgeant de détails du paysage.

À Basankusu, nous nous sommes présentés aux prêtres et aux chefs de projet et nous avons trouvé un logement dans une maison missionnaire. Notre visite de la plantation était planifiée pour le lendemain. Comme d'habitude, le petit-déjeuner se composait de pain blanc et de pâte à tartiner belge bon marché. J'ai toujours pensé que c'était le comble de l'ironie que cette pâte à tartiner, faite avec de l'huile de palme, du sucre et une pincée de poudre de cacao, doive être importée de Belgique. Je ne pouvais cependant pas avaler grand-chose. J'étais empli d'un sentiment d'appréhension. Des images de « Enjoy Poverty » me revenaient en mémoire. Des enfants affamés, des vieillards émaciés au regard vide, attendant Dieu sait quoi, la mort probablement. Je ressentais la visite tel un rite de passage, le prix que je devais payer pour rejoindre le cercle restreint des avertis.

Notre chauffeur et guide se mit prestement en route sur le macadam orange. Il nous expliqua les différents métiers de la plantation. La nomenclature coloniale était toujours en place. Les coupeurs de fruit étaient qualifiés de *main d'œuvre ordinaire*, tandis que ceux qui travaillaient dans les secteurs plus techniques étaient encore, après cinquante ans d'indépendance, appelés des *évolués* – un terme inventé par les colons pour les « indigènes » ayant reçu quelque éducation occidentale.

Sans doute le plus poignant des retours en arrière, nous ramenant à une autre époque, était le système du « métayage ». Après environ vingt ans, un palmier cesse de produire régulièrement des fruits, même s'il continue d'être fécond pendant encore vingt ans. Pendant cette dernière période de sa vie, le palmier est donné à la population locale. Toutefois, seule la compagnie détient le droit d'en acheter le fruit, et ce, à prix fixe et non rentable. Ainsi la compagnie réussit à vampiriser jusqu'à la dernière goutte les fruits des plantations vieillissantes et ce, sans avoir à en assurer l'entretien. Ceci est exactement le système qui était en place dans les concessions Unilever dans les années vingt et qui a conduit à des abus inqualifiables. Curieusement, alors que les métayers se trouvent en bas de l'échelle hiérarchie de la plantation, ils sont qualifiés « d'entrepreneurs ».

Sur la route, nous nous sommes arrêtés dans un village entouré d'interminables allées de palmiers. Les villageois se dirigèrent vers la voiture et Renzo me poussa à aller leur parler. Deux chaises furent installées sous un abri et un vieil homme s'assit en face de moi. Je n'arrivais pas à parler. Peu auparavant j'avais été incapable de prendre des photos. L'appareil photo pendait mollement par sa lanière autour mon cou. Je ne l'avais utilisé que pour prendre de vagues photos du paysage. Les formes humaines avaient acquis la puissance d'un tabou, comme si, en les photographiant, je me ferais entraîner dans une sorte de prostitution de l'image dont je ne voulais pas faire partie. « Enjoy Poverty » était encore présent dans mon esprit ; c'était le prisme à travers lequel je considérais mon expérience. Le vieil homme me jeta un regard interrogateur. Je n'arrivais même pas à penser à une question aussi basique que « comment allez-vous ? » ou « quel est votre nom ? ». La culpabilité du blanc me paralysait. Renzo prit rapidement le relais et discuta avec le vieil homme. Celui-ci mit en avant un élément dont il voulait que je me rappelle : les salaires que la compagnie payait et le piège de la pauvreté qui en résultait. Il se mit aussi à bavarder et à blaguer, faisant ainsi quelque chose que j'avais encore à apprendre : voir au-delà de la souffrance et de l'oppression et engager le dialogue sur un plan personnel.

Alors que nous étions sur le point de partir, un jeune homme s'approcha de moi. Ses lunettes étaient trop grandes pour sa tête et un des verres était fêlé. Ça lui donnait un air d'intellectuel rêveur. Je ne fus pas surpris lorsqu'il commença à parler de ses frais de scolarité. Je me mis à compter l'argent dans mon portefeuille, somme qui revint à environ quatre-vingt dollars. Les yeux de l'homme, déjà agrandis par ses lunettes, lui sortirent complètement de la tête. Avant de lui donner l'argent, je lui dis, sur un ton paternaliste, de le dépenser avec sagesse. C'est la seule fois où j'ai vu quelqu'un littéralement sauter de joie. Il partit comme une flèche, ses amis se précipitant sur son sillage.

Lorsque Renzo retourna en Europe, je commençai à explorer seul les plantations. J'en visitai quatre autres ainsi que trois exploitations forestières. J'étais frappé par l'autorité qui émanait encore de ces institutions essentiellement coloniales. Ce n'est peut-être pas surprenant. Leur régime foncier est basé sur des accords de l'époque coloniale qui n'ont jamais été révisés. Ces accords ont été étayés par la notion de « terre vacante », qui signifiait que des populations entières ont été vendues à des intérêts privés. À ce jour, des villages sont entourés d'arbres dont les habitants n'ont pas le droit de récolter les fruits, ni de les abattre afin de les remplacer par leurs propres cultures. Les habitants constituent avant tout une partie de l'inventaire de la plantation et sont traités comme tels. Les entreprises entretiennent leurs propres routes, écoles, hôpitaux et forces de sécurité. Elles détiennent l'approvisionnement en eau et en électricité. Même si l'entreprise cesse d'exister, elle continue de contrôler les biens immobiliers inclus dans les limites de sa concession, comme c'est le cas à Lusanga. Rien n'échappe à leur attention. Ce sont elles qui contrôlent les autorités gouvernementales et pas l'inverse, ainsi que l'IHA s'en est rendu compte à ses dépens.[4]

3

Le séminaire d'ouverture de l'IHA s'est tenu dans une ancienne plantation Unilever à Boteka. Lorsque j'y suis arrivé, j'étais affaibli par la maladie et la fatigue. Après avoir voyagé six mois à travers la forêt congolaise, j'avais contracté la malaria et la typhoïde. Mes premières semaines à Boteka furent plombées par de longs et délirants moments passés au lit. L'armoire à pharmacie du docteur était vide. Le seul secours qu'il pouvait m'apporter était des paroles d'encouragement. Il examina ma trousse de toilette plusieurs fois, puis avec un air découragé, me conseilla de me procurer un traitement médical en ville. La résidence de la compagnie était équipée de meubles en teck, avec de l'électricité 24 heures sur 24 et la climatisation, un luxe dont je n'avais pas bénéficié depuis des mois. Mais le seul médicament qui semblait être stocké dans l'hôpital de la compagnie était de l'aspirine.

Dès que je me sentis mieux, je commençais à m'occuper de la construction des locaux de l'IHA. Grâce à l'aide des constructeurs et des ingénieurs de la compagnie, en à peine trois semaines, je pus construire sept chalets (agrémentés d'étagères en bambou et de portes coulissantes), une clôture de trois mètres de haut, des tours de surveillance, des blocs sanitaires en bambou et une plateforme pour notre connexion satellite.

4. En 2013, l'IHA a brutalement été expulsé de ses locaux à Boteka par Feronia Inc., une firme agroalimentaire exploitant trois anciennes plantations d'Unilever en République démocratique du Congo. Pour plus d'informations sur l'occupation illégale des terres par Feronia, voir RIAO-RDC et GRAIN « Agro-colonialisme au Congo : la finance de développement européenne et américaine alimente une nouvelle phase de colonialisme en RDC » (2 juin 2015) www.grain.org/fr/article/entries/5298-communique-de-presse-agro-colonialisme-au-congo.

Notre équipe en Belgique avait loué un appareil de qualité militaire qui pouvait établir une connexion à haut débit partout dans le monde. Avec un coût à peine inférieur à 0,50 dollars la seconde, c'était un montant exorbitant. Mais cela nous donnait la possibilité d'avoir une connexion en temps réel avec Toronto, permettant ainsi à Renzo d'interviewer Richard Florida au sujet de l'économie créative.

Selon Richard Florida, la créativité est « la caractéristique fondamentale de la vie économique [...] , la source d'où jaillissent les nouvelles technologies, les nouvelles industries, les nouvelles richesses et tout ce qui est positif sur le plan économique. »[5] La créativité est l'éperon qui aiguillonne la croissance, car elle crée de la valeur – bien plus que le cacao, l'huile de palme et les autres denrées sur lesquelles repose l'économie des pays du sud. Pendant l'interview, Renzo suggéra que c'était peut-être dans l'intérêt des travailleurs de plantations qu'eux aussi passent à une économie créative. Richard Florida renchérit : « Lorsque l'on étudie le développement », dit-il, « la création artistique passe avant les routes, avant les écoles, avant les hôpitaux. De ce fait, dans un processus de développement et dans le cadre d'une stratégie globale, il est important d'investir de façon délibérée et stratégique dans des infrastructures artistiques et créatives, afin d'atteindre un niveau de développement élevé et une amélioration du niveau de vie ».[6]

Peu importe que l'ironie ait échappé ou pas à Richard Florida. Le sujet de son livre, *The Rise of the Creative Class*, se centre sur le concept de rendre des idées rentables et ses propres idées lui ont rapporté une fortune. Sa théorie quelque peu auto-référencée renverse le dogme classique de l'avant-garde et définit la réussite commerciale comme un indicateur de la qualité d'une idée. Cette relation supposée entre créativité et viabilité commerciale a fait de Richard Florida l'égérie des décideurs politiques. Sinon, il n'y a pas grand chose d'innovant dans son travail. Comme l'a souligné Sarah Brouillette, Richard Florida a emprunté la plupart de ses idées à des ouvrages de référence sur le management passablement rebattus. Commençant par la célèbre « hiérarchie des besoins » d'Abraham Maslow, les sciences de la gestion ont désigné les créatifs comme des individus indéniablement «

5. Richard Florida, *The Rise of the Creative Class, Revisited* (New York: Basic Books, 2012), p. 15.
6. Richard Florida « Interview with Richard Florida at Research Seminar », enregistrement vidéo d'une conversation entre Renzo Martens et René Ngongo pour l'Institut pour les activités humaines, à l'occasion du séminaire d'ouverture, en juin 2012, à Boteka, RDC (téléchargé par l'IHA le 15 janvier 2014) vimeo.com/84210906.

en plein accomplissement de soi ». L'artiste en est ainsi arrivé à occuper la place de travailleur idéal.[7] Contrairement aux traditionnels ouvriers d'usine, les artistes ne sont pas aliénés par leur travail. Ils sont autonomes et se motivent par eux-mêmes. Ils n'ont pas besoin d'être intégrés dans des systèmes de contrôle onéreux. Du fait que leur travail soit intrinsèquement gratifiant, ils n'ont pas besoin d'être autant payés.

Cette vision de l'artiste fait partie des excédents du Romantisme. Même de nos jours, nous avons tendance à considérer les artistes comme des génies de la créativité, des individus exceptionnellement expressifs. Il est dès lors intéressant que le discours sur l'économie créative insiste sur l'universalité de l'idéal créatif. Il reprend ce qui était une notion aristocratique et l'applique presque sans distinction à de larges pans de l'économie. L'expression créative était autrefois l'apanage des génies mais maintenant elle l'attend aussi des baristas et même des employés de fast-food.[8] Il est clair que la notion d'expression personnelle a été largement dévalorisée, mais là n'est pas la question. En permettant à une barista de se considérer comme une « artiste », son employeur peut se permettre de moins la payer et lui donner l'impression qu'un emploi précaire est, somme toute, une option viable. Le prestige d'une carrière culturelle compense le manque de stabilité et de sécurité financière. En rendant séduisante la « liberté » propre à l'artiste, des représentations de l'artiste au travail ont fourni un modèle pour divers types d'emplois précaires.[9]

Il peut paraître vrai que pour que le travail soit pleinement satisfaisant, il est nécessaire que cela vienne de l'intérieur de soi. On doit pouvoir s'identifier à la tâche ou bien la considérer comme l'expression de son individualité. Aujourd'hui, les sociétés considèrent comme allant de soi que les employés soient motivés par leur besoin d'accomplissement de soi. D'où les éternelles séances de feedback et les formulaires d'auto-évaluation. Mais bien sûr, l'accomplissement de soi doit se réaliser dans le cadre des limites imposées par les bilans de la société. En définitive, les travailleurs sont supposés incarner les valeurs de la société, plutôt que les leurs. Le lien imaginaire entre les deux est un moyen de discipliner l'employé. Si sa performance n'est pas à niveau,

7. Sarah Brouillette, *Literature and the Creative Economy* (Stanford CA: Stanford University Press, 2014), p. 64.
8. Sarah Brouillette donne l'exemple des « artistes du sandwich » dans le métro. Sarah Brouillette, « Apostate Theses on the Creative Economy » (manuscrit non publié), p. 3.
9. Ibid. p. 2.

elle sera réprimandée non pas au sujet de son travail mais par rapport à son comportement. Ce n'est pas ce qu'elle fait qui est l'objet de la critique mais ce qu'elle est. Si elle veut « réussir », elle doit « s'accomplir » elle-même en conséquence. L'idée de l'accomplissement de soi se trouve alors instrumentalisée pour produire des subjectivités destinées à l'exécution de certaines tâches bien définies. Ceci peut être observé dans sa forme la plus pure dans l'interprétation de la notion du travail pendant le colonialisme. Ce n'était pas la tâche qui devait se conformer aux aspirations de l'individu mais l'individu qui était forcé à s'adapter à la tâche. Les managers d'Unilever envisageaient aussi le travail comme une forme d'accomplissement de soi. Leurs ouvriers trimaient dans les pires conditions, mais tout ce qu'ils voyaient, c'était l'étendard de la liberté et de la civilisation que brandissaient leurs travailleurs. Ce qui montre à quel point l'idée d'expression de soi peut aisément être emparée par des forces qui y sont fondamentalement opposées.

« En cette période de crise, nous avons besoin de nouveaux modèles de développement », nous déclare Richard Florida. « Au Congo, il est possible de démontrer, que, sur un territoire qui est loin d'être le plus riche, un territoire qui a lutté, on peut mettre en place un nouveau modèle ».[10] Le modèle que l'IHA propose d'instaurer permettra aux communautés de se partager les bénéfices matériels émanant de la critique artistique. L'idée étant que ces communautés, qui ont pendant longtemps été le sujet d'un discours critique, vont enfin commencer à voir leur situation s'améliorer grâce à cela. Ce qui pourrait conférer à ce discours une nouvelle pertinence et efficacité. Mais la question se pose ainsi : quelles stratégies l'IHA va-t-il mettre en place pour le faire fonctionner ? Va-t-il se plier au discours sur l'expression de soi ? Ou est-ce qu'il va élaborer une forme plus collective d'engagement critique ?

Les sculptures en chocolat sont une bonne étude de cas parce qu'elles résultent clairement d'un effort collectif. Les membres individuels du Cercle d'Art des Travailleurs de Plantation Congolaise (CATPC) ont chacun réalisé une forme en argile.[11] Ces formes ont été scannées en 3D et ont été exportées en Europe en tant qu'information. Bien que le produit fini en

10. Richard Florida, 'Interview with Richard Florida at Research Seminar.'
11. Ils l'ont réalisée sous la direction de trois artistes basés à Kinshasa : Mega Mingiedi Tunga, Eléonore Hellio et Michel Ekeba.

chocolat soit une empreinte de l'argile d'origine, la nature de la sculpture a été complètement changée. Ce n'est pas uniquement le matériau qui a changé, mais aussi le contexte, le cadre, le public et le discours.[12] Par exemple, au niveau de la signification, combien de couches ont-elles été rajoutées en réalisant le moulage de la sculpture en chocolat – une idée qui ne provenait pas des artistes congolais ? Les membres de l'IHA et du CATPC seraient les premiers à admettre qu'ils en sont co-auteurs. Mais pourtant, l'histoire de la présentation des sculptures reflète un certain malaise par rapport au mode de production collectif. Les sculptures n'ont jamais été présentées de la même façon. Chaque exposition a mis en avant un contributeur au projet différent. Dans les premières expositions au Van Abbemuseum et à Artes Mundi, l'accent était mis sur le médium, le chocolat, et ainsi les chocolatiers occupaient le rôle principal. Une exposition ultérieure présentée au Middlesbrough Institute of Modern Art soulignait l'apport des membres individuels du CATPC, les propulsant ainsi au rang d'auteurs des sculptures et de ce fait, donnant l'impression d'une pratique autonome que l'IHA permettait seulement de faciliter. De telles ambiguïtés naissent probablement de la nécessité, d'un point de vue commercial, d'avoir des auteurs clairement identifiables. Cependant, il est clair que le mode de production des sculptures ne se plie pas aisément à de telles exigences.

4

Alors que nous nous rapprochons de Lusanga, il y a un changement subtil dans le paysage. Les sommets des collines sont parsemés de palmiers et en bas dans les vallées, on peut apercevoir les soi-disant « palmoraies naturelles », des petits bois où les palmiers à huile prédominent. Nous avons pénétré dans le pays de l'huile de palme. C'est en raison de ces étendues vertes luxuriantes dans les vallées que William Lever choisi d'implanter là sa première huilerie. Il signa en 1911 un contrat avec le gouvernement belge lui permettant d'acheter 750 000 hectares de terrain divisé en cinq zones. Son objectif était de se procurer une source fiable d'approvisionnement en huile de palme afin de maintenir son empire du savon. Plus tard, les mêmes besoins en huile

12. Le discours qui était tenu à Lusanga se basait sur le « luyalu » et le « fio-fiotique », ce qu'on pourrait résumer sommairement par l'esprit, l'âme ou la signification de la sculpture, qui s'abrite temporairement sous une forme matérielle, tandis que l'IHA parlait au contraire de « redresser les chaînes de valeurs globales » et « supplanter les économie existantes ».

de palme furent à la base de la fusion avec la Margarine Unie hollandaise, créant ainsi une des plus grandes multinationales du monde, Unilever.

Des cinq zones achetées par Lever, trois se trouvaient dans les forêts équatoriales près du fleuve Congo. Les deux autres étaient situées plus au sud : l'une sur la rivière Kasaï et l'autre – Lusanga – au confluent des rivières Kwilu et Kwenge. La zone de Lusanga était connue pour avoir plus de palmeraies naturelles que les autres zones et était par conséquent la plus prometteuse. Trois huileries furent bâties coup sur coup et la plantation fut baptisée en grande pompe du nom de son fondateur. Cependant, la concession de Leverville se révéla être une déception. Non seulement la compagnie dut faire face à un problème de main d'œuvre insoluble, mais le climat s'avéra non-adapté à l'installation de plantations.[13] Ceci signifiait que la production d'huile de palme ne pouvait pas être rationalisée, ce qui de fait exacerbait le problème de main d'œuvre.[14] Le destin de la concession de Leverville dépendait totalement des palmeraies naturelles et très éparpillées, provoquant une dépendance à une main d'œuvre spécialisée. Il s'agissait des hommes qui devaient grimper en haut des arbres pour cueillir les fruits des palmiers : les coupeurs de fruits.

Il est important de noter que les « palmeraies naturelles » sur lesquelles William Lever était tombé étaient en fait le résultat d'activités agricoles locales. Ainsi que l'explique André-Bernard Ergo, l'idée de la palmeraie naturelle est un mythe. De telles forêts « sont nées sur les friches d'anciens champs grâce au système de rotation mis en place par les cultivateurs autochtones ».[15] L'utilisation du terme « palmeraie naturelle », suggérant une forêt de palmiers se développant toute seule comme par magie, facilitait l'expropriation des terres autochtones. De la même manière, certaines terres étaient considérées comme « vacantes » – de vastes étendues qui attendaient que les capitalistes européens leur mettent le grappin dessus. On alléguait que les villages, les champs et les terrains de chasse des Congolais se trouvaient dans les limites de ce qui était défini comme des « terres indigènes ». Il s'agissait de terres que la population locale pouvait revendiquer, bien qu'en n'en étant pas officiellement propriétaire. Néanmoins, les fruits des palmiers qui poussaient sur les « terres indigènes » appartenaient aux Congo-

13. Nicolaï, §39.
14. Voir par exemple D.K. Fieldhouse, *Unilever Overseas : The Anatomy of a Multinational 1895-1965* (Londres : Croom Helm Limited, 1978), p. 532.
15. André-Bernard Ergo, *Histoire de l'Oléiculture au Congo Belge*, p. 25 albergo.e-monsite.com/medias/files/palmhisco-5.pdf.

lais. Ils pouvaient les vendre à qui ils voulaient. C'était souvent le seul moyen qu'ils avaient de gagner de l'argent pour payer leurs impôts. S'ils avaient le choix, ils préféraient vendre leurs fruits aux petits commerçants indépendants. Ceux-ci avaient des frais moins importants et invariablement, offraient de meilleurs prix que les grandes compagnies concessionnaires telles que HCB. Mais, cela va sans dire, les directeurs de la compagnie estimaient que c'était « injuste » (une catégorie à laquelle seuls les Européens pouvaient avoir recours). Ainsi que le stipulait le contrat conclu avec le gouvernement belge, les HCB avaient investi des millions de francs dans les infrastructures locales. Les commerçants indépendants, dont beaucoup étaient portugais, n'avaient pas réalisé de tels investissements. Ils étaient considérés comme de dangereux opportunistes, sapant les profits des HCB.

Les HCB lancèrent une campagne en vue de persuader le gouvernement belge de leur accorder le monopole. Elles sont allées démarcher les autorités à Léopoldville et à Bruxelles, les poussant à obliger la population à travailler dans les palmeraies. La plupart du temps il s'agissait de demandes à peine voilées afin de mettre en place des mesures coercitives. Le gouvernement céda finalement en 1923. À l'intérieur des concessions des HCB, toutes les terres précédemment qualifiées de « terres indigènes » furent dorénavant assimilées à des « terres vacantes », ce faisant accordant de fait le monopole à la compagnie sur tout le négoce de la production des palmiers.[16] Les paysans congolais n'étaient plus autorisés à faire du commerce avec les négociants indépendants. Au lieu de cela, ils étaient obligés de vendre leurs fruits à HCB à un prix fixe et non rentable. La conséquence de cette nouvelle législation fut la transformation des concessions de HCB en vastes camps de travail. D'un trait de plume, tous ceux qui vivaient à l'intérieur des concessions se sont retrouvés enrôlés dans les effectifs de la compagnie.

5

Avant d'arriver à Kikwit, nous tournons à gauche et quittons l'asphalte. Lusanga se trouve seulement à cinquante kilomètres. Glissant sur la terre sablonneuse, nous passons devant de nom-

16. Cette situation a été officialisé dans les soi-disant « accords tripartites ». Dirk Beke, « Land-law in Belgian Central Africa » dans *Our Lands, Their Lands: Land Laws and Land Use in Modern Colonial Societies*, édité par Jaap de Moor et Dietmar Rothermund (Münster : Lit Verlag, 1994), p. 62. Voir aussi Fieldhouse, pp. 517- 21.

breux villages délabrés. Comme dans la plupart des endroits au Congo, les villages se trouvant le long des routes nationales sont en piètre état. Ils ont l'air de campements provisoires : quelques rangées de maisons décrépites, de rares arbres pour avoir un peu d'ombre et une terre ravagée par l'érosion. Les sources d'eau potable sont rares et éloignées, alourdissant encore plus le fardeau des tâches ménagères. Il est difficile à croire que des gens ont vécu dans de tels campements depuis le début du vingtième siècle, lorsque le gouvernement belge les a expulsés de leurs villages dans les vallées, laissant ainsi le champ libre pour l'exploitation commerciale des palmeraies. À Lusanga, le problème est exacerbé par l'interférence d'Unilever dans la composition démographique de la population. Lorsque je me suis rendu à Lusanga pour la première fois en 2013, j'ai été étonné que les gens se définissent eux-mêmes d'étrangers, alors qu'ils avaient vécu là-bas depuis des générations. Leurs ancêtres étaient des coupeurs de fruits de l'ethnie Pende qui avaient été forcés à s'installer à Lusanga. Cette ascendance étrangère signifiait que leur relation à la terre était fragile. Les dignitaires locaux refusaient parfois de leur donner des terres à cultiver, les condamnant ainsi à la misère. Les campements des Pende portent encore le nom des villages d'origine des coupeurs de fruits – Shimuna, Pembe, Kakobola. Un rappel nostalgique de temps meilleurs.

Juste avant de plonger dans la vallée de Kwenge, nous avons un premier aperçu de Lusanga. Sur la rive opposée, le clocher d'une église, arborant les briques rouges omniprésentes dans l'architecture belge, indique le centre de l'ancienne colonie européenne. Lusanga est en ruines. Ce qu'il en reste n'est qu'un pâle reflet de la vision expansive que s'en faisait William Lever. La ville avait été divisée par de larges avenues bordées d'arbres, l'huilerie étant desservie par une voie de chemin de fer étroite. Les cadres dirigeants vivaient en haut de la colline, occupant de grandes maisons spacieuses, qui jouissaient d'une vue saisissante sur la rivière Kwenge. Certains des ouvriers et leur famille étaient logés dans des campements en briques le long de la rivière. Les maisons en briques étaient réservées à la soi-disant main d'œuvre « qualifiée » – mécaniciens, ouvriers d'usine et autres techniciens. Ces campements, de construction récente et bien entretenus, pouvaient être admirés depuis la rivière. En conséquence, les dignitaires européens qui venaient y faire des visites-éclairs étaient toujours impressionnés par ces conditions de logement « optimales » et « de pointe ». Mais la majorité des ouvriers vivaient loin des regards, cachés au plus profond des palmeraies, parfois à plusieurs dizaines de kilomètres de la ville, pour ainsi dire invisibles. Au bout du compte, c'était aux coupeurs de fruits que Leverville devait sa richesse et son pouvoir d'attraction. En 1930, ils étaient environ 10 000 dans la seule concession de Lusanga.[17]

Environ soixante pour cent des coupeurs vivaient dans leur propre village. Ils étaient les habitants autochtones qui peuplaient ces contrées. Vers le milieu des années vingt, ils avaient quasiment tous, hommes, femmes et enfants, été enrôlés dans la main d'œuvre des HCB.[18] Le médecin-chef de la province à l'époque, Victor Daco, remarqua sèchement que les HCB présumaient posséder à la fois les palmiers et les gens qui vivaient autour.[19] Et pourtant cette main-d'œuvre ne suffisait pas à faire tourner les huileries. En conséquence, la compagnie prit des mesures pour recruter des travailleurs venant de plus loin. Ces hommes constituaient les quarante pour cent restant et étaient appelés main-d'œuvre « importée ».[20] La plupart d'entre eux venaient des territoires de Kikwit et de Kandale – environ 150 kms au sud de Leverville, à vol d'oiseau – et faisaient partie de l'ethnie Pende. Utilisant le notoire impôt indigène comme une arme, les administrateurs locaux faisaient des rafles dans les villages. Ceux qui ne pouvaient payer leurs impôts étaient encordés et expédiés à Leverville. Lorsque les impôts augmentèrent considérablement suite au krach de Wall Street en 1929, de plus en plus de personnes furent victimes de ces méthodes de recrutement brutales. Les HCB se retrouvèrent dans une double impasse. D'un côté il était clair que le recrutement forcé était intenable sur le long terme – dans la « Politique de la Main-d'œuvre Indigène » de la compagnie, un fascicule qui était remis à tous les agents européens, la compagnie proposait de remplacer le système en vigueur, qui était de « récolter les fruits du palmier Elaeis et les faire décortiquer par des *indentured cutters* »,[21] par un système basé sur un marché libre pour l'achat des fruits.[22] D'un autre côté, la

17. Jules Marchal, *Lord Leverhulme's Ghost* (Londres: Verso, 2008), p. 94. Fieldhouse, p. 514.
18. Marchal, p. 95.
19. Ibid., p. 97.
20. Victor Daco, rapport d'inspection sur la concession de Leverville (daté du 15 novembre 1929) dans *Main d'œuvre, Église, Capital et Administration dans le Congo des années trente (Vol. II),* édité par Jacques Vanderlinden (Bruxelles : Académie Royale des Sciences d'Outre-Mer, 2014), p. 102.
21. Un terme anglais qui pourrait être traduit en « coupeurs serfs ».
22. S.A. des Huileries du Congo Belge, Conseil d'administration, *Main d'œuvre indigène – information et conseils à destination des membres du personnel* (1930), p. 3.

compagnie était d'avis qu'elle n'avait pas les moyens de maintenir un tel système. Selon Sidney Edkins, l'homme qui fit construire les huileries à Lusanga et devint le premier directeur général de cette concession, la libéralisation du marché pour l'achat des fruits causerait des problèmes en raison du « prix que la société pouvait se permettre de payer ».[23] À l'identique, lorsque Pierre Ryckmans, le futur gouverneur général du Congo, visita la concession de Leverville en 1931, il remarqua que « l'adoption actuelle d'un régime de liberté vraie, ce serait la fermeture immédiate des usines ».[24]

Faire venir des travailleurs de loin donnait à la compagnie l'occasion de mettre en place une main d'œuvre professionnelle dont les intérêts concordaient avec les siens. On estimait que tôt ou tard, ces ouvriers seraient si réceptifs aux besoins de la compagnie que, « à l'expiration de leurs contrats », ils « reviendraient avec leurs femmes et leurs familles pour s'installer de façon permanente à l'intérieur du territoire contrôlé par les HCB ».[25] Ainsi que l'expliquait un directeur : « Si l'on veut vraiment réussir, nous ne devons pas seulement garantir la main d'œuvre nécessaire mais veiller à ce que les tâches des ouvriers et la manière dont ils sont traités soient telles que cela les incite à rester et à travailler avec complète satisfaction ».[26] À cet égard, la Politique de la Main-d'œuvre Indigène des HCB faisait autant figure de guide pratique que d'expression des aspirations de la compagnie.

> On ne saurait assez souligner l'importance qu'il y a à faire naître et à entretenir l'idée dans l'esprit des indigènes que le coupeur représente l'« élite » de la main-d'œuvre indigène des HCB et de la population locale. On doit utiliser tous les moyens pratiques afin d'y parvenir. On leur donnera les meilleures maisons et on veillera à écouter leurs palabres et leurs réclamations avec bienveillance et à y répondre avec empressement. On leur donnera des vêtements de bonne qualité, spécialement conçus pour eux aux frais de la société, et certaines primes qui seront périodiquement fixées par la direction au Congo.[27]

23. Fieldhouse, p. 514. Voir également Lord Lever dans une lettre à Moseley datée du 1er juin 1916 : « Au Congo nous ne pouvons pas entièrement dépendre d'un système d'achat. » (Archives Unilever, LBC/215.).
24. Pierre Ryckmans dans une lettre à sa femme Madeleine, datée du 18 janvier 1931, dans *Main-d'œuvre, Église, Capital et Administration dans le Congo des années trente (Vol. II)*, édité par Jacques Vanderlinden (Bruxelles : Académie Royale des Sciences d'Outre-Mer, 2007), p. 146.
25. S.A. des Huileries du Congo Belge, p. 3.
26. Moseley dans une lettre à Dusseljé, datée du 6 janvier 1923 (Archives Unilever, UAC/2/36/7/1/2).
27. S.A. des Huileries du Congo Belge, p. 4.

La plupart de ces mesures furent mises en place après 1945, suite à l'envolée des prix de l'huile de palme que l'essor économique d'après-guerre suscita. Mais en 1930, au creux de la crise, les expériences des travailleurs Pende « importés » étaient quelque peu différentes. En ce qui les concernait, ils venaient d'un pays totalement différent. On leur donnait trois jours pour se rendre à Kikwit, ils marchaient soixante kilomètres par jour et souvent sans être correctement ravitaillés. À Kikwit, ils étaient logés dans ce qui devint plus tard la prison gouvernementale. Plutôt que de leur donner des « vêtements de bonne qualité et spécialement conçus », on les dépouillait de leurs attributs culturels, dont les plus importants étaient les cheveux, qui était coiffés dans des styles élaborés, mais aussi les bijoux, tels que des bracelets ou des pendentifs portés autour du cou. On leur faisait faire le test de la maladie du sommeil. Dès le plus infime des signes d'inflammation des ganglions lymphatiques, ils étaient soumis à un traitement invasif. Arrivés à Leverville, le directeur général du cercle les accueillait en personne. Jusqu'en 1928, il s'agissait de Elso Dusseljé, un hollandais trapu, qui ferait par la suite une carrière exemplaire chez Unilever. Il était connu localement sous le sobriquet de *ngula*, ce qui signifie porc sauvage ou phacochère, un animal réputé pour sa vigueur et son intrépidité. Il avait pour habitude de s'adonner à des jeux cruels avec les coupeurs qui venaient d'arriver, les faisant grimper en haut d'un palmier avant d'y mettre le feu. C'était la « formation » que recevaient les coupeurs. On leur donnait ensuite une couverture et une machette et on les envoyait dans les palmeraies, où ils étaient censés construire leur propre maison. Ils finissaient par vivre dans des campements de fortune jusqu'à six mois d'affilée. De nombreux coupeurs tombaient malades à cause des rations alimentaires insuffisantes. Le taux de mortalité était vertigineux.[28]

En janvier 1936, Dusseljé, qui avait à l'époque été promu administrateur délégué d'Unilever au Congo, accorda une interview au *Courrier d'Afrique,* au cours de laquelle il déplorait le trafic illégal d'huile de palme. Ce négoce coûtait cher à la compagnie.

28. Il est sans doute impossible d'établir précisément le taux de mortalité en ce qui concerne les concessions des HCB mais il est clair qu'il était très élevé. Dans un rapport rédigé en 1923, le docteur Lejeune suggère qu'il atteignait un taux annuel qui avoisinait les 36% (Marchal, p. 35). Eugène Jungers, président de la Cour d'appel à Léopoldville, affirme que les HCB manipulaient les chiffres relatifs à la mortalité en signalant uniquement les décès survenus à l'hôpital (Vanderlinden, Vol. II, p. 202). Enfin, Pierre Ryckmans nous laisse cette note cryptique : « Remarqué énormo mortalité parmi les coupeurs. Accidents en masse. En temps de pluie doit quand même fournir. Glissent. » (Vanderlinden, Vol I, p. 309.)

L'accord passé avec le gouvernement spécifiait qu'elle seule avait le droit d'acheter des fruits à l'intérieur de ses concessions. Mais la population locale préférait faire sa propre huile, qui était ensuite vendue « illégalement » à des commerçants indépendants. Dusseljé reconnaissait qu'ainsi les coupeurs autochtones pouvaient gagner deux fois plus par kilo de fruits de palme que s'ils l'avaient vendu aux HCB. Étant donné les investissements réalisés par la compagnie, Dusseljé condamnait cette pratique comme étant « anti-économique ». Qui plus est, il affirmait qu'il était « dans l'intérêt particulier de l'indigène » de vendre ses fruits à « l'industriel possesseur d'une usine perfectionnée », plutôt que de les traiter lui-même.[29]

L'idée qu'il était dans l'intérêt personnel de la population de coopérer avec les HCB était constamment répétée, que ce soit par les dirigeants ou les agents de l'état. Ce qui est intéressant dans l'interview de Dusseljé, c'est qu'elle montre clairement, preuve mathématique à l'appui, que de collaborer avec les HCB n'était pas dans l'intérêt financier du travailleur. Par conséquent, ce à quoi Dusseljé fait appel, n'est pas au raisonnement rationnel et impartial de l'*homo economicus*, mais à quelque chose totalement plus métaphysique. Ceci offre une nouvelle perspective au rêve des cadres dirigeants d'une main d'œuvre qui s'installerait volontairement et de façon permanente à l'intérieur des concessions des HCB. Cela indique clairement que cette main d'œuvre n'existait pas mais devait être créée, et non par le biais d'incitations économiques, mais en changeant leurs perspectives.

Le « problème de main-d'œuvre » auquel étaient confrontés les industriels européens, était de trouver un moyen d'enrôler la population locale dans une économie monétaire, ou en d'autres termes, comment les forcer à travailler. Mais dans le discours qui en découle, la notion de « travail » ne marche pas comme on s'y attend. Ce n'est jamais seulement une dépense d'énergie physique afin d'atteindre un objectif productif. Le discours de l'économie se mêle au discours de la *mission civilisatrice*.[30] Le travail, ne générant même pas assez d'argent pour payer les impôts, devint le vaisseau emprunté afin d'arriver à une « illumination morale ». L'argument utilisé, en bon dialecticien,

29. Elso Dusseljé, administrateur délégué des HCB, dans une interview au *Courrier d'Afrique* (17 janvier 1936) (Archives Unilever, UAC/2/36/7/1/2).

30. Dans une lettre à Max Horn, argumentant en faveur de la restriction du droit de la population autochtone à commercer librement à l'intérieur des concessions des HCB, Lord Lever décrit les HCB comme « une institution civilisatrice ». Lord Lever à Max Horn, 16 novembre 1917 (Unilever Archives, LBC/229).

était que le travail en lui-même constituait une sorte de liberté. On ne travaillait pas pour le gain monétaire mais pour atteindre un idéal plus élevé, tel que la « liberté » ou la « civilisation ». Il y avait des objectifs universels, auxquels chaque individu, quelque soit sa nationalité ou sa race, était supposé aspirer. Le travail était ainsi défini comme la réalisation ou même la matérialisation de la subjectivité individuelle. En ce sens, les capitalistes qui œuvraient au Congo étaient de vrais marxistes. Dans le *Grundrisse*, Marx blâme Adam Smith de ne pas avoir réalisé que le travail peut être une « activité libératrice », à travers laquelle « les objectifs extérieurs ne se donnent plus l'illusion de répondre à de simples impératifs naturels, mais se présentent plutôt comme des objectifs que l'individu s'est lui-même fixés, d'où l'accomplissement de soi, l'objectivation du sujet, d'où la vraie liberté ».[31] Pour le coupeur de fruit, ceci signifiait des besognes physiquement extrêmement pénibles, un travail d'arrache-pied. Ses maîtres y voyaient cependant quelque chose de plus exalté. En positionnant la « civilisation » comme l'objectif des coupeurs plutôt que le leur, William Lever et d'autres pouvaient prétendre qu'ils aidaient leur « vraie nature » à s'accomplir. Les coupeurs étaient en fait des travailleurs créatifs au sens premier du terme, des artisans de la civilisation, garantissant leur accession à une vie morale et libre.

6

L'IHA et son organisation sœur, le CATPC, se sont installés à Kingangu, dans un ancien camp de travailleurs. Il n'y reste plus qu'une seule lignée d'habitations : cinq minuscules maisons décrépites et une plus grande pour le *chef de camp*. Un grand avocatier siège au milieu du village. Il y a des papayers, des bananiers, des poules qui se chicanent et sur l'un des côtés en haut d'une pente douce se trouve le campement de fortune du CATPC. Ses membres ont vue sur l'autre côté de la vallée et du paysage vallonné qui se trouve au-delà. Chaque soir le soleil se couche derrière eux, au-dessus d'une rangée de palmiers, peignant le ciel de couleurs à la fois écarlates, jaunes et vertes.

L'IHA a acheté vingt hectares de terres le long de la rivière Kwenge. Le campement de Kingangu ainsi que ses habitants

31. Karl Marx, *Grundrisse,* traduit par Martin Nicolaus (Londres : Penguin Books, 1973) www.marxists.org/archive/marx/works/1857/grundrisse/ch12.htm.

font partie de cette concession. Ce qui renvoie brutalement à l'origine coloniale des droits de propriété. Beaucoup de Congolais n'ont pas officiellement de droits sur la terre sur laquelle ils vivent. En théorie, l'IHA a le pouvoir de les renvoyer et de les chasser à sa guise, mais son projet correspond à une « gentrification inversée », pas à une gentrification en propres termes. Pendant mon séjour, quelques-unes des maisons en briques ont été rejointoyées, d'autres ont eu leur linteau de porte remplacé. Naturellement, les occupants étaient contents de ces améliorations. Les membres de l'IHA leur ont cependant demandé de libérer temporairement leurs maisons pendant les conférences et autres événements.

Sur papier, le CATPC est un organisme autonome. Il a sa propre structure juridique ainsi que, dans une certaine mesure, sa propre infrastructure. Mais en réalité, la distinction entre les deux organismes est plus ambigüe. Le CATPC est en grande partie financé par l'IHA. Le résultat est que l'autonomie dont ils se vantent est en fait un objectif politique pas si simple à atteindre. Eléonore Hellio, une des dirigeantes du CATPC me disait « Nous avons été complètement cooptés par l'IHA ». Elle en riait mais ses collègues et elle-même ne le prenaient pas à la légère. La dernière fois que j'étais à Lusanga, les relations entre l'IHA et le CATPC étaient d'un antagonisme larvé. La représentante locale de l'IHA, Suzanne Hoogewys, dont la formation était dans l'humanitaire, supportait difficilement les tables de groupe interminables et la fausse démocratie qui régnait au CATPC, tandis que Hellio déplorait le pragmatisme mercenaire de l'IHA. Le débat faisait alors rage à propos de la division de la concession proposée par OMA. Aussi bien l'IHA que le CATPC affirmaient que le projet d'OMA n'était pas suffisamment ancré dans l'expérience locale, mais ce qui devait le remplacer demeurait un sujet de discorde.

Mega Mingiedi, Michel Ekeba et Eléonore Hellio sont les dirigeants du CATPC, mais ils sont, selon leurs propres dires, des « artistes sans œuvres ». Si on les considère comme des créateurs, c'est dans le cadre d'une réflexion plus large sur la fonction de l'art dans la société postcoloniale. On attend cependant de la majorité des membres du CATPC qu'ils soient productifs, au sens plus traditionnel du terme. C'est à leurs noms que l'on associe les sculptures en chocolat.

L'un des artistes que j'ai eu l'occasion de connaître durant mon séjour à Lusanga était Cedrick Tamasala, un jeune homme d'une petite trentaine d'années, charmant et à la voix douce. Au sein du CATPC, Cedrick est considéré comme un dessinateur expert. Il m'a prêté un des ses carnets de notes, débordant d'esquisses, poèmes, collages, notes et aphorismes. Ce qui m'intéressait dans le travail de Cedrick, c'était son implication dans l'histoire de la région. Conscient des tentatives réalisées par d'autres Européens pour apporter leurs lumières au Congo, en commençant par l'œuvre missionnaire dans le bassin du Kwilu au début du vingtième siècle, Cedrick avait cultivé une perspective historique au sujet du projet de l'IHA. On s'en rend compte dans ses esquisses aussi bien qu'à travers la forme qu'il a donné à la sculpture, *How My Grandfather Survived* (2014).

L'histoire qui a inspiré la sculpture est saisissante. L'arrière-grand-père de Cedrick était l'un des nombreux coupeurs de fruits qui sont morts au travail. Il est tombé à sa mort alors qu'il récoltait des fruits au sommet d'un palmier.[32] Le grand-père orphelin de Cedrick fut recueilli par son oncle et accueilli chez lui et son épouse. Il y vécut avec son frère et sa sœur, mais ils eurent à souffrir aux mains de l'épouse violente. Lorsque cette femme tua leur sœur lors d'une crise de colère, les deux frères s'enfuirent. Ils vécurent dans les palmeraies pendant un temps, cherchant refuge dans les dépôts de fruits qui se trouvaient le long de la rivière. Un gardien bienveillant leur donnait un morceau de pain de manioc, ou un autre, un morceau de poisson. Ils se sont débrouillés de la sorte jusqu'à ce qu'un père jésuite les trouve, émaciés et couverts de plaies. C'est ainsi que le grand-père et le grand-oncle de Cedrick survécurent.

Cedrick réalisa plusieurs esquisses, dont certaines représentaient aussi son grand-oncle, avant de décider de se concentrer sur le personnage de son grand-père. Il est dépeint en jeune garçon habillé de vêtements européens, le visage arborant une expression difforme. Sa tête déformée ressemble de façon frappante aux portraits de Francis Bacon. Un prêtre jésuite se

32. Voir aussi l'obersvation de Pierre Ryckmans note aa, ci-avant.

tient à ses côtés. Ensemble, ils tiennent une bible, ou peut-être que c'est un catéchisme. Le visage du prêtre est allongé et impénétrable. Sur le sommet de sa tête, il arbore une paire de cornes. Sa tendre étreinte prend ainsi une connotation menaçante. La sculpture se prête à une interprétation évidente.[33] Le père blanc a aidé le garçon à survivre, mais au prix de l'identité de celui-ci. La sculpture jette donc un doute sur la bienveillance du prêtre, mais la reconnaît en même temps.

Au regard d'une critique sociale, la sculpture constitue un commentaire puissant sur le traumatisme hérité du colonialisme. Elle est également très autoréflexive. La sculpture manifeste une conscience de sa propre contingence sur l'effort missionnaire. Sans le Christianisme, la pensée qui encourage l'introspection critique n'aurait pas connu une telle proéminence. Cedrick se présente lui-même délibérément comme le produit de cette histoire. Il est intéressant de noter qu'il inclut l'IHA dans cette même histoire. Dans les pages de son carnet, Cedrick reprend à maintes reprises la figure du missionnaire et celle du garçon, les installant sur un socle où sont inscrites les lettres « IHA ». Il identifiera donc ainsi un courant sous-jacent chrétien, si ce n'est pas colonial, au sein du projet de IHA. Le CATPC est représenté à part. Il est dépeint sous les traits d'un jeune enfant précoce, oscillant entre le père jésuite et le garçon comme s'il était issu des deux. Alors que le garçon est déformé, l'enfant est représenté dans son intégrité, soutenant tranquillement le regard du spectateur.

7

Le fait que le christianisme ait facilité l'asservissement des peuples colonisés est bien connu. Ce qui est peut-être moins clairement perçu est la manière dont le christianisme a posé les bases de notre compréhension actuelle de la créativité. Il l'a effectué en instaurant un espace où l'individualité pouvait s'épanouir. Cet espace se trouvait à l'intérieur de l'homme. C'était une région intérieure où l'on pouvait communier avec Dieu. Ce qui a rendu le christianisme si populaire dans les premiers temps était la présomption d'égalité. Chacun avait une âme et toutes les

33. Je me concentre sur la contribution de Cedrick Tamasala par rapport à la sculpture, c'est-à-dire sa forme. Le fait qu'elle ait été moulée en chocolat lui confère une dimension toute nouvelle. Voir également ci-avant, chapitre 3.

âmes étaient égales aux yeux de leur Créateur. Ceci rassurait les gens par rapport à leur propre valeur. De plus, dans un monde dominé par les hiérarchies rigides et les inégalités flagrantes, le christianisme offrait une perspective de mobilité sociale, bien qu'après la mort. Chacun avait la chance égale de rédemption. Mais le poids de cette responsabilité pesait lourd sur l'individu. On devait personnellement rendre des comptes à Dieu, et ce n'était pas à prendre à la légère parce que Dieu connaissait nos pensées les plus sombres et les plus abjectes. Pour le satisfaire, il n'était plus suffisant de suivre la Loi mosaïque, tel qu'était le cas pour le judaïsme, ou d'accomplir des rites religieux, comme l'exigeait les dieux grecs et romains. Pour le christianisme, les actes de charité ne servaient à rien s'ils n'étaient pas réalisés avec amour. Ce n'était pas le résultat qui importait mais l'intention. Afin de répondre à l'impératif d'excellence morale, les chrétiens devaient cultiver des intentions pures, ce qui requérait une vigilance constante et une introspection critique.

L'idée d'égalité entre les âmes générait un paradoxe au cœur de l'entreprise missionnaire. D'un côté, les indigènes étaient considérés comme inférieurs dans presque tous les domaines. D'un autre côté, eux aussi avaient été créés à l'image de Dieu et étaient donc des égaux.[34] Le projet missionnaire s'est inséré dans l'écart que ce paradoxe avait engendré. Il fallait que l'église attire la population à elle-même, en particulier les enfants, qui étaient les plus impressionnables. Lors de leur préparation au baptême, les catéchumènes recevaient une préparation rigoureuse, « autant ascétique qu'intellectuelle ».[35] Ils étaient séparés de leur communauté d'origine et vivaient une vie extrêmement règlementée. Chaque minute de leur journée était allouée. Mis à part le travail manuel, auquel les pères blancs accordaient une importance toute particulière, ils passaient beaucoup de temps à méditer et à prier. L'étude, la solitude et le silence concourraient à créer un espace intime, où l'âme pouvait s'épanouir.[36] En inculquant à leurs élèves la pratique de l'introspection critique et de l'autocritique, les missionnaires les préparaient pour la confession. En théorie, cette éducation morale était supposée susciter humilité, bonté et actes de charité. En pratique, ce qui intéressait le plus les pères jésuites, c'était de créer une main d'œuvre professionnelle et motivée pour leurs amis, dirigeants

34. Anicet N'Teba Mbengi, *La mission de la Compagnie de Jésus au Kwilu : Contribution à la transformation d'une region 1901-1954* (Rome : Gregorian & Biblical Press, 2010), pp. 435-37
35. Ibid., p. 347
36. Selon le vicaire apostolique Van Hee, les enfants qui étaient entièrement tournés « vers le dehors, vers le sensible », devaient être orientés vers « la vie intérieure ». (Vanderlinden, Vol I, p. 289.)

des entreprises concessionnaires.[37] Ils pensaient que l'instruction religieuse encourageraient les néophytes à aller ce faire embaucher en tant que coupeurs de fruit par des entreprises telles que les HCB, mais en fait, ce fut le contraire. Ils refusèrent.[38]

Lorsque les missionnaires arrivèrent au Congo, ils n'apportèrent pas seulement avec eux le dogme de l'église, mais aussi deux mille ans de culture qui s'était développée *du fait de* l'église, en bref, le libéralisme.[39] Les missionnaires considéraient la civilisation comme une réussite du christianisme. Cependant, à partir du vingtième siècle, le christianisme avait cédé la place au libéralisme, en tant que matrice idéologique principale à travers de laquelle l'Occident se perçoit. Le culte de Dieu avait été remplacé par le culte de l'individu et des droits qui lui étaient propre, principalement les droits de propriété. Les missionnaires eux-mêmes semblaient avoir confondu les deux. Par exemple, le vicaire apostolique Sylvain Van Hee, qui présidait la section jésuite à Leverville, était convaincu du pouvoir civilisateur et par conséquent de christianisation des HCB. Il était donc stupéfié et contrarié que personne ne veuille couper de fruits pour eux. Il essaya de comprendre le problème en rédigeant des traités longs et décousus. L'un s'intitulait « Travail et civilisation », un autre « Contrat libre ou travail forcé. »[40] Les deux textes sont ponctués de brefs résumés en anglais, indiquant qu'ils avaient été écrits spécialement pour les dirigeants des HCB. Dans ces textes, il essayait de répondre à une question qu'il avait posée à un dirigeant des HCB à Londres, deux ans auparavant : « Comment parvenir à inciter un nombre suffisant d'indigènes à s'engager à travailler pour vos entreprises au Kwango, sans exercer de pression « répréhensible » ? »[41]

La réponse qu'il apportait était la « persuasion morale », le recours, non à la force brute, mais plutôt à une autorité qui s'adresse à l'ouvrier « en son for intérieur ».[42] La contrainte physique était coûteuse et inefficace. Sylvain Van Hee suggéra donc que toute l'attention devait être portée sur la vie intérieure

37. Voir la lettre du vicaire apostolique Van Hee à M. Bell, dont il est fait mention ci-après (Vanderlinden, Vol. I, pp. 211-3).
38. Voir par exemple Vanderlinden, Vol. I, p. 214 et Vanderlinden, Vol. II, p. 293.
39. Ce paragraphe ainsi que les autres de ce chapitre doivent beaucoup à l'analyse de Larry Siedentop au sujet de l'ascension du libéralisme. Larry Siedentop *Inventing the individual: The Origins of Western Liberalism* (Londres: Penguin Books, 2015).
40. Les deux textes sont recueillis dans Vanderlinden, Vol. II.
41. Van Hee à M. Bell, 7 décembre 1928, Vol. I, p. 212 (rédigé en anglais).
42. Van Hee, « Contrat libre ou travail forcé » dans Vanderlinden, Vol. II, p. 145 (rédigé en anglais).

des travailleurs. La seule façon « d'obtenir un résultat complet et permanent » était de « changer la mentalité de l'indigène ».[43] Cependant, la formation qui était supposée « changer la mentalité de l'indigène » a eut l'effet opposé. Elle munit les nouveaux convertis d'outils leur permettant de dénoncer l'hypocrisie de leurs instructeurs. On leur avait dit : « Le royaume de Dieu est en toi », mais le monde extérieur semblait soudainement appartenir à l'homme blanc. Pour l'élève critique, c'était un marché de dupes. On leur avait appris qu'ils étaient égaux en théorie, ils réclamaient donc maintenant que cette égalité soit mise en pratique. Ils ne voulaient pas travailler comme coupeurs de fruits. Ils voulaient occuper les postes des colons blancs. Au grand chagrin de Van Hee, les chrétiens refusaient catégoriquement « d'accepter la machette », comme l'expression le disait. Aucun homme blanc ne se rabaisserait de la sorte, alors pourquoi eux, le feraient-ils ? La profession de coupeur était réservée aux basenji, des sauvages de la brousse qui n'avaient pas encore goûté au vin capiteux de l'égalité. Ainsi, le grand-père de Cedrick, ayant été baptisé et formé par les pères jésuites, ne se retrouva pas à couper des fruits, mais devint assistant de laboratoire à l'hôpital général.

8

Il est clair que Cedrick est sur une piste lorsqu'il décèle un écho lointain du projet missionnaire dans l'IHA. Je n'insinue pas que l'IHA a des arrière-pensées et forme secrètement ses membres pour qu'ils aillent travailler dans les palmeraies. Ce à quoi je veux faire allusion, c'est au fait que la manière dont l'IHA se présente peut aisément s'assimiler à un profil chrétien. Prenons par exemple la notion de complicité, que Renzo présente comme une participation inévitable à un système global d'exploitation. Ceci peut être considéré comme une forme sublimée du péché originel. En reconnaissant notre complicité, ou en la confessant, nous pouvons atteindre un niveau de conscience plus élevé. Mais la conscience critique de soi n'est pas suffisante. « Comme le corps sans âme est mort, de même la foi sans les œuvres est morte » déclare Saint Jacques. La valeur de la prise de conscience critique réside dans le fait qu'elle profite à ceux qui sont dans le

43. Van Hee à M. Bell, 7 décembre 1928, dans Vanderlinden, Vol. I, p. 212 (rédigé en anglais).

besoin. Mais les profits matériels ne sont importants que dans *cette* vie. Malgré que l'IHA souligne la nécessité d'aller au-delà du symbolique pour changer le monde réel, ce qu'il souhaite avant tout, c'est transcender la relation binaire entre regardeur et regardé, donateur et bénéficiaire, réalité et représentation. Dans les premiers textes rédigés par l'IHA, tout ceci était sur le point d'advenir dans la Colonie installée au Congo. En rassemblant les éléments disparates qui constituent une œuvre d'art, la Colonie ne représenterait plus rien mais pourrait juste *être*. Ce serait un aplanissement, un acquittement qui permettrait aux gens de vivre ensemble dans le bonheur et l'amour : un état de conscience pure. On serait ainsi aussi près que possible du paradis.

L'IHA reconnaît sciemment une filiation moderniste. À cet égard, il convient de suivre la trajectoire chrétienne, qui va de l'intérieur à l'au-delà. Le modernisme a fait de l'autoréférence sa valeur suprême. Certains artistes, tel Renzo, pensent que « cet acte d'autoréférence, avec ce qu'il a de vaniteux en lui, fait place à l'existence d'un véritable *humanisme* ».[44] D'autres trouverait cela utopique. L'individualisme, sous ses multiples facettes, nous en a fait arriver là où nous sommes. Dans les domaines de la politique et de la religion, il a érodé des identités sociales. Dans le domaine du travail, il a érodé la protection sociale et la disponibilité des services publics. Dans le domaine de la culture, en particulier dans le cadre d'un projet qui tente, sur un plan critique, de remettre en cause le statu quo, il est peu probable que l'idée de « liberté en tant qu'autoréférence » ait des effets positifs. Il est temps d'élaborer de nouvelles formes d'engagement critique, qui se distancent de l'héritage du modernisme et du christianisme ainsi que de l'idée sauvagement dévoyée « d'expression personnelle. » Il est temps d'aller vers une forme d'engagement plus collective. Ceci dit, la collaboration entre l'IHA et le CATPC est peut-être une expérimentation de cela même... et c'est la réussite incontestable de Renzo : il a posé les fondations pour un institut d'art et centre de recherche qui pourrait potentiellement transcender ses propres idées. Cedrick a peut-être déjà aperçu un changement à l'horizon.

44. Renzo Martens, « Episode II », expertise.hogent.be/nl/projects/episode-ii(5fe83acb-0db4-4306-960d-14232ac6e9f0).html.

Photos on pages 338-341: Ritual performances on the occasion of the opening of the conference "The Matter of Critique III," Lusanga, September 24, 2016

Photos à la page 338-341 : Performances rituelles célébrant l'ouverture du colloque « La Matière de la critique III », Lusanga, 24 septembre 2016

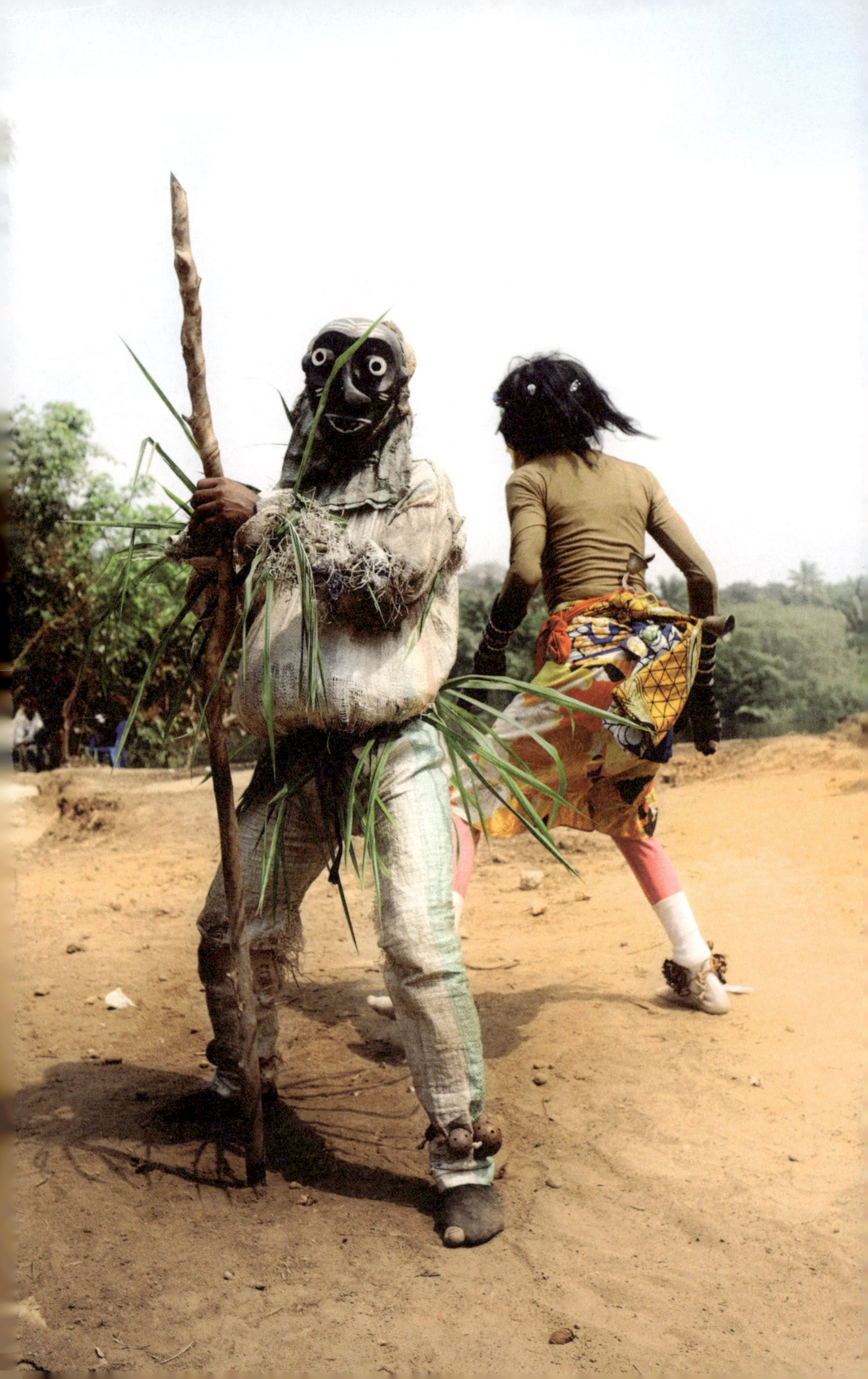

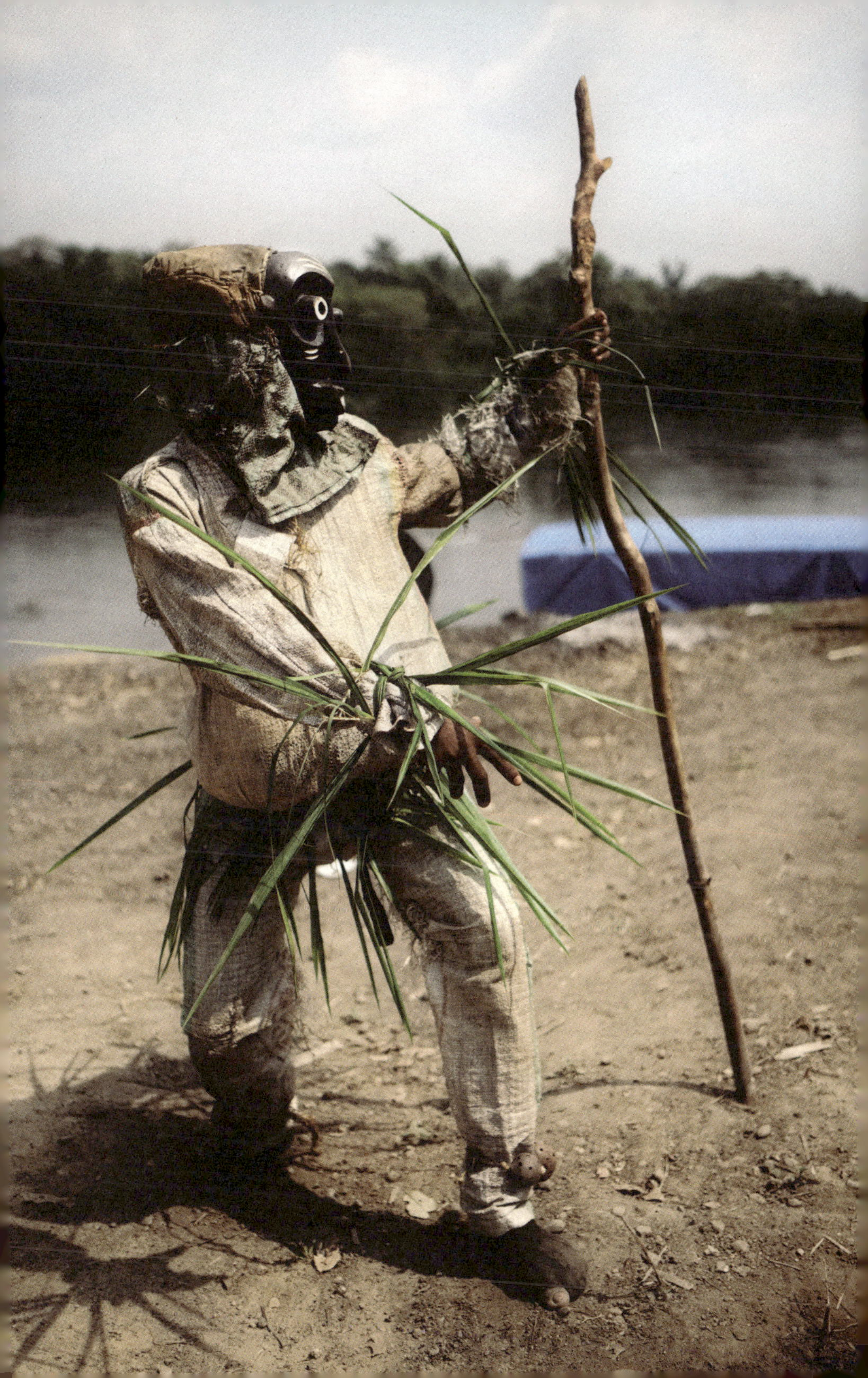

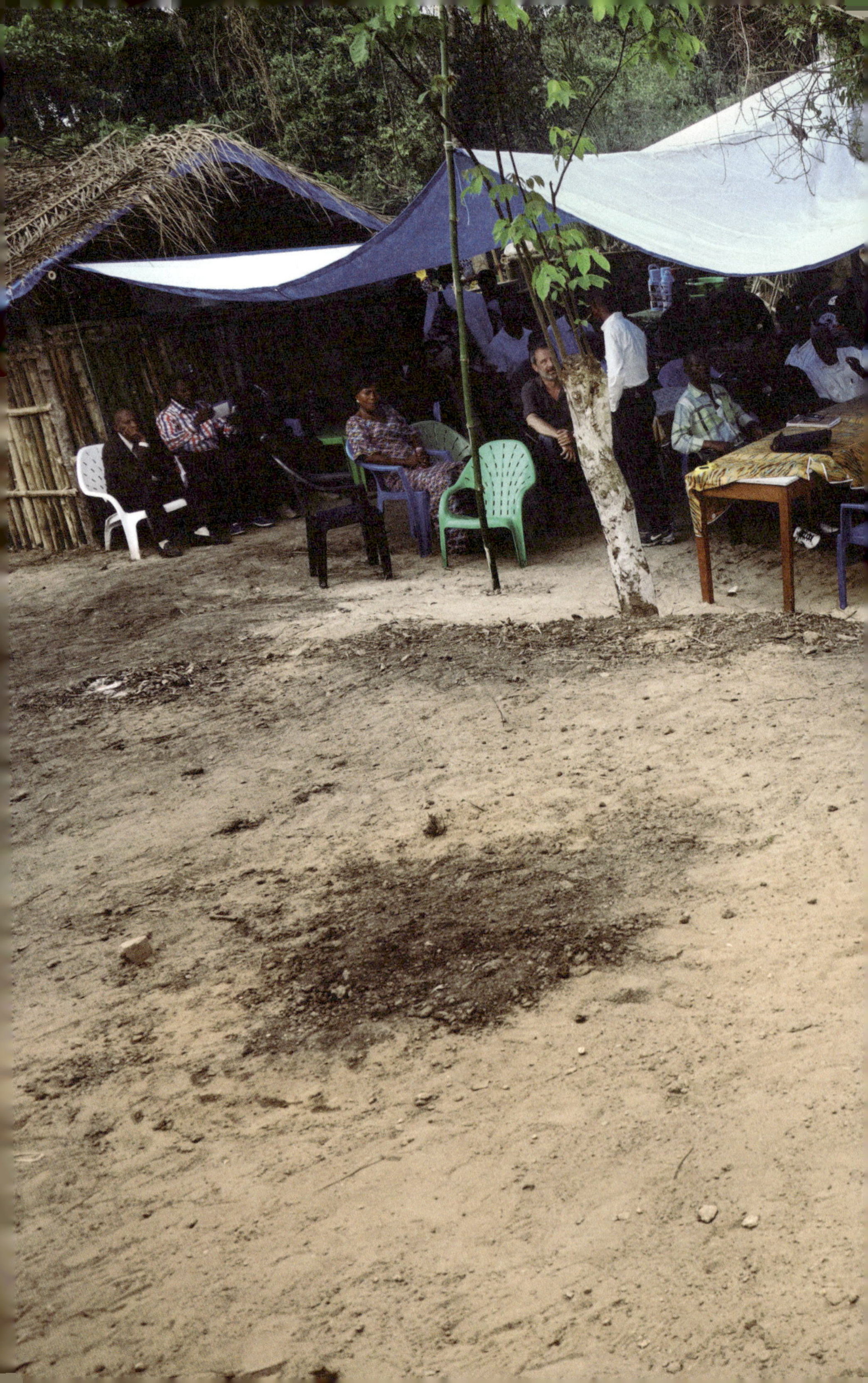

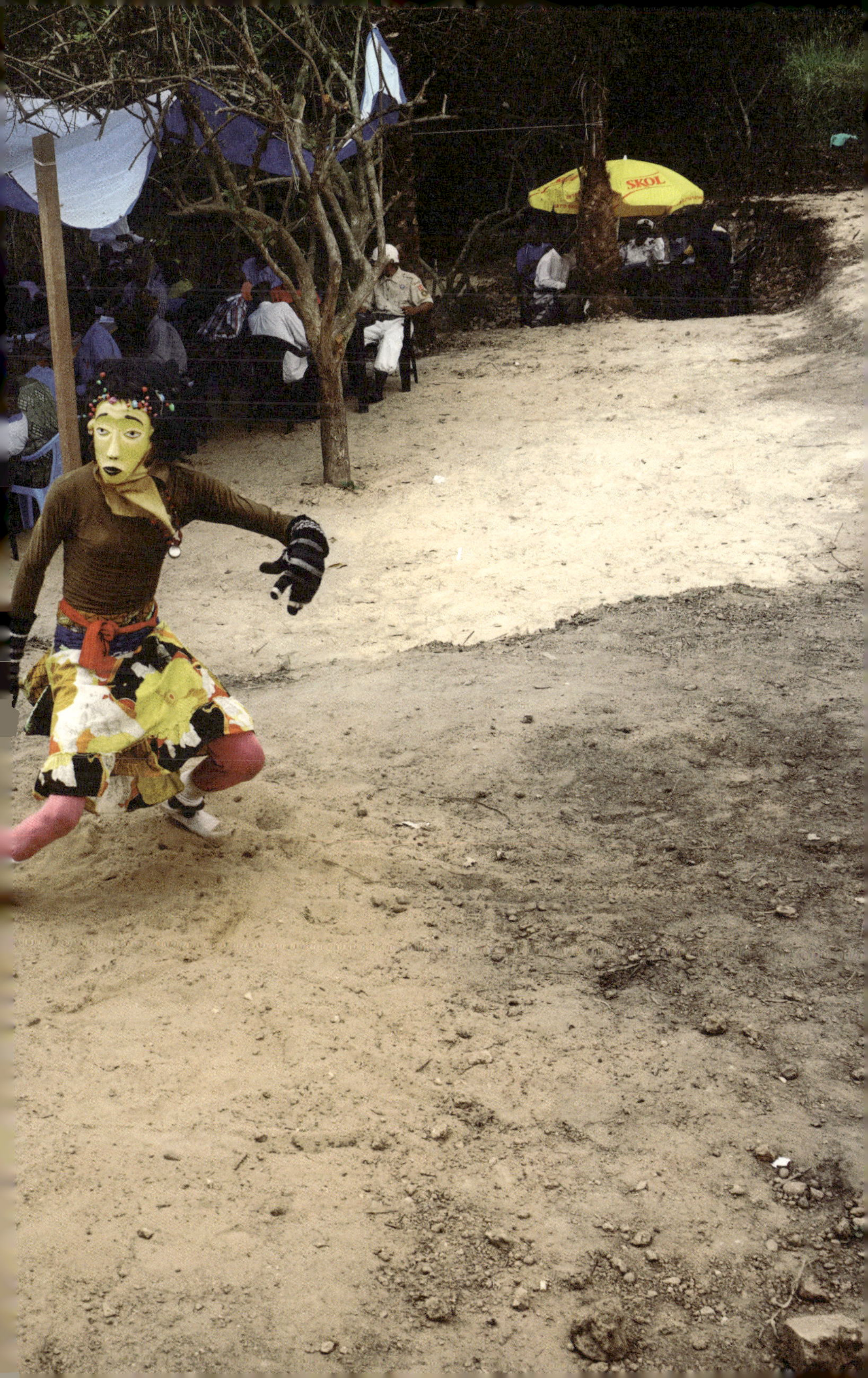
SKOL

1. Toute ma reconnaissance va à Kareem Estefan pour ses relectures soigneuses, ses questions si sensées et ses commentaires pleins d'intelligence, qui m'ont aidé à réécrire un premier jet de cet article.

Ariella Azoulay[1]

EN Plunder, the Transcendental Condition of Modern Art and Community of *fabri*

FR Le pillage, La condition transcendantale de l'art moderne et les communautés de *fabri*

Providence, 09.2016

1. I am deeply indebted to Kareem Estefan, for careful editing, thoughtful questions, and insightful comments that helped me rewrite a previous draft of this paper.

PLUNDER, THE TRANSCENDENTAL CONDITION OF MODERN ART AND COMMUNITY OF *FABRI*

"HERE I AM, KILL ME IF YOU WISH"

"Here I am, kill me if you wish." This chilling yet familiar call does not have the same meaning, nor does it involve the same risk, when voiced by different people and under different circumstances.[2] What is this statement? Who utters it, and under which circumstances? What are the material and political conditions that compel people to expose themselves to lethal violence and demand, "kill me if you wish," rather than hiding from death? What causes members of certain groups of the governed to instigate this threat, this invitation to physical harm, rather than living their slow deaths in the shadow of deferred violence? My assumption is that the answers to these questions are to be found in the theater of impunity imposed by those who would execute them, in which the valorization of the new and the constitution of the past as a realm apart play key roles. This theater consists of the systematic attempts to ruin the material worlds and cultures of the groups to which these people belong, and to use their labor power and skills in building worlds from which they will not benefit and for which they will not be recognized. The origin of a call such as "kill me if you wish" cannot be traced to the individual who utters it or the particular situation in which it is uttered. Under the imperial condition, this is a recurrent call—even as it is itself under structural threat of disappearing under dead bodies—because it is a response to being deprived of a place in a world and of a world in which one could have a place, a place secured among objects and people that one recognizes and where one is recognized as more than a piece of property, a unit of labor power, or a source of tax revenue.[3] This call, whenever it erupts, provokes violence that enhances the institutionalized violence that is required to maintain imperial temporal and spatial divides. We don't have to hear the explicit words of this call in order to discern it in the movement of hundreds of thousands of people presently fleeing their homes for the countries of their ex-colonizers in Europe, and effectively making the latter accountable for their fate, though these same ex-colonizers have done everything they can to relegate their colonial crimes to a distant past. Through this call, one can get a glimpse of the imperial condition, under which such a call, when uttered by members of particular groups

2. The call is often associated with and celebrated as part of a national revolutionary founding myth. However, in such contexts, when the lives of different groups of populations were not improved but rather made more vulnerable, more exposed to violence than lives of others, the events during which such a call is uttered often remained unreported.
3. As it will become clear later, it is not exactly the loss of one's place within a community, as Hannah Arendt argues, in her endeavor to describe the decline of human rights and the association of one's place in the world with the right to have rights.

of populations, is likely to be answered by an act of killing.[4] Though this call erupts without prior warning, it makes apparent a system of imperial violence under which the group to which its utterer belongs has long lived.

The most general trait common to groups of the governed that utter this call is that they were once or are still forcibly incorporated into a foreign body politic, after the body politic under which they had previously been governed and in which they had been enmeshed, in a common material world, was destroyed. The category of "exclusion" that is often used to describe the situation for such groups—"colonized," "occupied," "excluded," or "minorities"—erases the imperial violence that was necessary to contain them in a body politic shaped and mastered by foreign colonizing individuals, groups, and powers. Rather than relating to the colonized as a distinct body politic, separate from the one to which the colonizers belong, I propose to study colonization as the process of forming a differential body politic that consists of different groups that are governed differentially. With colonization, the principle that governs the body politic became that of differentiality: the management of disparities between citizens and other groups, and among citizens themselves. The principle of differential rule stimulates the increase in the number of differentiated groups within the group of citizens, often discriminating between a first and second class of citizens, privileged and underprivileged possessors of the "same" status.[5] Noncitizens are governed differently from citizens, and deprived of many of the resources from which privileged citizens benefit—this much is easy to see. But it is only half of the story. Those who force noncitizens and second-class citizens to be included, to labor for the enrichment and sustained privilege of the recognized citizens of such a body politic, are also being differentially governed—they, too, are not governed as others are, a fact that is typically forgotten, or simply

4. And there are always different effects such a call has on the community to which the person who utters it belongs. This call was institutionalized as a motto—"liberty or death"—and often used, quite metaphorically, during what have since the eighteenth century been called revolutionary "independence" struggles, even when the people seeking independence have themselves been subordinating others.
5. Already in the early phases of colonization, it was pursued through the principle of differentiality. Madeira could be an example. In the second half of the fifteenth century, with the Portuguese invasion of the island, they landed there with African who were made slaves, and African women that they took as their wives, "and their descendants formed a free black population" there; Malyn Newitt, *The Portuguese in West Africa, 1415–1670: A Documentary History* (New York: Cambridge University Press, 2010), 8. Thus, rather than binary relationships such as colonized-colonizers, slave-owners-enslaved, whites-blacks, it is around an increased differentiality that the body politic was shaped.

accepted rather than being framed as anomalous. My intention in speaking about these groups together, in continuity, as being governed differentially, is not to suggest a nonexistent symmetry between them, but rather to challenge the imperial conceptualization of the body politic, which fails to count all of the governed as part of the body politic. The violence exercised in the differential body politic is not limited to the domain of politics; it is rather orchestrated through it. As people were violently incorporated into a differential body politic, they were forced to become laborers, taxpayers, or service providers.[6] This does not mean that, once made laborers, they ceased to be active in other domains of the *vita activa* such as "work" or "action," or art and politics. The imperial reorganization of these domains deprived them of the freedom to shift between types of activity, and to benefit from the place, status, and reward that others received when they engaged in these activities. In other words, their degraded place and status in the differential body politic was instantiated through differential access to the domains of the *vita activa*. Rather than directly studying this violence against colonized groups and individuals, I'll reconstruct it from the privileges afforded to citizens governed with them.

From the beginning, art has been imperialism's preferred terrain.[7] Much has been written about the impoverishment of different cultures whose artistic treasures were expropriated to enrich Western aristocracies and embellish Western museums. Less has been written about the reduction of art from a polysemous set of practices endemic to the rituals, habits, and needs of various communities to a unified activity whose products are exchangeable objects, destined to be interpreted and cared for by experts according to allegedly neutral procedures that have been made into the transcendental condition of art. Even less has been written about the danger of depriving people from their material worlds, and the role that looted objects of art, transformed into indispensable tools in the self-fashioning of progressive, global modern citizens, have played in these citizens' disavowal of their complicity in the systemic violence against and dispossession of others.

6. When they failed, they were penalized as vagrants, criminals, and deviant paupers.
7. On the one hand, the concept of art, as I show here, was used to incorporate more and more modalities of art making under its guise; this is expressed in nearly every other text related to art from Africa, even when their authors are conscientious and aware of the "angst in the air" while researching art of colonized places. Examples abound. Here is just one: "in the decades following, a Western aesthetics that grew to include African objects." Enid Schildkrout and Curtis A. Keim, eds., *The Scramble for Art in Central Africa* (New York: Cambridge University Press, 1998), 24.

Side by side with the appropriation of others' objects, a series of practices to manage them were established as neutral protocols for handling and salvaging cherished objects, and the imperial modality of art supplanted the identity of art per se. Thus, all objects, fabricated in different forms and according to often-divergent modalities, could now be classified as proper objects of (imperial) art. In the process of being appropriated, these objects were detached from the environments, communities, and modes of activity to which they had belonged. They were re-anchored in the imperial culture defined by the museum and the market. In this new context, the idea of art for art's sake flourished. The colonization of Africa, Asia, and the Americas facilitated the transformation of a different modality, under which objects were converted into raw materials for stocking the encyclopedic museums of the West, while the infrastructure for such practices—what permitted these objects to be performed, used, displayed, and shared in their own communities—was simultaneously destroyed.[8] Today, from the enduring imperial position, art that is not displayed as a commodity, and whose modality is not defined by globalized systems such as museums, the media, and the market, has become unimaginable. Hence, when art is involved in such startling moments of death when people defy their persecutors and call "kill me if you," it is not solely the content or the meaning of particular images that is at stake; it is rather a struggle over the very assumptions about what art is and how it can be practiced, who is authorized to act as an artist, and where, how, and among whom these objects can be kept, handled, and displayed.

"There is no old word in most of the thousand or so languages still spoken in Africa that well translates the word 'art,'" writes Kwame Anthony Appiah in his introduction to the book that accompanied the Guggenheim Museum's 1996 exhibition "Africa: The Art of a Continent." One should extend Appiah's point by arguing that in most of the languages spoken outside of Africa, too, there is no old word that effectively translates the word "art" as it was to be shaped through imperial acts of plunder. The word "art" as it emerged in the mid- to late eighteenth century was linked to the imperial conquest and mastery of time, as if time were not something shared in common, but a divisible thing to be allocated. The mastering of time was a key aspect of imperial violence, which involves imposing a phantasmic image of the flow of time in which colonized people and colonizers occupy different spots. Under a unified form of art, this image could be concretized in and through

8. My argument about the transformation of art into a site of investment is in conversation with A. Adu Boahen on European investment in Africa and the appropriation of its raw material. See: A. Adu Boahen, *African Perspectives on Colonialism* (Baltimore: The Johns Hopkins University Press, 1987).

accumulated and displayed art objects. Art became a way to avoid engaging with the world shared by others, a field of expertise ruled by imperial principles. The expansion of the term "art" was itself destructive, since it led to a devaluation of many practices, practitioners, and objects that were subjected to hierarchical dichotomies such as high and low, primitive and modern, art and the artisanal, masterpieces and craftwork, originals and copies. My assumption is that when people who are engaged in making objects—not as collectible art pieces but as part of their living environment—are deprived of these objects, and of this mode of activity, they are subjected to different types of imperial violence. When people are forced to abandon their habitual practices, and their objects are expropriated and recognized—or misrecognized—as art by experts, they become susceptible to the whims of their colonizers. It is then that these people are rendered into objects, into aggregates of disposable people.

Even though Frantz Fanon's *Black Skin, White Masks* is not explicitly concerned with art, or with the ruination of material infrastructures and the looting of objects, a reflection on this predicament is implicit within the text. Fanon foregrounds the impact of cultural ruination and fragmentation, the disruptions it creates in one's memory and one's capacity to identify oneself with one's culture, even when it is classified under ethnographic labels, or even to acknowledge that one's culture exists. Fanon describes how he "came into the world imbued with the will to find meaning in things," but found that he "was an object in the midst of other objects."[9] This famous passage acquires additional meaning when we consider how black people have been detached from and dispossessed of the world of objects, skinned off the objects amongst which people learn to be who they are, they produced over the course of centuries across Africa, and later in the colonies. Reading the Senegalese poet Léopold Senghor's account of the contribution of blacks to culture, Fanon asks himself: "Had I read that right? [...] From the opposite end of the white world a magical Negro culture was hailing me. Negro sculpture! I began to flush with pride. Was this our salvation?"[10] For Fanon, cultural works produced by Africans are not discrete objects simply appropriated and embedded into Western metaphysics. With these objects reclaimed as part of one's culture, the white man's assumption that the black man has no "ontological resistance"[11] is refuted, and moreover, the imperial temporality that grounds such an assumption by rendering colonized subjects into newcomers to civilization—"You come too late, much too late"[12]—can no longer be trusted. Moreover, sculptures that have been integrated in the museum's choir of works of art reminding blacks that "there will always be a

9. Franz Fanon, *Black Skin, White Masks*, trans. Charles Lam Markman (New York: Grove Press, 1967), 109.
10. Ibid., 123.
11. Ibid., 111.
12. Ibid., 122.

world – a white world – between you and us"[13] may actually play a different melody and reveal a different metaphysics. After all, as Fanon observes, the black person's metaphysics, "his costumes and the sources on which they were based were wiped out because they were in conflict with a civilization that he did not know and that imposed itself on him."[14] When this incommensurability between modalities of practicing art is "wiped out," we know that if we dig hard, we are most likely to encounter "ontological resistance" in the form of the call "kill me if you wish." And equally, when we hear such a call, we should keep going until we trace the persistence of a different modality of making art, one that seeks to slow down the unstoppable movement of imperial state terror.

By violating the norms and rules of colonized people who practice art differently, and jeopardizing their interests and aspirations, the imperial modality of art, pursued through collectible objects, extracts from their art discrete, collectible, and displayable objects, whose intrinsic value, content, and meaning can be fleshed out regardless of the context from which they have been detached.[15] This context will be ruined and then reconstructed as the background for a "lost culture" that can be appropriated as the terrain of experts. Seemingly neutral procedures of salvaging, preserving, and handling objects that have been artificially made rare and precious will be essential in transforming them into artworks that can be classified according to a transcendental condition of art. The crimes involved in the ruination of colonized peoples' art, the appropriation and looting of its "best samples," and the force exercised to prevent the colonized from pursuing their own modalities of art are not incidental to the imperial modality of art, nor do they belong to a sealed past.

In what follows I propose outlines for a potential history of plunder, art, and rights. Rather than studying cultural artifacts as a historian of Congo or Egypt, or an expert on African art, I examine them as looted objects that were part of a material world of which shared life is made. Furthermore I consider plunder not as a concluded event, incidental to the lives of the objects and the people who are implicated in looting (looters and looted alike), but as a process that continues to impact them and can and should entail different outcomes, in the form of rights

13. Ibid.
14. Ibid., 110.
15. In his *African Perspectives on Colonialism*, Adu Boahen argues that "to varying degrees all the colonial rulers also condemned everything African in the cultural field and tried to produce Africans in their own image," 60. What is missing from Boahen's argument is the production of Africans as condemnable through the massive looting and their deprivation of their culture that created them as in a need to be culturalized, preferably by Europeans.

that provide impoverished people with substantial compensations for their loss. I'm interested in the ways looting has been pursued through various scholarly and professional procedures (of which collecting is but one example), which have transformed this violence into a decent and acceptable occupation, even a "fascinating" practice.[16] It is not a question of revealing that these objects were looted, since this is not a secret. The fact that certain objects were plundered, and that this plunder lies at the basis of the ruination of colonized people's worlds, is simply relegated to the background and denied to make room for professional procedures and skills that convert these objects into pure works of art. Hence, it is not just that objects must be revealed as looted but that their status and identity as art objects must be reversed and revoked, in order to foreground looting as their major predicate and the foundation of a different discourse of rights.

A potential history of plunder assumes the existence of a pre-colonial moment when the objects that would later be looted belonged to a built world from which certain political formations could emerge and through which they could subsist. Based on this assumption, plunder cannot be studied as the mere appropriation of discrete objects; it must simultaneously be analyzed as the destruction of the politico-material world in which people had their distinct place, and their subsequent coercion into imperial formations. In these new worlds, their objects ceased to be theirs, and the places they were forced to occupy within the new political formation were not even acknowledged.[17] A potential history of plunder insists that in such pre-imperial moments, diverse modalities of practicing art existed inseparably from diverse political formations, providing people with places within a material world they helped to shape.

The study of three individual moments when a call like "kill me if you wish" was uttered will lead me in between Congo, Belgium, the United States, Palestine, Egypt, the United Kingdom, and France. I'll start in Congo, studying a volatile moment in 1931 when individuals challenged their colonial oppressors by exposing themselves to their violence and proclaiming, "Kill me if you wish." The looting of art from Congo, I'll argue, is not only a significant event in the history of Congo, but also a constitutive

16. "Collecting is fascinating," write Schildkrout and Keim in the same introduction, "not only because of the way in which it speaks to an inner, psychological drive in so many people, but also because its study provides some insight into the interactions and transactions that shaped history and defined the relationship between the West and Africa, not only the colonial relationship." Schildkrout and Keim, *The Scramble for Art in Central Africa*, 3.
17. On pre-colonial political formations see, for example, Adu Boahen, *African Perspectives on Colonialism*; and J.M. Blaut, *1492: The Debate on Colonialism, Eurocentrism and History* (Trenton, NJ: Africa World Press, 1992).

moment in the institutionalization of modern art. This is not a unique call but rather a recurrent one under imperialism. Each such moment constitutes a challenge issued by those whose lives were at stake because they dared to defy their placement within the body politic, and each of these individuals sought to adhere to a particular way of practicing art that the unstoppable imperial movement tried to eradicate.

ART AS A FORM OF INTERGENERATIONAL TRANSMISSION

This call "kill me if you wish" that I propose to study, unfolded during a clash between Belgian officials and members of the Pende people in the Democratic Republic of Congo (DRC). The basic plot that I'll present here is drawn from the account of the rebellion written by Louis-François Vanderstraeten, an ex-officer in Congo and a historian, based on archival documents he found in the Ministère des affaires étrangères, archives Africaines.[18] The first-person quotations included in his account are rendered as a laconic verbal exchange, which it was not, given what was at stake—the imperial order itself, the extreme oppression it entailed, and the tiny space left to the oppressed to reverse the situation while guns were pointed at them. From the banal verbal exchange preserved in the imperial archive, I would like to extract this dramatic call and amplify it, using it as a point of departure for a different account of imperial violence at a moment when its claim to dominate is challenged.

On June 7, 1931, Maximilien Balot, a district administrator in the Kikwit-Kandale region, came to Kilamba to collect taxes. So far a routine procedure whose occurrence should not disturb the smooth repetition of lines written densely in notebooks, through which the colonial state's revenue data are accumulated in imperial archives. For the local population who suffered daily from the devastating effects these colonial taxes had on their life, the experience of being forced to labor for Belgian companies could not be represented by the profit and loss numbers written in organized tables. Not only did they not enjoy any returns to their community from the collected taxes, but worse, this forced labor obliged them to give up the activities—such as hunting, farming, and producing arts and crafts—that traditionally sustained them.[19]

18. Louis-François Vanderstraeten, *La répression de le révolte des Pende du Kwango en 1931* (Brussels: Koninklijke Academie voor Overzeese Wetenschappen, Académie Royale des Sciences, 2001).
19. "The idea of colonization becomes increasingly more repugnant to me. To collect taxes, that is the chief preoccupation," wrote the author and ethnographer Michel Leiris, head of the Africa department at the Musée de l'Homme in Paris. This note from his diary was written during the ethnographic expedition Mission Dakar-Djibouti in the early 1930s, and is quoted in a text by Geoffrey Gorer written in 1934, after a tour in West Africa. Gorer describes

On that day, Yongo, one of the local leaders, came forward and said to the administrator that the people of his community had told him, "go and alert the white guy that we don't want to see him here."[20] Yongo wasn't speaking for himself or as a leader giving orders on behalf of his community. Rather, he was just the messenger; the entire community spoke through him. Here I should mention that this was far from being the first occasion of resistance to colonial power among Pende people. Immediately after Yongo's statement, another local leader, Matemo, as if translating the words of his predecessor into a warning, cried out loud that there was no more money to pay. Knowing that an important part of their taxes were paid with their labor—it was said of the Congo railway, for example, that "each sleeper literally represents a Negro life"—the same statement could also be read as a declaration that there were no more lives to give.[21] He turned to the soldier and told him, "go back or I'll kill you, and tell the white to go back too, otherwise we will kill him too."[22] Maximilien Balot, the district colonial administrator, fired shots in the air, and some of the gathered villagers scattered. He shot again and injured one of the villagers.

how the colonized are forced to labor as a form of paying their taxes: "except as favor Negroes are not allowed to pay in money; they have to work off the tax." "Colonial Rule Equals Taxes and Forced Labor (1934)" in *Africa and the West: A Documentary History*, vol. 2, 2nd ed., William H. Worger et al., eds., (Oxford: Oxford University Press, 2010), 64. On Leiris' diary see Timothy Bewes, *The Event of Postcolonial Shame* (Princeton, NJ: Princeton University Press, 2011).

20. Quoted in Vanderstraeten, *La répression de le révolte des Pende du Kwango en 1931*, 30.

21. In several of the accounts written by travelers to Africa, one can read that major public works were pursued without the use of any tools: "Negroes cost far less than shovels, not to mention cranes" (Gorer, "Colonial Rule Equals Taxes and Forced Labor [1934]," 68). Albert Londres' reportage from Congo accounts for the construction of the Congo-Océan railway with only a few instruments ("each sleeper literally represents a Negro life"), ridiculous comparing to the work required to build tunnels ("one hammer and one pickaxe," ibid, 68). Some of the photos taken by Londres during his travel, focus on the harsh work conditions and the threatening presence of overseers (see Albert Londres, *En Terre D'Ébene* [Paris: Arléa, 1998]).

22. Using black soldiers to force other blacks to labor was a common practice. "He [the administrator] sends his Negro soldiers – naturally always of a different race to the people they are sent out against [...] this employment of Negroes for the dirty work serves a double aim; it keeps lively the interracial hatred which is so essential for colonies where the subject races are more numerous that the colonizers, and it enables the administration to deny forthright the more inhuman practices in which they tacitly acquiesce, or should the facts be irrefutable, to lay the blame on the excessive zeal of their subordinates," Gorer, "Colonial Rule Equals Taxes and Forced Labor (1934)," 66.

At this point Matemo stepped forward. His life was certainly in danger and every fraction of a second counted. Though he could have been killed, he didn't refrain from addressing his people—"here you see that the whites want to kill us"—before turning to the administrator to pursue their exchange. At this point, we cannot tell how many of the villagers were still around. The exact number matters less than the presence of at least some of them to provide his action with a community of peers and assure that its meaning would not be sealed in the lethal imperial pattern of a duel between a disempowered individual and an armed officer. Only after he addressed his peers did Matemo turn toward Balot and call out, "Kill me."

No photos were taken and no more detailed account of his gestures was kept. One is invited to imagine what is hard to imagine, the moment when someone thrusts oneself forward to be killed abruptly as the slow violence under which one lives becomes more unbearable. Did he raise his arm? With strength? A fist? Fingers loose? Did he push his chest forward? Pointing somewhere? Was his voice decisive? Did he walk firmly? Did he tremble? Did he think he would really die? Or was he able to place his feet forward resolutely because just at this moment, when one is likely to be shot, the likelihood of one's death is completely denied? Ultimately he turned his back, thus daring the administrator to shoot. His defiance, in this case, was provoked by the sense that the villagers had nothing to lose. Either they would die because they obeyed orders, or they would be killed for refusing to obey.[23]

In Matemo's call are encapsulated the rage, despair, defiance, hope, and revolt that together make explicit the lack of a real choice left to people subordinated to colonialism. Rather than a one-time refusal to comply with a particular regulation or measure, such as tax collecting, the message "go and tell the white guy that we don't want to see him here" is unlimited. When such a call erupts, it defies not only state-sanctioned killings, which were unexceptional for the villagers, as records indicate, but the legitimacy of colonial law altogether. The shots that the administrator fired in the air served as a reminder that failure to comply with orders could result in the villagers' deaths, and that there would be no repercussions for killing them. In fact, Balot's response to the villagers' refusal to pay—embodied in Matemo's defiant cry—was another shot, this time directed at Matemo. The bullet missed Matemo, who bent down at the right moment. When he stood up he decided to fight back. He hit

23. The report "Work and Civilization" by Monseigneur Van Hee, bishop of the Kwango district, mentions that the villagers were worried about members of their community dying. Improvements were installed after the rebellion since the deterioration of their situation didn't escape even the administrators' eyes. Thanks to Jacob Koster for sharing this document.

Balot and hurt him gravely. At that moment, other villagers joined Matemo and killed the Belgian administrator. Fearing for their lives when the murder was discovered a few days later, the villagers refused to disclose the location of the body. According to some testimonies they cut the body into pieces and distributed the pieces among respected villagers from different villages, asking each of them to hide their piece.[24] During the search for the body, virtually everyone in these villages was persecuted and tortured, and a few hundred were murdered within a few weeks.[25] These events came to be known as the Pende Rebellion.[26]

There remains a significant element in this explosive situation that no one seems to have addressed while the villagers were being collectively persecuted for their acts of resistance: the presence of a 62 cm-tall sculpture of Balot in the villagers' possession. Though the sculpture ended up in a museum of fine arts, we have every reason to believe that the circumstances of its creation—some time during the year between Balot's arrival and his killing—had little to do with the type of expertise associated with imperial art. Any attempt to analyze this sculpture as a museal object of art would fail to spell out what it meant to the members of the community among whom it was conceived and created, and in which it had certain functions, defined in a deliberately inaccessible set of explicit and implicit instructions that accompanied its creation. The sculpture had empowering features, which helped the community to maintain pockets of resistance to the colonial system before, during,

24. Louis-François Vanderstraeten claims that this part of the story cannot be confirmed. See Vanderstraeten, *La répression de le révolte des Pende du Kwango en 1931*, 29.
25. Benoît Henriet describes the contradictory testimonies obtained during the interrogation of 1,428 villagers who were arrested, eventually leading to the discovery of between eight to eighteen pieces of Balot's corpse (estimates vary). See Benoît Henriet, "Experiencing Colonial Justice: Investigations, Trials and Punishments in the Aftermaths of the 1931 Kwango Revolt," accessed December 27, 2016, www.academia.edu/11306670/Experiencing_colonial_justice_investigations_trials_and_punishments_in_the_aftermaths_of_the_1931_Kwango_revolt_at_Experiencing_justice_researching_citizens_contacts_with_judicial_practices_Brussels_5-6_March_2015.
26. Rather than joining those who state that the rebellion was a failure (Z.S. Strother, *Inventing Masks – Agency and History in the Art of Central Pende* [Chicago Ill: The University of Chicago Press, 1998], 258) I read this rebellion as one in endless series of acts of resistance to imperial power. The Pende's ways to resist were extremely rich and inventive, as Strother himself shows, and as Jason R. Young demonstrates in *Rituals of Resistance: African Atlantic Religion in Kongo and the Lowcountry South in the Era of Slavery* (Baton Rouge: Louisiana State University, 2007).

and after the revolt.[27] Any attempt to act as an expert who can name these features and identify the tacit instructions that were deliberately occluded from many,—outsiders, but also members of the community—would fail not only in its mission to reveal a hidden meaning, but also to respect what was meant to be kept inaccessible to those who were not meant to be included. Since this sculpture was not created in order to be displayed, the farthest we can go in approaching it, without colluding with imperial violators, is to acknowledge its alterity: whatever its precise role was, its functions included keeping us apart from this knowledge. The sculpture of Balot thus presents an opportunity to experiment with a different mode of engaging with others' art practices—with modalities of art that diverge from those in which we were trained in imperial art institutions. It requires us to respect others' efforts to preserve certain objects and modes of operation outside the system of colonial surveillance and expert scrutiny. After all, it was not for nothing that the Pende community continued to hide this object for several decades after the lives of its members were under threat. It is only in the 1970s that members of the community sold the sculpture to the Virginia Museum of Fine Arts, where it has acquired what Walter Benjamin calls "exhibition value."[28] Whether or not the sculpture of the colonial administrator was made as a means of resistance, to deter or protest Balot's presence and actions, it was certainly part of the community's determination to pursue their art and preserve it as their own source of empowerment, away from colonial scrutiny.

Since the arrival of Portuguese missionaries to their land, the Pende people's modes of practicing art have been threatened.[29] Over time their creative infrastructure was destroyed and their art could no longer flourish as it did before. This was one effect of the general civilizing mission that prepared the colonized for their

27. Wyatt MacGaffey quotes Van de Velde's description of sculptures that were engaged in actions: "Rather than an idol, this is a history book or a communal archive." He adds that "an elder was appointed to interpret these marks for the younger generation." Wyatt MacGaffey, *Kongo Political Culture: The Conceptual Challenge of the Particular* (Bloomington: Indiana University Press, 2000), 113.
28. According to Virginia Museum of Fine Arts Curator of African Art, Richard B. Woodward, "in the 1970s, to raise funds for sending village children to school, the statue was offered for sale by the clan that held it and was purchased by the current owner. It is a poignant document of the 1931 rebellion and is one of those rare works where we can trace its story and open wider a chapter in art and history." See Richard B. Woodward, "Visions from the Congo," *Blackbird Archive*, vol. 11, no. 1 (Spring 2012). www.blackbird.vcu.edu/v11n1/gallery/woodward_r/balot.shtml.
29. On the christianization of the Congo and its impact on its visual culture see Cécile Fromont, *The Art of Conversion: Christian Visual Culture in the Kingdom of Congo* (Chapel Hill: University of North Carolina Press, 2014).

"adaptation to the *new* environments created by the whites."[30] The sculpture and its modes of operation were not produced through recourse to a form of art that existed prior to the colonial era; after all, the figure of Balot, a colonial tax collector, emblematizes the colonial era in which it was made. Rather, as I propose to read it, this sculpture represents a distinct and endangered mode of practicing art in times when the plunder of Africa had already been unleashed. It should be seen as one element of resistance to imperial forms and logics of dispossession and accumulation that sought to define, among other things, what art was, who was its true subject, and who was born to labor for the benefit of whom.[31]

The sculpture's clandestine existence and the way it was used during the rebellion (of which, as I have written above, we can say nothing except that it played a role in it), probably by a figure of authority in the Pende community that was not approved by the colonial system, served as a refuge from the unstoppable imperial movement that disrupted their culture and traditions, and aimed to render them, as the imperial narrative goes, a people devoid of culture and traditions.[32] Yet in this sculpture, fabricated in a volatile moment, I see a material indication that the Pende insisted on their own mode of practicing art, which involved paying respects to their ancestors in recognition of their authority and custodianship.[33] Thus, they made it

30. Ibid., 10.
31. No information is available about the exact time when this sculpture was produced. As it was used by the Pende people during the rebellion, it could have been produced either as part of the preparations to the rebellion before June 1931 or during the period of spectacular imperial violence with which the rebellion was repressed. Balot served in Congo three times: in 1910, 1917 and, finally, from 1930 until his murder in 1931.
32. Benoit Henriet describes the emergence, "at the end of 1930, [of] a new religious movement appeared in the Gungu territory, where most fruit cutters were recruited. Its leaders exhorted the villagers to reject Western authority, items and symbols, and embrace a revived ancestor cult. They were forbidden to sell fruit to Western companies, engage in employment or pay tax." He implies a connection between this movement and the 1931 rebellion. See Benoît Henriet, "Elusive Natives: Escaping Colonial Control in the Leverville Oil Palm Concession, Belgian Congo, 1923–1941," *Canadian Journal of African Studies / Revue canadienne des études africaines,* vol. 49 no. 2 (2015): 339–61.
33. On the destruction of hierarchies and ancestry, see Biebuyck: "The ensuing manipulation of social customs had a detrimental impact on the arts in areas where many artworks were linked with the position of chief, ritual expert, dignitary, headman, elder, diviner, and healer. Indeed, a number of these offices were eliminated or obscured in the gradual process of administrative reorganization, as they were denied recognition or suffered erosion of their

even harder for the colonizers to conquer what they referred to as the "indigenous soul," despite the Europeans' best efforts to destroy the hold that ancestral customs had on communities like theirs.[34]

In the text accompanying the sculpture's display at the Virginia Museum of Fine Arts, the curator Richard Woodward argues that "the statue of Balot is considered unique in the corpus of Pende sculpture."[35] Woodward's observation rests on the assumption that "Pende art" consists of discrete objects that comprise a corpus in relation to which one can assert what is unique and what is common. But Pende art can be approached as a given only if violent imperial interventions in the conditions of practicing art in Congo, on the one hand, and of reducing its diverse modalities to discrete objects to be collected and displayed in the West, on the other, can be forgotten or made secondary and incidental to the constitution of this oeuvre and its alleged uniqueness. At the time the sculpture was produced, the Pende's capacity to produce art was gravely at risk and many of their cultural treasures had already been appropriated into museum collections in Belgium, the United Kingdom, the United States, Denmark, the Netherlands, France, Germany, Italy, the former Soviet Union, Sweden, and Switzerland, as indicated in a report on the decline of the Pende art compiled by The Institute for Human Activities. However, even though they were deprived of the conditions necessary to pursue their art as they had before, they refused to give in to the insatiable imperialist drive to render them without culture—a people in need of Europeanization. Their art practices, as I'll show here, have never ceased, and often erupted in ways that surprised the imperial administrators.[36]

authority." Daniel Biebuyck, *The Arts of Zaire Vol 2, Eastern Zaire*: *The Ritual and Artistic Context of Voluntary Association* (Berkeley: University of California Press, 1986), 12–13.

34. "As long as an administrative action, clever, persistent, patient, sympathetic, has not been able to gain access to the depth of the indigenous soul, this rock of respect for elders, it will be built on sand" ["tant qu'une action administrative, habile, persistant, patiente, sympathique, n'aura pas été jusqu'au toucher dans l'ame indigene cette profondeur, ce roc de respect des anciens, elle aura bati sur le sable"], "Au Kwango, avant la revolte," *La libre Belgique* (August 27, 1931). Thanks to Jacob Koster for sharing the transcript of this document (from the original at the Royal Library in Brussels where pictures are not allowed), and providing information about its author, Mukole, probably a pseudonym for someone who has been active in the palm oil and rubber trade.
35. Richard B. Woodward, "Visions from the Congo."
36. On the use of consumable materials, or hair dressing as resistance see: Strother, *Inventing Masks*: *Agency and History in the Art of the Central Pende*. (Chicago: University of Chicago Press, 1997)

IMPERIAL TEMPORALITY

Much has been written on the colonization of land—colonialism's signature enterprise, as the etymology of the word (the Latin *colonia* means "settlement" or "farm") suggests. Little, by contrast, has been written about another, complementary aspect of colonialism: the colonization of time. The intertwinement of spatial and temporal conquest is responsible for the most durable forms of imperial violence in which citizens participate, often unbeknownst to them, through a plethora of mechanisms, sciences, idioms, assumptions, laws, norms, gestures, inclinations, aesthetics, affinities, and so on that were shaped as part of the exercise of imperial violence. I hope to show how objects, especially those that came to be known as works of art, play a major role in rendering this double colonization into a general condition that affects citizens, making them complicit in perpetuating the dispossession of others with whom they are governed—and to whom they should be indebted, since they have been, and continue to be, provided with plundered wealth that they consume as part of "their" culture.

Those forcefully included in differential body politics occupy the most unprotected and vulnerable positions in these systems of rule. Though for centuries colonized people were ruled by imperial powers, political philosophy continued to deny the fact that they were governed as part of the political bodies created through colonization, enslavement, and reorganization of the different domains of the *vita activa*. The field's dominant ideas of the body politic were shaped by the image of a coherent body of citizens who desire to achieve self-rule within a bounded sovereign territory, construed as "the mainland." Hence, when imperial powers withdrew from colonized territories they used different mechanisms to ratify the *unbelonging* of those whom they had colonized and governed for so long, while sucking away the latter's wealth to the point of their outrageous impoverishment. The bureaucratic procedures of packing, transferring, and sealing colonial archives, for example, epitomized the imperial seizure and appropriation of common resources. They served to efface the factual reality of what and who belonged where, and of the common world—though forged through violence—that was built throughout those years of colonization. This act of sealing off the past, as the era of colonialism, and separating it from what follows was typically replicated by a ceremonial proclamation of a new beginning, often named "independence," through which the *unbelonging* of the (formerly) colonized to the empire received its ultimate stamp. Absent any agreements between the formerly colonized and those who invaded their political spaces and ruled them differentially for years, which would account for the history of imperial destruction and establish means for former colonizers to pay the formerly colonized back, decolonization was conducted as a territorial withdrawal with no debts on behalf of the colonizers. This enabled imperial powers to leave behind impoverished societies and subsequently act as patrons of formerly colonized peoples they now deemed to be sufficiently mature for self-rule.[37]

With what is known as "decolonization," time is manipulated twice: first, colonial violence is relegated to a temporal realm beyond accountability, a past that is sealed off in the archive, as if its consequences could be abolished and severed from the present; and second, colonized people are deprived of their pre-colonial past and forced to inhabit the lowest and least developed spot in different domains of activity that have been indexed by the temporality of progress. This double manipulation of time made them inhabit this spot not as a consequence of the deprivation of their wealth, culture, and political formations, but because of who they were. Thus, the history of the colonized is distorted into a narrative of progress from an immature political state to independence. This temporal manipulation facilitates the incarceration of formerly colonized people behind national borders, often those previously devised by imperial treaties, on scorched, looted, and ruined earth. Through decolonization, former colonized peoples were officially isolated from their material wealth, which continues to benefit the North American and European nations formerly known as imperial "mainlands." To undo this temporality, it is necessary to account for this violence as an ongoing event materialized in the positions, roles, practices, and institutions through which we continue to share the world. My assumption in this chapter is that the separation of formerly colonized peoples from their material culture and wealth—now cordoned off in former empires' institutions such as museums, archives, and libraries, and further severed from their lives by temporal divisions—contributes enormously to the non-ground of their possible claims against those who abused them. From the moment of decolonization, their lives have been associated with and contained within a new body politic delineated by a territorial sovereignty they have been "granted." Borders, fences, debts, ruins, the international legal system, museum collections, archives, libraries, free markets, movement restrictions, and destroyed material infrastructures—all these institutions and conditions have been constructed to render formerly colonized people's consistent claims, calls, grievances, demands for reparations, lawsuits, and entry requests inaudible in forums and institutions of international law, and to prevent imperial powers and their privileged citizens from being held accountable for centuries of brutal plunder, confiscation, and appropriation.[38]

37. The 2005 Israeli "withdrawal" from Gaza should be read as an instantiation of the same imperial condition. See Ariella Azoulay and Ophir Adi, *The One-State Condition: Occupation and Democracy in Israel/Palestine* (Stanford: Stanford University Press, 2012).

38. In this context see Anthony Anghie's argument on the constitution of International Law: "International law had not only legitimized colonial exploitation, a fact well established

By exposing the violence of imperial temporality and spatiality on those governed differentially with citizens, the call that I propose to study here—"kill me if you wish"—reveals the imperial over-determination of our political categories and historical accounts. When massive violence of the sort perpetrated in the colonies is declared over, the questions of who and what belongs to which territory or polity, and what can be inferred from them regarding people's rights, become critical. These questions will not find answers in legal documents that were devised to facilitate the burial of this systemic violence and the elimination of common channels through which it could have been studied. Rather, I turn to objects whose histories—narrated outside of the norms and founding myths of the disciplines that were invented as their poisonous guardians, keeping them in their demarcated territories—I will present as key to a non-imperial account of imperial violence. After all, this imperial violence is not over. Undoing it cannot continue to be only the burden of its direct victims. The increasing debt that this violence creates—debt that is materialized in art pieces, documents, objects, and books, as well as in cultural structures and institutions—should also be acknowledged as an invisible yet powerful source of impact on people's actions in different domains, including those professional activities that seem the most distant from politics.

The critique of disciplines concerned with the study of cultural artifacts—mainly anthropology and art history—is ongoing, and revisionist scholarship is constantly being produced in these fields. However, these critiques typically unfold within the limits of the disciplines themselves, as attempts to improve previous research methods, while foreclosing the question of whether the objects at hand belong to the depositories and museums where they continue to be studied. Let me illustrate this by quoting from the editorial introduction to an important anthology titled *The Scramble for Art in Central Africa*: "however, the history of collecting, like that of representation, is complicated and cannot easily be summed up using words like 'pillage' or 'appropriation' or even 'commodification.'"[39] Here looting is considered as an act that is external to the practice of art and can be dissociated from it. My point of departure is the opposite. I will place looting at the heart of the modern formation of what has been framed as art, analyzing how it was obscured and transformed into the history of collecting. This euphemistic redefinition enabled a much simpler story of plunder to be told as a secondary narrative, often the source of moral concern,

by many Third World scholars, but, in addition, it appeared to me, had developed many mechanisms to prevent any claims for colonial reparations." Anthony Anghie, *Imperialism, Sovereignty and the Making of International Law* (Cambridge: Cambridge University Press, 2007), 2.

39. Schildkrout and Keim, *The Scramble for Art in Central Africa*, 4.

within a field whose protagonists study, discuss, display, trade, exchange—and even lend to African museums—objects to which they continue to have privileged access and with which they continue to train generations of experts and connoisseurs. On rare occasions, talented African individuals (to take the case of African art) can aspire to join in these activities, but the majority of Africans from whose material worlds these objects were plundered are still kept outside of their reach.

IMPERIAL DESTRUCTION

Let me describe the trap of imperial temporality and its inseparability from imperial destruction. Imperial destruction produces asymmetrical conditions: poor, assetless, and dependent peoples on the one hand, and monopoly over resources, capacities for accumulation, and modes of circulation on the other. Under imperial temporality, the violent processes of impoverishing and dispossessing people (mainly, but not only, nonwhite people) are obscured by the ideology that poverty is a state, an attribute of such people, who require, at best, rescue.[40] Similarly, the violent imposition of resource monopoly is converted into the allegedly beneficent and necessary regime of law and order. Thus, in the production of poverty and imperial monopoly alike, temporality is reversed in a way that is reflected today by idioms that frame those who were colonized as latecomers aspiring to be "recognized by Western museums" or assimilated into other established institutions, which come to be perceived not as reiterations of imperial violence but rather as bastions of expertise, knowledge, and good and moral citizenship.[41] This structural division

40. Revisionist history has to be written and rewritten every time anew, reminding once and again the rich and diverse cultural and political formations under which African peoples lived prior to enslavement and colonization. See for example J. M. Blaut's comparative study of the year 1492: *1492 – The Debate on Colonialism, Eurocentrism and History*.
41. In an open letter of sorts, the South African photographer Tsoku Maela calls on his peers to "take off [their] rose-tinted European glasses," while describing how he was "*handpicked* as part of a *handful* of creatives in Cape Town for a *private* meet with a media-marketing agency" from London. The meeting, as it is described by Maela, carries the clear imperial traits of this reversed temporality that places Africans in the position of those who should aspire to be included in those institutions that were actually formed with their cultural wealth: "they sold us a dream that involved us giving them our work for their upcoming website (which still has nothing on it today, by the way) that was supposedly attracting sponsors and could help us make money and gain representation overseas." See Tsoku Maela, "Dear African Artists, Take off Your Rose-Tinted European Glasses," *Between 10and5* (blog), June 23, 2016, 10and5.com/2016/06/23/dear-african-artists-take-off-your-rose-tinted-european-glasses/.

of roles and positions is constantly, globally reproduced through the differential reallocation of access, goods, and opportunities in the present, but equally through the preservation, in the same hands, of cultural resources appropriated in the past, such that the wealth of art is still associated with the West.

Collecting is not separate from other foundational practices, procedures, institutions, concepts, and categories operative in the field of art that were shaped through imperialism. Writing specialized histories of collecting or of art, even with critical tools, one continues to be bounded by the phenomenal field created by imperial destruction, cultural appropriation and the imposition of a new regime of modern art, which centers on such activities as collecting, preserving, interpreting, and displaying objects, as a transcendental condition. Moving from myth to history as if to the realm of serious academic scholarship including institutional history, that is necessarily nurtured and shaped by the institutionalization of violence through them, even when its "decipher, analyze and interpret" is not sufficient to overcome this condition either: "hagiography may contribute to a discipline's mythic constitution, but it cannot fulfill the requirements of historiography [...] Historiography, on the other hand, must decipher, analyze, and interpret rather than mythologize a disciplinary culture."[42] These approaches will remain unsatisfactory as long as the methods and procedures used ("decipher, analyze, and interpret") fail to account for their institutionalization as neutral, separable from the objects of study, and hence, incidental to the violence that is inscribed in these objects through looting. In studying processes of looting and dispossession, history as a discipline cannot be fully trusted, since it was founded with the mission of accounting for the history of the same imperial institutions of which it is part. Symptomatic in this sense is the division of work that differentiates historians from art historians, which enables historians to relate to art as a phenomenon outside their field of expertise. "The country possesses vast reserves of gold, copper, diamonds, and uranium, as well as oil, cadmium, cobalt, manganese, silver, tin and zinc," write the historians David Renton, David Seddon, and Leo Zeilig in a co-authored book on the plunder of Congo. "Cocoa, coffee, cotton, tea, palm oil, rubber and timber are all exported from the country today," they continue, concluding, "under any consideration, its people should be rich."[43] Another example is Adam Hochschild's popular history book, *King Leopold's Ghost: A Story of Greed, Terror and Heroism in Colonial Africa*, in which, though he discusses the African-American missionary William Sheppard's activities in Congo at length, examining Sheppard's published texts revealing the terror and his trial, Hochschild does not address Sheppard's collecting practice and study of

42. E. Mansfield, ed., *Art History and Its Institutions: Foundations of a Discipline* (London: Routledge, 2002), 1.
43. David Renton et al., ed., *The Congo: Plunder and Resistance* (London: Zed Books, 2007), 1.

Bakuba art.[44] The study of plundered objects is split across disciplines: historians study the plunder of non-art objects and resources, and the politics of plunder in general, while art historians study art objects, adhering to the professional mandate of their field of expertise that encourages them to be interested in art for art's sake and use their qualification to distinguish the "great works of art" from the rest. In accordance with their habitus, art historians prefer to have objects cleansed as much as possible from the processes and meanings of plunder. This disciplinary split is inseparable from a split already conceptualized in the language of international law, which posits cultural property "as something separate from land, ships, bullion, commodities, arms or other portable possession."[45] Alongside this rift I want to signal another, between scholars interested in labor and those interested in art. Thus, for example, the persona of the *homo faber* is completely absent from an extensive study of the labor question in French and British Africa, as if Africans were always laborers, while, in art historians' accounts, individual artists are singled out without regard to how communities in which art was practiced were proletarianized and being forced to labor and therefore to give up or reduce significantly their preoccupation with art.[46]

IMPERIAL VIOLENCE, WHO ARE WE? WHAT DO WE SEE?

Generally speaking, the bottom line of imperial violence is well known, and can be summarized with a few nouns: massacre, displacement, dispossession, enslavement, and so forth. In studying imperialism not from the perspective of the ruling power, nor solely with relation to the imprints it has left on the lives of colonized peoples, but as a regime that organizes the relations between the ruling power and the body politic it governs, as well as the relations among various groups within the body politic, I'm interested in foregrounding how imperial violence has congealed in the conditions that bind us to a way of sharing the world, politically and materially, with others who have been temporally and spatially disconnected from us. Focusing on different moments from which the cry "kill me if you wish" can be

44. Adam Hochschild, *King Leopold's Ghost: A Story of Greed, Terror, and Heroism in Colonial Africa* (London: Macmillan, 1999).
45. Margaret M. Miles, *Art as Plunder: The Ancient Origins of Debate about Cultural Property* (New York: Cambridge University Press, 2008), 301.
46. See, for example, Cooper's extensive discussion of labor in French and British Africa without any mention of the deprivation of those communities from conditions and infrastructure to act as *fabri* and among objects of which their world consisted prior to colonial invasions. Frederick Cooper, *Decolonization and African Society: The Labor Question in French and British Africa* (Cambridge: Cambridge University Press, 1996).

reconstructed offers an opportunity to explore what is, here, the evasive "object" par excellence: the condition of the call's appearance. Imperial violence was transformed into the condition under which we came to be who we are and to see what we see, ultimately determining the ways we think, act, and share the world with others. The imperial condition is rarely encountered directly; for the most part, we exercise the violence congealed in such a condition without being aware of the genealogy of our gestures, without knowing their origins in sheer brutality.

Visiting the myriad wings of encyclopedic museums, whether ancient art, archaeology, jewelry, or modern art, is not an experience identified with the exercise of violence. However, it should be. In order to make the violence embedded in this activity perceptible, I will examine moments in which cries like "kill me if you wish" were and continue to be uttered. Attending to these moments can transform research into an undertaking in which spatio-temporal imperial separations are suspended. Separations between the experiences of the direct victims of imperial violence and those shaped by professional and occupational positions—traders, scholars, humanitarians, curators, artists, historians, philosophers, technicians, and so forth—enable the latter to act in differentiated cultural fields that are understood to be defined by their own histories. The aim of potential history is to suspend these separations, which void the actions of those who were dispossessed of their potential to be engaged with and continued beyond the imperial script. These actions are not inscribed in plundered objects, as sealed histories but as enduring prompts, actions with which we can choose to interact outside of the temporality and role of the dispossessor we have inherited through such scripts. Making our actions coincide with those repressed actions that we are scripted to keep buried, and subsequently discover as history, is a way to reject the outcome of imperial violence and construct a continuous present of reversible history.

The relegation of different groups of the governed populations to an ahistorical "elsewhere" is a way to doom the plight and the resistance of imperialism's direct victims to be, at best, continually discovered as forgotten fragments of the archive by dwellers of the other unity of time and space who are scientifically equipped to inhabit the position of discoverers. It is not a coincidence that the prominence of "discovery" in the imposition of imperialism recurs in relation to different phenomena: colonization of land, appropriation of material culture, research into rare individual artists and revelations (again and again) of people's plight. The imperial discovery of others, and others' actions, cultures, and even plight, is a form of forcing these people to disown what they may not have even "owned" previously—since ownership may not have been a relevant category—but to which they were unquestionably attached. The gesture of discovery that recurs in different domains, fields, and spheres is constitutive of imperial rule, and has guaranteed its endurance after imperial powers formally withdrew from colonized territories. Sui generis histories of "discoveries," "successions," and "influences" impede encounters with the brute imperial violence that is, at best, briefly mentioned as tangential to the matter. Meanwhile, encounters with the meaning of people's own actions, originating from the objects in proximity to which they act, and from the positions and structures of knowledge that they inhabit, are foreclosed.

The violence involved in fabricating allegedly different sets of time and space and maintaining the incongruity between them is often concealed by the neutrality associated with academic and professional procedures, social norms, and laws, which propel the relentless enterprise of historicizing everything while promoting the ostensible objectivity of their renderings of time and space. It is instructive to recall that in this historicizing fever, these procedures themselves were made ahistorical, neutral tools for studying the flow of historical time at the same time that people's lives started to be understood as progressing along palpable timelines that could be illustrated with the help of objects deployed in spaces of homogenous time such as museums or archives.[47] The imperialist enterprise of looting transformed the cultural and material wealth of others into objects that, once appropriated, lost their fundamental alterity, becoming commensurable with other objects within a space that was fabricated as their neutral common ground and destination. By using the term "neutrality," I do not mean that these tools are unbiased, but rather that their existence has become unavoidable, guaranteed by the sui generis history of their evolution. Thus, when an adventurer or colonial administrator's methods of collecting are criticized by scholars as biased or unscientific, we are asked to forget that the very protocols called forth in such critiques are not transcendental conditions but historical impositions which themselves result from imperialism. Museums, for example, have not always existed; they were not just *there*, ready to integrate newly "discovered" African art into their collections, any more than "works

47. In *Thesis XXIII* in *On the Concept of History,* Walter Benjamin emphasizes the role of the homogenous and empty space in facilitating the plausibility of the idea that humankind progress: "the concept of the historical progress of mankind cannot be sundered from the concept of its progression through a homogenous, empty time." Walter Benjamin, *Selected Writings Volume 4: 1938–1940* (Cambridge, MA: The Belknap Press of Harvard University Press, 2003). Though Benjamin doesn't refer to the museum in this discussion, the museal white cube, in which dated objects can be organized in chronological flows, endowed the idea of historical progress with persuasive visibility and palpability and spectators with invitation to prove their skills in filing the blanks and guessing the exact date or époque to which objects belong.

of art" are just there, destined to be spotted by connoisseurs, before people make them. Rather, their emergence is tied to particular formations of power and forms of rule that cannot be accounted for in the sui generis histories of fields such as art history. Museums and related institutions like the "collection" and the "art historian" were established concurrently with the rise of imperial looting.[48] The meticulous recording of micro-events in art history, which stands in contrast to the neglectful study of macro-events in the places from which objects were plundered—such as the ruination of communities of *fabri*, the eradication of their modes of life, the plunder of their natural resources, the violation of their sacred rituals, the systematic impoverishment of the local population, and the massacre of approximately ten million Congolese under the Belgian colonial regime—lends disproportionate historical depth to events and pioneer figures within this particular field.

The invention of protocols prescribing how to handle art objects was inseparable from the invention of the history of these protocols. This history was reconstructed from Western classical texts that preceded the invention of museums and sought to endow these imperial norms with the historical patina of always already existing, and its Western experts with the authority befitting descendants of a long-lasting and hence unquestionable tradition.[49] In order to achieve a cohesive Western history that defines art as a succession of collectible and displayable objects, various gaps had to be bridged and crimes had to be overlooked. These procedures complemented the white cube, as similarly, they had to be applicable to all art objects regardless of the environment from which the object originated, i.e., deracinated, or the impoverishment of the communities from which they were ripped out. Being object-centered, these procedures, external to the life of the object, confirmed through their application that an object is an art object, and thus were pivotal in defining what an art object is. Keeping art objects separate from the neutral procedures of handling them, implied that art objects are detached and detachable from their communities. Thus, the improvement of such protocols does not appear to contradict their neutrality or the Western origin of the authorial position of art experts who see it as their mission to educate others about the treasures they master. Other forms of

48. Thus for example in 1889, three years after the Cincinnati Museum of Art opened its doors, Carl Steckelmann, who was a trader in South Africa, sent to the museum a large collection of "ethnological specimens" that was acquired gradually by the museum. The solid institutionalization of looting within the discourse of art enables the museum to foreground in its website, as a mark of pioneer-ship, that it is "the first museum to display such work." Cincinnati Art Museum, "African Art," accessed December 27, 2016, www.cincinnatiartmuseum.org/art/explore-the-collection/african-art.

49. See, for example, Hugh H. Genoways and Mary Anne Andrei, eds., *Museum Origins: Readings in Early Museum History and Philosophy* (Walnut Creek: Left Coast Press, 2008).

practicing art or accounting for history, in different cultures and places, including Western cultures, could not survive this imposed tradition. Once processed through it, any modality of practicing art had to be split into collectible art objects on the one hand and neutral procedures on the other. The communities within which the objects originated, existed, and meant different things were made superfluous.

IMPERIAL COINCIDENCE

A fatal, imperial coincidence exists between the invention of museums as sites where material culture could be classified and displayed, the emergence of evolutionary sciences such as anthropology, art history, and political science, and the advent of the documentary apparatus with the invention of recording technologies like the camera and the phonograph.[50]

Museums, archives, documentation, recording, collecting—these could all be instituted or pursued along different paths, proliferating into diverse forms with their own internal dynamics. But they were all subordinated to a similar principle enabling the perpetuation of violence as the ur-form of relation between groups of people. *Imperialism has made these different forms of cultural practice coincide, subsuming them all under its own logic.* Thus the classification of objects, for example, became an opportunity to reassert the separation of the classifying tools from the classified objects, and this separation was displayed through each and every one of its instantiations. Likewise, documentation emerged as a distinct mode of accounting, which identifies tools of recording and classification as providers of services and their objects as the expressions and property of particular agents (their authors or their employers). These related developments, and their key protagonists, were retroactively bestowed with their own distinct histories, making the violence common to all of them tangential.

An example may be telling. Less than a decade after imperial powers withdrew from the African territories that they systematically ruined and plundered over the course of centuries, this violence was translated into a series of generous gestures undertaken by Western museums and nations, which lent to the African nations from where they were stolen in the first place masterpieces objects from *their* precious collections of African art, masterfully “assembled” by “pioneers,” “inventors,” and “talented,” “humanistic” collectors. Finally, when people in the former colonies

50. On the invention of the photographer as the master and owner of the event of photography see Ariella Azoulay, *Aïm Deüelle Lüski and Horizontal Photography* (Leuven: Leuven University Press, 2013).

of Africa were deemed "ready" for national sovereignty, in part for having decent museal facilities, Western institutions and experts lent them their own objects, for short periods of time, ostensibly initiating them into the very civilization once practiced by their ancestors. The World Festival of Black Arts held in Dakar in 1966 marked one of the more grandiose moments of *artwashing*: Western institutions "generously contributing" to the spectacle of Africans learning to appreciate celebrated collections of African masterpieces as a way to obscure the fact that they were plundered from what was now known as decolonized Africa. Newspapers' front pages praised the enthusiastic mobilization of "40 nations [which] contributed" artworks for this special occasion, the first time that African objects were shown in Africa! Another manifestation of artwashing came with "Art of the Congo," an exhibition that was first mounted in 1967 at the Walker Art Foundation in Minneapolis, and soon after toured the United States, appearing in museums and art venues in Baltimore, New York, Dallas, and Milwaukee. The preface to the exhibition's catalogue celebrates King Leopold II of Belgium's enterprise of building the Royal Museum of Central Africa in Tervuren, Belgium seventy years earlier.[51] Curators mentioned the context in which African art objects were uprooted under Leopold II's rule, but often as a fact in the background that could be bracketed for the sake of contemplating and appreciating the art objects themselves. Relegating looting to the status of a backdrop, some authors refer to Leopold II's establishment of a museum as part of his "public relations program" or to the decimation of almost half of Congo's population as a scandal rather than calling it for what it is—a genocide."[52] The idioms commonly used to relate to these objects are still based on the premise that "Negro art" or "African sculpture" can be separated from processes of looting, subjugation, forced migration, and the massacre of millions of Congolese people. Furthermore, the creation of homogenizing categories like "African art" muddled together diverse modes of practicing art throughout the African continent prior to

51. Martin Friedman, *Art of the Congo* (Minneapolis: Walker Art Center, 1967). In 1910, the exhibition of African art at the Museum of Natural History in New York, was overtly dedicated to King Leopold II, who already ceded Congo to Belgium, as if no controversy around his rule ever took place. In 2016, Musée du quai Branley in Paris, had an exhibition on the event "Dakar 66 – chroniques d'un festival panafrican."

52. See Z.S. Strother, "Looking for Africa in Carl Einstein's Negerplastik," *African Arts*, vol. 46 (2013): 12. See also Schildkrout and Keim who write that the purpose of the exhibition of art from Congo that King Leopold held in Bruxelles-Tervuren in 1897 was "to justify and publicize Leopold's activities in Congo" (Enid Schildkrout and Curtis A. Keim, eds., *The Scramble for Art in Central Africa*, 24). The best samples in the show were "an illustration and justification of why Belgians should be colonizing in the Congo [sic]" (Schildkrout and Keim).

colonialism, such that, later on, Western scholars could excel in differentiating them once again.[53]

EXTINGUISHABLE CULTURES

Studying the abundance of these art objects together with the rare accessible traces of the provocative, yet vulnerable call "kill me if you wish," I attempt to unfreeze the imperial violence congealed in these objects, in order to let them emerge as what they are: embodiments of violations, and hence objects that attest to the potential rights of people from whom they were plundered. These objects were extensively documented, periodized, collected, displayed, traded, and studied as ethnographic samples *and* as works of art, but either way as separate objects, which had to be inserted into the "right" place in timelines, baselines, chronicles, and histories that were crafted as part of the imposition of imperial temporality and its physical materialization in the world of objects.[54] Once experts started to classify these objects, they could proclaim the extinction of certain non-Western people's modes of living and ways of producing material culture. That art was extinct or could not flourish, doesn't occur to them as the outcome of the fact that these peoples were forced to labor outside of communities of *fabri* in which their work could be valued. Bracketing for a moment the inaccuracies of the categories "West" or "Western" in describing imperial powers whose end that became their nature was to expand beyond this dubious geographical category, people who acted in the name of these categories were armed to target other people and depict them as exotic and hence remains of bygone cultures and necessarily about to be extinct. However, these peoples were not always non-Western and not all non-Western peoples suffered the same fate.

Assuming, as I do, that the imperial movement is relentless, it would be more accurate to say that its victims did not have to be non-Western, but rather peoples or groups who could, more easily than others, be dispossessed of their cultures. After all, imperial violence didn't stop upon encountering vulnerable Western groups. One

53. On the absence of ground for the category "African Art," see Kwame Anthony Appiah, "Why Africa? Why Art?," in *Africa: The Art of a Continent,* Tom Phillips, ed. (New York: Guggenheim Museum, 1996).

54. See for example Mack's discussion of Emil Torday, one of the first anthropologists to render Congo's material culture into collectible art objects: "the bulk of Torday's collection is now in the British Museum where it provides a baseline from which to discuss artistic and cultural developments in those areas throughout the rest of the country." John Mack, *Emil Torday: And The Art of the Congo 1900–1909* (Seattle: University of Washington Press, 1991), 13.

example, which is certainly not exceptional, is the extermination of modes of living practiced by European Jews that in the 1930s were declared extinguishable by the Nazis. Another came a decade later, when Zionist Jews declared the modes of life of other Jews, originating from Yemen, to be extinct, and set out to plunder the precious books they had preserved for centuries and "rescuing" them by bringing them to Israel.[55]

"The decadence of great African art cannot be refuted," wrote Léon Kochnitzky in 1952, as if to put an end to a polemic that should have not even existed. Paradoxically, such a polemic actually did not exist.[56] In 1966, in a special issue of *Paris Match* dedicated to the Dakar festival, Michel Gall wrote, in a similar assertive tone: "anyhow there is no doubt that in the last 50 years, Negro art has been singularly degraded."[57] These assertions are often accompanied by scholarly arguments and connoisseurs' observations, uttered from the imperial position that proclaims, anticipates, and indeed inflicts idiomatic extinctions, declaring what people are doing as dead, over, and obsolete.

Statements asserting the demise of different peoples' art can be acknowledged as truth claims and formulated with expressions of certainty such as "no doubt" or "cannot be refuted" only within imperial institutions and disciplines, which propagate an understanding of art based on the detachment of objects from a community regardless of the means used to procure them. In this imperial worldview, the value of such objects derives from their capacity for wealth accumulation and depends on the recognition of select experts who can endow them with their unique value. Unsurprisingly, though rarely noted, this consensus about the demise of African art was crafted among the colonizers—administrators, scholars, and citizens alike. With the propagation of shrines of art and the engineering of citizen-spectators, who become proxy experts in the art of other peoples, the threat that this alleged demise would be questioned and contradicted by opponents who contend otherwise was weakened.[58] The repeated invocation of declarative statements intended to

55. On the plunder of Yemenite Jews' books see Gish Amit, *Ex-Libris – Chronicles of Theft, Preservation, and Appropriating at the Jewish National Library* (Jeruselum: Hakibbutz Hameuchad Publishing House, 2014).
56. Léon Kochnitzy's book was published by the Belgian Government Information Center (in *Negro Art in Belgian Congo* (New York: Belgian Government Information Center, 1952), 11.
57. Michel Gall, "Pour les artists de la brousse, le matériau noble n'est ni l'ébène ni l'ivoire... mais le fromager," in *Paris Match*, May 1966.
58. It is unsurprising, given this context, that a book like Strother's *Inventing Masks*, based on engagement with

remove doubts was necessary to overcome recurring moments of dissonance between patterns of knowledge and idioms made available for "good citizens," on the one hand, and manifestations of contrary evidence in the form of art practices and objects that continued to be produced by Africans in Africa, Europe, and the United States.[59] What was at stake for the colonizers was not only the conservation of African art, and the legacy of a distant past, but also the imposition of a concept of art that could be practiced and appreciated only through newly established institutions, which reified the detachment of art from its material and political worlds, replacing these with professional institutions and their "experts."

THE PERSISTENCE OF THE *HOMO FABER*

When "African art" was invented as a Western field of expertise about supposedly extinguished cultures, Africans had not ceased to engage in different art practices throughout Africa, as well as in Europe and the Americas. Even Léon Kochnitzky could not completely deny the realities contradicting his proclamation of the demise of African art, and found ways to accommodate them to his general judgment. At one point he describes the art of diasporic Africans as little more than the transportation of past objects: "the colored people of Brazil had not forgotten their origin. From the banks of the great African rivers, they had brought with them their masks, their spears and their matted shields," he writes, as if enslavement had been merely a matter of relocating oneself and one's objects.[60] Elsewhere, he uses Emil Torday's description of art making in Congo as proof that the "preservation of popular craftsmanship had not been disturbed": "The village was as busy as a hive. Everybody was working, the looms of weavers were throbbing, the hammers of smiths clanging; in the middle of the street, where was a shed, men were carving, making mats or baskets and in front of their houses, women were engaged in embroidery."[61] In fact Africans continued to practice different forms of art, including the form of art called "modern" art promoted

people in Congo who continue to invent masks and practice masquerade, was published only in 1998 and remains rare.

59. W.E.B. DuBois, "Criteria of Negro Art," in *Harlem Renaissance Reader,* David Levering Lewis, ed. (New York: Viking, 1994).

60. Numerous are the proofs, though less so the studies, that people who were forcible displaced " had not forgotten their origin," nor their skills or ceased to be active in domains from which they were institutionally deprived. On the contribution of Afro-Americans to American "colonial craft" see Carl Bridenbaugh, *The Colonial Craftsman* (Chicago: University of Chicago, 1950); on the "maintenance of Afro-American tradition in Folk Art and Craft" see John M. Vlach, "Arrival and Survival: The Maintenance of an Afro-American Tradition in Folk Art and Craft."

61. Torday quoted in Léon Kochnitzy, *Negro Art in Belgian Congo*, 12.

by imperial institutions such as the "museum," "artist," or "critic," and were in fact invested in the values of collectibility, displayability and novelty supported by these institutions. While some of these artists were recognized and praised, they were rarely acknowledged as part of a community of *fabri*.[62] In the objectified history of art that museums and other institutions advanced and supported, "African art" became a source that most diasporic Africans could access, if at all, only through the mediation of those institutions that held art objects from which Africans were culturally detached and of which they were geographically deprived when they were enslaved. For example, a Harmon Foundation initiative intended to support "American Negro" artists included the creation of "a collection of thirty-seven photographs of African Primitives. Sculptures, metal objects and woven materials in the collection from the Belgian Congo at the 135th Street Branch of the New York Public Library were photographed by Miss Marjorie Griffiths for use in exhibitions."[63] Making available photographic reproductions of these objects is telling on two levels: first, the addressees of this initiative could not, for different reasons, enjoy free, pleasant, natural, and unintimidating access to the photographed objects, which were preserved and displayed in the same city where they lived, but behind the walls of white art institutions; second, the possibility that, as descendants of communities from which these objects were appropriated, these artists could benefit from more privileged access to them, let alone claim restitution for plunder, is not even mentioned. Notwithstanding that there are no traces of such initiative—nor recent examples—on behalf of any of these art institutions or their main actors—i.e., curators, artists, museum directors, donors, et cetera—where they were preserved to disown what was looted, a plunder that fueled the differential rule and the vulnerability of blacks to imperial violence.

The dissociation between African art objects collected in museums and Africans living and making art around the world is constitutive of how the plunder of Africa has become a naturalized part of a cultural field in which citizens—including Africans, though often they are last in line—participate as a sign of their progressive, modern identity. From Carl Einstein's book *Negerplastik*, appraised by Strother as one of the

62. See Taft Lorado, *American Sculpture* (New York: The MacMillan Company, 1924); Freeman Henry Morris Murray, *Emancipation and the Freed in American Sculpture: A Study in Interpretation* (Washington DC: published by author, 1916) from Smithsonian Libraries, accessed December 27, 2016, library.si.edu/digital-library/book/emancipationfree00murr; and Steven Nelson, "Emancipation and the Freed in American Sculpture: Race, Representation and the Beginnings of an African American History of Art," in *Art History and its Institutions: Foundations of a Discipline*, Elizabeth Mansfield, ed. (London: Routledge, 2002).

63. Harmon Foundation, *Negro Artists: An Illustrated Review of Their Achievements* (New York: Books For Libraries Press, 1935), 39.

first theoretical treatises on African art, we can read how questions (such as: did this art stop being produced? Or: why was the encounter with European so fatal?) are raised precisely in order to be buried. Einstein's treaty opens with an articulation of three semi-moral claims directed to his readers, whom he expects to perceive the objects appropriated from Africans—and presented to their eyes with no history except that fabricated by the discipline of art—along these lines: "the Negro is not underdeveloped; a significant African culture has gone to ruin; perhaps the Negro of today relates to what may have been an 'antique' Negro as the fellah relates to the ancient Egyptian."[64] With the first claim, the author distinguishes himself from colleagues of his who degrade blacks as a race; with the second, he acknowledges that a process of ruination has disrupted African cultural production, but presents this process as if it comes from nowhere, has no apparent causes or active agents; with the third, he asserts Africans' disconnection from the treasures of African art—the scholar's domain of expertise—and represents them as distant descendants of a bygone golden age. In her essay, Strother points to the temporal incongruence in Einstein's narrative and argues that "[a]lthough Einstein did not accept the superiority of naturalism, he seems to have been affected nonetheless by the conviction of interminable decline. The irony is that most of the sculptures illustrated in *Negerplastik* were not so old as Einstein imagined and testified to the vitality of *contemporary* African art at the turn of the century."[65] Qualifying an ignorant assertion of African cultural decline as irony would have made sense if a single scholar had held such a belief. However, the fact that a world of human activity appeared to Einstein as a stagnant field is not a matter of his individual perspective, but rather of the order of discourse during his era in which art experts play the role of rescuers. Though Einstein was considered a "pioneer," he was not unique in approaching African art works as relics even as they remained part of a living culture. Einstein was both a product and a representative of a field of activity (art), an academic discipline (history), and a political regime (imperialism), each of which was structured on the violent anticipation of others' extinction.

SALVAGED ART / DESTROYED INFRASTRUCTURES

A string of organized imperial enterprises to plunder local cultures in the name of their salvation started with Napoleon's expedition to Egypt, which legitimated the invasion, by scholars and soldiers alike, of a place whose most nuanced social, cultural, and religious fabrics were destroyed under the guise of preserving its artifacts.

64. Carl Einstein, "Negro Sculpture," Charles W. Haxthausen and Sebastian Zeidler trans., in *October* 107 (Winter): 124. Translation of *Negerplastik* (Leipzig: Verlag der Weissen Bücher, 1915).
65. Strother, *Inventing Masks: Agency and History in the Art of Central Pende,* 15. Emphasis in original.

A line can be traced from Napoleon's expedition to Egypt to the destruction of the Cairo Genizah (a unique archive whose content was inaccessible for one thousand years), the "rescue" of its three hundred thousand documents, and their transfer to various university collections in the West. Such a transfer implies that members of the community where the archive was located are not capable of preserving it, and can no longer be considered its rightful guardians.[66] The same logic of anticipating the extinction of people or of their art and caring to rescue it before its planned disapperance can be seen across history, from Edward S. Curtis' twenty-volume documentation of approximately eighty native American tribes as a "vanishing race" to the Nazis' Museum of the Extinct Jewish Race (founded in Theresienstadt in collaboration with several Jewish scholars who were engaged in the project for opposite motives),[67] to the transformation of modern Palestinians into ancient, even biblical figures, or the reduction of the material cultures of African societies into "primitive art."

The imperial enterprise of appropriating peoples' art objects and artifacts, and the simultaneous dissociation of these peoples from their material culture, which becomes prone to different sorts of violations, including its resignification as devoid of history, transcends the scholarship of individuals or the mission of specific academic disciplines. Art and its institutions are inseparable from differential political regimes, which are constituted by their transformation of exterminatory violence into empirical facts to be classified, documented, archived, and displayed. The scientific procedures undergirding museums of art are founded on the violation of others' rights to look, speak, produce, and show differently, which imply their right not to have so-called "experts" intrude on their cultural practices.[68] Until the foundations of the museum and the system of art it represents are dismantled, whatever is produced in and through these institutions will be bounded by the imperial violence that gave rise to them.

66. The language of "rescue" continue to be used in relation to this operation. See for example: Bodleian Libraries, "Historic rivals join forces to save 1,000 years of Jewish history," *Bodleian Libraries: University of Oxford* (February 8, 2013) www.bodleian.ox.ac.uk/news/2013/historic-rivals-join-forces-to-save-1,000-years-of-jewish-history.

67. On the museum see Marina Rodna, "'Le Musé Central de la race juive défunte': La solution finale de la culture juive," in *Pardès: Anthropologie, Histoire, Philosophie, Litterature*, no. 6 (1987): 106–16. On the plunder of works of art and collections of books, see Jean Cassou, *Le Pillage par les Allemandes Des Oeuvres d'Art et des Bibiliothèques Appartenant à des Juifs en France* (Paris: Editions de Centre, 1947).

68. Some of these rights have started to be recognized, in retrospect, in relation to different Native American tribes, according to the framework of the NAGPRA Law: National NAGPRA, "Law, Regulations and Guidance," accessed December 27, 2016, www.nps.gov/nagpra/mandates/index.htm.

THE HARLEM RENAISSANCE WAS NO EXCEPTION—IT WAS MADE AN EXCEPTION

In a series of essays on art "past and present" written in the midst of the cultural scene now known as the Harlem Renaissance, Alain Locke pointed to the distorted imperial temporality that proclaims rises and falls: "up to now we have had the strange phenomenon of the rise of the Negro artist, but the continued eclipse of Negro art. The possibilities of Negroes in art, however, were now conceded; but the achievements of Negro art, past and future, were as yet unknown."[69] The imperial modernist gesture of fixing human activities to sites that, at certain historical moments, operate as sources or harbingers of new trends implies, and often entails, the demise of art practices in other places. Thus it is unsurprising that once cultural activity in Harlem was publicly renowned and associated with that particular, predominantly African-American neighborhood of Manhattan, it was often recognized at the expense of the diverse cultural activities pursued in other places, whose acknowledgment would have prevented the Harlem Renaissance from appearing as an exception that could later be declared dead.[70] In the years following the Emancipation Proclamation, art milieu were shaped and institutions intended to support and provide creative environments for African-American artists were founded in many cities, such as Washington, Philadelphia, Boston, or San Francisco. "New York has long been seen as the locus for the Harlem Renaissance," writes Theresa Leininger-Miller, author of a book on African-American painters and sculptors in Paris, "yet the movement was hardly confined to northern Manhattan. Significant events took place elsewhere in the United States, Europe, Africa, and the Caribbean."[71] Not long after Locke's series of texts was published, another manifestation of the violent imperial gesture, similar to those he describes above, was exercised against African-American artists: the proclamation of the "demise of

69. Alain Locke, "The Negro and His Music," in *Negro Art: Past and Present* (New York: Arno Press and the New York Times, 1969 [1936]), 34.
70. On the displacement from Paris to New York, captured in title of his book *How New York Stole the Idea of Modern Art,* see Serge Guilbaut, *How New York Stole the Idea of Modern Art* (Chicago: University of Chicago Press, 1983). Picasso is a telling example in this context. His art, which was strongly influenced by the looted objects collected by the Musée de l'Homme in Paris, is discussed at length in Guilbaut's book, even though Paris, where he was active, was revoked as the center of art, while African art—let alone African artists—is not mentioned, and African-American artists are similarly ignored despite Guilbaut's pivot to the United States.
71. Theresa Leininger-Miller, *New Negro Artists in Paris: African American Painters and Sculptors in the City of Light, 1922–1934* (New Brunswick, NJ: Rutgers University Press, 2000), xvi.

the Harlem Renaissance."[72] Declarations of the fall of particular art scenes, and the rise of new art centers, are common phenomena in the art field imperially conditioned and predicated on the pursuit of the new. When these centers are not racially neutral, i.e., considered white, such as the demise of Paris and the crowning of New York, such displacement operates like an old wine, New York can occupy the cutting edge position while Paris, though not the capital of the new anymore, its treasures are solid and eternally tasteful. The prices of masterpieces from the former center rise enormously, the community continues to prosper and benefit from the mature fruits. In Harlem, this imperial violence of death proclamation had devastating consequences. It forced African-American artists and writers who continued to practice art after this proclamation—including those who made explicit gestures of continuity with the Harlem Renaissance, such as the Harlem Artists Guild—to start all over again, as if blacks' participation in the field of art had not, after all, been conceded.

Rather than relating to art as it continues to be defined by Western art-looting institutions, I will draw from Arendt's category of work (and its attendant figure of *homo faber*), which she conceptualizes as distinct from labor (laborer) and action (political actor) but related to them, and use this triad as the general framework through which to think about art. Reintegrating *homo faber* into this discussion is an attempt to displace the persona of the individual artist that has been cultivated through the violence of the institution of the museum, and to account for the practice of art in its *longue durée* and not only through peak moments in artists' careers.

TWO CLASSES OF OBJECTS— A MOTOR OF DIFFERENTIALITY

Art museums were established to host objects that came to be associated with the essence of art, its history, or one of its frontiers, and were detached from the context of their production. However, in this diverse assortment of objects, we should identify at least two classes. First, there are objects that continue to affect their fabricators and the community from which they emerged. Members of this community have access to and can benefit from imperial institutions and the variety of professional positions involved in managing the new life objects assume in art museums. They are also considered, even if insufficiently, part of the imagined constituency or "public"

72. In canonical books on the Harlem Renaissance, end dates are typically indicated as a matter of fact. See for example Romare Bearden, "The Negro Artist and Modern Art," in *Harlem Renaissance Reader*, David Levering Lewis ed. (New York: Viking, 1994); or George Hutchinson, *The Harlem Renaissance in Black and White* (Cambridge, MA: The Belknap Press of Harvard University Press, 1995).

that is served by these institutions. The second class is comprised of objects whose detachment from their environment was fatal to their communities, whose members were enslaved, subjugated, and exploited within new formations of the body politic, in which they were governed differentially. They were denied free access to the world of *fabri*, even as their artistic skills were nonetheless exploited for a variety of artisanal activities such as plastering, carpentry, glazing, and masonry.[73] The distinction that the imperial museum instituted between these two classes of objects matters not so much for the objects themselves, let alone for their "artistic value," but for the two classes of actors associated with them: those who are perceived as the natural inheritors of these treasures, and the descendants of their makers; and those whose capacity to interact with them still requires their education on the condition that they provide proof of their humanity or worth, in some form, and cross certain thresholds.

This enduring distinction between classes of *fabri* explains why, in each and every one of Alain Locke's essays on black artists, he attempts anew to counter the normative violence that transforms black artists' achievements into ephemeral acts—such that each time there is another African-American artist whose art cannot but be valued by experts, s/he will necessarily be crowned as an exception among this community. Referring to the painter Henry Ossawa Tanner, who was much appreciated at the turn of the nineteenth century, Locke writes, "the recognition of the Negro artist as an artist pure and simple became an accomplished fact."[74] But Locke's assertion would be proven incorrect. Many black artists after Tanner would again be labeled unprecedented exceptions and received first and foremost as members of—and exceptions among—their race. And though a single painting by Tanner can be hanged in the National Gallery, it is still presented as an exception that even its exceptionality can easily be skipped by visitors, who can finish their visit not knowing that blacks had anything to do with art except ironically, as guardians of these institutions' treasures. This is captured in Randall Robinson who describes a visit to the National Gallery in Washington, of a young black boy and his mentor: "All was as it always had been at the National Gallery of Art. All of the framed faces were white. Virtually all the patrons peering at them were white as well. Only the guards in blue uniforms were black. Of course, there were the mentor and Billy. And a lone black presence Billy could not have known about: a small landscape, *Abraham's Oak*, painted by Henry Ossawa Tanner (1859–1937), hanging in an obscure corner."[75]

73. The surprise in 2016, following Michelle Obama's mention that the White House was *built* by slaves, is symptomatic in this sense.
74. Alain Locke, "The Negro and His Music," 25.
75. Randall Robinson, *The Debt: What America Owes to Blacks* (New York: Plume, 2001), 43.

BEYOND THE IMPERIAL CONCEPTION OF ART

The imperial conception of art is based on the evaluation of discrete objects, generally associated with individual creators but in any case discovered, acknowledged, and judged for their unique value by individual critics, curators, and other experts. For these objects to be given to the gaze and intervention of experts, they must necessarily be uprooted from the world they were part of, or produced precisely to be displayed as objects of art, depending on the class of objects to which they belong. Let me say this explicitly: this conception of art is constitutive of the unstoppable imperial movement of which museums serve as showcases. Nothing can stop this movement in its drive to locate the best candidates to be recognized as art objects and transfer these to the world of experts. The destruction of the worlds to which these objects once belonged, which this movement entails, is made unimportant relative to the importance of art. With imperialism, art became an idea superior to the world in which it was produced, and everything that was produced *as art* had to be evaluated according to its embodied form, which was deemed "good" or "bad" by professionals. A world apart was created in which objects, artists, trends, styles, and schools could be evaluated, criticized, or praised by experts, whose discourse "the public" had to be educated to understand. However, throughout this time, people did not cease to practice art under different modalities, even if some of their objects continued to be plundered and detached from their communities, forced to migrate alone, and stamped with new IDs of the imperial museum at the Ellis Island of objects. A photograph of these newly arrived, denuded objects in a row, suggestive of a mug shot, makes them legible with a caption that names them according to the imperial classification of modern art, and thereby renders them eligible to stay as resident aliens detached from their family members, who were left behind. This portrait could almost be proof of the success of imperial plunder. However, it is not. We should not seek to demonstrate this by attending to singular, "critical" artworks that undermine the triumphs of imperialism. Instead we should turn to those choirs of *fabri* who did not cease to practice art, even if they did not necessarily do so as individual artists in the mold of the imperial persona of the artist, and even if they did not create objects for the sake of showing them. Their art continued to be shared, if not through this compulsory procedure, as well as hidden, or activated by those who knew where they were hidden, to protect them against the horrendous procedures to which they would have otherwise been exposed. In some cases they perished, went lost, or were destroyed, even when experts' claim to fame could be anchored in them. Others were maimed deliberately by members of the communities to which they belong, disrupting imperial classifications, and still others were preserved in conditions that "violate" International Council of Museums (ICOM) regulations, and used to ostensibly violate the sacred ground on which art objects should stand—as in the famous Kantian definition of art as "purposeless." People forgot the objecthood of objects, their condemnation to stillness, and rather dance with them, dress them up, or otherwise intervene in what could be assumed as someone's last word and signature in their regard. Protocols of research and transparency were not disrespected; they were simply rejected as ultimate commands. These were not symptoms of backwardness or "third world" standards, but distinct modalities of art that could not be processed through the transcendental category of art and were incommensurable with them. These people who were dispossessed by the modality of art that was imperially institutionalized as art, didn't cease to build worlds, while the imperial unstoppable movement, through its use of vitrines for contemplation, continues to destroy worlds.

It is against this background that initiatives such as the "reversed gentrification" practiced by the Institute for Human Activities (founded by Renzo Martens), the Congo Research Network, and the Cercle d'art des travailleurs de plantation congolaise (Congolese Plantation Workers Art League) should be understood. These initiatives continue processes of reversing the protocols according to which we partake in the worldless "world of art."

Bibliography

Amit, Gish. *Ex-Libris: Chronicles of Theft, Preservation, and Appropriating at the Jewish National Library* (Jerusalem: Hakibbutz Hameuchad Publishing House, 2014).

Anghie, Anthony. *Imperialism, Sovereignty and the Making of International Law* (Cambridge: Cambridge University Press, 2007).

Appiah, Kwame Anthony. "Why Africa? Why Art?" in *Africa: The Art of a Continent*. Edited by Tom Phillips (New York: Guggenheim Museum, 1996).

Azoulay, Ariella. *Aïm Deüelle Lüski and Horizontal Photography* (Leuven: Leuven University Press, 2013).

Azoulay, Ariella and Adi Ophir. *The One-State Condition: Occupation and Democracy in Israel/Palestine* (Stanford: Stanford University Press, 2012).

Bearden, Romare. "The Negro Artist and Modern Art," *Harlem Renaissance Reader*. Edited by David Levering Lewis (New York: Viking, 1994).

Benjamin, Walter. *Selected Writings Volume 4: 1938-1940* (Cambridge, MA: The Belknap Press of Harvard University Press, 2003).

Bewes, Timothy. *The Event of Postcolonial Shame* (Princeton: Princeton University Press, 2011).

Biebuyck, Daniel. *The Arts of Zaire Vol 2* (Berkeley: University of California Press, 1986).

Blaut, J. M.. *1492 – The Debate on Colonialism, Eurocentrism and History* (Trenton NJ: Africa World Press, 1992).

Adu Boahen, A. *African perspectives on Colonialism* (The Johns Hopkins University Press, 1987).

Bridenbaugh, Carl. *The Colonial Craftsman* (Chicago: University of Chicago, 1950).

Cassou, Jean. *Le Pillage par les Allemandes Des Oeuvres d'Art et des Bibiliothèques Appartenant à des Juifs en France* (Paris: Editions de Centre, 1947).

Cooper, Frederick. *Decolonization and African Society: The Labor Question in French and British Africa* (Cambridge: Cambridge University Press, 1996).

DuBois, W.E.B.. "Criteria of Negro Art." In *Harlem Renaissance Reader*. Edited by David Levering Lewis (New York: Viking, 1994).

Friedman, Martin. *Art of the Congo* (Minneapolis, MN: Walker Art Center, 1967).

Fromont, Cécile. *The Art of Conversion: Christian Visual Culture in the Kingdom of Congo* (University of North Carolina Press, 2014).

Gall, Michel. "Pour les artists de la brousse, le matériau noble n'est ni l'ébène ni l'ivoire . . . mais le fromager," *Paris Match*, May 1966.

Genoways, Hugh H. and Mary Anne Andrei, eds. *Museum Origins: Readings in Early Museum History and Philosophy* (Walnut Creek: Left Coast Press, 2008).

Gorer, Geoffrey. "Colonial rule equals taxes and forced labor." In *Africa and the West: A Documentary History*. Edited by William H. Worger, Nancy L. Clark, and Edward A. Alpers (Oxford: Oxford University Press, 2010).

Guilbaut, Serge. *How New York Stole the Idea of Modern Art* (Chicago: University of Chicago Press, 1983).

Harmon Foundation. *Negro Artists: An Illustrated Review of Their Achievements* (New York: Books For Libraries Press, 1935).

Benoît, Henriet. "Experiencing colonial justice: investigations, trials and punishments in the aftermaths of the 1931 Kwango revolt" accessed December 27, 2016, www.academia.edu/11306670/Experiencing_colonial_justice_investigations_trials_and_punishments_in_the_aftermaths_of_the_1931_Kwango_revolt_at_Experiencing_justice_researching_citizens_contacts_with_judicial_practices_Brussels_5-6_March_2015.

"Elusive natives: escaping colonial control in the Leverville oil palm concession, Belgian Congo, 1923–1941," *Canadian Journal of African Studies / Revue canadienne des études africaines,* vol. 49 no. 2 (2015).

Hutchinson, George. *The Harlem Renaissance in Black and White* (Cambridge, MA: The Belknap Press of Harvard University Press, 1995).

Kochnitzy, Léon. *Negro Art in Belgian Congo* (New York: Belgian Government Information Center, 1952).

Leininger-Miller, Theresa. *New Negro Artists in Paris: African American Painters and Sculptors in the City of Light, 1922–1934* (New Brunswick, NJ: Rutgers University Press, 2000.

Locke, Alain. "The Negro and His Music." In *Negro Art: Past and Present* (New York: Arno Press and the New York Times, 1969 [1936]).

Londres, Albert. *En Terre D'Ébene* (Paris: Arléa, 1998).

Lorado, Taft. *American Sculpture* (New York: MacMillan Company, 1924).

Mack, John. *Emil Torday: And The Art of the Congo 1900–1909* (Seattle: University of Washington Press, 1991).

MacGaffey, Wyatt. *Kongo Political Culture: The Conceptual Challenge of the Particular* (Bloomington: Indiana University Press, 2000).

Murray, Freeman Henry Morris. *Emancipation and the Freed in American Sculpture: A Study in Interpretation* (Washington DC: published by author, 1916) retrieved from Smithsonian Libraries, accessed December 27, 2016, www.library.si.edu/digital-library/book/emancipationfree00murr.

Nelson, Steven. "Emancipation and the Freed in American Sculpture: Race, Representation and the Beginnings of an African American History of Art." In *Art History and its Institutions: Foundations of a Discipline*. Edited by Elizabeth Mansfield (London: Routledge, 2002).

Robinson, Randall. *The Debt: What America Owes to Blacks* (New York: Plume, 2001).

Renton, David, David Seddon, and Leo Zeilig, eds. *The Congo: Plunder and Resistance* (New York: Zed Books, 2007).

Rodna, Marina. "'Le Musé Central de la race juive défunte' – La solution finale de la culture juive." In *Pardès – Anthropologie, Histoire, Philosophie, Litterature*, no. 6 (1987).

Sheppard, William Henry. *Presbyterian Pioneers in Congo* (Richmond VA, Presbyterian Committee of Publication, 1917).

Schildkrout, Enid and Curtis A. Keim, eds. *The Scramble for Art in Central Africa* (Cambridge: Cambridge University Press, 1998).

"Collecting in the Congo: The American Museum of Natural History Congo Expedition 1909–1915." In *African Reflections: Art from NorthEastern Zaire,* (Washington: University of Washington Press, 1990).

Strother, Z.S. *Inventing Masks*: *Agency and History in the Art of Central Pende* (Chicago: The University of Chicago Press, 1998).

"Looking for Africa in Carl Einstein's Negerplastik." In *African Arts*, vol. 46 (2013).

Vanderstraeten, Louis-François. *La répression de le révolte des Pende du Kwango en 1931* (Brussels: Koninklijke Academie voor Overzeese Wetenschappen, Académie Royale des Sciences, 2001).

Vlach, John, M. "Arrival and Survival: The Maintenance of an Afro-American Tradition in Folk Art and Craft." In *Perspectives on American Folk Art*. Edited by Ian Quimby and Scott Swank (New York: Norton, 1980).

Woodward, Richard, B. "Visions from the Congo." In *Blackbird Archive*, vol. 11 no. 1 (Spring 2012), www.blackbird.vcu.edu/v11n1/gallery/woodward_r/balot.shtml.

Young, Jason, R. *Rituals of Resistance*: *African Atlantic Religion in Kongo and the Lowcountry South in the Era of Slavery* (Baton Rouge: Louisiana State University, 2007).

LE PILLAGE, CONDITION TRANSCENDANTALE DE L'ART MODERNE ET COMMUNAUTÉS DE *FABRI*

Traduit de l'anglais par Jakuta Alikavazovic

« ME VOICI, TUEZ-MOI SI VOUS VOULEZ »

« Me voici, tuez-moi si vous voulez ». Cette déclaration glaçante mais familière ne présente ni le même sens ni le même risque potentiel selon l'énonciateur et la situation[1]. Qu'est-elle au juste, cette phrase ? Qui la prononce, et dans quelles circonstances ? Quelles sont les conditions matérielles et politiques qui poussent d'aucuns à s'exposer à une violence mortelle en déclarant : « tuez-moi si vous voulez », plutôt que protéger leur vie ? Quelle cause incite-t-elle les membres de certains groupes, au sein des gouvernés, à proférer cette menace, cette invitation à la brutalité, plutôt que de se soumettre à une mort lente à l'ombre d'une violence toujours différée ? Je postule que les réponses à ces questions se trouveront dans le théâtre de l'impunité imposé par ceux qui sont à même de les exécuter, et dans lequel la valorisation de la nouveauté ainsi que la constitution d'un passé coupé du présent jouent un rôle crucial. Théâtre qui consiste en tentatives systématiques de destruction des cultures et des univers concrets des groupes auxquels ces individus appartiennent ; théâtre au sein duquel leurs talents et leur force de travail sont employés à la construction de mondes dont ils ne tireront ni bénéfice, ni reconnaissance. Une déclaration telle que « tuez-moi si vous voulez » ne trouve sa source ni dans l'individu qui la profère ni dans une situation d'énonciation particulière. Dans un système impérial, cette exclamation est récurrente – même si elle fait elle-même l'objet d'une menace structurelle : celle d'être ensevelie sous des tombereaux de cadavres – car il s'agit là d'une réaction au fait de se trouver dépouillé d'une place au monde, dépouillé également d'un monde où l'on pourrait avoir sa place, garantie, parmi des objets et des gens que l'on reconnaît et où l'on est reconnu comme n'étant pas seulement la propriété d'un tiers, une unité de main-d'œuvre ou une source de revenu fiscal[2]. Cette exclamation, lorsqu'elle surgit, provoque une violence qui renforce celle, institutionnalisée, requise pour maintenir en place les divisions spatio-temporelles impériales. On n'est pas tenu d'en entendre explicitement les mots pour la discerner dans le mouvement de centaines de milliers d'hommes et de femmes qui fuient leur maison pour gagner les pays de leurs ex-colonisateurs en Europe, rendant ceux-ci de fait responsables de leur sort, même

1. L'énoncé est souvent associé à un mythe fondateur révolutionnaire national, au sein duquel on le célèbre. Cependant, dans de tels contextes, quand les vies de différents groupes n'étaient pas améliorées mais au contraire fragilisées, plus vulnérables à la violence que les vies des autres, les événements durant lesquels une pareille exclamation s'élevait étaient souvent passés sous silence.
2. Comme il sera explicité plus loin, il ne s'agit pas exactement de la perte d'une place dans la communauté, comme l'écrit Hannah Arendt dans sa description du déclin des droits de l'homme et du lien entre la place qu'on a au monde et le droit d'avoir des droits.

si ces derniers ont justement tout fait pour reléguer leurs crimes coloniaux aux brumes d'un passé lointain. Cette déclaration nous donne un aperçu de la condition impériale dans laquelle une phrase de ce genre, dans la bouche des membres de groupes particuliers de la population, est susceptible de provoquer une mise à mort[3]. Et même si l'exclamation s'élève sans prévenir, elle manifeste en réalité le système de violence impériale dans lequel le groupe d'appartenance de l'énonciateur vit de longue date.

Le premier dénominateur commun des groupes de gouvernés qui prononcent cette phrase est d'être, ou d'avoir été, incorporés de force dans un corps politique étranger, après la destruction de celui auquel ils appartenaient précédemment et dans les mailles duquel ils évoluaient, au sein d'un monde matériel commun. La catégorie de l'« exclusion » que l'on emploie souvent pour définir la situation de tels groupes – « colonisés », « occupés », « exclus » ou « minorités » – occulte la violence impériale nécessaire à leur maintien dans un corps politique formé et dirigé par des individus, des groupes et des puissances colonisatrices étrangères. Plutôt que de considérer les colonisés comme un corps politique distinct de celui des colonisateurs, je propose d'analyser la colonisation comme un processus qui vise à former un corps politique différentiel conçu de groupes variés, gouvernés de façon différentielle. Dans la colonisation, le principe qui gouverne le corps politique devient celui de la différentialité : soit la gestion des disparités entre les citoyens et les autres groupes, comme au sein des citoyens eux-mêmes. Le principe d'un ordre différentiel stimule la multiplication de groupes différentiés au sein du corps de citoyens, opérant souvent une discrimination entre citoyens de premier et de second ordre, détenteurs privilégiés ou défavorisés du « même » statut[4]. Les non-citoyens, eux, sont gouvernés différemment des précédents et privés de nombre des ressources dont bénéficient les citoyens privilégiés – cela, on le constate sans

3. Et cet énoncé a bien des effets différents sur la communauté d'appartenance de l'énonciateur. Il a été érigé en devise – « la liberté ou la mort » – et souvent employé, tout à fait métaphoriquement, durant ce que nous appelons depuis le 18e siècle les luttes « d'indépendance » révolutionnaires, même lorsque ceux qui aspirent à l'indépendance ont eux-mêmes assujetti d'autres gens.
4. Dès les premières phases de la colonisation, le principe de différentialité fut appliqué. Madère est un bon exemple. Dans la seconde moitié du 15e siècle, les portugais, lors de l'invasion de l'île, touchèrent terre avec des Africains qu'ils contraignirent à l'esclavage et des Africaines qu'ils prirent pour femmes, « et leurs descendants formèrent une population noire et libre » sur place (Newitt, 2010, 8). Ainsi, plutôt que des relations binaires du type colonisateurs-colonisés, esclavagistes-esclaves, blancs-noirs, c'est sur la foi d'une différentialité accrue que le corps politique fut formé.

peine. Mais l'histoire ne s'arrête pas là. Ceux qui contraignent les non-citoyens et les citoyens de second ordre à l'inclusion, au labeur en vue d'enrichir les citoyens reconnus et de préserver leurs privilèges dans un corps politique pareil – ceux-là aussi sont gouvernés différentiellement : eux aussi sont gouvernés différemment des autres, fait que l'on oublie en règle générale, ou que l'on accepte plutôt que d'en souligner l'anomalie. J'ai pour projet d'évoquer ces groupes comme un ensemble, une continuité différentiellement gouvernée, non pour suggérer entre eux une symétrie inexistante, mais afin de remettre en question la conceptualisation impériale du corps politique, qui échoue à reconnaître à tous les gouvernés une place dans le corps politique. La violence exercée dans un corps politique différentiel ne se limite pas au domaine politique, grâce auquel elle est en fait orchestrée. Incorporés par la violence dans un corps politique de cette espèce, les gens sont contraints de devenir main-d'œuvre, contribuables ou fournisseurs de services[5]. Ce qui ne signifie pas qu'une fois main-d'œuvre ils cessent de prendre part à d'autres domaines de la *vita activa* tels que le « travail », l'« action », ou l'art et la politique. La réorganisation impériale de ces domaines les a privés de la liberté de passer d'un type d'activité à un autre et de bénéficier de la place, du statut et de la rétribution que d'autres reçoivent lorsqu'ils y prennent part. En d'autres termes, leur rang comme leur statut dégradé au sein du corps politique différentiel est mis en place via un accès différentiel aux domaines de la vie active. Plutôt que d'étudier directement la violence à l'encontre des groupes et des individus colonisés, je la reconstituerai à partir des privilèges dont jouissent les citoyens aux côtés desquels ils sont gouvernés.

Depuis le début, l'art est le terrain préféré de l'impérialisme[6]. On a beaucoup écrit sur l'appauvrissement de diverses cultures, spoliées de leurs trésors artistiques au profit des aristocraties de l'Occident et de l'embellissement de ses musées. On s'est moins penché sur la restriction par laquelle l'art, d'un ensemble polysémique de pratiques propres aux rituels, aux mœurs et aux besoins de communautés variées, est réduit à une activité unifiée dont les produits sont des objets échangeables, destinés à être interprétés et manipulés par des experts selon des procédures soi-disant neutres, présentées comme la condition transcendantale de l'art. Et presque rien n'a été dit du danger qu'il y a à priver les peuples de leurs mondes matériels, ni du rôle que les objets d'art spoliés, transformés en outils indispensables à l'auto-

5. S'ils échouaient, ils étaient pénalisés et tenus pour vagabonds, criminels, paupéreux déviants.
6. D'un côté, le concept d'art, comme je le démontre ici, a été utilisé pour incorporer toujours davantage de modalités de production ; ceci s'exprime dans presque tous les textes traitant de l'art d'Afrique, même quand leurs auteurs s'en défient et sont conscients de la « tension » durant leurs recherches sur l'art des lieux colonisés. Les exemples abondent. En voici un : « dans les décennies suivantes, une esthétique occidentale qui se développa de façon à inclure des objets africains… » (Schildkrout & Keim, 1998, 24).

formation des citoyens modernes et progressistes de la mondialisation, ont joué dans le désaveu, par ces mêmes citoyens, de leur propre complicité dans la violence systémique envers d'autres groupes, ainsi que dans leur dépossession.

De pair avec l'appropriation des objets d'autrui, moult pratiques gestionnaires ont été établies comme autant de protocoles neutres de manipulation et de conservation d'objets bien-aimés, et la modalité impériale de l'art a supplanté l'identité propre de ces artefacts. Ainsi, tous les objets, manufacturés dans des formes différentes et selon des modalités souvent divergentes, pouvaient-ils être désormais classifiés comme d'authentiques objets d'art (impérial). Dans le processus d'appropriation, ces objets ont été détachés des contextes, des communautés et des modes d'activité auxquels ils appartenaient. Ils ont été ré-ancrés dans la culture impériale, définie par les musées et le marché. Dans ce nouveau contexte, l'idée de l'art pour l'art s'est épanouie. La colonisation de l'Afrique, de l'Asie et des Amériques a facilité la transition vers une modalité différente, dans laquelle les objets étaient convertis en matière première afin d'achalander les musées encyclopédiques de l'Occident, tandis que l'infrastructure qui avait permis de telles pratiques – la création, l'utilisation, le partage et l'échange de ces objets au sein de leurs propres communautés – était simultanément détruite[7]. Désormais, du point de vue de la position impériale dominante, un art qui n'est pas exposé comme une marchandise, et dont la modalité n'est pas définie par des systèmes globalisés tels que les musées, les médias et le marché, est inimaginable. De ce fait, quand l'art joue un rôle dans des mises à mort saisissantes lors desquelles des persécuteurs sont défiés par un « tuez-moi si vous voulez », ce n'est pas seulement le contenu ou la signification d'images particulières qui est en jeu ; mais plutôt un affrontement concernant les présupposés sur la nature même de l'art et les façons de le pratiquer, sur l'identité de ceux auxquels on reconnaît le droit d'agir en artiste ; et sur les endroits, les manières et les milieux ces objets peuvent êtres conservés, manipulés, exposés.

« Dans la plupart du millier de langues parlées en Afrique à ce jour, il n'y a pas de mot traditionnel que l'on puisse aisément traduire par 'art' », écrit Kwame Anthony Appiah dans son introduction à l'ouvrage accompagnant l'exposition de 1996 au Musée Guggenheim, « Afrique : l'art d'un continent ». Il faudrait étendre l'argument d'Appiah à la plupart des langues parlées en-dehors de l'Afrique, où il n'existe pas non plus de mot traditionnel à même de rendre le mot « art » tel qu'il a été défini par les mises à sac impériales. L'« art » tel qu'il a émergé dans la deuxième moitié du 18e siècle est lié à la conquête impériale et à sa maîtrise du temps, comme si

7. Mon argument concernant la transformation de l'art en site d'investissement répond à A. Adu Boahen sur l'investissement européen en Afrique et l'appropriation de ses matières premières (Adu Boahen, 1987).

le temps n'était pas une propriété commune et partagée mais une chose divisible et assignable. La maîtrise du temps est l'un des aspects cruciaux de la violence impériale, qui implique d'imposer l'image fantasmée d'un flux temporel dans lequel colonisés et colonisateurs occupent des points différents. Dans une forme d'art unifiée, cette image a pu être concrétisée dans et via l'accumulation et l'exhibition d'objets d'art. La propagation du terme « art » fut en elle-même destructrice, puisqu'elle mena à la dévaluation de nombreuses pratiques, de leurs praticiens et des objets ainsi produits, tous soumis à des dichotomies hiérarchisées, comme par exemple élitiste et populaire, primitif et moderne, artistique et artisanal, chef-d'œuvre et artisanat, originaux et copies. Ma thèse est la suivante : lorsque ceux qui sont impliqués dans la production d'objets – non comme artefacts à collectionner mais comme éléments à part entière de leur milieu de vie – sont privés de ces derniers et de leur mode d'activité, ils subissent différents types de violence impériale. Quand ils sont forcés à renoncer à leurs pratiques habituelles, que leurs objets sont spoliés et reconnus – ou méconnus – comme de l'art par des experts, ils sont alors à la merci des caprices de leurs colonisateurs. C'est ainsi que fonctionne la réification de ces êtres, réduits à un agrégat humain dispensable.

Bien que *Peau Noire, Masques Blancs* de Frantz Fanon ne traite pas explicitement d'art, ni de la dégradation d'infrastructures matérielles et du pillage d'artefacts, une réflexion sur ces problèmes est implicite dans le texte. Fanon lie l'impact de la dégradation culturelle, la fragmentation, les ruptures créées dans la mémoire d'un individu et sa capacité à s'identifier à sa culture, y compris quand celle-ci fait l'objet d'une classification ethnographique ; voire même sa capacité à reconnaître l'existence de sa propre culture. Fanon écrit qu'il est venu au monde « soucieux de faire lever un sens aux choses », avant de se découvrir lui-même « objet au milieu d'autres objets » (Fanon 1967). Ce passage célèbre acquiert une signification supplémentaire lorsqu'on considère la façon dont les Noirs ont été coupés de leur monde matériel, dépossédés, arrachés aux objets parmi lesquels on apprend à être qui l'on est et qu'ils avaient produit durant des siècles en Afrique puis, plus tard, dans les colonies. En lisant ce qu'écrit le poète Léopold Senghor sur la contribution des Noirs à la culture, Fanon s'interroge : «Avais-je bien lu ? [...] De l'autre côté du monde blanc, une féerique culture nègre me saluait. Sculpture nègre ! Je commençai à rougir d'orgueil. Etait-ce là le salut ?» Pour Fanon, les artefacts culturels produits par des Africains ne sont pas des objets distincts qui ont simplement été appropriés et enchâssés dans la métaphysique occidentale. En se réappropriant ces objets comme partie prenante de sa culture d'origine, on réfute l'idée de l'homme blanc selon laquelle le Noir est dépourvu de « résistance ontologique » ; qui plus est, la temporalité impériale qui sous-tend une telle idée en présentant les sujets colonisés des nouveaux-venus dans la civilisation – « Vous arrivez tard, beaucoup trop tard » – doit inspirer méfiance. De surcroît, les sculptures qui ont été intégrées au chœur muséal d'œuvres d'art rappellent aux Noirs qu'il « Il y aura toujours un monde — blanc — entre vous et nous...» peuvent en fait donner un autre son de cloche et dénoter une métaphysique différente. Après tout, comme l'observe Fanon, la métaphysique des Noirs, « leurs coutumes et les instances auxquelles elles renvoyaient, étaient abolies parce qu'elles se trouvaient en contradiction avec une civilisation qu'ils ignoraient et qui leur en imposait ». Une fois cette incommensurabilité entre les modalités de pratiques artistiques « éradiquée », on sait que si l'on creuse, on va certainement rencontrer une « résistance ontologique » qui s'exprimera par ces mots : « tuez-moi si vous voulez ». Et de même, lorsque nous entendons cet énoncé, il nous faut poursuivre jusqu'à repérer la persistance d'une modalité différente de l'art, qui cherche à ralentir le mouvement irrévocable de la terreur d'état impériale.

En violant les normes et les règles des populations colonisées qui pratiquent l'art différemment, et en mettant en péril leurs intérêts comme leurs aspirations, la modalité impériale de l'art, qui repose sur des artefacts à collectionner, extrait de leur art des objets distincts, passibles d'être exposés et collectionnés ; des objets dont la valeur, la teneur et la signification intrinsèques peuvent être étoffées indépendamment du contexte dont ils ont été détachés[8]. Ce dernier sera dévasté puis reconstruit comme toile de fond d'une « culture perdue », devenue terrain d'expertise à s'approprier. Les procédures neutres en apparences telles que la sauvegarde, la conservation et la manipulation d'objets rendus artificiellement rares et précieux seront essentielles à leur transformation en œuvres d'art classifiables selon une condition transcendantale de l'art. Les crimes que suppose la destruction de l'art des colonisés, l'appropriation et le pillage de ses « meilleurs spécimens », et la force mise en œuvre pour empêcher les colonisés de poursuivre leurs propres modalités artistiques, ne sont pas simplement accessoires à la modalité artistique impériale, pas plus qu'elles n'appartiennent à un passé scellé.

Dans les pages qui suivent, j'esquisserai une histoire potentielle du pillage, de l'art et des droits. Plutôt que d'étudier les artefacts culturels en tant qu'historienne du Congo ou de l'États, ou experte de l'art africain, je les examine en tant qu'objets spoliés qui faisaient partie intégrante de cet univers matériel qui fonde la vie en commun. Qui plus est, je ne considère pas le pillage comme un événement fini, secondaire dans les vies des objets et des êtres impliqués (pilleurs et pillés),

8. Dans ses « perspectives africaines sur le colonialisme », Adu Boahen écrit qu'« à des degrés divers tous les dirigeants coloniaux condamnaient tout ce qui était africain dans le champ culturel et essayaient de produire des Africains à leur image à eux » (Adu Boahen, 1987, 60). Ce qui manque à sa réflexion, c'est la production d'Africains comme phénomène condamnable en raison du pillage massif et de la privation de leur culture, qui en a fait des sujets comme en attente d'être acculturés, de préférence par des Européens.

mais comme un processus qui continue de les affecter et devrait mener à de différents dénouements, sous forme d'une reconnaissance de droits assurant aux communautés appauvries de substantielles compensations pour ces pertes. Je m'intéresse aux façons dont le pillage a été abordé dans divers processus académiques et professionnelles (où le fait de collectionner n'est qu'un exemple parmi d'autres), qui ont fait de cette violence une activité honnête et acceptable, voire une pratique « fascinante »[9]. Il ne s'agit pas ici de révéler que ces objets sont issus de pillages : ce n'est un secret pour personne. Le fait que certains objets ont été spoliés, et que cette spoliation est à la base de la ruine des univers des colonisés, est tout bonnement relégué à l'arrière-plan, nié pour laisser le champ libre à à des procédures et des compétences professionnels qui convertissent les objets en question en pures œuvres d'art. Ainsi, non seulement l'origine spoliée de ces objets doit-elle être affirmée, mais leur statut et leur identité d'œuvre d'art doivent être renversés et révoqués afin de souligner que la spoliation est leur caractéristique essentielle, justifiant l'édification d'un autre discours quant aux droits. Une histoire potentielle du pillage suppose l'existence d'un moment pré-colonial où les objets qui seraient plus tard spoliés appartenaient à un monde construit, au sein duquel certaines formations politiques pouvaient émerger et grâce auquel elles pouvaient subsister. Sur la foi de cela, le pillage ne peut être étudié comme la simple appropriation d'objets singuliers ; il doit en parallèle être analysé comme la destruction du monde politico-matériel dans lequel chacun avait une place distincte, et comme la coercition qui en découle et impose à ces peuples une formation impériale. Dans ces mondes nouveaux, leurs objets ne leurs appartiennent plus, et les places qu'ils ont dû occuper au sein de la nouvelle formation politique n'ont même pas été reconnues[10]. Une histoire potentielle du pillage insiste sur le fait que dans ces moments pré-impériaux, diverses modalités de pratiques artistiques existaient, inséparables de diverses formations politiques, fournissant aux gens des places dans un monde matériel auquel ils contribuaient à donner forme.

L'étude de trois moments particuliers où une phrase telle que « tuez-moi si vous voulez » a été prononcée me conduira au Congo, en Belgique, aux États, en Palestine, en Égypte, au Royaume-Uni et en France. Je commencerai au Congo, par l'étude d'un moment explosif de 1931, lorsque des individus ont défié leurs

9. « L'acte de collectionner est fascinant, écrivent Schildkrout et Keim dans la même introduction, non seulement en ce qu'il témoigne d'une pulsion interne, psychologique, commune à tant de monde, mais aussi parce que son étude donne un aperçu des interactions et des transactions qui ont fait l'histoire et défini la relation entre l'Occident et l'Afrique – et pas seulement la relation coloniale » (Schildkrout and Keim, 1998, 3)

10. Sur les formations politiques pré-coloniales, voir par exemple Adu Boahen, 1987 et Blaut, 1992.

oppresseurs coloniaux en s'exposant à la violence de ces derniers et en proclamant « Tuez-moi si vous voulez ». Le pillage de l'art du Congo n'est pas seulement, selon moi, un événement significatif de l'histoire du pays, mais un moment constitutif de l'institutionnalisation de l'art moderne. L'énoncé quant à lui n'est pas unique mais récurrent dans les contextes impérialistes. Chacun de ces moments constitue un défi lancé par ceux dont les vies sont en jeu pour avoir osé mettre en cause leur placement au sein du corps politique, et chacun de ces individus a cherché à adhérer à une façon particulière de pratiquer l'art – une façon que le mouvement impérial irrépressible s'est efforcé d'éradiquer.

L'ART COMME FORME DE TRANSMISSION INTERGÉNÉRATIONNELLE

L'exclamation « tuez-moi si vous voulez » que je propose d'étudier a retenti durant un affrontement entre des représentants belges et des membres du peuple Pende, en République Démocratique du Congo. Le résumé des faits que je propose ici est tiré d'un rapport de la rébellion rédigé par Louis-François Venderstraeten, ancien officier au Congo et historien, d'après des documents trouvés aux Archives Africaines du Ministère des Affaires Etrangères (Vanderstraeten, 2001). Les citations à la première personne incluses dans son rapport sont rendues sous forme d'échanges verbaux laconiques, ce qui ne rend pas la réalité des choses, étant donné les enjeux – l'ordre impérial lui-même, l'oppression extrême qu'il suppose et l'espace de manœuvre minuscule dont disposent les opprimés pour renverser la situation alors que des armes sont braquées sur eux. De l'échange verbal banal préservé dans l'archive impériale, je voudrais extraire cette exclamation dramatique et l'amplifier, l'utilisant comme point de départ d'un tout autre rapport sur la violence impériale, à un moment où sa volonté de domination est remise en question. Le 7 juin 1931, Maximilien Balot, agent territorial dans la région de Kikwit-Kandale, s'est présenté à Kilamba pour collecter les impôts. Jusque là, il s'agit d'une procédure de routine dont le déroulé n'est guère censé rompre la douce monotonie des lignes denses consignées à la main dans des carnets : leur accumulation dans les archives impériales rend compte des revenus de l'état colonial. Mais pour la population locale qui subissait quotidiennement les effets dévastateurs de ces impôts coloniaux, l'expérience du travail forcé au profit des compagnies belges ne pouvait être reflétée par les crédits et les débits notés dans des tableaux comptables. Non seulement leur communauté ne jouissait-elle d'aucun retour sur les impôts ainsi collectés mais, pire encore, ce labeur forcé les obligeait à renoncer aux activités – chasse, agriculture, art et artisanat – dont ils vivaient traditionnellement[11].

Ce jour-là, Yongo, l'un des chefs locaux, s'avança pour déclarer à l'agent que les membres de la communauté lui avaient dit : « va prévenir le Blanc qu'on ne veut pas le voir ici »[12]. Yongo ne parlait pas en son nom propre, ni en tant que chef donnant des ordres au nom de sa communauté. Il n'était plutôt qu'un messager ; la communauté entière s'exprimait à travers lui. Ici, il convient de préciser que ce n'était pas la première fois que les Pende résistaient au pouvoir colonial, loin de là. Immédiatement après la déclaration de Yongo, un autre chef local, Matemo, comme s'il traduisait les mots de son prédécesseur sous forme d'avertissement, s'exclama qu'il n'y avait plus d'argent à payer. Sachant qu'une partie importante de leurs impôts était payée en nature par leur labeur – par exemple, on disait du chemin de fer du Congo que « chaque traverse représentait littéralement la vie d'un Nègre » - cette même affirmation peut être lue comme « il n'y a plus de vies à donner »[13]. Il se tourna vers le soldat et lui dit « Pars ou je te tue, et dis au Blanc de partir ou nous le tueront lui aussi »[14]. Maximilien Balot, l'agent territorial, tira en l'air, et quelques uns des villageois rassemblés s'éparpillèrent. Il tira une nouvelle fois et blessa l'un des habitants. C'est alors que Matemo s'avança. Sa vie était sans aucun doute en

11. « L'idée de la colonisation me devient de plus en plus répugnante. Lever des impôts, voilà la préoccupation première », écrivit l'écrivain et ethnographe Michel Leiris, à la tête du département africain du Musée de l'Homme à Paris. Cette note de son journal date de l'expédition ethnographique dite Mission Dakar-Djibouti au début des années 1930 et elle est citée dans un texte de Geoffroy Gorer de 1934 après un voyage en Afrique occidentale. Gorer décrit la façon dont les colonisés sont forcés à travailler en guise d'impôt : « à moins d'une faveur, les Nègres ne sont pas autorisés à payer en argent ; ils doivent travailler pour s'acquitter de l'impôt » (Gorer, 2010, 64). Sur le journal de Leiris, voir Bewes, 2011.
12. Cité dans Vanderstraeten, 2000, p. 30.
13. Dans plusieurs récits de voyage en Afrique, on lit que les grands travaux publics étaient entrepris sans matériel : « Les Nègres coûtent bien moins que des pelles, sans parler des grues » (Gorer, 2000, 68). Le reportage d'Albert Londres au Congo relate la construction de la voie ferrée Congo-Océan à l'aide de quelques instruments à peine (« chaque traverse représente littéralement la vie d'un Nègre »), ridicules face à la tâche de creuser des tunnels (« un marteau et une pioche», ibid, 68). Certaines des photos prises par Londres durant son voyage illustrent les dures condition de travail et la présence menaçante de contremaîtres (voir Londres, 1998).
14. L'usage de soldats noirs pour forcer d'autres Noirs à travailler était monnaie courante. « Il (l'administrateur) envoie ses soldats nègres – toujours, bien entendu, d'une autre race que celle qu'ils doivent contraindre (...) cet emploi de Nègres pour les basses tâches a un double rôle ; il attise la haine interraciale si essentielle aux colonies, où les races assujetties sont bien plus nombreuses que les colonisateurs, et il permet à l'administration de nier les pratiques les plus inhumaines auxquelles elle acquiesce tacitement, ou, si les faits s'avèrent irréfutables, de blâmer le zèle excessif des subordonnés » (Gorer, 2000, 66)

danger et chaque fraction de seconde comptait. Il aurait pu se faire tuer, mais cela ne l'empêcha pas de s'adresser à son peuple – « vous voyez que les Blancs veulent nous tuer » – avant de se tourner vers l'administrateur pour reprendre leur échange. On ignore combien de villageois étaient encore dans les parages à cet instant. Leur nombre exact importe moins que leur présence, pourvoyant son action d'une communauté de ses pairs et lui assurant que sa signification ne serait pas réduite au schéma impérial mortel d'un duel entre un individu démuni et un officier armé. Ce n'est qu'après avoir parlé à ses pairs que Matemo se tourna vers Balot pour s'exclamer : « Tue moi ».

Aucune photo n'a été prise et il n'existe aucun rapport plus détaillé de son action. On est invité à imaginer ce qui est quasiment inimaginable – l'instant ou un individu va au-devant d'une mort brusque, car la violence lente dans laquelle il vit lui est devenue insoutenable. A-t-il levé le bras ? Avec force ? Le poing fermé ? La main ouverte ? A-t-il gonflé la poitrine ? Pointé dans une direction particulière ? Et sa voix, était-elle décidée ? Marchait-il avec assurance ? Tremblait-il ? Pensait-il vraiment qu'il allait mourir ? Ou était-il prêt à s'avancer, ainsi résolu, précisément parce qu'au moment précis où l'on risque de se faire tirer dessus, la probabilité de la mort est complètement niée ? Il a fini par tourner le dos à l'administrateur, le mettant au défi de tirer. Ici, son attitude de défi découlait de l'impression que les villageois n'avaient plus rien à perdre. Soit ils mourraient parce qu'ils obéissaient aux ordres, soit ils mourraient parce qu'ils refusaient d'obéir[15].

La déclaration de Matemo synthétise la rage, le désespoir, le défi, l'espoir et la révolte qui, ensemble, manifestent explicitement l'absence de choix réel pour ces populations ployant sous le joug colonial. Plutôt qu'un refus isolé d'obéir à une mesure ou régulation particulière – par exemple, la levée d'impôt –, le message « va prévenir le Blanc qu'on ne veut pas de lui ici » est ouvert et sa portée, illimitée. Quand une telle exclamation s'élève, elle défie non seulement les meurtres légitimés par l'état, qui n'avaient rien d'exceptionnel pour les villageois comme les chiffres nous l'indiquent, mais la légitimité des lois coloniales dans leur ensemble. Les coups de feu tirés en l'air par l'administrateur avaient pour but de signifier qu'une désobéissance aux ordres pourrait mener les villageois à la mort, et que leur exécution serait sans conséquences. De fait, la réaction de Balot au refus villageois de payer – tel qu'il s'incarnait dans le défi de Matemo – fut un autre coup de feu, cette fois en direction du chef. La balle rata Matemo, qui se pencha juste

15. Le rapport « Travail et Civilisation » de Monseigneur Van Hee, évêque du district de Kwango, mentionne que les villageois s'inquiétaient de la mort des leurs. Des améliorations furent apportées après la révolte, car la détérioration de leur situation n'avait pas échappé aux administrateurs. Merci à Jacob Koster d'avoir partagé ce document.

au bon moment. En se relevant, il décida de combattre. Il frappa Balot, le blessant grièvement. D'autres villageois prêtèrent main-forte à Matemo et tuèrent l'agent belge. Craignant pour leur vie après la découverte du meurtre, quelques jours plus tard, ils refusèrent de révéler ce qu'ils avaient fait du corps. D'après certains témoignages, ils le découpèrent en morceaux qu'ils distribuèrent parmi les habitants de différents villages, demandant à chacun de les dissimuler[16]. Durant la recherche du cadavre, pratiquement tous les habitants de ces villages furent persécutés et torturés, et des centaines furent tués en quelques semaines[17]. Ces événements constituent ce qu'on appelle la Révolte Pende[18].

Il reste un élément significatif de cette situation explosive que personne ne semble avoir relevé tandis que la persécution collective des villageois battait son plein, en représailles de leurs actes de résistance : ils avaient en leur possession une sculpture de Balot de 62 centimètres de haut. Bien qu'elle ait fini par atterrir dans un musée des beaux-arts, nous avons toutes les raisons de penser que le contexte de sa création – entre l'arrivée de Balot et sa mort – n'avait pas grand chose à voir avec le type d'expertise associée à l'art impérial. Toute tentative d'analyser cette sculpture comme un objet d'art muséal échouerait à exprimer ce qu'elle représentait pour les membres de la communauté au sein de laquelle elle fut conçue et créée, et dans laquelle elle avait certaines fonctions, définies selon des instructions explicites et implicites délibérément rendues inaccessibles, qui présidèrent à son exécution. La sculpture donnait un certain pouvoir à la communauté, lui permettant de maintenir des poches de résistance au système colonial avant, durant et après la révolte[19]. Toute tentative d'expertise visant à nommer ces caractéristiques emblématiques ou identifier les instructions tacites, intentionnellement occultées au plus grand nombre – aux étrangers comme aux membres de la communauté – échouerait à révéler un

16. Louis-François Vanderstraeten affirme que cette partie de l'histoire ne peut être vérifiée, voir Vanderstraeten, 2001, p.29.
17. Benoît Henriet décrit les témoignages contradictoires obtenus durant l'interrogatoire de 1428 villageois qui furent arrêtés, menant à la découverte de 8 à 18 morceaux du corps de Balot (estimations variables). Voir Henriet, 2015.
18. Plutôt que de rejoindre ceux qui voient dans cette révolte un échec (Strother, 1998, 258), j'y vois une occurrence d'une série interminable d'actes de résistance au pouvoir impérial. Les modes de résistances Pende étaient extrêmement variés et inventifs, comme le montre Strother, et comme Jason Young le démontre en général, en lien avec les Rituels de Résistance (Young, 2007).
19. Wyatt MacGaffey cite la description que fait Van de Velde des sculptures engagées dans l'action : « plutôt qu'une idole, c'est un livre d'histoire ou une archive commune ». Il ajoute qu' « un ancien était chargé d'interpréter ces marques pour la jeune génération », MacGaffey, 2000, 113.

sens caché, autant qu'à respecter ce qui se voulait impénétrable à ceux qui n'avaient pas leur place dans l'histoire. Cette sculpture n'ayant pas été créée pour être exposée, on ne peut guère faire davantage (au risque de collaborer avec la violence impériale) que de reconnaître son altérité : quel que fût son rôle précis, ses fonctions supposaient que ce savoir nous soit refusé. La sculpture de Balot nous offre donc l'opportunité d'expérimenter un autre mode de rapport aux pratiques artistiques d'autrui – à ces modalités artistiques divergeant de celles qui nous sont familières au sein des institutions artistiques impériales. Elle requiert de respecter les efforts d'autrui pour préserver certains objets et processus, les maintenir hors du système colonial de surveillance et de scrutation experte. Après tout, ce n'est pas pour rien que la communauté Pende a persisté à dissimuler cet objet des décennies après que la menace qui pesait sur ses membres fut levée. Seulement dans les années 1970 ont-ils vendu la sculpture au musée des beaux-arts de Virginie, où elle a acquis ce que Walter Benjamin appelle sa « valeur d'exposition »[20]. Que la sculpture de l'administrateur colonial ait été, ou pas, un moyen de contester la présence de Balot et ses actions ou de leur résister, il est certain qu'elle témoigne de la détermination de la communauté à poursuivre ses pratiques artistiques et à les préserver comme source de puissance propre, loin du regard colonial.

Depuis l'arrivée des missionnaires portugais sur leurs terres, les modes artistiques propres aux Pende ont été menacés[21]. Avec leur temps, leur infrastructure créative fut détruite et leur art ne put s'épanouir comme il le faisait. Ce fut l'un des effets de la mission civilisatrice générale qui préparait les colonisés à leur « adaptation aux *nouveaux* environnements créés par les Blancs » (p.10). Cette sculpture et ses modes opératoires n'ont pas été produits en recourant à une forme d'art antérieure à l'époque coloniale ; au bout du compte, la figure de Balot, collecteur d'impôts colonial, symbolise bien l'ère coloniale durant laquelle elle fut exécutée. Cette sculpture représente plutôt – telle est mon analyse – un mode de pratique artistique distinct et menacé, à une époque où le pillage de l'Afrique battait son plein. Elle devrait être vue comme un élément de résistance aux formes impériales et aux logiques de dépossession et d'accumulation cherchant à définir, entre autres, ce qu'est l'art, quel est son sujet propre, et qui est né pour besogner au profit de qui[22].

20. D'après le commissaire d'exposition chargé de l'art africain au musée des beaux arts de Virginie, Richard B. Woodward, « dans les années 1970, pour rassembler l'argent nécessaire à scolariser les enfants du village, la statue fut mise en vente par le clan qui la détenait et fut acquise par le propriétaire actuel. C'est un témoignage poignant de la révolte de 1931 et l'une des rares œuvres dont nous pouvons retracer l'histoire pour ouvrir un chapitre plus vaste de l'art et de l'histoire », voir Woodward, 2012.
21. Sur la christianisation du Congo et son impact sur la culture visuelle, voir Fromont, 2014.
22. On n'a aucune information sur la date exacte de la sculpture.

L'existence clandestine de la sculpture et la façon dont elle a servi durant la révolte (dont, comme précisé ci-dessus, on ne peut rien dire, sinon qu'elle y a joué un rôle), probablement aux mains d'une figure d'autorité Pende réprouvée par le système colonial, ont tenu lieu de refuge face au mouvement impérial irrépressible qui mettait à mal leur culture et leurs traditions, visant à les muer, conformément aux récits impériaux, en peuple sans culture ni traditions[23]. Pourtant, dans cette sculpture, exécutée à un moment si explosif, je vois un signe concret du fait que les Bapende se sont escrimés à conserver leur propre pratique artistique, qui incluait de rendre hommage aux ancêtres et de reconnaître leur autorité et leur tutelle[24]. Ainsi, ils ont rendu plus difficile cet aspect de la conquête coloniale visant l'« âme indigène », comme on disait – en dépit des efforts redoublés des Européens pour mettre à bas les coutumes ancestrales et leur influence sur des communautés telles que la leur[25].

Dans le texte qui accompagne la sculpture exposée au musée des beaux-arts de Virginie, le commissaire d'exposition Richard Woodward affirme que « la

Comme elle a été utilisée par les Bapende durant la révolte, elle a pu être exécutée en guise de préparatifs au soulèvement, avant juin 1931, ou durant la période de répression, d'une violence impériale spectaculaire. Balot a été trois fois nommé au Congo : en 1910, en 1917 et pour finir, en 1930, jusqu'à ce qu'il y trouve la mort en 1931.

23. Benoît Henriet décrit l'émergence, « fin 1930, (d')un nouveau mouvement religieux originaire du territoire Gungu, d'où venaient la plupart des coupeurs de fruits. Ses meneurs exhortaient les villageois à rejeter l'autorité, les objets et les symboles de l'Occident, pour embrasser le culte des ancêtres dans son renouveau. Il était interdit de vendre des fruits aux compagnies occidentales, à travailler ou à payer des impôts ». Il implique un lien entre ce mouvement et la révolte de 1931. Voir Henriet 2015b.

24. Concernant la destruction des hiérarchies et des lignées, voir Biebuck : « La manipulation qui s'ensuivit des coutumes sociales eut un impact défavorable sur les arts dans les domaines où de nombreux artefacts étaient liés au rôle de chef, d'expert en rituels, de dignitaire, de meneur, d'ancien, de voyant et de guérisseur. En effet, bon nombre de ces fonctions furent éliminées ou oubliées durant le processus officiel de réorganisation administrative, qui leur nia toute reconnaissance et entama leur autorité » (Biebuyck, 1986, pp. 12-13).

25. « Tant qu'une action administrative, habile, persistante, patiente, sympathique, n'aura pas été jusqu'au toucher dans l'âme indigène cette profondeur, ce roc de respect des anciens, elle aura bâti sur le sable", "Au Kwango, avant la révolte," La libre Belgique, 27 août 1931. Merci à Jacob Koster de m'avoir transmis la transcription de ce document (l'original est à la Bibliothèque Royale de Bruxelles, où les photos sont interdites) et de m'avoir fourni des informations sur son auteur, Mukole, sans doute le pseudonyme d'un membre actif dans le commerce de l'huile de palme et du caoutchouc.

statue de Balot est considérée comme unique dans le corpus sculptural Pende »[26]. L'observation de Woodward part du principe que l'« art Pende » consiste en objets distincts, comprenant un corpus en relation auquel il est possible de distinguer ce qui est unique de ce qui est commun. Mais l'art Pende ne peut être considéré comme un donné que si les interventions impériales violentes visant la façon de faire de l'art au Congo, d'une part, et la façon de réduire ses modalités diverses à des objets singuliers passibles de collection et d'exposition en Occident, d'autre part, sont oubliées ou minimisées, comme si elles n'avaient joué qu'un faible rôle dans la constitution de cette œuvre et sa soi-disant unicité. Au moment où cette sculpture fut exécutée, la capacité Pende à produire de l'art était gravement en danger et beaucoup de trésors culturels avaient déjà été confisqués au profit de musées en Belgique, au Royaume-Uni, au Danemark, aux Pays-Bas, en France, en Allemagne, en Italie, en ex-URSS, en Suède et en Suisse, comme nous l'indique un rapport sur le déclin de l'art Pende réalisé à l'initiative de l'Institute for Human Activities. Cependant, même s'ils étaient privés des conditions nécessaires à leur art tel qu'ils l'avaient pratiqué, les Bapende refusèrent de céder à l'insatiable pulsion impérialiste visant à leur nier toute culture et à en faire un peuple en manque d'européanisation. Leurs pratiques artistiques, comme je me propose de le montrer, n'ont jamais cessé, et on souvent surgi de façon à surprendre les administrateurs impériaux[27].

LA TEMPORALITÉ IMPÉRIALE

On a beaucoup écrit sur la colonisation spatiale – la marque de fabrique du colonialisme, fidèle à l'étymologie même du terme (le latin *colonia* signifie « ferme » ou « implantation »). Par contraste, peu a été dit sur un autre aspect, pourtant complémentaire, du colonialisme : son pendant temporel. L'interpénétration de la conquête spatiale et temporelle est responsable des formes les plus durables de violence impériale à laquelle les citoyens participent, souvent à leur insu, via une pléthore de mécanismes incluant sciences, idiomes, croyances, lois, normes, gestuelle, inclinations, esthétique, affinités et ainsi de suite, développés comme autant d'outils de la violence impériale. J'espère montrer comment les objets, surtout ceux que l'on a désigné comme « œuvres de d'art », jouent un rôle crucial dans l'érection de cette double colonisation, devenue le contexte général dans lequel évoluent les citoyens et qui les affecte, les rendant complices de la dépossession encore et toujours perpétuée aux dépens de ceux aux côtés desquels ils sont gouvernés – et dont ils devraient être les débiteurs, puisqu'hier comme aujourd'hui ils ont pu bénéficier d'une richesse en réalité spoliée, qu'ils consomment et considèrent comme « leur » culture.

26. Woodward, 2012.
27. Sur l'usage de matériaux consommables, ou : de la coiffure comme moyen de résistance (Strother, 1998).

Ceux qui ont été inclus de force dans un corps politique différentiel occupent la position la plus vulnérable, la plus précaire, de ce système de gouvernance. Même si durant des siècles les peuples colonisés ont dû se plier aux lois des puissances impériales, la philosophie politique persiste à nier le fait qu'ils étaient gouvernés comme membres d'un corps politique créé par le biais de la colonisation, de l'esclavage et de la réorganisation subie des divers domaines de la vie active. Les idées dominantes de la discipline concernant le corps politique découlent de l'image d'un corps cohérent de citoyens désireux d'accéder à l'autonomie au sein d'un territoire souverain limité, constitué comme « métropole ». Partant, quand les pouvoirs impériaux se sont retirés des territoires colonisés, ils ont mis en place différents mécanismes pour signifier la *déprise* de ceux qu'ils avaient colonisé et gouverné si longtemps, tout en siphonnant leurs richesses jusqu'à les plonger dans une pauvreté scandaleuse. Les procédures bureaucratiques consistant à emballer, transférer et sceller les archives coloniales, par exemple, synthétisaient la main mise impériale et sa réappropriation des ressources collectives. Elles servaient à effacer la réalité factuelle de qui ou quoi avait sa place, et où, tout comme la réalité factuelle du monde commun – bien qu'issu de la violence – qui fut construit durant ces années de colonisation. L'acte de sceller le passé, comme l'ère coloniale, et de le couper de ce qui suivrait trouve typiquement son reflet dans la proclamation cérémoniale d'un nouveau début, souvent appelé « indépendance », par quoi la *déprise* des (anciennes) colonies de l'empire est officiellement actée. On n'y trouve aucun accord entre les anciens colonisés et ceux qui ont envahi leurs espaces politiques pour les gouverner différentiellement durant des années ; rien qui rende compte de l'histoire des destructions impériales et établisse comment les anciens colonisés pourraient obtenir réparation ; la décolonisation a été menée comme une retraite spatiale, sans dette résiduelle des colonisateurs. Ceci a permis aux forces impériales de laisser derrière elles des sociétés paupérisées, en conséquence de quoi ils se sont ensuite comportés en mécènes envers les anciens colonisés qu'ils jugeaient désormais assez mûrs pour l'autonomie[28].

Avec ce qu'on sait de la « décolonisation », le temps est doublement manipulé : d'abord, la violence coloniale est reléguée à une ère temporelle dont on n'a plus à répondre, un passé scellé relevant de l'archive, comme si ses conséquences pouvaient être abolies et coupées du présent ; ensuite, les colonisés sont dépouillés de leur passé pré-colonial et restreints à la zone la plus chiche et la moins développée de différents domaines d'activité qui ont été indexés par la temporalité du progrès. Cette double manipulation temporelle les condamne à cette zone, non

28. Le « retrait » israélien de Gaza en 2005 devrait être lu comme une occurrence de la même condition impériale. Voir Azoulay et Ophir, 2012.

en raison de la spoliation de leurs richesses, de leur culture et de leurs organisations politiques, mais parce qu'ils sont qui ils sont. Ainsi, l'histoire des colonisés est dévoyée par les récits progressistes, qui la résument au passage d'un état politique immature à l'indépendance. Cette manipulation temporelle facilite l'incarcération des anciens colonisés derrière leurs frontières nationales – souvent, celles-là même qui furent négociées par les traités impériaux sur des terres brûlées, pillées, saccagées. La décolonisation a officiellement coupé les anciens colonisés de leur richesse matérielle, qui continue à profiter aux nations Nord-Américaines et Européennes précédemment reconnues comme « métropoles » de l'Empire. Pour défaire cette temporalité, il est nécessaire de rendre compte de cette violence comme d'un processus encore en cours qu'exemplifient les positions, les rôles, les pratiques et les institutions au travers desquels nous persistons à nous partager ce monde. Mon argument, dans ce chapitre, est que la privation de leur culture et de leur richesse matérielles – à présent localisées hors de leurs portée, dans les institutions des anciens empires, telles que les musées, les archives et les bibliothèques ; séparation redoublée par les divisions temporelles – contribue énormément à rendre nulles et non avenues les réclamations que les anciens peuples colonisés pourraient adresser à ceux qui les ont spoliés. Depuis la mise en place de la décolonisation, leurs vies ont été associées à, et connues via, un nouveau corps politique délinéé par la souveraineté territoriale qui leur a été « accordée ». Frontières, barrières, dettes, ruines, système de droit international, collections de musée, archives, bibliothèques, marchés libres, restrictions de mouvement et infrastructures matérielles détruites – toutes ces institutions et ces conditions ont été mises en place afin que les ex-colonisés et leurs revendications, leurs appels, leurs griefs, leurs exigences de réparations, leurs poursuites judiciaires et leurs plaintes demeurent inaudibles auprès des sièges et institutions du droit international, et afin d'empêcher que les puissances impériales et leurs citoyens privilégiés puissent être sommés de répondre de siècles de spoliation, de confiscation et d'appropriation brutales[29].

En exposant la violence de la spatialité et de la temporalité impériales sur ceux qui sont gouvernés différentiellement avec les citoyens, la déclaration que je me propose d'analyser ici – « tuez-moi si vous voulez » – révèle la sur-détermination impériale de nos catégories politiques et de nos rapports historiques. Quand on déclare le terme de la violence phénoménale perpétrée dans les colonies, la question de l'appartenance des sujets et des objets aux territoires ou aux entités

29. Dans ce contexte, voir l'argument d'Anthony Anghie concernant la constitution du droit international : « Le Droit International n'avait pas seulement légitimé l'exploitation coloniale, fait bien établi par maints spécialistes du Tiers Monde, mais, de surcroît, me semblait-il, il avait permis de développer de nombreux mécanismes pour empêcher toute réclamation de réparation pour l'ère coloniale » (Anghie, 2007, 2).

politiques, et les conclusions que l'on peut en tirer quand aux droits des peuples, deviennent cruciales. Ces questions ne trouveront pas leur réponse dans les documents légaux, rédigés pour faciliter l'occultation de cette violence systématique et l'élimination des voies communes par lesquelles on aurait pu l'étudier. Je choisis plutôt d'avoir recours à des objets dont les histoires – narrées en dehors des normes et des mythes fondateurs de ces disciplines qui furent inventées comme autant de tuteurs toxiques, les reléguant à un territoire délimité – tiendront lieu de clés dans un récit non-impérial de la violence impériale. Après tout, cette dernière n'est pas révolue. Et sa contestation ne peut plus demeurer à la seule charge de ses victimes directes. La dette croissante que créée cette violence – une dette qui s'incarne dans les œuvre d'art, les documents, les artefacts et les livres autant que dans les structures et les institutions culturelles – devrait être reconnue comme ayant un impact invisible mais puissant sur les actions humaines dans divers domaines, y compris les activités professionnelles qui semblent les plus éloignées de la sphère politique.

La critique des disciples qui traitent de l'étude des artefacts culturels – avant tout l'anthropologie et l'histoire de l'art – est en cours, et un corpus révisionniste est constamment produit dans ces domaines. Toutefois, ces critiques se déploient en général au sein des limites des disciplines en question, comme autant de tentatives d'améliorer la méthodologie antérieure, sans se poser la question de savoir si les objets étudiés appartiennent aux institutions et aux musées où leur étude est en cours. Que l'on me permette d'illustrer ceci par une citation de l'introduction à une anthologie importante intitulée « La ruée vers l'art d'Afrique centrale » (*The Scramble for Art in Central Africa*) : « toutofois, l'histoire des collections, comme celle des représentations, est compliquée et ne peut être cantonnée à dos termes comme 'pillage', 'appropriation' ni même 'marchandisation' » (Schildkrout et Keim, 1998, 4). Ici, la mise à sac est considérée comme un acte extérieur à la pratique artistique, pouvant en être dissocié. Mon point de départ est précisément à l'opposé. Je place la spoliation au centre de la formation moderne de ce qu'on a défini comme « art », et j'analyserai comment elle a été occultée et transformée en histoire des collections. Cette redéfinition euphémistique a permis de raconter une histoire très simplifiée du pillage comme ligne narrative secondaire, souvent source de questionnement moral, au sein d'un champ dont les protagonistes étudient, débattent, exposent, échangent et vendent – et prêtent même aux musées africains – des objets auxquels ils continuent d'avoir un accès privilégié, et grâce auxquels ils continueront à former des générations d'experts et de connaisseurs. En de rares occasions, des individus africains talentueux (pour prendre le cas de l'art africain) peuvent espérer prendre part à ces activités, mais pour la majorité des Africains dont les mondes matériels ont été pillés, ces objets spoliés demeurent hors d'atteinte.

DESTRUCTION IMPÉRIALE

Que l'on me permette de décrire le piège de la temporalité impériale, inséparable de la destruction impériale. Cette dernière produit une condition asymétrique : d'un côté, des peuples pauvres, sans atouts, dépendants ; de l'autre, le monopole des ressources, des capacités d'accumulation et des moyens de circulation. Dans la temporalité impériale, les processus violents de paupérisation et de dépossession des peuples (principalement, mais pas exclusivement, des non-blancs) sont occultés par l'idéologie qui fait de la pauvreté un état, un attribut de ces peuples qui ont besoin, au mieux, d'être secourus[30]. Pareillement, l'imposition violente du monopole des ressources est convertie en un régime soi-disant bienfaisant et nécessaire de loi et d'ordre. Ainsi, dans la production de la pauvreté comme dans celle du monopole impérial, la temporalité est renversée d'une façon que rendent aujourd'hui les idiomes qui présentent ceux qui étaient colonisés en nouveaux-venus aspirant à être « reconnus par les musées occidentaux » ou assimilés au sein d'autres institutions établies : ces dernières en viennent à être perçues non comme autant de réitérations de la violence impériale mais plutôt comme des bastions d'expertise, de savoir, de citoyenneté morale de bon ton[31]. Cette division structurelle des rôles et des positions est constamment, globalement reproduite par la réallocation différentielle de l'accès, des biens et des opportunités présents, mais également par la préservation, par les mêmes, des ressources culturelles appropriées par le passé, de sorte que la richesse artistique demeure associée à l'Occident.

L'acte de collectionner n'est pas coupé d'autres pratiques fondamentales, de procédures, de concepts et de catégories opérationnelles institués dans le champ

30. À chaque fois, l'histoire révisionniste doit être écrite et réécrite, nous rappelant encore et toujours les formations politiques et culturelles si riches et diverses qui régissaient les peuples d'Afrique avant l'esclavage et la colonisation. Voir par exemple l'étude comparative de Blaut pour l'année 1492 (Blaut, 1992).
31. Dans une manière de lettre ouverte, le photographe Sud-Africain Tsoku Maela appelle ses pairs à « ôter (leurs) lunettes roses européennes », en décrivant comment il fut « repéré et choisi pour faire partie de la poignée de profils créatifs du Cap invités à rencontrer en privé une agence marketing » de Londres. Le rendez-vous, tel que le décrit Maela, fut caractérisé par ce trait impérial de temporalité inversée, qui place les Africains dans la position de devoir aspirer à être inclus dans ces institutions qui ont en réalité été fondées sur leur patrimoine culturel : « ils nous ont vendu un rêve qui supposait de leur donner notre travail pour leur site web à venir (toujours rien à ce jour, soit dit en passant), soi-disant attractif pour les sponsors, qui nous permettrait de gagner de l'argent et de nous faire un nom sur le continent », voir 10and5.com/2016/06/23/dear-african-artists-take-off-your-rose-tinted-european-glasses/

de l'art, qui ont été constitués durant et par l'impérialisme. Lorsqu'on écrit des histoires spécialisées de certaines collections ou de l'art en général, même au moyen d'outils critiques, on reste limité par le champ de phénomènes créé par la destruction impériale, l'appropriation culturelle et l'imposition d'un nouveau régime d'art moderne, centré sur des activités telles que la collection, la préservation, l'interprétation et l'exposition d'objets, comme condition transcendantale. Passer des mythes à l'histoire comme au domaine d'une production académique sérieuse incluant l'histoire des institutions, qui est nécessairement nourrie et formée par leur rôle dans l'institutionnalisation de la violence, même quand elle « déchiffre, analyse et interprète » - cela ne suffit pas non plus à surmonter cette condition : « l'hagiographie peut contribuer à la constitution mythique d'une discipline, mais elle ne peut remplir tous les requis de l'historiographie (…) L'historiographie, d'un autre côté, doit déchiffrer, analyser ou interpréter plutôt que de mythologiser la culture d'une discipline » (Mansfield, 2002, 1). Ces approches resteront insatisfaisantes tant que les méthodes et procédures employées (« déchiffrer, analyser et interpréter ») persisteront à considérer leur institutionnalisation comme neutre, séparable de leurs objets d'étude et donc, accessoire à la violence inscrite dans ces objets via leur pillage. Dans l'étude des processus de mise à sac et de spoliation, l'histoire comme discipline n'est pas entièrement fiable, puisqu'elle a été fondée dans le but de rendre compte de l'histoire des institutions impériales dont elle fait partie. En ce sens, la division du travail qui différencie les historiens des historiens de l'art est symptomatique, puisqu'elle permet aux historiens de considérer l'art comme un phénomène extérieur à leur champ de compétence. « Le pays possède de vastes ressources d'or, de cuivre, de diamants, d'uranium, ainsi que de pétrole, de cadmium, de cobalt, de manganèse, d'argent, d'étain et de zinc », écrivent les historiens David Renton, David Seddon et Leo Zeilig dans l'ouvrage qu'ils ont co-écrit sur le pillage du Congo. « Le cacao, le café, le coton, le thé, l'huile de palme, le caoutchouc et le bois sont encore, à ce jour, des produits d'exportation », poursuivent-ils avant de conclure qu'« à tout point de vue, son peuple devrait être riche » (Renton, Seddon, Zeilig, 2007, 1). Un autre exemple : le livre d'histoire célèbre d'Adam Hochschild, *Les fantômes du Roi Léopold : un génocide oublié*, dans lequel, même s'il évoque longuement le missionnaire Africain-Américain William Sheppard et ses activités au Congo, en examinant les publications de Sheppard qui révèlent la terreur et ses épreuves, Hochschild n'aborde pas sa pratique relative à la collection et à l'étude de l'art Bakuba (Hochschild, 1999). L'étude des biens pillés est répartie par disciplines : les historiens étudient la spoliation des objets et des ressources qui ne relèvent pas de l'art, ainsi que la spoliation en général comme fait politique, tandis que les historiens de l'art étudient les objets d'art adhérant à la mission professionnelle de leur domaine de spécialité, qui les encourage à promouvoir la notion de l'art pour l'art et à user de leurs compétences pour discerner les « grandes œuvres » du reste. En accord avec leur pratique, ils préfèrent donc se pencher sur des objets aussi coupés que possible du processus de pillage et de ses significations. Cette fracture disciplinaire est inséparable d'une autre, déjà conceptualisée dans le langage du droit international, d'après lequel la propriété culturelle exclut « la terre, les navires, les lingots, les marchandises, les armes ou autres possessions meubles » (Miles, 2008, 301). En parallèle de ce clivage, je voudrais en souligner un deuxième, qui sépare les universitaires qui s'intéressent au travail de ceux qui s'intéressent à l'art. Ainsi, par exemple, la *persona* de l'*homo faber* est totalement absente de toute étude approfondie des questions liées au travail en Afrique française et britannique, comme si les Africains n'étaient jamais que la main d'œuvre, tandis que, dans les études des historiens de l'art, les artistes individuels sont toujours considérés isolément, sans égards pour la façon dont les communautés qui pratiquaient l'art étaient prolétarisées et forcées à trimer, et donc à renoncer à leur préoccupation artistique ou à la réduire significativement[32].

LA VIOLENCE IMPÉRIALE : QUI SOMMES NOUS ? QUE VOYONS-NOUS ?

En termes généraux, les principes de base de la violence impériale sont bien connus et peuvent être résumés en quelques mots : massacre, déplacement, dépossession, esclavage, etc. En étudiant l'impérialisme non de la perspective du pouvoir dominant, ni uniquement en relation à son empreinte sur les vies des peuples colonisées, mais en tant que régime régulant les relations entre le pouvoir en place et le corps politique qu'il gouverne, ainsi que les relations au sein des nombreux groupes au sein du corps politique, j'aimerais expliciter la façon dont la violence impériale a figé les conditions qui nous lient à une façon de partager le monde, politiquement et matériellement, avec d'autres qui ont été temporellement et spatialement déconnectés de nous. En nous concentrant sur différents moments où l'on peut replacer la déclaration « tuez-moi si vous voulez », nous avons l'opportunité d'explorer ce qui est ici l'« objet » évasif par excellence : la condition d'apparition de cet énoncé. La violence impériale s'est transformée pour devenir le contexte dans lequel nous sommes devenus qui nous sommes et dans lequel nous voyons ce que nous voyons, déterminant ainsi au bout du compte nos façons de penser, d'agir et de partager le monde avec autrui. La condition impériale se rencontre rarement de

32. Voir par exemple le travail détaillé de Cooper sur la main d'œuvre en Afrique française et britannique, où ne figure aucune mention de la façon dont ces communautés ont été privées des conditions et des infrastructures nécessaires à agir en fabri, dont les objets avaient constitué le monde dans lequel ils évoluaient avant les invasions coloniales (Cooper, 1996).

façon directe ; en majorité, nous exerçons la violence figée dans cette condition sans avoir conscience de la généalogie de nos actes, sans savoir que leur origine réside dans une brutalité sans fards.

Visiter la myriade de salles des musées encyclopédiques, qu'elles abritent art ancien, archéologie, bijoux ou art moderne, n'est pas une expérience que l'on identifie à celle de la violence. Pourtant, cela devrait être le cas. Pour rendre perceptible la violence inhérente à cette activité, je me propose d'examiner des situations dans lesquelles des énoncés tels que « tuez-moi si vous voulez » ont été, et continueront à être, proférés. Se pencher sur de tels instants transforme la recherche en une entreprise dans laquelle les séparations spatio-temporelles impériales sont suspendues. Celles-ci, qui distinguent en matière d'expérience les victimes directes de la violence impériale et ceux qui obéissent à des impératifs professionnels ou occupationnels – négociants, universitaires, humanitaires, curateurs, artistes, historiens, philosophes, techniciens, et ainsi de suite – permettent à ces derniers d'agir dans des champs culturels différentiés que l'ont tient pour définis par leurs propres histoires. Le but de l'histoire potentielle est de suspendre ces clivages, qui vident les actes de ceux qui ont été dépossédés de leur potentiel à interagir et se poursuivre au-delà du récit impérial. Ces actes ne sont pas inscrits dans les objets pillés comme des histoires scellées mais comme des incitations durables, des actions avec lesquelles on peut choisir d'interagir en-dehors de la temporalité et du rôle de dé-possesseur, transmis en héritage par ces récits. Faire coïncider nos actes avec ces actions refoulées que l'on est éduqués à mettre sous le tapis avant de découvrir leur nature historique : voilà une façon de rejeter le dénouement imposé de la violence impériale et de construire le présent continu d'une histoire réversible.

Reléguer différents groupes au sein des populations gouvernées à un « ailleurs » ahistorique est une façon de condamner le sort et la résistance des victimes directes de l'impérialisme à n'être, au mieux, que redécouvertes, encore et encore, comme autant de fragments d'archive oubliés par ceux qui résident dans l'autre unité de temps et d'espace et disposent de l'équipement scientifique leur permettant d'occuper la position de découvreurs. Ce n'est pas une coïncidence si la prééminence des « découvertes », dans l'imposition de l'impérialisme, se retrouve en rapport à d'autres phénomènes : la colonisation des terres, l'appropriation de la culture matérielle, la recherche ciblant de rares artistes individuels, les révélations (toujours renouvelées) des souffrances du peuple. La découverte impériale des autres, de leurs actions, de leurs cultures et même de leurs tourments, n'est qu'une façon de les forcer à désavouer ce qu'ils ne « possédaient » peut-être même pas au préalable – puisque la possession n'était peut-être pas une catégorie applicable – mais à quoi ils étaient indubitablement attachés. Le geste de découverte que l'on retrouve dans différents domaines, champs et sphères, est constitutif de l'ordre impérial dont il a garanti la persistance après le retrait formel des pouvoirs impériaux des territoires colonisés. Les histoires *sui generis* de « découvertes », de « successions » et d'« influences » empêchent de rencontrer la violence impériale brute qui est, au mieux, mentionnée en passant, comme secondaire au débat. Tandis que les rencontres avec le sens des actions du peuple, dont l'origine vient des objets en proximité desquels ils agissent et des positions et structures de savoir qu'ils habitent – celles-là sont rendues impossibles.

La violence qu'il y a à fabriquer des structures spatio-temporelles prétendument différentes et à les maintenir dans l'incongruité est souvent masquée par la neutralité associée aux règles, normes sociales et procédures professionnelles et universitaires qui font tourner le processus consistant à historiciser sans relâche tout en promouvant ostensiblement l'objectivité des versions du temps et de l'espace qu'elles présentent. Il est instructif de se rappeler qu'au sein de cette fièvre historicisante, ces procédures elles-mêmes ont été présentées comme des outils neutres, ahistoriques, adaptés à l'étude du flux historique du temps, précisément alors que la progression des vies humaines commençait à être perçue suivant des lignes temporelles palpables, passibles d'être illustrées à l'aide d'objets déployés dans des espaces de temps homogène tels que les musées ou les archives[33]. L'entreprise impérialiste de pillage a transformé la richesse culturelle et matérielle d'autrui en objets qui, une fois appropriés, perdaient leur altérité fondamentale, ravalés au même rang que d'autres au sein d'un espace fabriqué comme terrain neutre commun – et destination commune. En utilisant le terme « neutralité », je ne veux pas dire que ces outils sont dépourvus de tout biais, mais plutôt que leur existence est devenue inévitable, garantie comme elle l'est par l'histoire propre de leur évolution. Ainsi, quand les méthodes de collection d'un aventurier ou d'un administrateur colonial sont critiquées par les universitaires pour leurs « préjugés » ou leur « manque de scientificité », on nous demande d'oublier que les protocoles mis en œuvre par ces critiques relèvent pas de conditions transcendantales, mais qu'ils sont eux aussi des impositions historiques, conséquences de l'impérialisme.

33. Dans les 13 thèses sur le concept d'histoire, Walter Benjamin insiste sur le rôle qu'a joué l'espace vide homogène pour rendre plus facilement plausible l'idée du progrès de l'humanité : « le concept de progrès historique de l'humanité ne peut être isolé du concept de sa progression au travers d'un temps vide, homogène » (Benjamin, 2003). Même si Benjamin ne parle pas du musée dans cette réflexion, le cube blanc muséal, où les objets datés peuvent être organisés en flux chronologiques, a donné à l'idée de progrès historique une visibilité et une palpabilité convaincantes, tout en invitant les spectateurs à prouver leur compétence en remplissant les blancs pour deviner la date ou l'époque exacte des objets.

Les musées, par exemple, n'ont pas toujours existé ; ils n'étaient pas purement et simplement *là*, prêts à accueillir l'art africain fraîchement « découvert » dans leurs collections ; pas plus que les « œuvres d'art » ne sont simplement *là*, destinées à être repérées par des connaisseurs, avant même d'avoir été créées. Leur émergence est plutôt liée à des structures particulières de pouvoir et à des formes de gouvernance dont les histoires propres de disciplines telles que l'histoire de l'art ne rendent pas compte. Les musées et les institutions parentes, telles que les « collections » et les « historiens de l'art », ont été établis concomitamment au pillage impérial qui prenait son essor[34]. L'archivage méticuleux de micro-événements par l'histoire de l'art, en contraste à la négligence avec laquelle sont étudiés les macro-événements en cours dans les lieux d'origine des artefacts spoliés – tels que la destruction des communautés de *fabri*, l'éradication de leurs modes de vie, le pillage de leurs ressources naturelles, la violation de leurs rituels sacrés, l'appauvrissement systématique des populations locales et le massacre de quelques 10 millions de Congolais sous le régime colonial belge – voilà qui donne une profondeur historique disproportionnée à certains événements et certaines figures de pionniers spécifiques à cette discipline. L'invention de protocoles régulant la manipulation des objets d'art est inséparable de l'invention de l'histoire des protocoles en question. Celle-ci a été reconstruite à partir de textes occidentaux, des classiques antérieurs à l'invention des musées, afin de conférer à ces normes impériales la patine historique d'une existence intemporelle et, à ses experts occidentaux, l'autorité seyant aux descendants d'une tradition séculaire et donc incontestable[35]. Pour parvenir à former une histoire occidentale cohésive définissant l'art comme une succession d'objets passibles d'être collectionnés et exposés, de nombreux clivages doivent être surmontés, de nombreux crimes ignorés. Ces procédures viennent s'ajouter au « cube blanc » de l'espace d'exposition et, à son instar, elles devaient être applicables à tous les objets d'art, indépendamment de leur contexte d'origine, i.e., de leur déracinement, ou de l'appauvrissement des communautés auxquelles ils ont été arrachés. Centrées sur l'objet comme elles le sont, ces procédures, extérieures à la vie de l'objet, ont confirmé par leur mise en œuvre que ce dernier est un objet d'art, et ont donc joué un rôle crucial dans la définition même de ce qu'est un objet. La séparation entre les objets d'art et les procédures neutres régissant leur

34. Par exemple, en 1889, trois ans avant que le Musée d'Art de Cincinnati n'ouvre ses portes, Carl Steckelmann, négociant en Afrique du Sud, y a envoyé une vaste collection de « spécimens ethnologiques » que le musée a acquis peu à peu. L'institutionnalisation du pillage solidement ancrée dans le discours artistique permet au musée de mettre ce fait en avant sur son site web, comme preuve d'une approche pionnière, i.e. « le premier musée à exposer de tels objets ». (www.cincinnatiartmuseum.org/art/explore-the-collection/african-art/)

35. Voir par exemple Genoways et Andrei, 2008.

manipulation supposait que les artefacts soient détachés – et détachables – de leur communauté d'origine. Ainsi, l'affinement de ces protocoles ne semble jamais contredire leur neutralité ou l'origine occidentale de la position auctoriale des experts d'art, qui se sentent investis de la mission d'éduquer autrui à propos des trésors sur lesquels ils règnent. D'autres formes de pratique artistique ou historique, dans des cultures et des endroits différents, y compris en Occident, n'ont pu survivre à cette tradition imposée. Une fois passée par son filtre, toute pratique artistique devait être déconstruite de façon à isoler les objets d'art collectionnables d'un côté, les procédures neutres de l'autre. Les communautés dans lesquelles les objets ont vu le jour, ont existé et pris diverses significations, ont été rendues superflues.

COÏNCIDENCE IMPÉRIALE

Une coïncidence impériale fatale existe entre l'invention des musées comme sites de classification et d'exposition de la culture matérielle, l'émergence des sciences évolutives telles que l'anthropologie, l'histoire de l'art et les sciences politiques, et l'apparition d'outils documentaires via l'invention de techniques d'enregistrement telles que l'appareil photographique et le phonographe[36].

Les musées, les archives, la documentation, l'enregistrement, les collections – tout cela aurait pu être institué ou mis en œuvre et proliférer sous des formes diverses, suivant autant de dynamiques internes. Mais tous ont été subordonnés à un principe semblable, permettant la perpétuation de la violence comme ur-forme relationnelle entre groupes différents. L'impérialisme a fait coïncider ces différentes formes de pratiques culturelles, les subsumant toutes sous sa logique propre. De sorte que la classification des objets, par exemple, est devenue l'occasion de réaffirmer la séparation entre outils de classification et objets classés, séparation elle-même exhibée au travers de chacune de ses instances d'actualisation. De même, la documentation a vu le jour comme mode explicatif distinct, qui identifie les outils d'enregistrement et de classification comme autant de fournisseurs de services, et leurs objets comme les expressions et la propriété d'agents singuliers (leurs auteurs ou leurs utilisateurs). Ces développements liés et leurs protagonistes principaux se sont rétroactivement vus conférer des histoires distinctes, faisant de la violence commune à tous un élément secondaire. Voici un exemple éclairant : moins d'une décennie après le retrait des forces impériales des territoires africains qu'ils avaient systématiquement ruinés et pillés durant des siècles, cette violence fut traduite en une série de gestes généreux entrepris par les nations occidentales et leurs musées, consistant à prêter aux nations africaines (auxquelles ils avaient été dérobés) des chefs-d'œuvre issus de *leurs* précieuses collections d'art

36. Sur l'invention du photographe comme maître et propriétaire de l'événement photographique, voir Azoulay, 2013.

africain, « constituées » brillamment par des « pionniers », des « inventeurs » et de « talentueux » collectionneurs « humanistes ». Enfin, lorsque les populations des anciennes colonies d'Afrique ont été jugées « prêtes » pour la souveraineté nationale, en partie grâce à leurs infrastructures muséales décentes, les experts et les institutions occidentales leur ont prêté leurs propres artefacts pour des durées limitées, les initiant ostensiblement à la civilisation anciennement pratiquée par leurs ancêtres. Le Festival mondial des arts nègres de Dakar, en 1966, fut l'un des moments les plus grandioses de l'« artwashing » : des institutions occidentales et leur « généreuse contribution » à la mise en scène d'Africains apprenant à apprécier des collections célèbres de chefs-d'œuvre africains – façon d'occulter le fait que ces derniers étaient tous issus du pillage de ce qu'on appelait désormais l'Afrique décolonisée. Les unes des journaux vantaient la mobilisation enthousiaste de « 40 nations (qui avaient) prêté » des œuvres pour cette occasion spéciale – la première fois que des objets africains étaient montrés en Afrique ! Une autre occurrence d' « artwashing » : « L'Art du Congo », une exposition créée en 1967 au Walker Art Center de Minneapolis, qui a ensuite voyagé aux États-Unis et été exposée dans les musées et galeries de Baltimore, New York, Dallas et Milwaukee. La préface au catalogue de l'exposition salue l'initiative du Roi Léopold II de Belgique : la construction du Musée Royal d'Afrique Centrale à Tervuren, en Belgique, 70 ans plus tôt[37]. Les commissaires d'exposition mentionnent le contexte dans lequel ces objets ont été déracinés sous le règne de Léopold II, mais la plupart du temps ils en font un élément de contexte que l'on peut mettre entre parenthèses pour contempler et apprécier les objets d'art en tant que tels. Reléguant le pillage au second plan, certains auteurs évoquent l'érection du musée comme un élément du « programme de relation publiques » de Léopold II, ou voient dans la décimation de près de la moitié de la population du Congo un scandale – plutôt que d'appeler un chat un chat et d'utiliser le terme approprié de génocide[38]. Les termes communément employés pour parler de ces objets partent encore du principe que l' « Art Nègre » ou la « Sculpture africaine » peuvent être dissociés des processus de pillage,

37. Friedman, 1967. En 1910, l'exposition d'art africain au Muséum d'Histoire Naturelle de New York fut ouvertement dédiée au Roi Léopold II, qui avait déjà cédé le Congo à la Belgique, comme si aucune controverse sur son règne n'avait jamais eu lieu. En 2016, le Musée du Quai Branly à Paris tint une exposition sur l'événement Dakar 66 – chroniques d'un festival panafricain.

38. Voir Strother, 2013, p. 12. Voir aussi Schildkrout et Keim qui écrivent que l'objectif d'une exposition d'art du Congo, tenue à Bruxelles-Tervuren en 1897 par le Roi Léopold, était de « justifier et promouvoir les activités de Léopold au Congo » (Schildkrout et Keim, 1998, 24à. Les meilleurs spécimens de l'exposition étaient une « illustration et une justification des raisons pour lesquelles les Belges devaient coloniser au Congo (sic) » (Idem).

d'asservissement, de migration forcée et de massacre de millions de Congolais. De plus, la création de catégories homogènes telles que « l'art africain » a mené à confondre divers modes de pratique artistique en cours sur le continent africain avant le colonialisme, de façon à ce que les universitaires occidentaux puissent plus tard exceller à les différencier les un des autres[39].

DES CULTURES FAITES POUR L'EXTINCTION

En étudiant l'abondance de ces objets d'art de pair avec les rares traces disponibles de l'énoncé provocateur et pourtant si vulnérable qu'est « tuez-moi si vous voulez », j'essaie de dégager la violence impériale fixée dans ces objets, pour leur permettre d'être vus pour ce qu'ils sont : l'incarnation de violations, et donc des objets qui attestent des droits potentiels de ceux qui en ont été spoliés. Ces objets sont copieusement archivés, datés, collectionnés, exposés, échangés et étudiés comme autant de spécimens ethnographiques et d'œuvres d'art ; mais ils sont toujours considérés comme des objets distincts, qui ont dû être insérés au « bon » endroit dans les chronologies, les archives, les chroniques et les histoires conçues en parallèle de l'imposition d'une temporalité impériale et de sa matérialisation physique dans le monde matériel[40]. Une fois que les experts se sont mis à classifier ces objets, ils ont pu proclamer éteints certains modes de vies de populations non-occidentales et leurs modes de production culturelle. L'extinction de l'art ou son impossible émergence n'est jamais le corollaire, pour eux, du fait que ces populations ont été forcées à vaquer en dehors des communautés de *fabri* où leur travail aurait pu être apprécié. En mettant un instant entre parenthèses l'imprécision des catégories que sont « occidental » et « occident » dans la description de pouvoirs impériaux dont le but, qui devient leur essence, était de s'étendre au-delà de cette catégorie géographique douteuse, ceux qui agirent au nom de celle-ci furent armés pour cibler d'autres populations et les décrire comme « exotiques » – c'est-à-dire en faire les résidus de cultures passées, nécessairement au bord de l'extinction. Toutefois, ces populations n'étaient pas toujours non-occidentales, et tous les non-Occidentaux n'ont pas connu le même sort.

Pour qui part comme moi du principe que le mouvement impérial est irrépressible, il serait plus juste de dire que les victimes n'étaient pas forcément non-Occidentales, mais plutôt qu'il s'agissait de peuples ou de groupes qui pouvaient

39. Sur l'absence de fondement de la catégorie « art africain », voir Appiah, 1996.

40. Voir par exemple la réflexion de Mack sur Emil Torday, l'un des premiers anthropologistes à traduire la culture matérielle du Congo en objets d'art collectionnables : « le gros de la collection de Torday est aujourd'hui au British Museum, où elle sert de repère pour évaluer les développements artistiques et culturels dans le reste du pays » (Mack, 1991, 13).

plus facilement que d'autres être dépouillés de leur culture. Après tout, la violence impériale n'a jamais épargné les groupes occidentaux vulnérables. Un exemple qui n'a sans doute rien d'exceptionnel : les modes de vies des Juifs européens, désignés dans les années 1930 pour l'extinction par les Nazis. Et dix ans plus tard, les Juifs sionistes, qui déclarèrent que les modes de vies d'autres Juifs, cette fois du Yémen, étaient éteints, avant de piller les précieux volumes qu'ils avaient préservés durant des siècles pour les « sauver » en les envoyant en Israël[41].

« Le déclin du grand art africain est irréfutable », écrit Léon Kochnitzky en 1952, comme pour mettre un terme à une polémique qui n'aurait jamais dû voir le jour. Paradoxalement, cette polémique n'a jamais vraiment existé[42]. En 1966, dans un hors-série de *Paris Match* consacré au festival de Dakar, Michel Gall a écrit, avec une assurance similaire : « quoi qu'il en soit, il ne fait aucun doute que, durant les 50 dernières années, l'art nègre s'est singulièrement dégradé » (Gall, 1966, 95). Ces affirmations s'accompagnent souvent de débats universitaires et d'observations de connaisseurs, tous énoncés depuis cette position impériale qui proclame, anticipe, et de fait inflige des extinctions idiomatiques en déclarant que ce que font les uns ou les autres est mort, passé, obsolète.

Les affirmations concernant le déclin artistique de divers peuples se donnent à lire comme véridiques objectivement et elles sont formulées à grand renfort d'expressions indiquant la certitude telles que « indubitablement » ou « irréfutablement », mais uniquement dans les institutions et disciplines impériales, qui propagent une compréhension de l'art fondée sur le détachement d'objets prélevés à une communauté, indépendamment des moyens qui ont rendu possible leur acquisition. Dans cette vision impériale du monde, la valeur de ces objets dérive de leur capacité à permettre l'accumulation de la richesse, et elle dépend de leur reconnaissance par un panel d'experts qui, seuls, sont à même de leur conférer leur valeur d'unicité. Sans surprise – bien que l'on s'y penche rarement – le consensus concernant la décadence de l'art africain fut forgé parmi les colonisateurs – tant les administrateurs, les universitaires que les citoyens. Avec la propagation de mausolées artistiques et la manufacture de citoyens-spectateurs, devenus experts par procuration ès art d'autres cultures, le risque que cette soi-disant décadence soit remise en question et contredite par des opposants fut affaibli[43]. La répétition d'affirmations pareilles, martelées dans le but de lever le moindre doute, était

41. Sur le pillage des livres des Juifs yéménites, voir Amit, 2014.
42. L'ouvrage de Kochnitzy fut publié par le Centre d'Informations du Gouvernement Belge (Kochnitzy, 1952, p. 11)
43. Il n'est guère surprenant, dans pareil contexte, qu'un livre comme *Inventing Masks* de Strother, fondé sur un travail auprès des Congolais qui continuent à inventer des

nécessaire pour surmonter des dissonances récurrentes entre les schémas de connaissance et les idiomes à la portée des « bons citoyens », d'une part, et des preuves en faveur du contraire qui se manifestaient dans les pratiques artistiques et les objets qui continuaient à être produits par des Africains en Afrique, en Europe et aux États-Unis[44]. Ce qui était en jeu pour les colonisateurs, ce n'était pas uniquement la conservation de l'art africain et l'héritage d'un passé distant, mais également l'imposition d'un concept de l'art tel qu'il ne pourrait être pratiqué et apprécié que par le biais d'institutions nouvellement établies, réifiant le détachement de l'art de ses sources matérielles et politiques pour les remplacer par des institutions professionnalisées et leurs « experts ».

LA PERSISTANCE DE *L'HOMO FABER*

Quand l' « art africain » fut inventé comme champ occidental d'expertise concernant des cultures prétendument éteintes, les Africains n'avaient pas cessé de se consacrer à différentes pratiques artistiques dans toute l'Afrique, ainsi qu'en Europe et dans les Amériques. Même Léon Kochnitzky ne pouvait complètement nier les réalités contradictoires de sa proclamation concernant le déclin de l'art africain, et il trouva des façons de les incorporer dans son jugement global. Ainsi, il décrit l'art des diasporas africaines comme le transport d'objets du passé, guère plus : « les hommes de couleur du Brésil n'avaient pas oublié leurs racines. Des rives des grands fleuves africains, ils avaient apporté leurs masques, leurs lances, leurs boucliers tapissés », écrit-il, comme si l'esclavage n'était que la simple relocalisation d'un individu et de ses objets[45]. Plus loin, il cite la description que fait Emil Torday des pratiques artistiques au Congo comme preuve que « la conservation de l'artisanat populaire n'a pas été compromise » : « Le village bruissait tel une ruche. Chacun s'affairait, les métiers à tisser s'activaient, les marteaux de forgerons retentissaient ; au beau milieu de la rue, où se trouvait une cabane, des hommes sculptaient des plats ou des paniers et, sur leur palier, des femmes brodaient » (Torday cité par Kochnitzky, 1952, 12). En fait, les Africains ont continué à pratiquer différentes formes d'art, incluant celle, dite « moderne », que promouvaient les institutions impériales telles que « le musée », « l'artiste », « le critique », et ils

masques et à pratiquer la mascarade, ne fut publié qu'en 1998 et demeure difficile à trouver.

44. DuBois, 1944.

45. Les preuves en sont nombreuses – les études, moins : ceux qui ont été déplacés de force « n'ont pas oublié leur origine », ni leurs aptitudes, pas plus qu'ils n'ont cessé à pratiquer dans des domaines dont ils étaient institutionnellement privés. Sur la contribution des Afro-Américains à l' « art colonial » américain, voir Bridenbaugh, 1950 ; sur la « continuité de la tradition afro-américaine dans les arts et artisanats populaires », voir Vlach, 1980.

étaient en réalité concernés par les valeurs de collectionnabilité, d'exposabilité et de nouveauté que revendiquaient ces institutions. Si certains de ces artistes étaient reconnus et célébrés, ils étaient rarement considérés comme appartement à une communauté de *fabri*[46]. Dans l'histoire de l'art objectifiée que les musées et autres institutions défendaient et promouvaient, l'« art africain » devint une source à laquelle la majorité des membres de la diaspora ne pouvaient accéder – s'ils le pouvaient – que via la médiation de ces institutions détenant des objets d'art dont les Africains avaient été culturellement coupés et géographiquement privés durant leur asservissement. Par exemple, une initiative de la fondation Harmon, vouée à l'avancement d'artistes « Nègres Américains », incluait la création d'une « collection de trente-sept photographies de Primitifs africains. Sculptures, objets en métal et textiles de la collection du Congo belge de la New York Public Library sur la 135e Rue ont été photographiés par Miss Marjorie Griffiths afin de servir dans un contexte d'exposition » (Harmon Foundation, 1935, 39). Le fait de rendre disponibles des reproductions photographiques de ces objets est révélateur à deux égards : d'une part, ceux auxquels s'adressait cette initiative ne pouvaient pas, pour diverses raisons, avoir accès naturellement, librement, plaisamment et sans intimidation aux objets photographiés ; d'autre part, la possibilité qu'en leur qualité de descendants des communautés spoliées de ces objets, ces artistes auraient pu prétendre à un accès privilégié – sans même parler de restitution – n'est même pas mentionnée. Il n'existe en dépit de cela aucune trace d'une telle initiative – ni d'exemples récents – de la part de ces institutions artistiques ou de leurs acteurs principaux – i.e., les curateurs, les artistes, les directeurs de musée, les donneurs, etc. – pour désavouer ces pillages qui alimentèrent le régime différentiel et la vulnérabilité des Noirs à la violence impériale.

Le clivage entre les objets d'art africain rassemblés dans les musées et les Africains vivants et pratiquant l'art de par le monde est constitutif de la manière dont le pillage de l'Afrique est devenue une partie cruciale et naturalisée d'un champ culturel auquel les citoyens – Africains y compris, même s'ils sont souvent bons derniers – prennent part pour signifier leur identité moderne et progressiste. *Negerplastik*, l'ouvrage de Carl Einstein salué par Strother comme l'un des premiers traités théoriques sur l'art africain, nous enseigne comment des questions telles que « cet art a-t-il cessé d'être produit ? » ou « pourquoi la rencontre avec les Européens s'est-elle avérée fatale à ce point ? » ne sont posées que pour être enterrées. Le traité d'Einstein s'ouvre sur trois énoncés semi-moraux à l'attention de ses lecteurs, dont il souhaite qu'ils perçoivent les objets pris aux Africains – et présentés sans autre histoire que celle, fabriquée de toutes pièces, de la discipline

46. Voir Lorado, 1924. Murray, 1916. Nelson, 2002.

artistique – en ces termes : « le Nègre n'est pas sous-développé ; une culture africaine d'importance a décliné et disparaît ; peut-être le Nègre d'aujourd'hui entretient-t-il à ce qu'a du être le Nègre 'antique' le même rapport que celui qui lie le fellah aux anciens Égyptiens » (Einstein, 2004, 124). Avec sa première déclaration, l'auteur se distingue de ceux de ses collègues qui tiennent les Noirs pour une race inférieure ; avec la seconde, il reconnaît qu'un processus de déliquescence a interrompu la production culturelle africaine ; cependant, il présente ce processus comme surgi de nulle part, sans causes apparentes ou agents actifs ; enfin, avec la troisième, il souligne combien les Africains sont coupés des trésors de l'art africain – domaine de compétence de l'universitaire – et les donne à voir comme de lointains descendants d'un âge d'or bel et bien révolu. Dans son essai, Strother souligne l'incongruité temporelle du récit d'Einstein et affirme que « même si Einstein n'accepte pas la supériorité du naturalisme, il semble avoir néanmoins été affecté par la croyance en un déclin interminable. L'ironie étant que la plupart des sculptures illustrant *Negerplastik* ne sont pas aussi anciennes qu'Einstein l'imaginait et qu'elles témoignaient de la vitalité de l'art africain *contemporain* au tournant du siècle (Strother, 2013, 15). Qualifier d'ironique une déclaration ignorante concernant le déclin culturel de l'Afrique aurait fait sens si un seul universitaire isolé avait défendu ce point de vue. Cependant, le fait qu'un monde d'activités humaines semblât à Einstein un champ de ruines stagnant ne relève pas de la perspective individuelle, mais plutôt de l'ordre discursif de son époque, où les experts artistiques jouaient le rôle de sauveteurs. Même si Einstein était considéré comme un « pionnier », il n'était pas le seul à aborder les œuvres africaines comme autant de reliques, alors qu'elles relevaient d'une culture vivante. Einstein était à la fois un produit et un représentant d'un champ d'activité (l'art), d'une discipline universitaire (l'histoire) et d'un régime politique (l'impérialisme), dont chacun était construit sur l'anticipation violente de l'extinction d'autrui.

ART SAUVÉ/INFRASTRUCTURES DÉTRUITES

Une série d'initiatives impériales organisées pour piller les cultures locales au nom de leur rédemption a vu le jour avec l'expédition de Napoléon en Égypte, qui légitima l'invasion, autant par les savants que par les soldats, d'un endroit dont le maillage social, culturel et religieux le plus subtil fut détruit sous couvert d'en préserver les artefacts. On peut relier l'expédition de Napoléon en Égypte à la destruction de la Gueniza du Caire (une archive unique dont le contenu demeura inaccessible durant mille ans), au « sauvetage » de ses 300 000 documents et à leur transfert vers diverses collections universitaires en Occident. Un tel transfert sous-entend que les membres de la communauté d'origine de l'archive sont incapables d'en assurer la conservation et ne peuvent plus être considérés comme ses gardiens légitimes[47]. La même logique d'anticipation de l'extinction d'un peuple ou de son art et de souci à les secourir avant la disparition planifiée se retrouve à maintes reprises dans l'histoire, de la recension en 20 volumes d'environ 80 tribus amérididiennes, une « race qui disparaît », par Edward S. Curtis, au Musée Nazi de la Race Juive Défunte (fondé à Theresienstadt en collaboration avec plusieurs chercheurs juifs impliqués dans le projet pour des motifs contraires)[48], à la transformation des Palestiniens modernes en figures anciennes voire bibliques, ou la réduction des cultures matérielles des sociétés africaines à de « l'art primitif ».

L'entreprise impériale d'appropriation des objets d'art et des artefacts d'un peuple et la séparation simultanée de ce peuple d'avec sa culture matérielle, qui devient passible de violations variées, incluant sa réinterprétation comme étant « privée d'histoire », transcende le savoir d'individus comme la mission de disciplines universitaires spécifiques. L'art et ses institutions sont inséparables de régimes politiques différentiels, qui sont constitués par la transmutation qu'ils opèrent lorsqu'ils convertissent la violence exterminatoire en faits empiriques à classifier, documenter, archiver et exposer. Les procédures scientifiques qui sous-tendent les musées d'art sont fondées sur la violation du droit d'autrui à regarder, parler, produire et montrer différemment, qui suppose son droit à ne pas voir de soi-disant « experts » s'immiscer dans ses pratiques culturelles[49]. Jusqu'à ce que les principes fondateurs du musée et du système d'art qu'il représente soient démantelés, tout ce qui est produit dans et par ces institutions sera limité et contraint par la violence impériale qui leur a donné le jour.

LA RENAISSANCE DE HARLEM N'ÉTAIT PAS UNE EXCEPTION – ON EN A FAIT UNE EXCEPTION.

Dans une série d'articles sur l'art « passé et présent » rédigés au cœur de la scène culturelle que nous connaissons sous le nom de « Renaissance de Harlem », Alain Locke a isolé la temporalité impériale dévoyée qui proclame la grandeur comme la décadence d'autrui : « jusqu'à présent nous avons connu l'étrange phénomène de l'ascension de l'artiste nègre mais de l'éclipse durable de l'art nègre. Les possibilités des Nègres en matière d'art, toutefois, avaient été concédées ; mais

47. Le champ sémantique du « sauvetage » est encore aujourd'hui utilisé en lien avec cette opération. Voir par exemple : www.bodleian.ox.ac.uk/news/2013/historic-rivals-join-forces-to-save-1,000-years-of-jewish-history
48. À propos du musée, voir Rodna, 1987. Sur le pillage des œuvres d'art et des bibliothèques, voir Cassou, 1947.
49. Certains de ces droits commencent à être rétrospectivement reconnus, en lien avec les différentes tribus amérindiennes, dans le cadre de la loi NAGPRA. (www.nps.gov/nagpra/mandates/index.htm).

les accomplissements de l'art nègre, passé et à venir, étaient encore inconnus » (Locke, 1969, II, 34). Le geste moderniste impérial qui consiste à ancrer les activités humaines dans des sites qui, à certains moments historiques, agissent comme autant de sources ou de signes avant-coureurs de nouvelles tendances suppose, et souvent entraîne, le déclin des pratiques artistiques à d'autres endroits. Ainsi, on n'est guère surpris de constater que, dès lors que l'activité culturelle de Harlem a été reconnue publiquement et associée à ce quartier de Manhattan à dominante Africaine-Américaine, ce fut au détriment des activités culturelles diverses pratiquées ailleurs, dont la reconnaissance aurait empêché la Renaissance de Harlem d'apparaître comme une exception que l'on pourrait plus tard déclarer morte[50]. Dans les années qui ont suivi la proclamation de l'émancipation, des milieux artistiques ont pris forme, et des institutions visant à encourager et produire des environnements créatifs pour les artistes Africains-Américains ont vu le jour dans de nombreuses villes telles que Washington, Philadelphie, Boston ou San Francisco. « New York a longtemps été vue comme le lieu de la Renaissance de Harlem », écrit Theresa Leininger-Miller, auteure d'un livre sur les peintres et les sculpteurs Africains-Américains à Paris, « pourtant le mouvement n'était pas confiné au nord de Manhattan. Des événements d'importance avaient lieu ailleurs aux États-Unis, en Europe, en Afrique et dans les Caraïbes » (Leininger-Miller, 2001, xvi). Peu après la publication des textes de Locke, une autre manifestation de la violence du geste impérial, comparable à celles évoquées plus haut, visa les artistes Africains-Américains : la proclamation du « déclin de la Renaissance de Harlem »[51]. Les déclarations concernant la fin de certaines scènes artistiques, et l'émergence de nouveaux centres d'art, sont des phénomènes fréquents dans le champ de l'art conditionné impérialement et assujetti à la poursuite de la nouveauté. Quand ces centres sont neutres racialement, i.e., considérés comme blancs – cf. le déclin de Paris et le couronnement de New York – ces déplacements peuvent prendre la saveur d'un vieux vin : New York peut jouer le rôle d'avant-garde tandis que Paris, sans être la capitale de la nouveauté, détient des trésors incontestables et éternellement appréciables. La cote des chefs-d'œuvre de l'ancien centre croît astronomiquement, la communauté continue à prospérer et à tirer les bénéfices de ses produits bien mûrs. À Harlem, la violence impériale d'un décès prononcé a eu

50. Sur le glissement de Paris à New York, rendu par le titre de son ouvrage *Comment New York vola l'idée d'art moderne*, voir Guilbaut, 1983. Picasso est un exemple éclairant. Son œuvre, fortement influencée par les objets pillés exposés au Musée de l'Homme à Paris, est longuement évoquée dans le livre de Guilbaut, même si Paris, où il travaillait, n'était plus le centre du monde artistique, tandis que l'art africain – sans même parler des artistes africains – n'est pas mentionné, de même que Guilbaut passe sous silence les artistes Africains-Américains, alors qu'il évoque pourtant les États-Unis.

des conséquences dévastatrices. Elle a forcé les artistes et les écrivains Africains-Américains qui continuèrent à faire de l'art après cette proclamation – y compris ceux qui situaient explicitement leurs actes dans la continuité de la Renaissance de Harlem, comme la Guilde des artistes de Harlem (Harlem Artists Guild) – à repartir de zéro, comme si la participation des Noirs au domaine artistique n'avait pas été en fin de compte ratifiée.

Plutôt que de persister à considérer l'art tel qu'il continue à être défini par des institutions occidentales regorgeant de biens pillés, j'emprunterai à Arendt sa catégorie du travail (et la figure concomitante de *l'Homo faber*), qu'elle conceptualise comme distinct de l'œuvre (main d'œuvre) et de l'action (acteur politique) bien qu'il leur soit lié, et j'utiliserai cette triade comme cadre général une pensée de l'art. Réintégrer *l'homo faber* dans la discussion est une tentative de déplacer la *persona* de l'artiste individuel, cultivée par la violence de l'institution muséale, et d'envisager la pratique de l'art dans sa *durée longue* (*NDT - en français dans le texte*), sans la restreindre à quelques « pics » dans la carrière d'artistes isolés.

DEUX CLASSES D'OBJETS – UN MOTEUR DE DIFFÉRENTIALITÉ.

Les musées artistiques ont été fondés pour accueillir des objets qui en sont venus à être associés à l'essence même de l'art, à son histoire ou à l'une de ses marges/limites, et ont été détachés de leur contexte de production. Cependant, dans ces assortiments divers d'objets, il nous faut reconnaître deux classes au moins. D'abord, ceux qui continuent à affecter leurs concepteurs et la communauté dont ils sont issus. Les membres de cette dernière ont accès aux institutions impériales et peuvent en bénéficier, de même qu'ils peuvent jouir de l'éventail de postes professionnels que suppose la gestion de la vie nouvelle que prennent les objets dans un musée d'art. Ils sont aussi considérés (quoique insuffisamment) comme faisant partie de la circonscription imaginaire, ou « public », que servent ces institutions. La deuxième classe comprend les objets dont l'extraction fut fatale à leurs communautés, dont les membres furent tenus en esclavage, asservis et exploités au sein de formations nouvelles du corps politique, dans lesquelles ils furent gouvernés différentiellement. On leur nia l'accès au monde des *fabri*, bien que leurs talents artistiques furent exploités au profit d'une variété d'activités artisanales telles que le plâtrage, la charpenterie, le lustrage et la maçonnerie[52]. La distinction

51. Dans les ouvrages classiques sur la Renaissance de Harlem, la fin est en général datée comme allant de soi. Voir par exemple Bearden, 1994, ou Hutchinson, 1995.
52. La surprise causée en 2016 par la remarque de Michelle Obama, concernant le fait que la Maison Blanche avait été *construite* par des esclaves, est en ce sens symptomatique.

que les musées impériaux ont instituée entre ces deux classes d'objet n'importe pas tant pour les objets eux-mêmes, et encore moins pour leur « valeur artistique », que pour les deux classes d'acteurs qui leur sont associées : ceux qui sont perçus comme les héritiers naturels de ces trésors et les descendants de leurs auteurs ; et ceux dont la capacité à interagir avec eux requiert encore leur éducation, à condition qu'ils apportent la preuve de leur humanité ou de leur valeur, sous quelque forme que ce soit, et qu'ils franchissent certains paliers.

Cette distinction persistante entre des classes de *fabri* explique pourquoi, dans chacun de ses articles sur les artistes noirs, Locke tente de nouveau de contrer la violence normative qui transforme leurs accomplissements en actes éphémères – de sorte qu'à chaque émergence d'un nouvel artiste Africain-Américain dont l'art doit être reconnu à sa juste valeur par les experts, lui ou elle sera nécessairement célébré(e) comme une exception à sa communauté. En référence au peintre Henry Ossawa Tanner, très apprécié au tournant du vingtième siècle, Locke écrit : « la reconnaissance de l'artiste nègre, devenu artiste pur et simple, devint un fait accompli » (Locke, 1969, II, 25). Mais l'affirmation de Locke s'avérerait incorrecte. De nombreux artistes noirs, après Tanner, seraient de nouveau taxés d'« exception sans précédent » et perçus avant tout comme des membres de leur race – et des exceptions à cette dernière. Un seul tableau de Tanner est exposé à la National Gallery de Washington ; il demeure présenté comme une exception, mais son caractère exceptionnel peut facilement échapper aux visiteurs, qui finissent souvent leur parcours sans savoir que les Noirs ont eu un quelconque rapport à l'art – si ce n'est, ironiquement, en tant que gardiens veillant sur les trésors de ces institutions. Ceci est rendu par Randall Robinson dans la description qu'il fait d'une visite à la National Gallery en question par un jeune garçon noir et son mentor : « Tout était comme d'habitude à la galerie nationale. Tous les visages encadrés étaient blancs. Pratiquement tous les visiteurs qui les regardaient étaient blancs eux aussi. Seuls les vigiles en uniformes bleus étaient noirs. Bien sûr, il y avait aussi le mentor et Billy. Et une présence noire, esseulée, dont Billy n'aurait pu connaître l'existence : un petit paysage, *Le Chêne d'Abraham*, par Henry Ossawa Tanner (1859-1937), accroché dans un coin obscur » (Robinson, 2001, 43).

AU-DELÀ DE LA CONCEPTION IMPÉRIALE DE L'ART

La conception impériale de l'art est basée sur l'évaluation d'objets singuliers, généralement associés à des créateurs individuels mais dans tous les cas découverts, reconnus et jugés pour leur valeur unique par des critiques, des curateurs et autres experts. Pour que ces objets puissent être soumis au regard et à l'intervention de ces derniers, ils ont nécessairement dû être déracinés du monde auquel ils appartenaient, ou être produits précisément pour être exposés comme objets d'art, en fonction de la classe à laquelle ils appartiennent. Que l'on me permette d'être explicite : cette conception de l'art est constitutive d'un mouvement impérial irrémédiable, dont les musées sont autant de vitrines. Rien ne peut arrêter cet élan, qui vise à localiser les meilleurs candidats au statut d'objet d'art et à les transférer vers le monde des experts. La destruction des mondes auxquels ces objets appartenaient à l'origine et que ce mouvement entraîne semble avoir peu d'importance au regard de celle conférée à l'art. Avec l'impérialisme, l'art est devenu une idée supérieure au monde qui l'a produite, et tout ce qui a été produit en tant qu'art a dû être évalué en fonction de sa forme physique, jugée « bonne » ou « mauvaise » par des professionnels. Un monde à part a été créé, dans lequel objets, artistes, modes, styles et écoles pouvaient être évalués, critiqués ou loués par des experts, et le « public » a été éduqué au discours de ces derniers. Cependant, tout ce temps, d'autres n'ont pas cessé de pratiquer l'art sous des modalités différentes, même si certains de leurs objets ont continué à être pillés et arrachés à leurs communautés, contraints à voyager seuls, et estampillés d'une nouvelle identité conférée par le musée impérial sur l'Ellis Island des objets. Une photographie de ces nouveaux-venus, des objets dépouillés, en rang d'oignon, un peu comme sur un cliché de police, les rend lisibles grâce à une légende qui les nomme en fonction de la classification impériale de l'art moderne, et les rend donc passibles de séjour en tant que résidents étrangers, coupés de leurs familles, laissées derrière eux. Ce portrait pourrait presque témoigner du succès du pillage impérial. Pourtant, ce n'est pas le cas. On ne devrait pas chercher à le démontrer en nous intéressant à des œuvres isoléos, « critiques », qui s'en prennent aux triomphes de l'impérialisme. Il faudrait plutôt nous tourner vers ces chœurs de *fabri* qui n'ont jamais cessé de pratiquer l'art, bien qu'ils n'aient pas nécessairement agi en tant qu'artistes individuels calibrés sur la *persona* impériale du créateur, et même s'ils n'ont pas créé ces objets afin de les exposer. Leur art n'a jamais cessé d'être partagé, quand bien même ce ne fut pas via la procédure réglementaire ; ou bien il fut caché, ou activé par ceux qui savaient où il était dissimulé, pour le protéger des procédures effarantes auxquelles il aurait autrement été soumis. Dans certains cas les objets ont péri, ont été perdus ou détruits, même quand ils avaient tout pour cristalliser la gloire du point de vue des experts. D'autres furent délibérément mutilés par les membres de leur communauté d'origine, défiant les classifications impériales, et d'autres encore ont été préservés dans des conditions qui « enfreignent » les règles de l'ICOM – le conseil international des musées – et utilisés pour violer ostensiblement le terrain consacré sur lequel les objets d'art auraient censément leur place – comme dans la célèbre définition kantienne de l'art comme étant « une finalité sans fin ». On a oublié « l'objectivité » intrinsèque de l'objet - ou son « objectitude », pourrait-on dire – pour danser avec lui, le déguiser, intervenir d'une façon ou d'une autre dans ce qu'on est pourtant en droit de considérer comme le dernier mot d'autrui, sa signature, exprimée dans et par l'objet. Les protocoles de recherche et de transparence n'ont pas été violés ; ils ont simplement été rejetés comme mots d'ordre. Il ne s'agit pas là de symptômes d'arriération ou de standards « tiers-mondistes », mais de modalités distinctes de l'art qui ne pouvaient être saisies par la catégorie transcendantale de l'art, et qui n'y renvoyaient pas. Ces gens qui ont été dépossédés par une modalité d'art impérialement institutionnalisée en tant qu'art, eux n'ont jamais cessé de faire des mondes, tandis que le mouvement impérial irrépressible, par son usage de vitrines qu'il offre à la contemplation, continue d'en détruire.

C'est dans ce contexte que des initiatives telles que la « gentrification inversée » mise en œuvre par l'Institute for Human Activities (fondé par Renzo Martens), le Réseau de Recherche du Congo (Congo Research Network) of et le Cercle d'art des travailleurs de plantation congolaise doivent être comprises. Ces initiatives s'emploient à renverser les protocoles par lesquels nous prenons part à un « monde de l'art » sans mondes.

Bibliographie

Amit, Gish, 2014. *Ex-Libris – Chronicles of Theft, Preservation, and Appropriating at the Jewish National Library*, Hakibbutz Hameuchad Publishing House.

Anghie, Anthony, 2007. *Imperialism, Sovereignty and the Making of International Law*, Cambrdige University Press.

Appiah, Kwame Anthony, 1996. "Why Africa? Why Art?," *Africa: The Art of a Continent*, Guggenheim Museum.

Azoulay, Ariella, 2013. *Aïm Deüelle Lüski and Horizontal Photography*, Leuven University Press and Cassou, Jean, 1947. *Le Pillage par les Allemandes Des Oeuvres d'Art et des Bibiliothèques Appartenant à des Juifs en France*, Editions de Centre.

Azoulay, Ariella and Adi Ophir, 2012. *The One-State Condition: Occupation and Democracy in Israel/Palestine*. Stanford University Press.

Bearden, Romare, 1994. "The Negro Artist and Modern Art," *Harlem Renaissance Reader.* Edité par David Levering Lewis (New York: Viking, 1994).

Benjamin, Walter, 2003. *Selected Writings Volume 4 – 1938-1940*, Cambridge, Massachusetts, The Belknap Press of Harvard University Press.

Bewes, Timothy, 2011. *The Event of Postcolonial Shame*, Princeton University Press.

Biebuyck, Daniel, 1986. *The Arts of Zaire Vol 2*, University of California Press.

Blaut, J. M., 1992. *1492 – The Debate on Colonialism, Eurocentrism and History*, Africa World Press.

Adu Boahen, A., 1987. *African perspectives on Colonialism,* The Johns Hopkins University Press

Bridenbaugh, Carl, 1950. *The Colonial Craftsman,* University of Chicago.

Cooper, Frederick, 1996. *Decolonization and African Society – The Labor Question in French and British Africa*, Cambridge University Press.

DuBois, W.E.B., 1994. "Criteria of Negro Art," *Harlem Renaissance Reader* (Edited by David Levering Lewis), Viking.

Friedman, Martin, 1967. *Art of the Congo*, Walker Art Center, Minneapolis, Minnesota.

Fromont, Cécile, 2014. *The Art of Conversion – Christian Visual Culture in the Kingdom of Congo*, University of North Carolina Press.

Gall, Michel, "Pour les artists de la brousse, le matériau noble n'est ni l'ébène ni l'ivoire...mais le fromager," *Paris Match*, No 893, 21 Mai, 1966.

Genoways, Hugh H. and Mary Anne Andrei (Eds), 2008. *Museum Origins: Readings in Early Museum History & Philosophy*, (Walnut Creek: Left Coast Press, 2008).

Gorer, Geoffrey, 2010, "Colonial rule equals taxes and forced labor," *Africa and the West – A Documentary History* (Eds. Worger, Clarck & Alpers), Oxford University Press.

Guilbaut, Serge,1983. *How New York Stole the Idea of Modern Art,* University of Chicago Press.

Harmon Foundation, 1935. *Negro Artists – An Illustrated Review of Their Achievements*, Books For Libraries Press.

Henriet, Benoît, 2015. "Experiencing colonial justice: investigations, trials and punishments in the aftermaths of the 1931 Kwango revolt": www.academia.edu/11306670/Experiencing_colonial_justice_investigations_trials_and_punishments_in_the_aftermaths_of_the_1931_Kwango_revolt_at_Experiencing_justice_researching_citizens_contacts_with_judicial_practices_Brussels_5-6_March_2015

Henriet, Benoît, 2015. "Elusive natives: escaping colonial control in the Leverville oil palm concession, Belgian Congo, 1923–1941," *Canadian Journal of African Studies / Revue canadienne des études africaines.*

Hutchinson, George, 1995. *The Harlem Renaissance in Black and White*, The belknap Press of Harvard University Press.

Kochnitzy, Leoon, 1952. *Negro Art in Belgian Congo,* Belgian Government Information Center.

Leininger-Miller, Theresa, 2000. *New Negro Artists in Paris – African American Painters and Sculptors in the City of Light, 1922-1934*, Rutgers University Press.

Locke, Alain, 1936. *The Negro and His Music / Negro Art: Past and Present*, Arno Press and the New York Times.

Londres, Albert, 1998. *En Terre D'Ébene*, Arléa.

Lorado, Taft, 1924. *American Sculpture*, The MacMillan Company.

Mack, John, 1991. *Emil Torday – And The Art of the Congo 1900-1909*, University of Washington Press.

MacGaffey, Wyatt, 2000. *Kongo Political Culture: The Conceptual Challenge of the Particular*, Indiana University Press.

Murray, Freeman Henry Morris, 1916. *Emancipation and the Freed in American Sculpture: A Study in Interpretation*, library.si.edu/digital-library/book/emancipationfree00murr

Nelson, Steven, 2002. "Emancipation and the Freed in American Sculpture: Race, Representation and the Beginnings of an African American History of Art," *Art History and its Institutions: Foundations of a Discipline.* Edité par Elizabeth Mansfield (Londres: Routledge, 2002).

Robinson, Randall, 2001. *The Debt – What America Owes to Blacks*, A Plume Book.

Renton, David, Seddon, David, Zeilig, Leo, (Eds.), 2007. *The Congo – Plunder & Resistance*, Zed Books.

Rodna, Marina. 1987. "'Le Musé Central de la race juive défunte' - La solution finale de la culture juive," *Pardès – Anthropologie, Histoire, Philosophie, Litterature*, 6.

Sheppard, William Henry, 1917, *Presbyterian Pioneers in Congo*, Presbyterian Committee of Publication, Richmond.

Schildkrout, Enid & Keim, Curtis A., (Eds.), 1998. *The Scramble for Art in Central Africa* , Cambridge University Press.

Schildkrout, Enid & Keim, Curtis A., 1990. "Collecting in the Congo: The American Museum of Natural History Congo Expedition 1909-1915," African Reflections – Art from NorthEastern Zaire, *University of Washington Press.*

Strother, Z.S., 1998. *Inventing Masks – Agency and History In the Art of Central Pende*, The University of Chicago Press.

Strother, Z.S., 2013. "Looking for Africa in Carl Einstein's Negerplastik," *African Arts*, Vol. 46.

Vanderstraeten, Louis-François, 2001. *La répression de le révolte des Pende du Kwango en 1931*, Académie Royale des Sciences.

Vlach, John, M. 1980. "Arrival and Survival: The Maintenance of an Afro-American Tradition in Folk Art and Craft," *Perspectives on American Folk Art* Edité par Ian Quimby et Scott Swank (New York: Norton, 1980).

Woodward, Richard B., 2012. "Visions from the Congo," Virginia Museum of Fine Arts, www.blackbird.vcu.edu/v11n1/gallery/woodward_r/balot.shtml.

Young, Jason, R., 2007. *Rituals of Resistance – African Atlantic Religion in Kongo and the Lowcountry South in the Era of Slavery*, Louisiana State University.

Photo on page 424:
View on the garden center

Photo page 424 :
Vue sur les pépinières

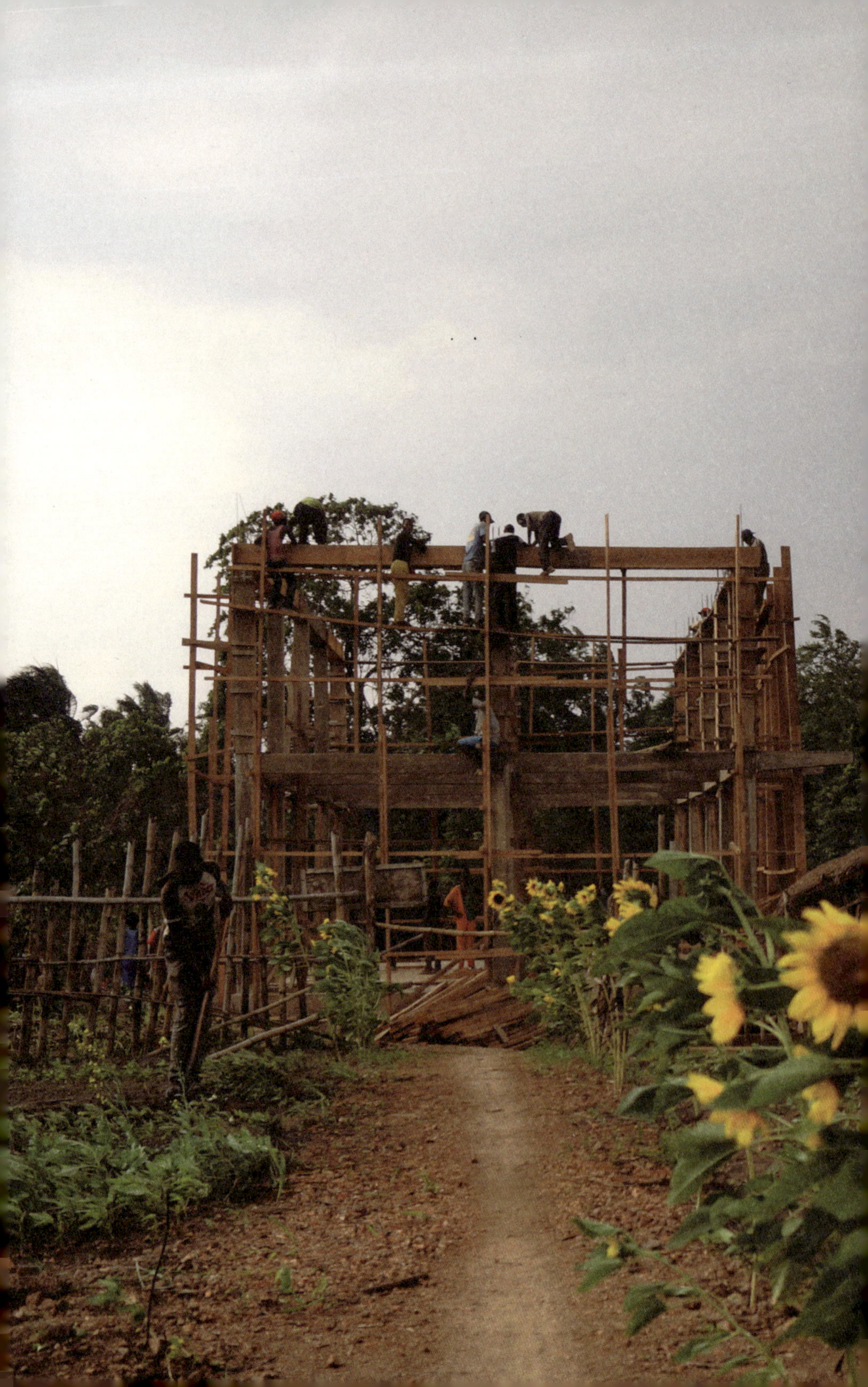

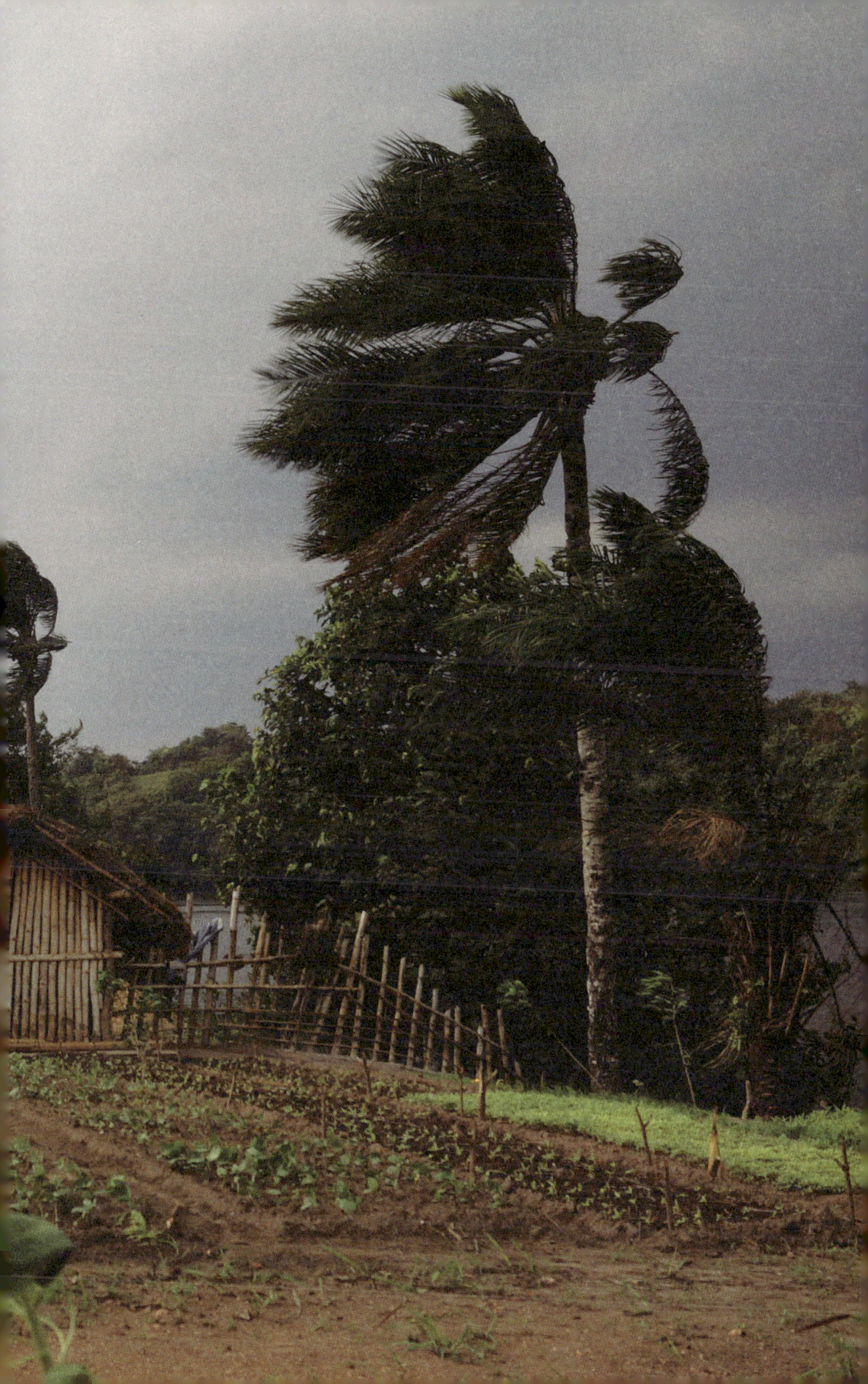

Françoise Vergès

EN Africa Is the Future!

FR Africa Is the Future!

Paris
10.2016

AFRICA IS THE FUTURE!

In 2004 Nicolas Premier and Patrick Ayamam launched the brand "AFRICA IS THE FUTURE," to "challenge mainstream media's representation of Africa" and because "brands are entities which have a great symbolic impact."[1] Imitating the iconic covers of *Life* magazine, they suggested that Africa is a continent that has become the "leader and driver of technology, space travel, art, film, fashion, architecture and more." This initiative was one among many that have sought to repair the image of Africa, to belie the description of the continent of poverty, dictatorships, wars, famines and other catastrophes. The idea of Africa as the future is indeed a powerful one. The future "that is yet to be," opens up a wide range of possibilities and hopes. Africa, we are told, will experience the most rapid and impressive demographic increase in the coming years. Its population, which is currently at 1.22 billion and represents 16.14 percent of the total world population will reach two billion by 2040, and close to 50 percent will live in cities. This raises a series of questions about life, work, migrations, environment, geopolitics, trade and education, and the responses elaborated on by Africans to these challenges will define the world we live in. *From being the* "continent-source" for Europe, the continent which Europe transformed into a source of constant capital through the millions of captured and enslaved African bodies, the looting of its riches, Africa could now carry the future of the world in its hands." Its soil contains vast amounts of minerals and is the site of a global rush akin to the era of the birth of capitalism or the Industrial Revolution; it is also threatened by the effect of climate change. It has a vibrant youth; feminist, LGTBI and queer organizations that are challenging patriarchy and gerontocracy; and artists, designers, architects and writers who are gaining international recognition.

There is a growing sense that it is time to overcome the double alienating fetishism analyzed by the philosopher Fabien Eboussi Boulaga—the fetishism of a golden past and of the servile imitation of the West—has finally become a source of creativity in the fields of social science and the humanities, technologies and arts. This sense of possibility is not the reverse of Afro-pessimism, it is not an abstract Afro-optimism in which Africa is idealized, it is rather answering the difficult question of "what form of autonomy is possible in a world opened to powerful forces of power?" In a world where the expression "There is no alternative" to neo-liberalism, where new politics of colonization and dispossession are presented as being as natural as night and day, where the ideology of "development" as imagined by international institutions has shown its limits, the dire consequences of climate change will be felt first by the most vulnerable, by peoples of the South, imagining an utopia appears to be a necessity. What decolonial methodology shall be elaborated to construct a new humanism from the standpoint of a historical inheritance that includes slave trade, forced labor, colonialism, imperialism, and racial capitalism,

1. *AFRICA IS THE FUTURE*, accessed December 8, 2016, www.africaisthefuture.com.

from the standpoint of those who were made into “cheap” objects of commerce, from those who are still fabricated as disposable people, whose lives are made into matter? How do we write a relation to “Nature” from the archives of those who have been historically transformed into *objects of nature*? Starting *from below*, from voices unheard, from marginalized or repressed narratives, from ignored knowledge and cosmogonies, a *new humanism*—that formed the hopes and the dreams of Aimé Césaire, Frantz Fanon, Amilcar Cabral, or Thomas Sankara—is possible. A humanism that is not a mere addendum to the Western conception of humanism but seeks to rethink what is to be “human,” as Sylvia Winter has proposed.

We must go back, again and again, to slave trade and colonial slavery. It is not that they should frame the African presence to the world, they are not “African history,” but they embody the politics of dispossession, exploitation and extraction that were crucial to the rise of capitalism and the invention of Europe. This is why they should not disappear from our critical engagement. They were not a mere chapter in the history of humanity, they inaugurated an organization of the world on the North/South axis, they led to the organization on a global scale of a mobile, racialized and gendered workforce, they instituted war, terror and predation as a form of social organization, they played an essential role in primitive accumulation, in the construction of “cheap nature” and “cheap labor.” Returning to this archive is necessary and a new historiography is coming from Africa and its diaspora. The Haitian Revolution, the first black revolution, proposed an alternative to the deshumanization in operation by European slave systems. Among the eighteenth-century revolutions, it stood as the only anti-slavery and anticolonial revolution, demonstrating the singularity of the European notion of the universal. When the Haitian Republic proclaimed in 1804 that all its citizens were “black,” regardless of their skin color, it made “blackness” into a universal, and what had been excluded became the terrain upon which a new idea of humanity would be born. We know what followed: the West—Europe and North America—could not accept that challenge to their ideology. They sought, by all means, to crush the hope that Haiti was offering to the oppressed of the world. *A Black African diaspora understood what needed to be done to construct an emancipatory utopia, not a mere addendum to Western narrative but a shift, a decolonial move, that could not be recuperated.*

Starting in the fifteenth century, Africa became for the West the source of “cheap labor” and “cheap nature,” and both were racialized, both were to be disciplined and put to work. Both were understood as limitless, a source of constant capital to be plundered and looted. The Western conception of Nature as “cheap,” as a limitless source of materials was contemporary to the global organization of a “cheap” racialized, gendered, and disposable workforce. Nature was appropriated as constant capital and “the organizers of the capitalist world system appropriated Black labor as constant capital," as Cedric Robinson has written.[2] The slave market maintained a constant supply of labor-power commodity. As Karl Marx remarked, "Without slavery you have no cotton; without cotton you have no modern industry. It is slavery that has given the colonies their value; it is the colonies that have created world trade, and it is world trade that is the pre-condition of large-scale industry. Thus slavery is an economic category of the greatest importance."[3] Black Africa was marked with the hot iron of slave trade. In other words, though colonialism and imperialism appear as defining moments in the construction of Africa as a "cheap" source of wealth accumulation, we should not forget that their matrix was slave trade and slavery. "Race became an operative organizer of the social," as Eric Williams has argued, "Here, then, is the origin of Negro slavery. The reason was economic, not racial; it had to do not with the color of the laborer, but the cheapness of the labor. Sugar, tobacco, and cotton required the large plantation and hordes of cheap labor."[4] The source of the African enslaved body, defined in European law as a piece of furniture that entered into colonial registers alongside mules, ploughs or cupboards, was seen as endlessly renewable, as was nature. The plantation economy rested on a constant supply of African bodies rather than on the local "reproduction" of the workforce. The conception of a boundless nature that was there to serve "European Man" went along with the conception of a boundless source of racialized enslaved bodies.

The slave trade and slavery were a turning point in the history of nature as a social relation. They led to a massive and organized transfer on an industrial scale of human beings, plants, knowledge, practices and animals, as *commodities*, and to the transformation of the environment—deforestation, famines, droughts, monocultures ... ; colonialism and imperialism continued that destruction—monocultures, mining, exploitation of forests and rivers, construction of infrastructure (ports, roads, cities, and railroads) to answer the needs of colonial economy rather than of the peoples. Thus to the current analysis of the Anthropocene, which is linked to a formidable increase of human activity, we must add the analysis of the impacts of slave trade, slavery, colonialism, and imperialism on nature, which are made visible long after they have been implemented. As the historian Joachim Radkau has shown, "the chief problem of colonialism seems to have been not so much its immediate ecological consequences as its long-term impact, the full impact of which

2. Cedric Robinson, *Black Marxism: The Making of the Black Radical Tradition* (Chapel Hill: University of North Carolina Press, 1983), 307.
3. Ken Lawrence, "Karl Marx on American Slavery," *Sojourner Truth Organization: 1969–1986*, accessed December 8, 2016, www.sojournertruth.net/marxslavery.pdf.
4. Eric Williams, "Capitalism and Labor," *Archive.org* (1994) archive.org/stream/capitalismandsla033027mbp/capitalismandsla033027mbp_djvu.txt.

became apparent only centuries later, in the era of modern technology, and many times only after the colonial states had acquired their independence."[5] In other words, the critical analysis of the *longue durée* of the politics of dispossession brings to light the place Africa has occupied in world's development. Without Africa, there would have been no globalization based on the looting of African bodies. Africa was the name of a crucial moment in the development of global capitalism and the construction of the North/South axis. Africa was necessary for a planetary transformation which the West intended to dominate. Rather than continuing to represent the source of the accumulation of global wealth—the African continent currently provides 10 percent of the world's energetic and non-energetic resources but produces only 0.5 percent of its manufactured products; Africa is at a crossroads and can emancipate itself from forms of thinking that have contributed to the misery of the world.

Claiming *Africa is the future* is thus not wishful thinking. It relates to the meaning of time, the choice of a temporality. As Africa was said by the West to have no history, thus no past and no present, no "great men," no "Golden Age" or "Renaissance," an effort was made to find times that could rival the "great moments" of the West. This effort led to a formidable movement of restitution, reparation, and reinterpretation in the fields of philosophy, arts, sciences and culture. There were also those who rejected a reclaiming of the past from those who were mostly from the diaspora; writers and artists whose ancestors had been uprooted and deported, named by others, and deprived of legacies, of civic rights, of *human* existence. "I have no race except that which is forced upon me. I have no country except that to which I am forced to belong. I have no traditions. I'm free. I have only the future," wrote Richard Wright.[6] And Frantz Fanon argued that "There is Negro mission; there is no white burden," and added "I am not a prisoner of history."[7] There is no consolation to be found in the past, they said. Another proposition regarding time and being is that of Afrofuturism, which artist Ytasha Womack has described as "the intersection between black culture, technology, liberation and the imagination, with some mysticism thrown in, too. It can be expressed through film; it can be expressed through art, literature and music. It's a way of bridging the future and the past and essentially helping to reimagine the experience of people of colour."[8]

5. Joachim Radkau, *Power and Nature: A Global History of the Environment* (Cambridge: Cambridge University Press, 2008), 153.
6. Richard Wright, *Pagan Spain* (e-book: HarperCollins, 2010).
7. Frantz Fanon, *Black Skin, White Masks* (New York: Grove Press, 1967), 228–29.
8. Lanre Bakare, "Afrofuturism Takes Flight: From Sun Ra to Janelle Monáe," *Guardian*, July 24, 2014, www.theguardian.com/music/2014/jul/24/space-is-the-place-flying-lotus-janelle-monae-afrofuturism.

Imagining dystopia is part of this movement. In *Hasuda ya Suda* (Swords of the South), Burkinabe filmmaker Cedric Ido describes a future in which the very conditions of life are threatened: we are in 2100, climate change has destroyed the environment of the South whose populations are migrating to the North. In the chaos and wars that follow, a small group of African samurais fight for the control of land. There are no women in the movie. The future is grim and hopeless, though at the end the wisest African samurai walk into the horizon, perhaps towards a new beginning. By showing Black samurais, Cedric Ido is already challenging clichés. Throughout Africa, an incredible wide array of genres—fashion, films, music, literature, photos, performance, dance, theater and beauty brands—are breaking boundaries.[9] Queers, LGTBI and women are challenging gerontocracy and tradition invented to impose conformism.

A new utopia must question the Western apolitical apocalyptic narrative in which humans all over the world are equally responsible for coming catastrophes and the blind belief in technology. Both approaches are inspiring the current rhetoric of "crisis,"—crisis produced by human nature or by an accidental error in the linear route of progress—which has become the universal leitmotiv of environmental history. Both have chosen to ignore how nature has been made cheap, into "the bounty—and eventual exhaustion—of extra-human biological systems and geological distributions," into an "historical circumstance created—and later unraveled—by the relations of power, accumulation, and nature specific to the modern world-system."[10] Both ignore the active creation of inequalities and asymmetries by states, international institutions and multinationals.

A perceived end of "cheap nature" has led states and multinationals with the help of scientists and engineers to turn to programmes of militarization of control of migrations and engineered nature. Green capitalism and the biotech industry are offering very seductive solutions, they do not hold an apocalyptic discourse or the discourse of crisis, but offer a green and sustainable future created by engineers and scientists, with the help of drones, satellites and new international laws of property and trade. The perceived end of cheap nature has led to the turn to bio-technology and bio-engineering for the fabrication of a new kind of cheap nature by engineers and scientists, but a cheap human workforce is seen as still available without any recourse to bio-engineering, the invention of non-human work notwithstanding.

9. Alyssa Klein, "Afripedia Exclusives: Kenya's Afrofuturist Scene," *Okayafrika* (December 18, 2014), www.okayafrica.com/culture-2/afripedia-kenya-stocktown-films-behind-the-scenes-photos/.
10. Jason Moore, "The End of Cheap Nature. Or How I Learned to Stop Worrying about 'the' Environment and the Crisis of Capitalism," *Jasonwmoore* (2014), www.jasonwmoore.com/uploads/Moore__The_end_of_cheap_nature__2014.pdf.

The fabrication of precarious, fragile and racialized lives has brought to light, along with the multiplication of walls, camps and entrenched fortresses of wealth, the growing gap between the Promethean ideal; the belief in the (masculine) capacity to overpower obstacles set down by nature or by human resistance through technology and force that serve to reinforce control and surveillance and the difficulties facing social organizations as they have been conceived by European modernity to answer the basic needs of human society.

As I started with the slogan "Africa Is The Future," I must conclude with a proposal for a decolonial methodology. It is a methodology that acknowledges connections and circulations that have been produced an asymmetrical economic system but that has led, despite its desire to impose boundaries, to unforeseen itineraries of ideas, sounds, images, rituals and knowledge. It is a methodology that pays attention to south-south, east-south, and south-north connections that analyze the fabrication of consent to oppression, look at the boomerang-effects of slavery, colonialism and imperialism, at processes of racialization, at why and how, as Aimé Césaiare has shown in *Discourse on Colonialism,* even progressive ideologies were contaminated by the discourse of racial hierarchy. It is a methodology that invites us to dream, to break social, religious and cultural conformism, that dares its practitioners to imagine a world with social justice and free of phobias. It is a methodology open to new emergences but is rigorous and demanding. One of its premises is to refuse the economy of lack and absence that had been the West's ruse to foreclose the present. By setting itself as the model of everything and assigning the rest of the world to lack and absence, the West was able to impose its hegemony. Colonialism was the process through which hierarchies were created and disseminated, and once they had become integrated direct colonial administration was no longer necessary. The coloniality of power was there, with us. The answer is not anti-Occidentalism, nor nativist nostalgy,[11] but a geopolitics of knowledge production. Utopia is a time of potentialities, a hope, a vision for the future, the prefiguration of what is to come, a space open and free, tangible and intangible, local and planetary.

11. On this, see Paul Gilroy, *The Black Atlantic: Modernity and Double Consciousness* (Cambridge, MA: Harvard University Press, 1993); Achille Mbembe, *On the Postcolony* (Berkeley: University of California Press, 2001); and Felwine Sarr, *Afrotopia* (Paris: Karthala, 2016).

AFRICA IS THE FUTURE!

Traduit de l'anglais par Jakuta Alikavazovic

En 2004, Nicolas Premier et Patrick Ayamam lancent la marque « AFRICA IS THE FUTURE » (l'Afrique, c'est l'avenir) pour « contrer les représentations de l'Afrique des médias *mainstream* » et parce que « les marques sont des entités à fort impact symbolique[1] ». En imitant les unes célèbres de *Life Magazine*, ils donnent à voir un continent devenu « leader et moteur dans les domaines de la technologie, du voyage spatial, de l'art, du cinéma, de la mode, de l'architecture, et plus encore ». Cette initiative n'est qu'un exemple parmi celles qui cherchent à réparer l'image de l'Afrique et à faire questionner celles hégémoniques de pauvreté, dictatures, guerres, famines et autres catastrophes attachées au continent. L'idée que l'Afrique est l'avenir est de fait puissante. L'avenir c'est « ce qui n'a pas encore eu lieu », et de fait, ouvre un vaste champ de possibilités et d'espoirs.

L'Afrique connaîtra l'essor démographique le plus rapide et le plus fort des prochaines années. Sa population, actuellement estimée à 1,22 milliards, représente 16,14% de la population mondiale, et devrait atteindre les 2 milliards d'ici 2040 ; près de la moitié vivra en ville. Cette poussée démographique pose une série de questions sur la vie, le travail, les migrations, l'environnement, la géopolitique, les échanges, la santé, l'égalité, la citoyenneté, l'éducation ; les réponses qu'élaboreront les Africains à ces défis définiront le monde dans lequel nous vivrons. De « continent-source » européen – le continent que l'Europe a transformé en source constante de capital via les millions de corps africains capturés et asservis, et le pillage de ses richesses – l'Afrique pourrait être désormais dépositaire de l'avenir du monde. Ses sols sont extrêmement riches en minéraux et le continent est la cible d'une ruée globale qui n'est pas sans évoquer les débuts du capitalisme ou la Révolution Industrielle ; le continent est également menacé par les effets du changement climatique. Sa jeunesse est très dynamique ; des organisations *queer*, LGBTI, féministes défient le patriarcat et la gérontocratie ; ses artistes, designers, architectes et écrivains sont internationalement reconnus.

Le sentiment croissant qu'il est temps de surmonter le double fétichisme aliénant analysé par le philosophe Fabien Eboussi Boulaga – le fétichisme d'un âge d'or passé et celui d'une imitation servile de l'Occident – est devenu un facteur de créativité dans les domaines des sciences sociales, des humanités, des sciences techniques et des arts. Cette impression que les possibles sont ouverts n'est pas le contraire de l'Afro-pessimisme mais ce n'est pas non plus un Afro-optimisme abstrait idéalisant le continent. Il s'agit plutôt d'une réponse à la difficile question : « quelle forme d'autonomie est possible dans un monde ouvert aux forces puissantes du pouvoir ? » Dans un monde où l'expression « Il n'y a pas d'alternative » au néo-libéralisme, où les nouvelles politiques de colonisation et de spoliation sont

1. *AFRICA IS THE FUTURE*, accédé décembre 8, 2016, www.africaisthefuture.com.

présentées comme naturelles au même titre que le jour et la nuit, où l'idéologie du « développement » tel qu'il est conçu par les institutions internationales a montré ses limites, où les terribles conséquences du changement climatiques affecteront en premier lieu ceux qui sont les plus vulnérables – les peuples du Sud –, imaginer une utopie apparaît comme une nécessité. Quelle méthodologie décoloniale doit être élaborée pour imaginer un nouvel humanisme du point de vue d'un héritage historique qui inclut le commerce d'esclaves, le labeur forcé, le colonialisme, l'impérialisme et le capitalisme racial, du point de vue de ceux qu'on a transformés en objets de commerce, en « *cheap labor* », ceux que l'on considère et construit encore comme « jetables », dont les vies sont réduites à de la matière première ? Comment décrire la relation des humains à la « Nature » à partir des archives de ceux qui ont été transformés historiquement en objets de nature ? En commençant par « en bas », par les voix étouffées, les récits marginalisés ou refoulés, les savoirs et cosmogonies ignorés, par un nouvel humanisme – l'espoir et le rêve d'Aimé Césaire, Frantz Fanon, Amilcar Cabral ou Thomas Sankara. Un humanisme qui ne serait pas un simple post-scriptum à la conception occidentale du terme, mais qui chercherait à repenser ce que c'est que d'être « humain », comme l'a proposé Sylvia Winter.

Il nous faut repartir, encore et toujours, du commerce triangulaire et de l'esclavage colonial. Non qu'il faille définir par ce seul cadre la présence africaine au monde – ces événements ne sont pas « l'histoire africaine » ; ils incarnent néanmoins les politiques de dépossession, d'exploitation, d'extraction cruciales à l'essor du capitalisme et à l'invention de l'Europe. Voilà pourquoi ils ne devraient pas disparaître de notre horizon critique. Ils n'étaient pas un simple chapitre dans l'histoire de l'humanité : ils ont inauguré une organisation du monde suivant l'axe Nord-Sud, ont mené à la formation, à échelle globale, d'une main d'œuvre racialisée et genrée, ont institué guerre, terreur et prédation comme formes d'organisation sociale et ont joué un rôle crucial dans l'accumulation primitive, la construction d'une « nature » et d'une « main-d'œuvre » l'une et l'autre « bon marché ».

À partir du 15e siècle, l'Afrique est devenue pour l'Occident une source de « main d'œuvre » et de « nature », l'une et l'autre « bon marché », et toutes deux étaient racialisées et devaient être disciplinées et mises au travail. Toutes deux étaient perçues comme illimitées : une source de capital constant, offert au pillage et aux spoliations. La conception occidentale de la Nature « bon marché » – une source illimitée de matières premières, de minéraux – est concomitante à l'organisation globale d'une main d'œuvre jetable, genrée, racialisée, elle aussi « bon marché ». La Nature est appropriée comme « capital constant » et « les organisateurs du monde capitaliste s'approprient la main-d'œuvre noire comme 'capital constant' », comme l'a écrit Cedric Robinson[2]. Le commerce des esclaves assure une source constante de force de travail disponible. Comme l'a souligné Karl Marx, « Sans esclavage, vous n'avez pas de coton ; sans coton vous n'avez pas d'industrie moderne. C'est l'esclavage qui a donné de la valeur aux colonies, ce sont les colonies qui ont créé le commerce du monde, c'est le commerce du monde qui est la condition nécessaire de la grande industrie machinelle. Aussi, avant la traite des nègres, les colonies ne donnaient à l'ancien monde que très peu de produits et ne changeaient visiblement pas la face du monde. Ainsi l'esclavage est une catégorie économique de la plus haute importance [3] ». L'Afrique noire est marquée au fer rouge du commerce triangulaire. En d'autres termes, même si le colonialisme et l'impérialisme semblent des moments décisifs dans la construction de l'Afrique comme source « bon marché » d'accumulation des richesses, il ne faut pas oublier que leur matrice fut l'esclavage et le commerce d'esclaves. « La race est devenue un organisateur opérationnel du champ social », comme l'a expliqué Eric Williams : « Voici donc l'origine de l'esclavage des Nègres. La raison en était économique, non raciale ; elle n'avait pas trait à la couleur de peau du travailleur mais à son travail, si bon marché. Sucre, tabac, coton requéraient de grandes plantations et des hordes de main d'œuvre bon marché[4] ». L'accès à des corps africains réduits en esclavage, définis par la loi européenne comme des biens meubles apparaissant dans les registres coloniaux aux côtés de mules, de charrues ou de placards, est aussi renouvelable à l'infini, à l'instar de la nature elle-même. L'économie des plantations repose sur une offre constante de corps africains plutôt que sur la « reproduction » locale de la main d'œuvre. La notion d'une nature illimitée, au service de « l'Européen », va de pair avec la notion d'une source illimitée de corps racialisés réduits en esclavage.

Le commerce triangulaire et l'esclavage ont constitué un pivot dans l'histoire de la nature en tant que relation sociale. Ils ont mené à un transfert massif et organisé, à l'échelle industrielle, d'êtres humains, de plantes, de connaissances, de pratiques et d'animaux, tous considérés comme des biens, ainsi qu'à la transformation de l'environnement – déforestation, famines, sécheresses, monoculture, … : le colonialisme et l'impérialisme ont poursuivi cette destruction – monoculture, mines, exploitation des forêts et des rivières, construction d'infrastructures (ports, routes, villes, chemins de fer) pour répondre aux besoins de l'économie coloniale plutôt qu'à ceux des peuples. Ainsi, l'étude contemporaine de l'Anthropocène, lié à un accroissement formidable d'activités humaines avec la Révolution industrielle,

2. Cedric Robinson, *Black Marxism. The Making of the Black Radical Tradition*. Chapel Hill: The University of Carolina Press, 1983, p.307
3. Ken Lawrence, « Karl Marx on American Slavery, » *Sojourner Truth Organization: 1969–1986*, accédé décembre 8, 2016, www.sojournertruth.net/marxslavery.pdf
4. Eric Williams, « Capitalism and Labor, » *Archive.org* (1994) archive.org/stream/capitalismandsla033027mbp/capitalismandsla033027mbp_djvu.txt.

doit être révisée car elle oublie que le monde a été invivable pour des milliards d'être humains depuis la colonisation européenne. Il faut revoir sa périodicité et sa spatialité, partir de l'impact qu'ont eu le commerce triangulaire, l'esclavage, le colonialisme et l'impérialisme sur la nature, qui demeurent visibles bien après leur mise en œuvre. « Le problème majeur du colonialisme, ce n'est pas tant ses conséquences écologiques immédiates que son impact à long terme, or ce dernier n'est apparu que des siècles plus tard, à l'ère de la technologie moderne, et très souvent, seulement après que les états coloniaux aient accédé à l'indépendance[5] » En d'autres mots, l'analyse critique de la *longue durée* (NdT – en français dans le texte) des politiques de dépossession met au jour la place qu'a tenue l'Afrique dans le développement mondial. Sans elle, pas de mondialisation fondée sur le pillage de corps africains. L'Afrique fut le nom d'un moment crucial dans le développement du capitalisme mondial et la construction de l'axe Nord/Sud. L'Afrique fut nécessaire à une transformation planétaire que l'Ouest entendait régir. Plutôt que de continuer à représenter la source de l'accumulation de richesses globales – le continent africain fournit de nos jours 10% des ressources énergétiques et non-énergétiques du monde, mais ne produit que 0,5% de ses produits manufacturés – l'Afrique est à un croisement et peut s'émanciper de formes de pensée qui ont contribué au malheur du monde.

Il est nécessaire de rouvrir cette archive, et une nouvelle historiographie nous parvient d'Afrique et de sa diaspora. La Révolution Haïtienne, la première révolution noire, a proposé une alternative à la déshumanisation perpétrée par les systèmes esclavagistes européens. De toutes les révolutions du 18e siècle, elle fut la seule révolution anti-esclavagiste et anticoloniale, mettant au jour la singularité de la notion européenne de « l'universalité ». Quand la République Haïtienne proclame en 1804 que tous ses citoyens sont « noirs », indépendamment de leur couleur de peau, elle fait du « Noir » un universel, et ce qui avait été exclu devient le terrain sur lequel bâtir une nouvelle idée de l'humanité. Nous connaissons la suite de l'histoire : l'Occident – l'Europe et l'Amérique du Nord – n'a pas pu accepter ce défi à son idéologie. Il a cherché, par tous les moyens, à anéantir l'espoir qu'Haïti offrait aux opprimés de ce monde. Mais les diasporas et les peuples d'Afrique sub-saharienne en ont tiré les fondations de nouvelles utopies émancipatrices, qui ne seraient pas une note de bas de page au récit occidental mais une transition, un mouvement décolonial.

Affirmer que « l'Afrique, c'est l'avenir » n'est donc pas qu'un vœu pieu. L'énoncé a à voir avec la signification du temps, le choix d'une temporalité. L'Afrique ayant été, d'après l'Occident, dépourvue d'histoire, donc de passé et de présent, sans « grands hommes », sans « âge d'or » ni « Renaissance », un effort a été fait pour trouver une époque à même de rivaliser avec les « temps forts » de l'Occident. Cet effort a mené

5. Joachim Radkau, *Power and Nature : A Global History of the Environment*. Cambridge University Press, 2008, p.153.

à un immense mouvement de restitution, de réparation et de réinterprétation dans les champs de la philosophie, des arts, des sciences et de la culture. Existaient également ceux qui rejetaient l'idée de récupérer un quelconque passé : eux appartenaient surtout aux diasporas – des artistes et des écrivains dont les ancêtres avaient été déracinés et déportés, nommés par autrui, privé de leur héritage, de droits civiques, d'une existence *humaine*. « Je n'ai pas de race sinon celle que l'on m'a imposée. Je n'ai pas de pays sinon celui que l'on m'a imposé. Je n'ai pas de traditions. Je suis libre. Je n'ai que l'avenir », a écrit Richard Wright[6]. Frantz Fanon, pour sa part, a écrit « Il n'y a pas de mission nègre ; il n'y a pas de fardeau blanc [7] ». Le passé ne recèle aucune consolation. Une autre proposition relative à l'être et au temps est l'Afrofuturisme, que l'artiste Ytasha Womack a décrit comme étant « au croisement de la culture, de la technologie, de la libération noires et de l'imagination, saupoudré d'un zeste de mysticisme. Il peut être exprimé par le cinéma ; il peut être exprimé par l'art, la littérature et la musique. C'est une façon de relier l'avenir au passé et, essentiellement, d'aider à ré-imaginer l'expérience des gens de couleur[8] ». Imaginer des dystopies fait partie de ce mouvement. Dans *Hasuda ya Suda* (Epées du Sud), le réalisateur burkinabé Cédric Ido décrit un avenir où les conditions nécessaires à la vie sont menacées : on est en 2100, le changement climatique a détruit l'environnement du Sud dont les populations migrent vers le Nord. Dans le chaos et les guerres qui s'ensuivent, un petit groupe de samurais africains lutte pour contrôler le territoire. Il n'y a pas de femmes dans le film. L'avenir est sinistre et sans espoir, même si à la fin, le plus sage des samurais africains marche vers l'horizon, peut-être vers un nouveau début. En mettant en scène des samurais noirs, Cédric Ido remet déjà les clichés en en question. Partout en Afrique, un éventail de genres incroyablement variés – mode, cinéma, musique, littérature, performance, danse, théâtre, cosmétique – brise les frontières[9]. *Queer*, LGBTI, femmes : tous défient la gérontocratie et les traditions créées pour imposer un conformisme.

Une nouvelle utopie doit remettre en question le récit apocalyptique et apolitique occidental, qui tient tous les humains pour également responsables des catastrophes qui s'annoncent et de la foi aveugle en la technologie. Ces deux approches inspirent la rhétorique actuelle de « crise » – qu'elle soit produite par la nature humaine ou une erreur accidentelle dans la flèche linéaire du progrès –, désormais leitmotiv universel de l'histoire de l'environnement. Toutes deux ont choisi d'ignorer les façons dont la nature a été bradée, (passant) « de l'abondance – puis

6. Richard Wright, *Pagan Spain*. HarperCollins e-book, 2010.
7. Frantz Fanon, *Black Skin, White Masks*, New York : Grove Press, 1967, p. 228 et 229.
8. www.theguardian.com/music/2014/jul/24/space-is-the-place-flying-lotus-janelle-monae-afrofuturism
9. www.okayafrica.com/culture-2/afripedia-kenya-stocktown-films-behind-the-scenes-photos/

de l'extinction – de systèmes biologiques extra-humains » ; « une circonstance historique créée – et, plus tard, détruite – par les rapports de pouvoir, d'accumulation et de nature spécifiques au système-monde moderne[10]». L'une comme l'autre ignorent la création active d'inégalités et de dissymétries par les États, les institutions internationales et les multinationales.

La fin perçue de la « nature bon marché » a conduit États et multinationales, avec l'aide de scientifiques et d'ingénieurs, à se tourner vers des programmes visant la militarisation du contrôle des migrations et une nature artificiellement modifiée. Le capitalisme vert et l'industrie biotechnique offrent des solutions très séduisantes sans tenir de discours d'apocalypse ou de crise ; elles proposent un avenir vert et durable créé par le génie technologique et la science, à l'aide de drones, de satellites et de nouvelles lois internationales sur la propriété et le commerce. La fin perçue de la nature bon marché a mené au virage vers la bio-technologie et la bio-ingénierie quant à la fabrication d'une nouvelle nature bon marché par ces intervenants-là, mais la main-d'œuvre humaine est toujours considérée comme disponible, sans qu'il soit nécessaire de recourir à la bio-ingénierie – si l'on excepte l'invention du travail non-humain.

La fabrication de vies racialisées, fragiles, précaires a mis en lumière, de même que la multiplication des murs, des camps et des bastions fortifiés de richesses, la fracture croissante entre l'idéal prométhéen – cette croyance en la capacité (masculine) de surmonter les obstacles que sont la nature ou la résistance humaine grâce à la technologie et à la force, qui contribuent toutes deux à renforcer le contrôle, la surveillance et les difficultés auxquelles font face les organisations sociales telles qu'elles ont été conçues par la modernité européenne pour répondre aux besoins premiers des sociétés humaines.

J'ai commencé par le mot d'ordre « l'Afrique, c'est l'avenir », et je dois donc conclure par une proposition de méthodologie décoloniale. Celle-ci prend en compte les connexions et les circulations qui ont été produites par un système économique asymétrique qui a cependant conduit, en dépit de son désir d'imposer des frontières, à des itinéraires imprévus d'idées, de sons, d'images, de rituels et de connaissances. Cette méthodologie est attentive aux liens sud-sud, est-sud et sud-nord ; elle analyse la fabrication du consentement à l'oppression, se penche sur l'effet-boomerang de l'esclavage, du colonialisme et de l'impérialisme, sur les processus de racialisation ainsi que sur les raisons et les moyens, définis par Aimé Césaire dans son *Discours sur le Colonialisme*, en vertu desquels même les idéologies progressistes ont été contaminées par un discours de hiérarchie raciale. C'est une méthodologie qui invite

10. Jason Moore, "The End of Cheap Nature. Or How I learned to Stop Worrying about "The" Environment and the Crisis of Capitalism," www.jasonwmoore.com/uploads/Moore__The_end_of_cheap_nature__2014.pdf

à rêver, à en finir avec les conformismes sociaux, religieux et culturels, et qui met ceux qui la pratiquent au défi d'imaginer un monde de justice sociale, un monde sans phobies. Elle est ouverte à la nouveauté mais rigoureuse et exigeante. L'un de ses principes fondateurs est de refuser l'économie du manque et l'absence – cette ruse occidentale pour verrouiller le présent. En se plaçant comme modèle universel et assignant le reste du monde au manque et à l'absence, l'Occident a été en mesure d'imposer son hégémonie. Le colonialisme fut un processus de création et de dissémination des hiérarchies ; une fois ces dernières intégrées, une administration coloniale directe n'était plus nécessaire. La colonialité du pouvoir était là, avec nous. La réponse ne réside pas dans l'anti-Occidentalisme ni dans la nostalgie nativiste[11], mais dans une géopolitique de production des savoirs. L'utopie est un temps de potentialités, un espoir, une vision de l'avenir, la préfiguration du monde qui vient – elle est un espace ouvert et libre, tangible et intangible, local et planétaire.

11. Sur ce point, voir : Paul Gilroy, *The Black Atlantic. Modernity and Double Consciousness*. Cambridge : Harvard University Press, 1993 ; Achille Mbembe, *On the Postcolony* ; Felwine Sarr, *Afrotopia*. Paris : Karthala, 2016.

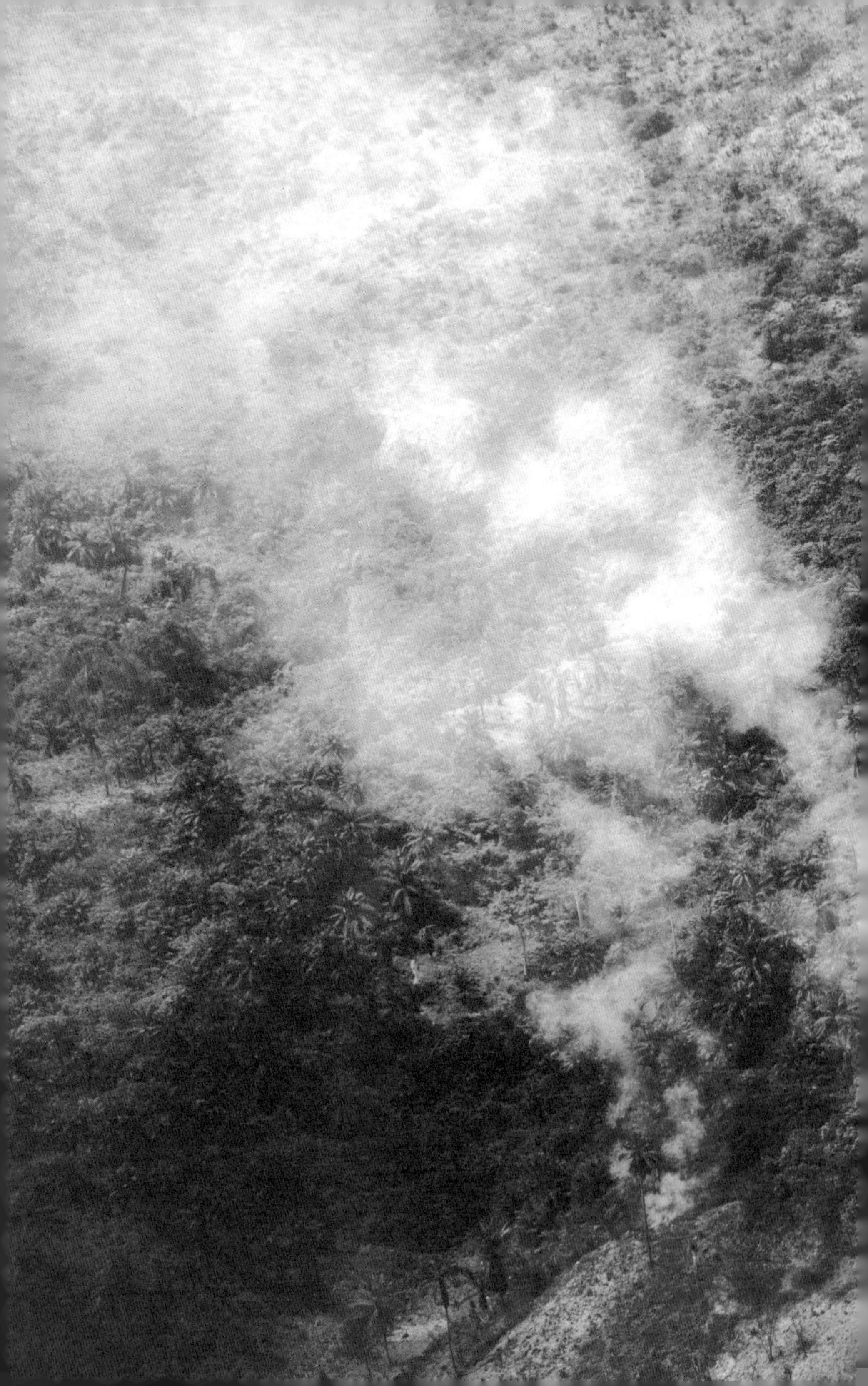

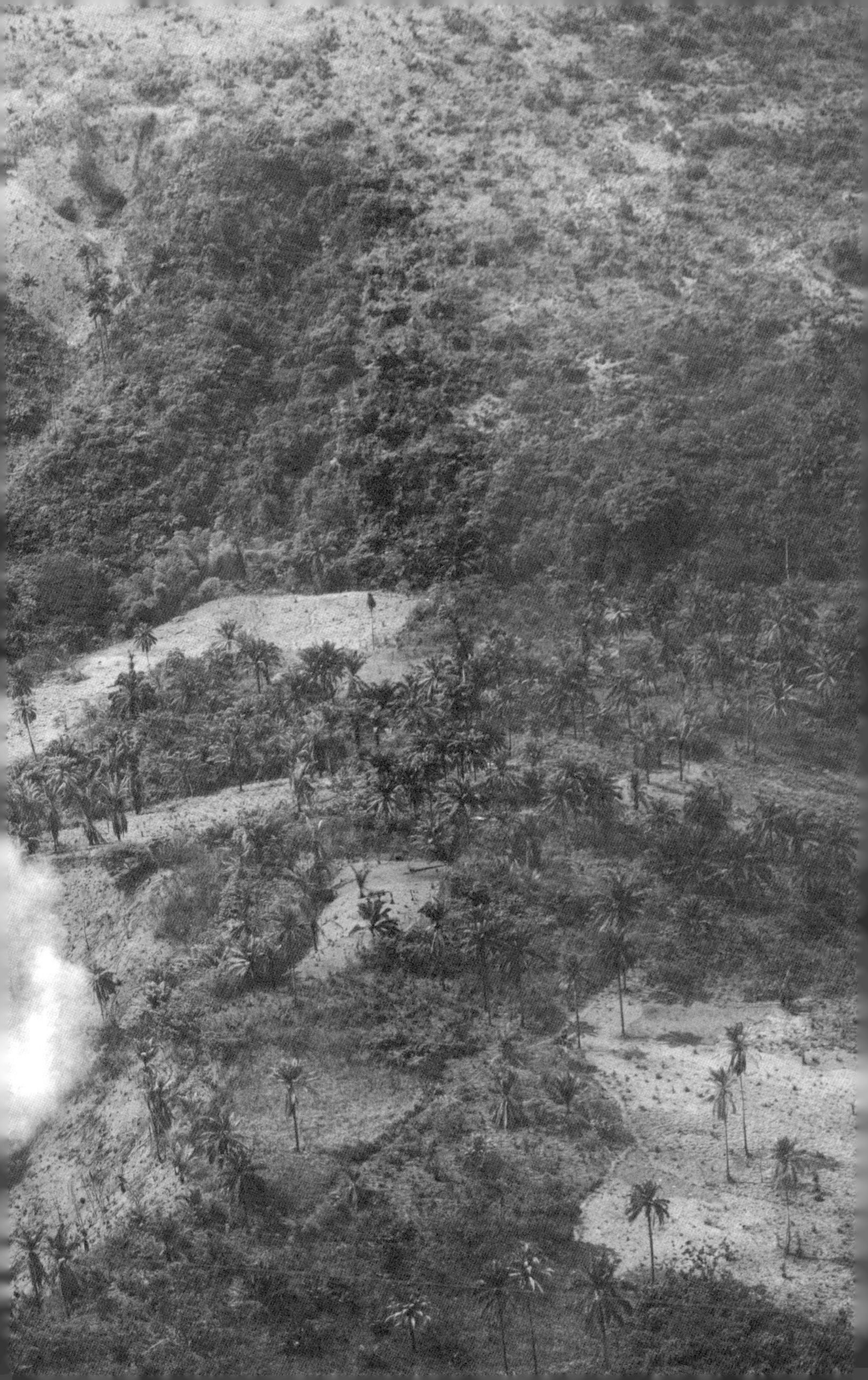

Cercle d'art des travailleurs de plantation congolaise / Congolese Plantation Workers Art League

Founded in Lusanga in August 2014 / Fondé à Lusanga en août 2014

President / Président: René Ngongo

Members / Membres:
Cedrick Tamasala (vice president)
Djonga Bismar, Mathieu Kasiama, Mbuku Kimpala, Mananga Kibuila, Jeremie Mabiala, Emery Mohamba, Thomas Leba, Armand Meya Ngudikienda, Emery Mohamba, Danie Manenga Kibuila, Mathieu Kilapi Kasiama, Mao Kingunza, Jean Kawata, Irene Kanga, Daniel Mvuzi, Huguette Kilembi, Blaise Mandefu

Workshop Coordinators / Coordinateurs d'ateliers: Michel Ekeba, Eléonore Hellio, Mega Mingiedi

Selected solo exhibitions / **Expositions personnelles**

2017
"Cercle d'Art des Travailleurs de Plantation Congolaise (CATPC)," SculptureCenter, Long Island City, New York

2016
"Cercle d'Art des Travailleurs de Plantation Congolaise (CATPC)," Middlesbrough Institute of Modern Art
"On the Institute for Human Activities," Bergkerk, Deventer

2015
"A New Settlement," Galerie Fons Welters, Amsterdam
"A Lucky Day," KOW, Berlin
Art Brussels, Brussels
V2_ Institute for Unstable Media, Rotterdam

Selected group exhibitions / **Expositions collectives**

2016
"Bread and Roses," Museum of Modern Art, Warsaw

2015
"Produktion," Galerie nächst St. Stephan Rosemarie Schwarzwälder, Vienna
Galerie Fons Welters, Van Nellefabriek, Rotterdam

'Confessions of the Imperfect 1848-1989-Today', Van Abbemuseum, Eindhoven

2014
'Artes Mundi 6', National Museum of Art, Cardiff

Monographs / **Monographies**

Cercle d'art des travailleurs de plantation congolaise, Sternberg Press, 2017

Selected articles/ **Sélection d'articles**

2016
Boucher, Brian. "How Artist Renzo Martens Aims to Funnel Western

Capital Back to the Plantation," Artnet, 1 November. news.artnet.com/exhibitions/renzo-martens-congolese-sculptures. Last accessed December 2016.

2015
Metz, Tracy. "Congalese portretten van pure chocolade," NRC Handelsblad, 29 May. www.nrc.nl/nieuws/2015/05/21/congolese-portretten-van-pure-chocolade-1497364-a215859. Last accessed December 2016.
Stange, Raimar. "Die Schokoladenseite der Kunst," Art Magazine, 16 May. www.artmagazine.cc/content84551.html. Last accessed December 2016.
Braet, Jan. "Chocoladebeelden uit het oerwoud", Knack, 13 May.
Reichert, Kolja. "Im Kopf nur Schokolade," Die Zeit, 29 April. www.zeit.de/2015/18/renzo-martens-kunst-entwicklungshilfe. Last accessed December 2016.
Carrington, Daisy. "Creating a hipster paradise in the heart of Africa," CNN, 5 March. edition.cnn.com/2015/03/05/africa/drc-artist-hipster-paradise-in-the-heart-of-africa/. Last accessed December 2016.
Dijksterhuis, Edo. "Bekentenissen van de Imperfecte, 1848-1989-Vandaag", De Witte Raaf, no. 173, January-February. www.dewitteraaf.be/artikel/detail/nl/4082. Last accessed December 2016.

Ariella Azoulay (based in Providence and Paris) is an author, filmmaker, independent curator, and theorist in photography and visual culture. As an active researcher and theorist, she aims to unfold the variety of understandings and different positions of visual culture today. Azoulay is Professor of Comparative Literature and Modern Culture and Media at Brown University.

Ariella Azoulay, (vit et travaille à Providence et Paris) est auteure, cinéaste, commissaire d'exposition indépendante et théoricienne en photographie et culture visuelle. En tant que chercheuse et théoricienne engagée, elle a pour objectif d'exposer une variété d'interprétations et différents positionnements de la culture visuelle de nos jours. Ariella est Proffeseure de Litérature Comparative et de Culture Moderne & Média à la Brown University.

Eva Barois De Caevel (based in Paris) is an independent curator, writer, and researcher. She works as a curator for the art center RAW Material Company (Senegal) and is the coordinator of its new educational programme, the RAW Academy (Senegal). Eva works as an editor for the Institute for Human Activities (DRC, The Netherlands, Belgium). She is a founding member of the international curatorial collective Cartel de Kunst.

Eva Barois De Caevel, (vit et travaille à Paris) est commissaire d'exposition, chercheuse et auteure indépendante. Elle travaille comme commissaire d'exposition pour le centre d'art RAW Material Company (Sénégal) et est la coordinatrice de son nouveau programme pédagogique, la RAW Academy (Sénégal). Eva travaille comme éditrice pour l'Institute for Human Activities (République Démocratique du Congo, Pays-Bas, Belgique). Elle est l'un des membres fondateurs du collectif des commissaires d'exposition international, Cartel de Kunst.

Eléonore Hellio (based in Kinshasa) is an artist and teacher (Strasbourg School of Visual Art, ESAD in France) working in New Media, exploring a transdisciplinary approach to the arts. In 2006, she started to teach at the Académie des Beaux-Arts in Kinshasa and to develop collaborations with international institutions like the Wits School of Arts in Johannesburg or the National Museums of Congo. Since 2014, she coordinates the workshop of research and creation of the CATPC in Lusanga.

Eléonore Hellio (vit et travaille à Kinshasa) est une artiste et enseignante (Strasbourg School of Visual Arts, ESAD en France) travaillant dans le champ des nouveaux médias et qui explore une approche trans-disciplinaire des arts. En 2006, elle commence à enseigner à l'Académie des Beaux-Arts de Kinshasa et développe des collaborations avec d'autres institutions internationales telles que la Wits School of Arts de Johannesburg et les Musées Nationaux du Congo. Depuis 2014, elle pilote l'atelier de recherche et création du CATPC à Lusanga.

Ruba Katrib (based in New York), is currently the curator at the SculptureCenter in Long Island City, New York. Previous to this position she was the Associate Curator at the Museum of Contemporary Art (MOCA), North Miami.

Ruba Katrib (vit et travaille à New York) est actuellement commissaire d'exposition au SculptureCenter de Long Island City, New York. Avant d'occuper ce poste, elle était commissaire d'exposition associée au Museum of Contemporary Art (MOCA), North Miami.

Alexander Koch (based in Berlin) is a curator and art theorist. He is co-founder of KOW, Berlin, a gallery, representing international artists such as Hito Steyerl, Renzo Martens, and Tobias Zielony. Since 2008, Koch is co-initiator and director of New Patrons in Germany. He has been initiating New Patrons projects in Nigeria, Cameroon, India, and other countries since 2013.

Alexander Koch (vit et travaille à Berlin) est commissaire d'exposition et théoricien de l'art. Il est le co-confondateur de la KOW, Berlin, une galerie à Berlin, représentant des artistes internationaux tels que Hito Steyerl, Renzo Martens, et Tobias Zielony. Depuis 2008, Alexander est co-instigateur et directeur de New Patrons (Nouveaux Commanditaires) en Allemagne. Depuis 2013, il a mis en place plusieurs projets de New Patrons (Nouveaux Commanditaires) au Niger, au Cameroun, en Inde ainsi que dans d'autres pays.

J.A. Koster (based in Brighton) is a writer and founding member of the IHA. He studied philosophy, economics, and literature in Tilburg, Paris, Montreal, and York. After working as an intern at VPRO Tegenlicht he founded, together with Renzo Martens and Delphine Hesters, the Institute for Human Activities. Koster was responsible for IHA's activities in DRC. Today he works as a freelance writer.

J.A. Koster (vit et travaille à Brighton) est auteur et membre fondateur de l'IHA. Il a étudié la philosophie, l'économie et la litérature à Tilburg, Paris, Montréal et York. Après avoir travaillé en tant que stagaire pour VPRO Tegenlicht, il a fondé l'Institute for Human Activities avec Renzo Martens et Delphine Hesters. Jacob était responsable des opérations pour l'IHA en RDC. Il est actuellement auteur indépendant.

Renzo Martens (based in Amsterdam, Brussels, and Kinshasa) is an artist, and a graduate of the Gerrit Rietveld Academy in Amsterdam. He gained international recognition with the acclaimed and controversial film *Episode III: Enjoy Poverty* (2008). In 2012 Martens initiated the Institute for Human Activities (IHA), whose goal is to prove that artistic critique of economic inequality can redress it—not symbolically, but in material terms. Martens is researcher at KASK/School of Arts Ghent and a member of Yale University's World Fellows program.

Renzo Martens (Vit et travaille à Amsterdam, Bruxelles et Kinshasa) est artiste et est diplômé de la Gerrit Rietveld Academy à Amsterdam. Il a obtenu une reconnaissance internationale avec « Episode III: Enjoy Poverty » (2008), film controversé et unanimement salué. En 2012, Renzo a lancé l'Institute for Human Activities (IHA) dont le but est de prouver que la critique artistique de l'inégalité économique peut réparer celle-ci, non pas symboliquement, mais en termes matériels. Martens est chercheur à KASK/School of Arts, Gand, et membre du programme de Yale University's World Fellows.

René Ngongo (based in Kinshasa) is a renowned ecologist, environmentalist, and political activist and received the Right Livelihood Award in 2009 for his courage. In 1994, he created the NGO Organisation Concertée des Ecologistes et Amis de la Nature (OCEAN) in order to protect the DRC's natural resources. He is a former director of Greenpeace Congo and former president of the Committee of Environment and Natural Resources of the Congolese Social and Economic Council.

René Ngongo (vit et travaille à Kinshasa) est un écologiste, environnementaliste et militant poilitique renommé qui, pour son courage, a reçu le Right Livelihood Award en 2009. En 1994, il a crée l'ONG Organisation Concertée des Écologistes et Amis de la Nature (OCEAN) afin de protéger les ressources naturelles de la République Démocratique du Congo. Auparavant, il a occupé le poste de directeur de Greenpeace Congo ainsi que celui de président de la Commission Environnement et Ressources Naturelles du CES de la République Démocratique du Congo.

Léonard Pongo (based in Brussels) graduated from Maastricht University with a BA in Social Sciences. During and after a training in documentary photography, Pongo worked in Eastern Europe, the Balkans, and is currently focusing on Southeast Asia and DRC. His long term project "The Uncanny" started in DRC in 2011 has earned him several awards and international recognition. His work is featured in the Guardian, CNN, and several online publications and earned him the Vocatio Scholarship in 2016. Pongo is also an Obscura Festival Workshop tutor since 2015 (Malaysia).

Léonard Pongo (vit et travaille à Bruxelles) est diplômé en Sciences Sociales de l'Université de Maastricht et a suivi une formation en photographie documentaire. Durant, et suite à sa formation, il a travaillé en Europe de l'Est, dans les Balkans. Il se concentre actuellement sur l'Asie du Sud-Est et la République Démocratique du Congo. Son projet à long terme « The Uncanny », entamé en 2011 en RDC, lui a valu plusieurs récompenses et une reconnaissance internationale. Son travail a été publié et diffusé dans The Guardian, à la CNN, ainsi que dans d'autres publications en ligne, ce qui lui a également valu se voir décerné la bourse Vocatio en 2016. Léonard est aussi enseignant dans les ateliers photographiques du Festival Obscura (Malaisie) depuis 2015.

Els Roelandt (based in Brussels) is an art historian. Before working as an editor at KASK/School of Arts, Ghent, she was co-founder and chief editor of the internationally renowned *A Prior Magazine* (1999-2012). She has been working with Renzo Martens for over six years.

Els Roelandt (vit et travaille à Bruxelles) est historienne de l'art. Elle a été co-fondatrice et rédactrice en chef de « A Prior Magazine » (1999-2012), publication de renommée internationale, avant d'occuper son poste actuel d'éditrice à KASK/School of Arts Ghent. Elle travaille en collaboration avec Renzo Martens depuis plus de six ans.

Charles Sikitele Gize (based in Kinshasa) is a graduate of L'Université de Lubumbashi and is currently professor at L'Université de Kinshasa (UNIKIN). He published largely on the history of the Pende, and their 1930 revolt against colonial powers in particular.

Charles Sikitele Gize (vit et travaille à Kinshasa) est diplômé de L'Université de Lubumbashi et est actuellement professeur de l'Université de Kinshasa (UNIKIN). Il a essentiellement publié des ouvrages au sujet de Pende et en particulier, de leur révolte contre les puissances coloniales.

Charles Tumba Kekwo (based in Kinshasa) is an art critic and teacher of Congolese Modern Art at Académie des Beaux-Arts in Kinshasa, where he is also responsible for International Relations and advisor to the Academic Secretary General. Currently he is President of the DRC section of the International Association of Art Critics (AICA) and works as an independent curator.

Charles Tumba Kekwo (vit et travaille à Kinshasa) est critique d'art et professeur d'Art Moderne Congolais à l'Académie des Beaux-Arts de Kinshasa, où il est également responsable des Relations Internationales, et conseiller du Secrétaire Général Académique. Il est à l'heure actuelle président de la section de la République Démocratique du Congo au sein de Association Internationale des Critiques d'Art (AICA)] et travaille en tant que commissaire d'exposition indépendant.

Françoise Vergès (based in Paris) is an author, academic, and political theorist whose work focuses on post-colonial studies, feminist theory, and the legacy of slavery. She has been a lecturer at the Centre for Cultural Studies, Goldsmiths College, University of London, and is holder of the Chair Global South(s) at Collège d'Etudes mondiales à Paris.

Françoise Vergès (vit et travaille à Paris) est une auteure, universitaire et théoricienne politique dont le travail se concentre sur les études post-coloniales, la théorie féministe et l'héritage de l'esclavage. Elle a été conférencière au Centre for Cultural Studies du Goldsmiths College de l'université de Londres, et titulaire de la Chaire Global South(s) au Collège d'Études mondiales à Paris.

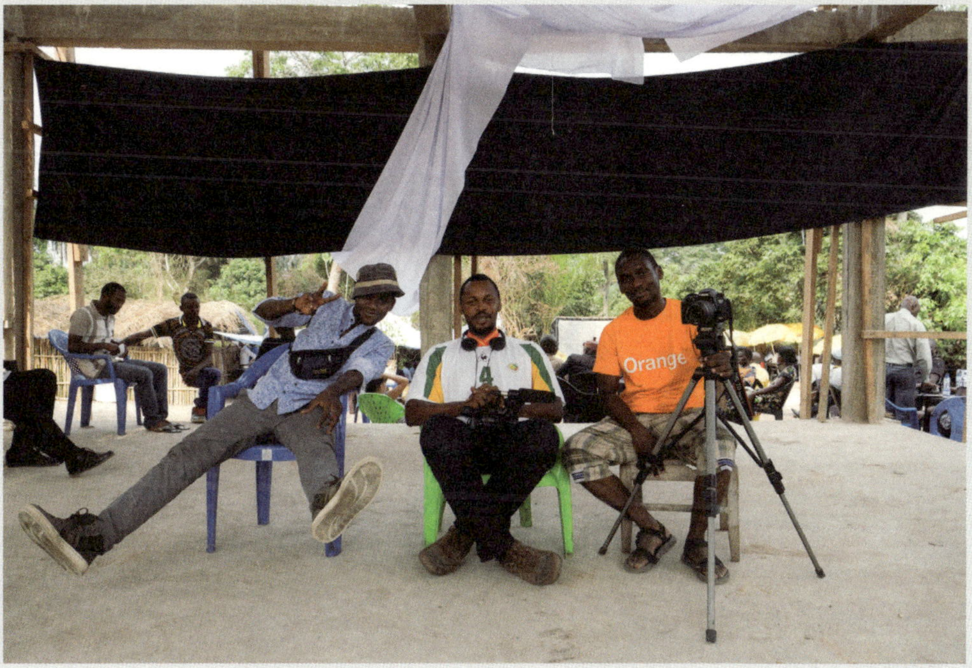

Cinematographer Dareck Tumba (middle) and journalists

Caméraman Dareck Tumba (au milieu) et journalistes

This book is dedicated to the work of Cercle d'art des travailleurs de plantation congolaise (CATPC) and published on the occasion of the first CATPC show in the United States, at SculptureCenter in New York, from January 28 until March 27, 2017. / Ce livre est consacré à l'oeuvre du Cercle d'art des travailleurs de plantation congolaise (CATPC) et publié à l'occasion de la première exposition du CATPC aux États-Unis, au SculptureCenter à New-York du 28 janvier 2017 au 27 mars 2017.

Published by / Publié par:
Sternberg Press
Caroline Schneider
Karl-Marx-Allee 78
D-10243 Berlin
www.sternberg-press.com
SternbergPress

Co-published by / Co-publié par:
KASK/School of Arts Gent, Institute for Human Activities (IHA), Cercle d'art des travailleurs de plantation congolaise (CATPC).

Editors / Éditrices: Eva Barois De Caevel, Els Roelandt

Editorial Coordination / Coordination éditoriale: Els Roelandt

Foreword by / Préface de: Eva Barois De Caevel and / et Els Roelandt

Authors / Auteurs: Ariella Azoulay, Eva Barois De Caevel, Eléonore Hellio, Ruba Katrib, J.A. Koster, Alexander Koch, Renzo Martens, René Ngongo, Charles Sikitele Gize, Charles Tumba, Françoise Vergès

Copy editing / Relecture: Liz Allen (English), Eva Barois De Caevel et Laurens Otto (français)

Translation to English / Traduction en anglais: Emiliano Battista, Timothy Stroud, Nathaniel McBride

Translation to French / Traduction en français: Jakuta Alikavazovic, Vanessa Cochen, Isabelle Fabre

Transcriptions / Transcriptions (Conference / Conférence Charles Sikitele Gize): Diana Chaumontet

Graphic Design / Conception Graphique: Jurgen Maelfeyt and / et Jonas Temmerman for / pour 6'56"

Paper / Papier: Munken Lynx
Edition / Tirage: 1500
Printed in the Netherlands by / Imprimé en Pays-Bas par Wilco

Photo Credits / Crédits photo:
Léonard Pongo. Except / Sauf page 281 (Renzo Martens), 80-81 (Judy Hume), 78-79, 222-225 (Ladislav Zajac), 186 (Ernst van Deursen), 80-81, 91, 109 (Jason Hynes), 73, 76-77, 101, 210-213, 136-137 (Eléonore Hellio)

ISBN 978-3-95679-310-3

Acknowledgements / Remerciements: This book is part of an artistic research project initiated by Renzo Martens, affiliated as a researcher to KASK/School of Arts Gent, 2012-2016. This project research is financed by the Arts Research Fund of the University College Ghent. / Ce livre fait parti d'un projet artistique de Renzo Martens, chercheur au KASK/School of Arts Gent, 2012-2016. Le projet de recherche initié par Martens est soutenu par l'Arts Research Fund de l'University College de Gand.

This book is made possible with the generous support of / Ce livre a été rendu possible grâce au généreux soutien de: KASK/School of Arts Gent, Mondriaan Fund, KOW, Berlin, Galerie Fons Welters, SculptureCenter and the Institute for Human Activities.

KASK HoGent mondriaan fund

The editors wish to specially thank Dominique Malaquais for contributing to this publication. / Les éditrices souhaitent remercier tout spécialement Dominique Malaquais pour sa contribution à cet ouvrage.

We thank / Nous remercions: Miguel Amado, Armen Avanessian, Sammy Baloji, Néné Barry, Pierre Bismuth, Emmanuel Botalatala, Kathryn Brahy, Jelle Bouwhuis, Blaise Bula, Bibiana Niangi Batulukis, Ellen Blumenstein, Marianne Daudenet, Christine De Baan, Filip De Boeck, Jan De Coster, Ilse Den Hond, Jos de Putter, Wim De Temmerman, T.J. Demos, Anthony Downey, Marlene Dumas, Charles Esche, Richard Florida, Cécile Fromont, Jacqueline Gerritsma, David Gianotten, Liam Gillick, Joris Luyendijk, Jarrett Gregory, Boris Hilberdink, Stefan Heidenreich, Delphine Hesters, Carsten Höller, Alistair Hudson, Joseph Ibongo, Kams Kadima, Serge Kakudji, Nico Kalamby, Erick Kassongo, Marie-Josée Kazadi Yamba, Jan Theo Krol, Alexander Koch, Peter Krüger, Alois Kuma, Bruno Lapika Dimomfu, Marischka Leenaers Alfred Liyolo, Anna Luyten, Suhail Malik, Edmond Mayambo, Mara McCarthy, Paul McCarthy, Elikia M'Bokolo, Jan Michiels, Cil Michel, Harry Mols, Jean-François Mombia, Jean Mukendi Katambayi, Feix Mangwangu, Luc-roger Mbala, Nina Möntmann, Jerome Mumbanza, Vitshois Mwilambwe Bondo, Noël Obotela Rashidi, Remco Polman, Katrien Pype, Barthelomew Ryan, Max Scherer, Shongo, Sue Spaid, Marcus Steinweg, Steven ten Thije, Pathy Kapinga Tshindele, Luc Tuymans, Pieter van Huystee, Guido van Staveren van Dijk, Theo van Rompay, Katrien Vuylsteke Vanfleteren, Sarah Van Beurden, Michaela van Wassenaer, Hein van Woensel, Fons Welters, Eyal Weizman, Yakubu Yahaya. Gitte Zschoch

We also thank / Nous remercions aussi: His Excellency the Minister of Arts and Culture / Son Excellence Monsieur le Ministre de la Culture et des Arts Elvis Mutiri wa Bashara, l'Académie des Beaux-Arts de Kinshasa, and / et Patrick Missassi, the artistic community of Kinshasa / la communauté artistique de Kinshasa, the inhabitants of he village of Kingangu and its Chief / les habitants de Kingangu et son chef de village, the Pende community that worked for PLZ / la communauté Pende qui travaillait pour PLZ, ~~La Colonie~~.

Backcover: Djongo Bismar and Jeremie Mabiala, *The Art Collector* / *Le Bailleur de fonds* (2015), sculpture made of chocolate, presented at "A Lucky Day", KOW, Berlin, 2 May – 26 July, 2015

Quatrième de couverture : Djongo Bismar and Jeremie Mabiala, *The Art Collector* / *Le Bailleur de fonds,* 2015, sculpture en chocolat exposée à l'occasion de « A Lucky Day », 224, du 2 mai au 26 juillet 2015